ABHANDLUNGEN DER DEUTSCHEN AKADEMIE
DER WISSENSCHAFTEN ZU BERLIN

Klasse für Mathematik, Physik und Technik
Jahrgang 1962 Nr. 4

INTERNATIONALES SPANNUNGSOPTISCHES SYMPOSIUM

Berlin vom 10. bis 15. April 1961

Herausgegeben von

Prof. Dr. K. SCHRÖDER

Direktor des Instituts für Angewandte Mathematik und Mechanik
der Forschungsgemeinschaft der naturw., techn. und med. Institute
der Deutschen Akademie der Wissenschaften zu Berlin
Direktor des II. Mathematischen Instituts der Humboldt-Universität zu Berlin

bearbeitet von

G. HABERLAND

kom. Leiter der Abteilung Spannungsoptisches Labor des Instituts
für Angewandte Mathematik und Mechanik

Mit 248 Abbildungen und 20 Tabellen

AKADEMIE-VERLAG · BERLIN
1962

Vorgelegt von Hrn. Schröder in der Klassensitzung vom 28. September 1961

Zum Druck genehmigt am gleichen Tage, ausgegeben am 29. September 1962

Erschienen im Akademie-Verlag GmbH, Berlin W 8, Leipziger Straße 3—4

Lizenznummer: 202 · 100/714/62
Gesamtherstellung: VEB Druckerei „Thomas Müntzer" Bad Langensalza
Bestellnummer: 2001/62/I/4 · ES 18 B 1 u. 19 B 1 · Preis: DM 43,—

VORWORT

Die Spannungsoptik, eine der anschaulichsten Methoden zur Lösung komplizierter Festigkeitsaufgaben, gewinnt außer für die Behandlung wissenschaftlicher Probleme auch in zunehmendem Maße für die Technik an Bedeutung, sei es im Bauwesen, im Maschinenwesen, bei der Klärung von Fragen der Gebirgsmechanik und anderer Gebiete.

Das Institut für Angewandte Mathematik und Mechanik der Deutschen Akademie der Wissenschaften zu Berlin, zu dessen Arbeitsaufgaben auch die Spannungsoptik zählt, hat daher zu einem Spannungsoptischen Symposium eingeladen. Es sollte den Spannungsoptikern die Gelegenheit gegeben werden, ihre Probleme und Forschungsergebnisse vor einem speziell interessierten Fachkreis darzulegen, eine Gelegenheit, die im allgemeinen eine Tagung mit weiter gestecktem Rahmen (wie z. B. eine Tagung über das Gesamtgebiet der angewandten Mechanik) nicht bieten kann.

An dieser Veranstaltung haben 60 Wissenschaftler teilgenommen, darunter waren Teilnehmer aus der Volksrepublik Polen, aus der ČSSR, aus England, Frankreich und aus der Deutschen Bundesrepublik. Im Verlaufe der Tagung wurden 30 Vorträge gehalten.

Entsprechend den eingegangenen Vortragsanmeldungen wurde versucht, so weit wie möglich die Vorträge nach Problemkreisen zu ordnen und danach den Zeitplan festzulegen. Solche Problemkreise waren etwa die spannungsoptischen Modellwerkstoffe und damit zusammenhängende Fragen wie die rheologischen Eigenschaften der Kunststoffe, die Spannungsoptik im ultraroten Spektralgebiet, die spannungsoptischen Untersuchungen von Flächentragwerken, insbesondere von Platten, Geräte und Methoden zur Trennung der Hauptspannungen, die spannungsoptische Untersuchung von Wärmespannungen. Außerdem wurden bewehrte Modelle und Verbundkonstruktionen, photoplastische Versuche und dynamische Probleme behandelt.

Diese Vorträge werden hiermit der Öffentlichkeit übergeben. Einige der Beiträge, die bereits von den Autoren an anderer Stelle veröffentlicht wurden, erscheinen in diesem Tagungsbericht nur als Kurzfassung mit dem Hinweis auf die ausführliche Veröffentlichung. Es wurden in dieses Tagungsheft auch diejenigen Vorträge aufgenommen, die im Tagungsprogramm zwar aufgeführt waren, die aber nicht gehalten werden konnten, da die Autoren an der Teilnahme verhindert waren. Außerdem wurde eine Arbeit über die spannungsoptische Untersuchung von Gebirgsdruckfragen aufgenommen, die Herr W. F. Trumbatschew, Kandidat der Technischen Wissenschaften, von der Akademie der Wissenschaften der UdSSR, Institut für Bergbau in Moskau, als schriftlichen Beitrag für das Symposium zur Verfügung gestellt hat.

Das Symposium wurde bereichert durch eine kleine Ausstellung spannungsoptischer Geräte, an der sich in dankenswerter Weise der VEB Carl Zeiß Jena, die Optischen Werke MEOPTA, Bratislava (ČSSR) und die Firma Dr. H. Schneider, Optotechnische Fabrik,

Bad Kreuznach, beteiligt haben. Im Anschluß an die Vorträge wurden einige spannungsoptische Lehrfilme der DEFA sowie des Instituts für den wissenschaftlichen Film, Göttingen, vorgeführt. Die Filme des letztgenannten Instituts wurden von Herrn Prof. Dr. Mönch, München, zur Verfügung gestellt und kommentiert. Mit diesen Filmen sollten die Möglichkeiten, die der wissenschaftliche Film bei der Popularisierung der spannungsoptischen Methoden und bei der Ausbildung der Studenten bietet, dargelegt und zur Diskussion gestellt werden.

Berlin, im August 1962

K. Schröder

G. Haberland

INHALTSVERZEICHNIS

H. Aben
Zur Anwendung des Verfahrens der schiefen Durchstrahlung in der Spannungsoptik 7

P. Acloque
Methoden zur örtlichen Bestimmung der beiden Hauptspannungen in einer Platte durch Anwendung der Schrägdurchstrahlung oder der Grenzwinkelinzidenz 25

J. Balaš, A. Hanuška
Einige Probleme der ebenen Spannungsoptik 37

H. Fessler
Anwendungen des Erstarrungsverfahrens an der Universität Nottingham 39

G. Haberland
Zur Auswertung spannungsoptischer Plattenversuche 41

E. Hausmann, G. Junghähnel
Zu spannungsoptischen Versuchen im Ultrarot 47

J. Heymann
Spannungsoptische Untersuchung eines Federbundes aus dem Epoxydharz EG 1 51

E. Hosp
Experimentelle Bestimmung von Wärmespannungen auf spannungsoptischem Wege 57

St. Huszár
25 Jahre Photoelastizität in Ungarn 59

St. Huszár
Die Formfaktoren von kreisförmig gekrümmten Stäben mit kreisförmigen Kerben 61

J. Javornický
Photoplastische Versuche am Werkstoff Zelluloid 63

A. Kochendörfer
Spannungszustand und Fließbeginn in gekerbten Proben und damit zusammenhängende spannungsoptische Fragen 75

D. Kockott
Über ein neues Verfahren zur Aufnahme von Isoklinenbildern mit Hilfe der Farbfotografie 77

B. Košťák
Das Einfrierverfahren für spezielle spannungsoptische Untersuchungen von Platten 79

E. Kučera
Modellwerkstoffe für die räumliche Spannungsoptik 87

M. Kufner
Festigkeitsuntersuchungen an Verbundkonstruktionen mit Hilfe der Spannungsoptik 97

A. Kuske
Beiträge zur spannungsoptischen Untersuchung von Flächentragwerken 115

M. L. Meyer, A. N. Oak
Araldit-Sandguß einer Kurbelwelle im Kohlensäureverfahren 127

E. Mönch
Einige neue Ergebnisse und Erfahrungen bei spannungsoptischen Versuchen mit Araldit B 135

R. K. Müller
Spannungsoptische Untersuchungen von bewehrten Balkenmodellen 137

Z. Orłoś, Z. Dyląg
Über spannungsoptische Untersuchungen von Wärmespannungen 145

J. T. Pindera
Einige rheologische Probleme bei spannungsoptischen Untersuchungen 155

S. P. Schichobalow
Untersuchungen räumlicher Spannungszustände mit Hilfe der spannungsoptischen Methode . . . 173

L. Schreiner
Über eine ultrarotspannungsoptische Apparatur 183

H. Schwieger, V. Reimann, R. Hennicke
Polarisationsoptische Meßgeräte zur Anwendung des spannungsoptischen Reflexionsverfahrens . . 187

I. Słowikowska
Einige Abhängigkeiten zwischen dem Aufbau und den spannungsoptischen Eigenschaften einiger Polyesterharze 189

W. Teepe, K. H. Hehn
Die Anwendung des spannungsoptischen Reflexionsverfahrens bei der modellstatischen Untersuchung von Platten 195

F. Thamm
Erfahrungen mit der Relaxationsmethode zur vollständigen Bestimmung des ebenen Spannungszustandes in der Spannungoptik 209

J. Träger
Polarisationsoptische Untersuchung des Randstoßes auf Scheiben 215

W. F. Trumbatschew
Anwendung der optischen Methode der Spannungsuntersuchung bei der Erforschung der Stabilität von Abbaustätten 227

F. Vadovič
Eine neue Methode zur Trennung der Hauptspannungen 235

Zur Anwendung des Verfahrens der schiefen Durchstrahlung in der Spannungsoptik

Von H. ABEN

1. Einführung

Die Idee des Verfahrens der schiefen Durchstrahlung ist im Jahre 1940 von D. C. DRUCKER und R. D. MINDLIN aufgestellt worden [1]. An der Weiterentwicklung des Verfahrens waren D. C. DRUCKER [2], [3], W. M. KRASNOW [4], [5], V. M. HICKSON [6] u. a. tätig. Obgleich zahlreiche Arbeiten sich mit dem Verfahren beschäftigt haben, findet es in der praktischen Spannungsoptik verhältnismäßig wenig Anwendung. Der Hauptgrund dafür ist die Ansicht, daß das Verfahren bezüglich experimenteller Fehler empfindlich ist. In der Literatur aber ist die betreffende Frage nicht eingehend behandelt worden. Da das Verfahren der schiefen Durchstrahlung von experimentalmethodischem Standpunkt gesehen eines der einfachsten ist, die Hauptspannungen beim ebenen Spannungszustand und die fünf Komponenten des Spannungstensors beim räumlichen Spannungszustand zu bestimmen, so ist die Klarlegung der im Verfahren steckenden Perspektiven wohl als aktuell anzusehen.

Aufgabe der vorliegenden Untersuchung ist es, verschiedene Möglichkeiten bei der Anwendung des betreffenden Verfahrens zu betrachten und diejenigen Varianten festzustellen, die eine möglichst genaue Bestimmung der Spannungszustände zulassen. Der Verfasser untersucht die Anwendung des Verfahrens zusammen mit FJODOROWS universeller Methode, sowie auch die vollständige Bestimmung des räumlichen Spannungszustandes mittels desselben Verfahrens und der interferometrischen Methode. Zum Schluß werden optische Erscheinungen betrachtet, die bei der schiefen Durchstrahlung infolge der Refraktion und Reflexion polarisierten Lichtes an den Begrenzungsflächen des Modells entstehen.

Vorliegende Arbeit basiert zu einem großen Teil auf Untersuchungen des Verfassers [7], [12].

2. Allgemeine Formeln des Verfahrens der schiefen Durchstrahlung

Gesetzt, die Achsen x und y eines rechthändigen orthogonalen Koordinatensystems liegen in der Ebene einer Scheibe, aus einem Modell ausgeschnitten, welches durch das Erstarrungsverfahren belastet ist und einem räumlichen Spannungszustand unterliegt (Abb. 1). In dieser Ebene äußert sich die Differenz der sekundären Hauptspannungen σ_1' und σ_2' wie folgt:

$$\sigma_1' - \sigma_2' = \frac{\sigma_x - \sigma_y}{\cos 2\,\varphi_0}, \tag{1}$$

$$\sigma_1' - \sigma_2' = \frac{2\,\tau_{xy}}{\sin 2\,\varphi_0}, \tag{2}$$

wo φ_0 der Parameter der Isokline ist.[1]) Somit gibt uns die Durchleuchtung der Modellscheibe in normaler Richtung die Beziehungen

$$\delta_0 = \frac{C\,t}{\cos 2\,\varphi_0}(\sigma_x - \sigma_y), \tag{3}$$

[1]) φ_0 wird von der positiven Richtung der x-Achse in der umgekehrten Richtung des Uhrzeigers bis zur algebraisch größeren sekundären Hauptspannung gezählt.

$$\delta_0 = \frac{2\,C\,t}{\sin 2\,\varphi_0}\,\tau_{xy}\,, \tag{4}$$

wo δ_0 der Gangunterschied, C die spannungsoptische Konstante und t die Dicke der Modellscheibe ist.

Drehen wir die Modellscheibe zwecks ihrer schiefen Durchstrahlung um die Achse x, und zwar um den Winkel Θ'_x, und durchstrahlen wir die Modellscheibe in der Richtung z' (Abb. 1), wobei wir den Gangunterschied δ'_x und den Parameter φ'_x der Isokline bestimmen, so haben wir — analog zu den Beziehungen (3) und (4),

$$\delta'_x = \frac{C\,t}{\cos\Theta'_x \cos 2\,\varphi'_x}\,(\sigma_x - \sigma'_y)\,, \tag{5}$$

$$\delta'_x = \frac{2\,C\,t}{\cos\Theta'_x \sin 2\,\varphi'_x}\,\tau_{xy}\,. \tag{6}$$

Es folgt

$$\delta'_x = \frac{C\,t}{\cos\Theta'_x \cos 2\,\varphi'_x}\,[(\sigma_x - \sigma_y) + (\sigma_y - \sigma_z)\sin^2\Theta'_x + \tau_{yz}\sin 2\,\Theta'_x]\,, \tag{7}$$

$$\delta'_x = \frac{2\,C\,t}{\cos\Theta'_x \sin 2\,\varphi'_x}\,(\tau_{xy}\cos\Theta'_x - \tau_{zx}\sin\Theta'_x)\,. \tag{8}$$

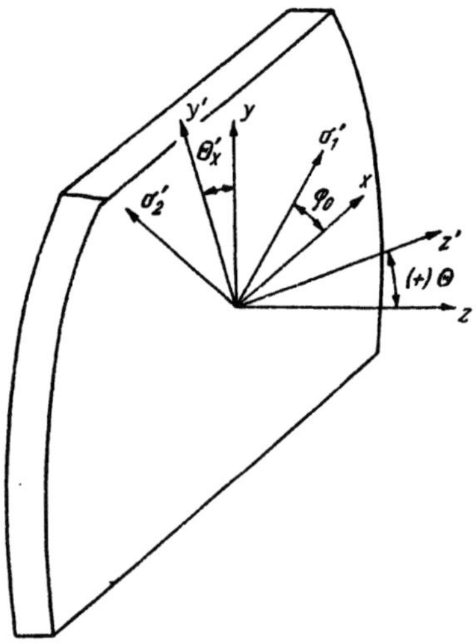

Abb. 1

Durchleuchten wir die Modellscheibe auch in der dritten Richtung, die mit der Achse z den Winkel Θ''_x bildet, und bestimmen wir dabei δ''_x und φ''_x, so erhalten wir noch zwei mit den Beziehungen (7) und (8) analoge Beziehungen. Somit erhalten wir durch eine normal gerichtete und zwei schiefe Durchleuchtungen sechs Beziehungen zur Bestimmung von fünf unabhängigen Spannungskomponenten $(\sigma_x - \sigma_y)$, $(\sigma_y - \sigma_z)$, τ_{xy}, τ_{yz}, τ_{zx}. Da in den vorstehenden Formeln sechs experimentelle Größen — δ_0, δ'_x, δ''_x, φ_0, φ'_x, φ''_x — zur Bestimmung von fünf Unbekannten auftreten, so sind nicht alle experimentellen Größen unabhängig. Aus vorstehenden Formeln ist ersichtlich, daß die experimentellen Größen mit der Bedingung

$$\operatorname{ctg}\Theta'_x\,(\delta'_x \sin 2\,\varphi'_x - \delta_0 \sin 2\,\varphi_0) = \operatorname{ctg}\Theta''_x\,(\delta''_x \sin 2\,\varphi''_x - \delta_0 \sin 2\,\varphi_0) \tag{9}$$

verbunden sind. Die Beziehung (9) ermöglicht, die Genauigkeit der Versuchsresultate zu kontrollieren.

Die zweite schiefe Durchstrahlung kann auch durch Drehung des Modells um die Achse y verwirklicht werden, was aber vom experimentalmethodischen Standpunkt weniger bequem ist. Sowohl dieser letztere Fall als auch die Ableitung der obigen Formeln sind in der Arbeit [7] ausführlicher dargestellt worden.

Aus den vorstehenden Beziehungen ergeben sich die fünf unabhängigen Spannungskomponenten wie folgt:

$$\sigma_x - \sigma_y = \frac{\delta_0}{C\,t}\cos 2\,\varphi_0\,, \tag{10}$$

$$\sigma_y - \sigma_z = \frac{1}{A\,C\,t}[\sin 2\,\Theta''_x\,(\delta'_x \cos\Theta'_x \cos 2\,\varphi'_x - \delta_0 \cos 2\,\varphi_0) - \sin 2\,\Theta'_x\,(\delta''_x \cos\Theta''_x \cos 2\,\varphi''_x - \delta_0 \cos 2\,\varphi_0)]\,, \tag{11}$$

$$\tau_{xy} = \frac{1}{2\,C\,t}\,\delta_0 \sin 2\,\varphi_0\,, \tag{12}$$

$$\tau_{zx} = \frac{1}{2\,C\,t} \operatorname{ctg} \Theta_x' \left(\delta_0 \sin 2\,\varphi_0 - \delta_x' \sin 2\,\varphi_x'\right), \tag{13}$$

$$\tau_{yz} = \frac{1}{A\,C\,t} [\sin^2 \Theta_x' \left(\delta_x'' \cos \Theta_x'' \cos 2\,\varphi_x'' - \delta_0 \cos 2\,\varphi_0\right)$$
$$- \sin^2 \Theta_x'' \left(\delta_x' \cos \Theta_x' \cos 2\,\varphi_x' - \delta_0 \cos 2\,\varphi_0\right)], \tag{14}$$

wo

$$A = \sin^2 \Theta_x' \sin 2\,\Theta_x'' - \sin^2 \Theta_x'' \sin 2\,\Theta_x'. \tag{15}$$

In dem Falle, wo bei der schiefen Durchstrahlung bloß der Gangunterschied bestimmt wird, muß das Modell in fünf verschiedenen Richtungen durchstrahlt werden [3], [8], wobei zur Bestimmung der Spannungskomponenten folgendes Gleichungssystem dient:

$$\delta_{xi} = \frac{C\,t}{\cos \Theta_{xi}} \{[(\sigma_x - \sigma_y) + (\sigma_y - \sigma_z) \sin^2 \Theta_{xi} + \tau_{yz} \sin 2\,\Theta_{xi}]^2 + 4\,(\tau_{xy} \cos \Theta_{xi} - \tau_{zx} \sin \Theta_{xi})^2\}^{1/2}, \tag{16}$$

wo $i = 1, 2, 3, 4, 5$. Wegen der mathematischen Schwierigkeiten bei der Lösung des Systems (16) ist die letztere Methode als nicht effektiv zu betrachten.

3. Anwendung der universellen Methode Fjodorows

Durch die Anwendung der universellen Methode Fjodorows [9], [10], [11] ist es möglich, die in Tabelle 1 angegebenen Richtungskosinusse zu bestimmen.

Tabelle 1

	x	y	z
σ_1	l_1	m_1	n_1
σ_2	l_2	m_2	n_2
σ_3	l_3	m_3	n_3

Unter Berücksichtigung der bekannten Beziehungen zwischen den Richtungskosinussen können wir die Spannungskomponenten wie folgt ausdrücken [7]:

$$\left.\begin{aligned}
\sigma_x - \sigma_y &= (\sigma_1 - \sigma_3)(l_1^2 - m_1^2) + (\sigma_2 - \sigma_3)(l_2^2 - m_2^2),\\
\sigma_y - \sigma_z &= (\sigma_1 - \sigma_3)(m_1^2 - n_1^2) + (\sigma_2 - \sigma_3)(m_2^2 - n_2^2),\\
\sigma_z - \sigma_x &= (\sigma_1 - \sigma_3)(n_1^2 - l_1^2) + (\sigma_2 - \sigma_3)(n_2^2 - l_2^2),\\
\tau_{xy} &= (\sigma_1 - \sigma_3)\, l_1 m_1 + (\sigma_2 - \sigma_3)\, l_2 m_2,\\
\tau_{yz} &= (\sigma_1 - \sigma_3)\, m_1 n_1 + (\sigma_2 - \sigma_3)\, m_2 n_2,\\
\tau_{zx} &= (\sigma_1 - \sigma_3)\, n_1 l_1 + (\sigma_2 - \sigma_3)\, n_2 l_2.
\end{aligned}\right\} \tag{17}$$

Durch Einsetzen der Ausdrücke (17) in die Formeln (7) und (8) erhalten wir

$$\delta_x = \frac{C\,t}{\cos \Theta_x \cos 2\,\varphi_x} \{(\sigma_1 - \sigma_3)[l_1^2 - (m_1 \cos \Theta_x - n_1 \sin \Theta_x)^2]$$
$$+ (\sigma_2 - \sigma_3)[l_2^2 - (m_2 \cos \Theta_x - n_2 \sin \Theta_x)^2]\}, \tag{18}$$

$$\delta_x = \frac{2\,C\,t}{\cos \Theta_x \sin 2\,\varphi_x} [(\sigma_1 - \sigma_3)\, l_1 (m_1 \cos \Theta_x - n_1 \sin \Theta_x)$$
$$+ (\sigma_2 - \sigma_3)\, l_2 (m_2 \cos \Theta_x - n_2 \sin \Theta_x)]. \tag{19}$$

Es ist nicht schwer nachzuweisen, daß die Relationen (18) und (19) im allgemeinen Fall nicht linear abhängig sind [12]. Es genügt also eine einzige Durchstrahlung des Modells, um aus den Gleichungen (18) und (19) die Hauptspannungsdifferenzen zu bestimmen, die folgenden Ausdruck haben:

$$\sigma_j - \sigma_k = \frac{B_{j,k}}{B}\,, \tag{20}$$

$$B = l_j\,(m_j \cos\Theta_x - n_j \sin\Theta_x)\,[l_i^2 - (m_i \cos\Theta_x - n_i \sin\Theta_x)^2] - l_i\,(m_i \cos\Theta_x - n_i \sin\Theta_x)\,[l_j^2 - (m_j \cos\Theta_x - n_j \sin\Theta_x)^2]\,, \tag{21}$$

$$B_{j,k} = \frac{1}{2\,C\,t}\,\delta_x \cos\Theta_x \sin 2\,\varphi_x\,[l_i^2 - (m_i \cos\Theta_x - n_i \sin\Theta_x)^2] - \frac{1}{C\,t}\,\delta_x \cos\Theta_x \cos 2\,\varphi_x\, l_i\,(m_i \cos\Theta_x - n_i \sin\Theta_x)\,. \tag{22}$$

Für den Fall der normalen Durchstrahlung haben wir auf Grund der Beziehungen (18) und (19)

$$\delta_0 = \frac{C\,t}{\cos 2\,\varphi_0}\,[(\sigma_1 - \sigma_3)\,(l_1^2 - m_1^2) + (\sigma_2 - \sigma_3)\,(l_2^2 - m_2^2)]\,, \tag{23}$$

$$\delta_0 = \frac{2\,C\,t}{\sin 2\,\varphi_0}\,[(\sigma_1 - \sigma_3)\,l_1\,m_1 + (\sigma_2 - \sigma_3)\,l_2\,m_2]\,, \tag{24}$$

und auf Grund der Beziehungen (21) und (22)

$$B = l_j\,m_j\,(l_i^2 - m_i^2) - l_i\,m_i\,(l_j^2 - m_j^2)\,, \tag{25}$$

$$B_{j,k} = \frac{\delta_0}{C\,t}\left[\frac{1}{2}\,(l_i^2 - m_i^2) \sin 2\,\varphi_0 - l_i\,m_i \cos 2\,\varphi_0\right]. \tag{26}$$

Nur in dem Fall, wo mindestens eine Hauptspannung in der zur Richtung der Durchstrahlung perpendikulären Ebene liegt, erweisen sich die Formeln (20) bis (26) als nicht anwendbar, soweit die Beziehungen (18) und (19) in diesem Fall linear abhängig sind [12]. Durch eine geeignete Wahl des Winkels Θ_x ist es aber immer möglich, die Durchstrahlung in einer Richtung zu verwirklichen, die zu keiner Hauptspannung perpendikulär ist.

Bekanntlich können bei der Anwendung der Methode Fjodorows die Differenzen der Hauptspannungen auch derart bestimmt werden, daß man den Gangunterschied direkt in den beiden Hauptflächen des Indexellipsoids mißt, oder aber einen Hauptgangunterschied und den Winkel zwischen den optischen Achsen ermittelt [9], [10], [11]. Soweit man sich bei spannungsoptischen Untersuchungen mit der Drehung des Modells nicht über 45° begnügen muß, gelingt es nur selten, die beiden Hauptgangunterschiede zu messen. Liegen die optischen Achsen unweit der Ebene des Modells, so ist es auch nicht möglich, ihren Winkel zu messen. Für solche Fälle finden wir in der Literatur die Empfehlung, zusätzliche Modellscheiben zu gebrauchen, die in geeigneter Weise aus dem Modell auszuschneiden sind. Die genannte Methode ist in experimenteller Hinsicht schwerfällig.

Das oben dargestellte Verfahren zur Bestimmung der Hauptspannungsdifferenzen vermittelst einer einzigen Durchstrahlung ist einfacher als die bisher angewandten Verfahren; es erlaubt stets, die Hauptspannungsdifferenzen mit Hilfe einer einzigen Modellscheibe zu bestimmen.

In einigen Fällen — wo es sich verwirklichen läßt — kann man für die Bestimmung der Hauptspannungsdifferenzen die Messung eines Hauptgangunterschiedes und die schiefe Durchstrahlung in einer Hauptfläche anwenden [11], [13].

Falls die zwei Hauptspannungen σ_1 und σ_2 sich in der Ebene des Modells befinden, erhalten wir aus den Beziehungen (3) und (18)

$$\delta_0 = C\,t\,(\sigma_1 - \sigma_2)\,, \tag{27}$$

$$\delta_x = \frac{C\,t}{\cos\Theta_x \cos 2\,\varphi_x}\,[(\sigma_1 - \sigma_3)\,(\cos^2\varphi_0 - \sin^2\varphi_0 \cos^2\Theta_x) + (\sigma_2 - \sigma_3)\,(\sin^2\varphi_0 - \cos^2\varphi_0 \cos^2\Theta_x)]\,. \tag{28}$$

Im betrachteten Fall sind für die Bestimmung der Hauptspannungsdifferenzen eine normal gerichtete und eine schiefe Durchstrahlung in einem gewöhnlichen Polariskop ausreichend. Auf Grund der Gleichung (9) erhalten wir jetzt als Beziehung zwischen den experimentellen Größen

$$\delta_0 \sin 2\,\varphi_0 = \delta_x \sin 2\,\varphi_x. \tag{29}$$

Verschiedene andere Sonderfälle der schiefen Durchstrahlung sind in den Arbeiten [6], [7] betrachtet worden.

4. Anwendung des Verfahrens der schiefen Durchstrahlung bei der Bestimmung des räumlichen Spannungszustandes

Zur Charakterisierung des Spannungszustandes genügt es oft, die oktaedrische Schubspannung zu bestimmen:

$$\begin{aligned}\tau_{\text{okt}} &= \frac{1}{3}\sqrt{(\sigma_1-\sigma_2)^2+(\sigma_2-\sigma_3)^2+(\sigma_3-\sigma_1)^2}\\ &= \frac{1}{3}\sqrt{(\sigma_x-\sigma_y)^2+(\sigma_y-\sigma_z)^2+(\sigma_z-\sigma_x)^2+6\,(\tau_{xy}^2+\tau_{yz}^2+\tau_{zx}^2)}\end{aligned} \tag{30}$$

Die Formeln (10) bis (14) und (20) bis (22) machen es möglich, die zur Berechnung der oktaedrischen Schubspannung erforderlichen Größen vermittelst schiefer Durchstrahlung einer Modellscheibe zu bestimmen, die aus einem dem räumlichen Spannungszustand unterworfenen Modell ausgeschnitten wird.

Indem man zwecks vollständiger Bestimmung des räumlichen Spannungszustandes die Messung der Deformation ε_z beim Erwärmen der untersuchten Modellscheibe anwendet [14], erhält man die ergänzenden Beziehungen

$$\begin{aligned}\varepsilon_z &= \frac{1}{E}\left[(1-2\,\mu)\,\sigma_z+\mu\,(\sigma_z-\sigma_x)-\mu\,(\sigma_y-\sigma_z)\right]\\ &= \frac{1}{E}\left[(1-2\,\mu)\,\sigma_3+N_1\,(\sigma_1-\sigma_3)+N_2\,(\sigma_2-\sigma_3)\right],\end{aligned} \tag{31}$$

wo

$$N_i = (1+\mu)\,n_i^2-\mu \tag{32}$$

(E der Elastizitätsmodul und μ die Querdehnungszahl) ist. Zusammen mit den durch das Verfahren der schiefen Durchstrahlung erhaltenen Angaben erlaubt die Beziehung (31) den räumlichen Spannungszustand vollständig zu bestimmen.

Auch für die Anwendung des verallgemeinerten Schubspannungsdifferenzverfahrens gibt uns das Verfahren der schiefen Durchstrahlung die erforderlichen Angaben [5]. So können wir z. B. für die numerische Integration der Gleichung

$$\frac{\Delta\sigma_x}{\Delta x}+\frac{\Delta\tau_{xy}}{\Delta y}+\frac{\Delta\tau_{zx}}{\Delta z}=0 \tag{33}$$

das zweite Glied durch die Untersuchung einer Modellscheibe vermittelst des Verfahrens der schiefen Durchstrahlung bestimmen. Zwecks Bestimmung des dritten Gliedes muß eine zur ersten Modellscheibe parallele Modellscheibe schief durchstrahlt werden, wobei die Entfernung der beiden Scheiben voneinander Δz ist. Indem wir das Modell in parallele Scheiben schneiden, erhalten wir durch das Verfahren der schiefen Durchstrahlung Angaben für die Anwendung des Schubspannungsdifferenzverfahrens auf jede der Scheiben. Es fällt also die Notwendigkeit fort, über mehrere identische Modelle zu verfügen oder Hilfsscheiben von sehr kleinen Ausmaßen zu gebrauchen.

Betrachten wir nun die Anwendung des interferometrischen Verfahrens bei der vollständigen Bestimmung des räumlichen Spannungszustandes. Gesetzt, wir haben eine dem räumlichen Spannungszustand unterworfene Modellscheibe, bei deren normalgerichteter Durchstrahlung die den sekundären Hauptspannungen entsprechenden absoluten Gangunterschiede δ_1 und δ_2 zu messen seien:

$$\left.\begin{aligned} \delta_1 &= C\,\sigma_1' + C'\,(\sigma_x + \sigma_y + \sigma_z)\,, \\ \delta_2 &= C\,\sigma_2' + C'\,(\sigma_x + \sigma_y + \sigma_z)\,. \end{aligned}\right\} \tag{34}$$

Durch Summierung der Ausdrücke (34) und unter Beachtung der Beziehung

$$\sigma_1' + \sigma_2' = \sigma_x + \sigma_y \tag{35}$$

erhalten wir

$$K_0\,\sigma_x + K_0\,\sigma_y + 2\,\sigma_z = \delta^*\,, \tag{36}$$

wo

$$K_0 = \frac{C}{C'} + 2\,, \qquad \delta^* = \frac{\delta_1 + \delta_2}{C'}\,,$$

C' bedeutet die zweite spannungsoptische Konstante.

Auf Grund des Gleichungssystems (10), (11) und (36) werden die Normalspannungen durch folgende Beziehungen ermittelt:

$$\left.\begin{aligned} \sigma_x &= \frac{1}{2\,(1 + K_0)}\,[\delta^* + (2 + K_0)\,(\sigma_x - \sigma_y) + 2\,(\sigma_y - \sigma_z)]\,, \\ \sigma_y &= \frac{1}{2\,(1 + K_0)}\,[\delta^* - K_0\,(\sigma_x - \sigma_y) + 2\,(\sigma_y - \sigma_z)]\,, \\ \sigma_z &= \frac{1}{2\,(1 + K_0)}\,[\delta^* - K_0\,(\sigma_x - \sigma_y) - 2\,K_0\,(\sigma_y - \sigma_z)]\,. \end{aligned}\right\} \tag{37}$$

In analoger Weise ermöglicht es das interferometrische Verfahren, mit Fjodorows Methode und mit dem Verfahren der schiefen Durchstrahlung zusammen angewandt, die Hauptspannungen zu bestimmen. Sowohl die genannte Bestimmungsweise als auch ihre zu erwartende Genauigkeit sind in Arbeit [12] betrachtet worden.

5. Bestimmung des ebenen Spannungszustandes

Beim ebenen Spannungszustand ($\sigma_3 = 0$) nimmt die Beziehung (28) folgende Gestalt an:

$$\delta_x = \frac{C\,t}{\cos\Theta_x \cos 2\,\varphi_x}\,[\sigma_1\,(\cos^2\varphi_0 - \sin^2\varphi_0 \cos^2\Theta_x) + \sigma_2\,(\sin^2\varphi_0 - \cos^2\varphi_0 \cos^2\Theta_x)]\,. \tag{38}$$

Durch die Beziehungen (27) und (38) lassen sich die Hauptspannungen σ_1 und σ_2 bestimmen:

$$\sigma_1 = \frac{1}{C\,t\,\sin^2\Theta_x}\,[\delta_x \cos\Theta_x \cos 2\,\varphi_x + \delta_0\,(\sin^2\varphi_0 - \cos^2\varphi_0 \cos^2\Theta_x)]\,, \tag{39}$$

$$\sigma_2 = \frac{1}{C\,t\,\sin^2\Theta_x}\,[\delta_x \cos\Theta_x \cos 2\,\varphi_x - \delta_0\,(\cos^2\varphi_0 - \sin^2\varphi_0 \cos^2\Theta_x)]\,. \tag{40}$$

Auch beim ebenen Spannungszustand sind die Versuchsergebnisse mit der Bedingung (29) verbunden. Indem wir mit Hilfe der Beziehung (29) die Größe φ_x aus den Formeln (39) und (40) eliminieren, erhalten wir

$$\sigma_1 = \frac{1}{C\,t\,\sin^2\Theta_x}\,[\cos\Theta_x \sqrt{\delta_x^2 - \delta_0^2 \sin^2 2\,\varphi_0} + \delta_0\,(\sin^2\varphi_0 - \cos^2\varphi_0 \cos^2\Theta_x)]\,, \tag{41}$$

$$\sigma_2 = \frac{1}{C\,t\,\sin^2\Theta_x}\,[\cos\Theta_x \sqrt{\delta_x^2 - \delta_0^2 \sin^2 2\,\varphi_0} - \delta_0\,(\cos^2\varphi_0 - \sin^2\varphi_0 \cos^2\Theta_x)]\,. \tag{42}$$

Durch eine analoge Elimination der Größe δ_x aus den Formeln (39) und (40) erhalten wir

$$\sigma_1 = \frac{\delta_0}{C\,t\,\sin^2\Theta_x}\left(\sin^2\varphi_0 - \cos^2\varphi_0\cos^2\Theta_x + \frac{\sin 2\varphi_0}{\operatorname{tg} 2\varphi_x}\cos\Theta_x\right), \tag{43}$$

$$\sigma_2 = -\frac{\delta_0}{C\,t\,\sin^2\Theta_x}\left(\cos^2\varphi_0 - \sin^2\varphi_0\cos^2\Theta_x - \frac{\sin 2\varphi_0}{\operatorname{tg} 2\varphi_x}\cos\Theta_x\right). \tag{44}$$

Indem wir das Modell zwecks schiefer Durchstrahlung um die Hauptspannung σ_1 drehen, erhalten wir auf Grund der Formeln (39) und (40)

$$\sigma_1 = \frac{\cos\Theta_x}{C\,t\,\sin^2\Theta_x}(\delta_x - \delta_0\cos\Theta_x), \tag{45}$$

$$\sigma_2 = \frac{1}{C\,t\,\sin^2\Theta_x}(\delta_x\cos\Theta_x - \delta_0). \tag{46}$$

Die Formeln (41) bis (46) sind auf eine andere Weise von D. C. Drucker abgeleitet worden [2], [3].

Bestimmen wir durch die schiefe Durchstrahlung bloß den Gangunterschied, so erhalten wir auf Grund der Beziehung (16) das Gleichungssystem

$$\left.\begin{aligned} \delta_0^2/C^2t^2 &= 4\,\tau_{xy}^2 + (\sigma_x - \sigma_y)^2, \\ \delta_{x1}^2\cos^2\Theta_{x1}/C^2t^2 &= 4\,(\tau_{xy}\cos\Theta_{x1})^2 + (\sigma_x - \sigma_y\cos^2\Theta_{x1})^2, \\ \delta_{x2}^2\cos^2\Theta_{x2}/C^2t^2 &= 4\,(\tau_{xy}\cos\Theta_{x2})^2 + (\sigma_x - \sigma_y\cos^2\Theta_{x2})^2. \end{aligned}\right\} \tag{47}$$

Zwecks schiefer Durchstrahlung kann das Modell auch um die perpendikulären Achsen gedreht werden. Die letzterwähnten Verfahren sind in der Literatur wohlbekannt [3].

C. B. Norris und A. W. Voss [15] haben für die Bestimmung des ebenen Spannungszustandes ein Verfahren dargelegt, laut welchem die drei Gangunterschiede δ_0, δ_x, δ_y ($\Theta_x = \Theta_y = \Theta$) und der Parameter der Isokline φ_0 bestimmt werden. Die Hauptspannungen werden in diesem Fall mit Hilfe der folgenden Formel bestimmt:

$$\sigma_{1,2} = \frac{1}{2\,C\,t}\left(\frac{\operatorname{ctg}^2\Theta}{1+\cos^2\Theta}\cdot\frac{\delta_x^2 - \delta_y^2}{\delta_0\cos 2\varphi_0} \pm \delta_0\right). \tag{48}$$

Somit läßt das Verfahren der schiefen Durchstrahlung bei der Bestimmung des ebenen Spannungszustandes sechs verschiedene Möglichkeiten zu.[1]) Wir fassen sie hier in einer übersichtlichen Tabelle zusammen (Tabelle 2).

Tabelle 2

Methode	Zahl der Durchstrahlungen	Experimentell zu bestimmende Größen	Beziehungen, aus denen die Spannungskomponenten bestimmt werden
I	2	$\delta_0, \varphi_0, \delta_x, \varphi_x$	(39), (40)
II	2	$\delta_0, \varphi_0, \delta_x$	(41), (42)
III	2	$\delta_0, \varphi_0, \varphi_x$	(43), (44)
IV	3	$\delta_0, \delta_{x1}, \delta_{x2}$	(47)
V	3	$\delta_0, \delta_x, \delta_y$	(47)
VI	3	$\delta_0, \varphi_0, \delta_x, \delta_y$	(48)

[1]) Formeln des Verfahrens der schiefen Durchstrahlung können auch für die Spannungskomponenten σ_x, σ_y, τ_{xy} abgeleitet werden [7]. Auch ist es möglich, mit Hilfe der Beziehung (29) die Größen δ_0 und φ_0 aus den Formeln (39) und (40) zu eliminieren. Praktisch bieten aber die im Text dargestellten Möglichkeiten das meiste Interesse.

6. Genauigkeit des Verfahrens der schiefen Durchstrahlung

Um aufzuklären, welche der obenbeschriebenen Methoden für die praktische Anwendung am passendsten ist, muß man die Empfänglichkeit der dargelegten Formeln für Experimentfehler untersuchen. Die Genauigkeit einiger Methoden der schiefen Durchstrahlung hat D. C. Drucker analysiert [3]. In einer allgemeineren Form sind die obenbeschriebenen sechs Methoden der schiefen Durchstrahlung für die Bestimmung des ebenen Spannungszustandes in der Arbeit [7] verglichen worden.

Vorausgesetzt, daß die Experimentfehler nicht allzu groß sind, hat der maximale absolute Fehler $\Delta\sigma_n$ bei der Bestimmung einer Spannungskomponente σ_n die Gestalt

$$\Delta\sigma_n = \sum_i \frac{\partial\sigma_n}{\partial\Theta_i}\Delta\Theta_i + \sum_i \frac{\partial\sigma_n}{\partial\delta_i}\Delta\delta_i + \sum_i \frac{\partial\sigma_n}{\partial\varphi_i}\Delta\varphi_i\,, \tag{49}$$

wo $\Delta\Theta_i$, $\Delta\delta_i$, $\Delta\varphi_i$ die absoluten Fehler der Versuchsergebnisse darstellen. Indem wir auf Grund der Beziehung (49) für verschiedene charakteristische Spannungszustände die absoluten Fehler der Spannungskomponenten bestimmen, die mit Hilfe verschiedener Verfahren der schiefen Durchstrahlung ermittelt worden sind, können wir die Genauigkeit dieser Verfahren vergleichen.

Tabelle 3 bringt die maximalen absoluten Fehler der Spannungskomponenten, die für verschiedene Spannungszustände durch die Verfahren von Tabelle 2 bestimmt werden.

Aus Tabelle 3 geht hervor, daß das genaueste Verfahren der schiefen Durchstrahlung das Verfahren I ist, da der Fehler in diesem Fall nie sehr groß wird. Bei den Verfahren II bis VI ist der Fehler für einige Spannungszustände unendlich groß, weshalb diese Verfahren sich in der praktischen Anwendung nicht rechtfertigen. Auch bestätigt die Tabelle die große Suszeptibilität des in der Praxis verbreiteten Verfahrens IV experimentellen Fehlern gegenüber. Das in der Praxis oft angewendete Verfahren VI ist gleichfalls ungenau. Für die Bestimmung des ebenen Spannungszustandes muß also das Verfahren I als das am besten geeignete anerkannt werden.

Der absolute Fehler kann unendlich groß werden, wenn der Nenner des betreffenden Ausdrucks Glieder enthält, die zu 0 werden können. Daß solche Glieder bei den Verfahren II, III und VI auftreten können, ist aus den Formeln (41) bis (44) und (48) leicht ersichtlich. Auch sind solche Glieder bei den Verfahren IV und V möglich, da das Gleichungssystem (47) nicht linear ist. Aus den Formeln (39) und (40) ist dagegen zu ersehen, daß der Nenner des Fehlerausdrucks im Fall des Verfahrens I keine Glieder enthält, die sehr klein oder 0 werden könnten. Durch diesen Umstand ist denn auch die bedeutend geringere Empfindlichkeit des Verfahrens I experimentellen Fehlern gegenüber zu erklären.

Die Angaben der Tabelle 3 gelten auch bei räumlichem Spannungszustand hinsichtlich der Genauigkeit, mit welcher die Differenzen normaler Spannungen bestimmt werden, falls zwei Hauptspannungen in der Ebene der Modellscheibe liegen.

Die für den räumlichen Spannungszustand geltenden allgemeinen Formeln (11) und (14) weisen im Nenner die Größe A auf, die durch Beziehung (15) dargestellt wird. Die bessere Genauigkeit des Verfahrens verlangt, daß A möglichst groß sei. Deshalb ist es erwünscht, daß das Modell für die beiden schiefen Durchstrahlungen in verschiedener Richtung gedreht wird. Die größtmögliche Genauigkeit erreichen wir in dem Fall, wo $\Theta_x' = 45°$, $\Theta_x' = -45°$, wodurch $A = 1$ wird. Somit bleibt der Fehlerbetrag der zu berechnenden Spannungskomponenten stets beschränkt. Da dieses Verfahren analog dem Verfahren I für den ebenen Spannungszustand ist, so ist es bei der Bestimmung des räumlichen Spannungszustandes als das geeignetste Verfahren der schiefen Durchstrahlung zu betrachten.

Die Analogie mit den Verfahren IV und V läßt schließen, daß das Verfahren, in dem nur die Gangunterschiede bei der schiefen Durchstrahlung bestimmt werden (Gleichungssystem

Tabelle 3

Spannungszustand		I $\delta_0, \delta_x, \varphi_0, \varphi_x$		II $\delta_0, \varphi_0, \delta_x$		III $\delta_0, \varphi_0, \varphi_2$		IV $\delta_0, \delta_{x1}, \delta_{x2}$,		V $\delta_0, \delta_x, \delta_y$		VI $\delta_0, \varphi_0, \delta_x, \delta_y$	
σ_1, σ_2	φ_0^0	$\Delta\sigma_1$	$\Delta\sigma_2$	$\Delta\sigma_1$	$\Delta\sigma_2$	$\Delta\sigma_1$	$\Delta\sigma_2$	$\Delta\sigma_x$	$\Delta\sigma_y$	$\Delta\sigma_x$	$\Delta\sigma_y$	$\Delta\sigma_1$	$\Delta\sigma_2$
$\sigma_1 = 1$ $\sigma_2 = 1$		$\Delta\Theta + 3{,}4\,\Delta\delta$		$3\,\Delta\Theta + 2{,}4\,\Delta\delta$		∞		$7\,\Delta\Theta + 3{,}8\,\Delta\delta$	$13\,\Delta\Theta + 6{,}3\,\Delta\delta$	$5{,}8\,\Delta\Theta + 2{,}8\,\Delta\delta$		∞	
$\sigma_1 = 1$ $\sigma_2 = 0$	0	$2\,\Delta\Theta + 2{,}4\,\Delta\delta$	$2\,\Delta\Theta + 3{,}4\,\Delta\delta$	$2\,\Delta\Theta + 2{,}4\,\Delta\delta$	$2\,\Delta\Theta + 3{,}4\,\Delta\delta$	∞		$4{,}7\,\Delta\Theta + 5{,}4\,\Delta\delta$	$75{,}6\,\Delta\Theta + 101{,}2\,\Delta\delta$	$5{,}8\,\Delta\Theta + 8{,}8\,\Delta\delta$	∞	$2{,}5\,\Delta\Theta + 2{,}1\,\Delta\delta$	$2{,}5\,\Delta\Theta + 3{,}6\Delta\delta$
	45	$1{,}5\,\Delta\Theta + \Delta\delta + 5{,}8\,\Delta\varphi$		$1{,}5\,\Delta\Theta + 7{,}9\,\Delta\delta + 6\,\Delta\varphi$		$1{,}5\,\Delta\Theta + \Delta\delta + 6{,}2\Delta\,\varphi$	$1{,}5\,\Delta\Theta + 6{,}2\,\Delta\varphi$	$4{,}3\,\Delta\Theta + 21{,}5\,\Delta\delta$	$15\,\Delta\Theta + 50\,\Delta\delta$	$3{,}6\,\Delta\Theta + 8{,}3\,\Delta\delta$		∞	
	90	$\Delta\Theta + 3{,}4\,\Delta\delta$	$\Delta\Theta + 2{,}4\,\Delta\delta$	$\Delta\Theta + 3{,}4\,\Delta\delta$	$\Delta\Theta + 2{,}4\,\Delta\delta$	∞		$10{,}1\,\Delta\Theta + 36{,}4\,\Delta\delta$	$\Delta\Theta + 3{,}4\,\Delta\delta$	∞	$5{,}8\,\Delta\Theta + 8{,}8\,\Delta\delta$	$2{,}5\,\Delta\Theta + 3{,}6\,\Delta\delta$	$2{,}5\,\Delta\Theta + 2{,}1\,\Delta\delta$
$\sigma_1 = 1$ $\sigma_2 = -1$	0	$\Delta\Theta + 2{,}4\,\Delta\delta$	$\Delta\Theta + 3{,}4\,\Delta\delta$	$\Delta\Theta + 2{,}4\,\Delta\delta$	$\Delta\Theta + 3{,}4\,\Delta\delta$	∞		$1{,}3\,\Delta\Theta + 1{,}8\Delta\delta$	$2\,\Delta\Theta + 3{,}5\,\Delta\delta$	$5{,}8\,\Delta\Theta + 16{,}5\,\Delta\delta$		$1{,}9\,\Delta\delta$	
	45	$\Delta\Theta + 0{,}5\,\Delta\delta + 12\,\Delta\varphi$		∞		$0{,}5\,\Delta\delta + 11{,}6\,\Delta\varphi$		$38{,}4\,\Delta\Theta + 26{,}4\,\Delta\delta$	$38{,}4\,\Delta\Theta + 28{,}8\,\Delta\delta$	∞		∞	
	90	$\Delta\Theta + 3{,}4\,\Delta\delta$	$\Delta\Theta + 2{,}4\,\Delta\delta$	$\Delta\Theta + 3{,}4\,\Delta\delta$	$\Delta\Theta + 2{,}4\,\Delta\delta$	∞		$2\,\Delta\Theta + 3{,}5\,\Delta\delta$	$1{,}3\,\Delta\Theta + 1{,}8\,\Delta\delta$	$5{,}8\,\Delta\Theta + 16{,}5\,\Delta\delta$		$1{,}9\,\Delta\delta$	

Bemerkungen zu Tabelle 3.

1. Da bei Methode IV in den Fällen $\sigma_1 = +1$, $\sigma_2 = 0$ und $\sigma_1 = +1$, $\sigma_2 = -1$, wenn $\varphi_0 = 0°$, $\varphi_0 = 45°$ und $\varphi_0 = 90°$, der Fehler unbestimmbar ist, so gelten die Berechnungen für den Fall: $\varphi_0 = 1°$, $\varphi_0 = 46°$ und $\varphi_0 = 89°$.

2. Bei der Fehlerberechnung wird vorausgesetzt, daß die Gangunterschiede und die Parameter der Isokline mit der gleichen Genauigkeit sowohl bei der normalen als auch bei der schiefen Durchstrahlung bestimmt werden.

(16)), experimentellen Fehlern gegenüber sehr empfindlich ist und sich deswegen in der Praxis nicht rechtfertigt.

Analoge Erwägungen anläßlich der Methode Fjodorows zeigen, daß der Fehlerbetrag bei der Bestimmung der Größen $\sigma_i - \sigma_j$ stets beschränkt ist, da das im Nenner des Fehlerausdrucks auftretende Glied B durch die Wahl eines geeigneten Winkels Θ_x in allen Fällen groß genug gesetzt werden kann.

7. Optische Erscheinungen bei der Brechung polarisierten Lichtes an den Flächen des Modells

Um die Brechung polarisierten Lichtes an den Flächen des Modells zu verhindern, wird das Modell zwecks schiefer Durchstrahlung gewöhnlich in eine Immersionswanne gebracht, oder es werden Prismen spezieller Form gebraucht [5], [16]. Die Benutzung sowohl der Immersionswanne als auch der Prismen schafft für die Durchführung des Experiments bedeutend kompliziertere Bedingungen, ja macht es in manchen Fällen technisch unrealisierbar. Obgleich verschiedene Autoren bereits von der unmittelbaren schiefen Durchstrahlung Gebrauch gemacht haben, ist diese Möglichkeit bisher nicht theoretisch begründet worden. Wir wollen versuchen, klarzulegen, welche Störungen der optischen Erscheinungen durch die Brechung polarisierten Lichtes an den Flächen des Modells entstehen.

Insofern die optische Anisotropie spannungsoptischer Modelle überaus gering ist, können wir diese Modelle in Hinsicht der Lichtbrechung als optisch isotrope Dielektrika betrachten. Für die Brechung polarisierten Lichtes sind dann die folgenden Gesetzmäßigkeiten charakteristisch.

a) Linear polarisiertes Licht bleibt nach der Brechung linear polarisiert, wobei der elektrische Vektor des einfallenden Lichtes bei der Brechung in Richtung der Einfallsebene abgelenkt wird, und zwar gemäß folgender Beziehung:

$$\operatorname{tg} \alpha_D = \operatorname{tg} \alpha_0 \cos (i - r) , \tag{50}$$

wo α_0 der Winkel zwischen dem elektrischen Vektor des einfallenden Lichtes und der Einfallsebene, α_D der Winkel zwischen dem elektrischen Vektor des gebrochenen Lichtes und der Einfallsebene, i der Einfallswinkel und r der Brechungswinkel ist.

b) Die Amplitude E_D des elektrischen Vektors des gebrochenen Lichtes wird durch die folgende Beziehung dargestellt:

$$E_D = E_0 \frac{2 \cos i \sin r}{\sin (i + r) \cos (i - r)} \sqrt{1 - \sin^2 (i - r) \sin^2 \alpha_0} , \tag{51}$$

wo E_0 die Amplitude des elektrischen Vektors des einfallenden Lichtes ist.

c) Die Phase der Lichtschwingungen wird bei der Brechung nicht verändert.

Auf Grund der Beziehung (50) können wir den Drehungswinkel γ_0 der Schwingungsebene bei der Brechung bestimmen:

$$\operatorname{tg} \gamma_0 = \operatorname{tg} (\alpha_0 - \alpha_D) = \frac{\operatorname{tg} \alpha_0 [1 - \cos (i - r)]}{1 + \operatorname{tg}^2 \alpha_0 \cos (i - r)} . \tag{52}$$

Tabelle 4 bringt die Größe von γ_0 für verschiedene Werte von α_0, wenn $i = 55°$ und $n = 1{,}5$ ist. Aus den Angaben der Tabelle 4 können wir folgern, daß die Drehungswinkel zweier perpendikulärer Schwingungen bei der Brechung praktisch gleich sind.

Tabelle 4

α_0	0°	10°	20°	30°	40°	50°	60°	70°	80°	90°
γ_0	0° 00′	0° 42′	1° 20′	1° 49′	2° 06′	2° 07′	1° 53′	1° 25′	0° 46′	0°00′

Betrachten wir nun die schiefe Durchstrahlung einer dem allgemeinen räumlichen Spannungszustand unterworfenen Modellscheibe.

Das aufs Modell fallende Licht sei linear polarisiert, seine Amplitude sei J:

$$P_0 = J \sin \omega t \,. \tag{53}$$

Nach der Brechung haben wir (Abb. 2)

$$P_D = J' \sin \omega t \,, \tag{54}$$

wo J' durch die Beziehung (51) bestimmt wird.

Die Schwingung P_D zerfällt in linear polarisierte Schwingungen in den sekundären Hauptrichtungen x und y (Abb. 2); vor dem Heraustritt aus dem Modell nehmen sie die folgende Gestalt an:

$$\left.\begin{aligned} x &= J' \cos (\alpha_D - \beta) \sin \omega t \,, \\ y &= J' \sin (\alpha_D - \beta) \sin (\omega t - \Delta) \,, \end{aligned}\right\} \tag{55}$$

wo β der Winkel zwischen der sekundären Hauptspannung σ_1' und der Einfallsebene, $\Delta = \frac{2 \pi C t}{\lambda \cos r} (\sigma_1' - \sigma_2')$, λ die Wellenlänge ist.

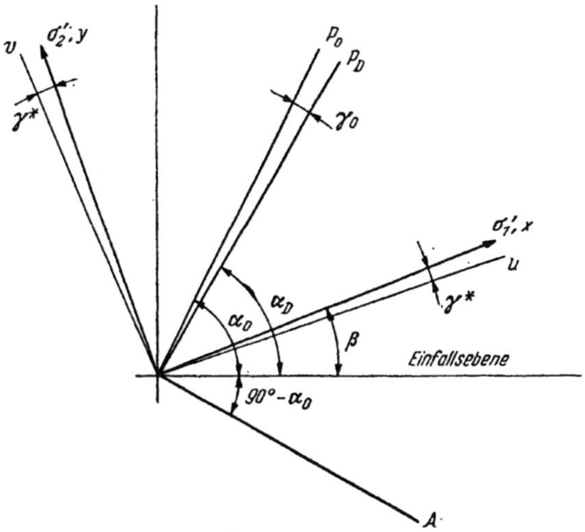

Abb. 2

Beim Heraustritt aus dem Modell brechen sich die Schwingungen x und y und werden gegen die Einfallsebene um den Winkel γ_* auf die Achsen u und v abgelenkt (Abb. 2). Dabei werden ihre Phasen nicht verändert, wohl aber ihre Amplituden. Die letzteren verändern sich der Beziehung (51) gemäß. Wir erhalten

$$\left.\begin{aligned} u &= J'' B_1 \cos (\alpha_D - \beta) \sin \omega t \,, \\ v &= J'' B_2 \sin (\alpha_D - \beta) \sin (\omega t - \Delta) \,, \end{aligned}\right\} \tag{56}$$

wo

$$J'' = J' \frac{2 \cos i \sin r}{\sin (i + r) \cos (i - r)} \,, \tag{57}$$

$$B_1 = \sqrt{1 - \sin^2 (i - r) \sin^2 \beta} \,, \qquad B_2 = \sqrt{1 - \sin^2 (i - r) \cos^2 \beta} \,. \tag{58}$$

Zur Bestimmung der Isokline müssen wir eine solche Lage des Polarisators finden, bei welcher das aus dem perpendikulär gelagerten Analysator kommende Licht minimale Stärke hat. Die aus dem Analysator tretende Lichtschwingung stellt sich folgendermaßen dar:

$$A = u \cos (90° + \beta - \alpha_D - \gamma_0 - \gamma_*) - v \cos (\alpha_D - \beta + \gamma_0 - \gamma_*) \,. \tag{59}$$

Da die gesuchte Lage des Polarisators sich offensichtlich in der Nähe der sekundären Hauptspannung befinden muß, so können wir mit einer gewissen Annäherung sagen, daß

$$\gamma_0 = \gamma_* = \gamma \,. \tag{60}$$

Auf Grund der Beziehungen (59), (56) und (60) finden wir nun

$$\begin{aligned} A = {} & J'' B_1 [\sin 2 \gamma \cos^2 (\alpha_D - \beta) + \sin (\alpha_D - \beta) \cos (\alpha_D - \beta)] \sin \omega t \\ & - J'' B_2 \sin (\alpha_D - \beta) \cos (\alpha_D - \beta) \sin (\omega t - \Delta) \,. \end{aligned} \tag{61}$$

Die Bedingung des Amplitudenminimums der Schwingung (61) in Beziehung zu dem Winkel $(\alpha_D - \beta)$ ergibt zur Bestimmung des Winkels $(\alpha_D - \beta)$ eine kubische Gleichung, deren Lösung in erster Näherung

$$\alpha_D - \beta = -\gamma \tag{62}$$

ist.

Da $\alpha_0 = \alpha_D + \gamma$, so ist die Intensität des aus dem Analysator tretenden Lichtes minimal, wenn $\alpha_0 = \beta$, d. h., wenn der Polarisator parallel zu einer sekundären Hauptspannung ist. Die Bestimmung der Isoklinen durch die schiefe Durchstrahlung erfordert also keine Korrektiven.

Bei der schiefen Durchstrahlung ist die Lichtstärke an der Isokline aber nicht 0, sondern stellt sich durch die folgende Beziehung dar:

$$\left(\frac{A_1}{J''}\right)^2 = \sin^2\gamma\,(B_1^2 + B_2^2 + 2\,B_1B_2\cos\Delta)\,, \tag{63}$$

wo A_1 die Amplitude der Schwingung (61) ist. Die Lichtstärke an der Isokline ist praktisch nicht größer als 0,5% von der maximalen Intensität des aus dem Analysator tretenden Lichtes.

Wie wir oben sahen, sind die aus dem Modell heraustretenden Lichtschwingungen u und v nicht perpendikulär, sondern bilden einen Winkel $90° + 2\gamma_*$. Mit dem Kompensator ist es aber möglich, den Gangunterschied nur zwischen zwei perpendikulären Schwingungen zu messen. Experimentalmethodisch ist es zweckmäßig, den Gangunterschied an den Achsen x und y zu messen. Wir projizieren also die Schwingung (56) auf die Achsen x und y:

$$x = u\cos\gamma_* - v\sin\gamma_*\,,\qquad y = -u\sin\gamma_* + v\cos\gamma_*\,. \tag{64}$$

Durch Transformation der Koordinaten (64) erhalten wir

$$x = D_1\sin\omega t\,,\quad y = D_2\sin(\omega t - w)\,, \tag{65}$$

wo D_1 und D_2 die Amplituden der Schwingungen x und y sind und w sich wie folgt darstellt:

$$\operatorname{tg} w = \operatorname{tg}\Delta\,\frac{\cos 2\gamma_*}{1 - \dfrac{1+K^2}{2K}\cdot\dfrac{\sin 2\gamma_*}{\cos\Delta}}\,. \tag{66}$$

In der Formel (66) ist

$$K = \frac{B_1\cos(\alpha_D - \beta)}{B_2\sin(\alpha_D - \beta)}\,. \tag{67}$$

In Anbetracht dessen, daß der Winkel γ_* ein kleiner Winkel ist und daß $K \approx 1$, können wir auf Grund der Beziehung (66) dem Gangunterschied w den folgenden Ausdruck geben:

$$\operatorname{tg} w = \operatorname{tg}\Delta\,\frac{1}{1 - \dfrac{\sin 2\gamma_*}{\cos\Delta}}\,. \tag{68}$$

Wir haben hier den Fall betrachtet, wo der elektrische Vektor P_0 des einfallenden Lichtes und die Einfallsebene in Beziehung zu den sekundären Hauptspannungen in unterschiedlichen Quadranten lagen (Abb. 2). Falls der elektrische Vektor des einfallenden Lichtes und die Einfallsebene in Beziehung zu den sekundären Hauptspannungen im gleichen Quadranten liegen, so ist der Winkel zwischen den Schwingungen u und v: $90° - 2\gamma_*$ (Abb. 3). In diesem Fall hat der gemessene Gangunterschied die Gestalt

$$\operatorname{tg} w = \operatorname{tg}\Delta\,\frac{1}{1 + \dfrac{\sin 2\gamma_*}{\cos\Delta}}\,. \tag{69}$$

Abb. 4 bringt die Abhängigkeit der Größe $(w - \Delta)$ vom Gangunterschied, entsprechend den Beziehungen (68) (fortlaufende Linie) und (69) (unterbrochene Linie) im Falle $\gamma_* = 2°07'$. Dasselbe Bild stellt auch die Resultate der experimentellen Kontrolle der Beziehung (68) dar.

Aus dem Obengesagten folgt, daß der mit Hilfe der schiefen Durchstrahlung gemessene Gangunterschied nicht nur von der Differenz der sekundären Hauptspannungen, sondern auch vom Winkel γ_* und von der Lage des elektrischen Vektors des einfallenden Lichtes abhängt. Es ist wohl das erste Mal, daß bei der Anwendung der spannungsoptischen Methode zwei perpendikuläre Lagen des Polarisators nicht äquivalent sind, sondern unterschiedliche optische Erscheinungen hervorrufen.

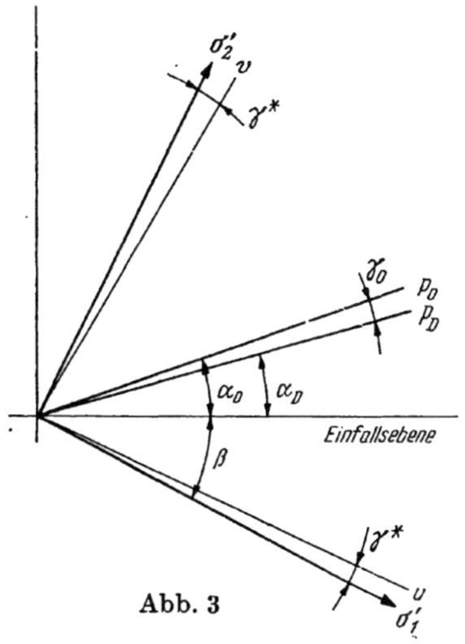

Abb. 3

Was die Experimentalmethodik anbetrifft, so sind hier — mit der perpendikulären Durchstrahlung verglichen — keine Abweichungen zu verzeichnen. Praktisch ist der Unterschied zwischen Δ und dem gemessenen Gangunterschied w nicht größer als 7 mμ, weshalb die Berichtigung in den meisten Fällen vernachlässigt werden kann. Für eine genauere Methodik bieten die Beziehungen (68) und (69) gute Möglichkeiten, die Versuchsergebnisse zu präzisieren.

Die obige Methode überzeugt uns leicht, daß

$$\sin \Delta = 0 \tag{70}$$

auch bei der schiefen Durchstrahlung die Bedingung der Bildung von Isochromaten im gekreuzten Polariskop ist.

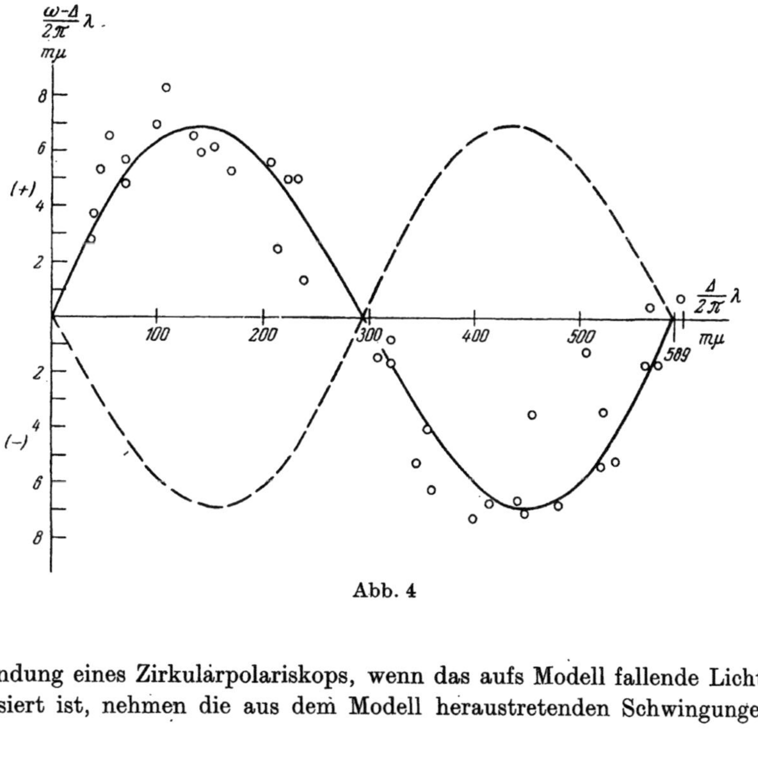

Abb. 4

Bei Anwendung eines Zirkularpolariskops, wenn das aufs Modell fallende Licht rechtszirkular polarisiert ist, nehmen die aus dem Modell heraustretenden Schwingungen folgende Gestalt an:

$$u = J''\, B_1^2 \sin \omega\, t\,, \quad v = J''\, B_2^2 \sin\left(\omega\, t - \frac{\pi}{2} - 2\,\gamma_* - \Delta\right). \tag{71}$$

Im Achsensystem x, y wird die Schwingung (71) durch folgende Beziehungen ausgedrückt:

$$\left.\begin{aligned} x &= J'' \sqrt{B_1^4 + B_2^4 \sin^2 \gamma_* - 2\, B_1^2\, B_2^2 \sin \gamma_* \cos\left(\frac{\pi}{2} + 2\,\gamma_* + \Delta\right)} \sin \omega\, t\,, \\ y &= J'' \sqrt{B_1^4 \sin^2 \gamma_* + B_2^4 - 2\, B_1^2\, B_2^2 \sin \gamma_* \cos\left(\frac{\pi}{2} + 2\,\gamma_* + \Delta\right)} \sin(\omega\, t - w)\,, \end{aligned}\right\} \quad (72)$$

wo

$$\operatorname{tg} w = \frac{-\cos(\Delta + 2\,\gamma_*)}{\frac{1 + K_1^4}{K_1^2} \sin \gamma_* + \sin(\Delta + 2\,\gamma_*)}\,, \quad (73)$$

$$K_1 = \frac{B_1}{B_2}\,.$$

Als Bedingung des Intensitätsminimums des aus der zweiten Viertelwellenplatte und dem Analysator heraustretenden Lichtes erhalten wir

$$\cos w = 0 \quad (74)$$

oder

$$\frac{1 + K_1^4}{K_1^2} \sin \gamma_* + \sin(\Delta + 2\,\gamma_*) = 0\,, \quad (75)$$

und — da $K_1 \approx 1$ —

$$\sin(\Delta + 2\,\gamma_*) = -\sin 2\,\gamma_*\,. \quad (76)$$

Aus der Beziehung (76) erhalten wir die Bedingung der Bildung von Isochromaten

$$\Delta = -4\,\gamma_* + 2\,n\,\pi\,, \quad \Delta = (2\,n + 1)\,\pi \quad (n = 0, 1, 2, \ldots)\,. \quad (77)$$

Falls das einfallende Licht linkszirkular polarisiert ist, erhalten wir analog als die Bedingung der Entstehung von Isochromaten

$$\Delta = 4\,\gamma_* + 2\,n\,\pi\,, \quad \Delta = (2\,n + 1)\,\pi\,. \quad (78)$$

Aus (77) und (78) folgt, daß die Isochromaten im Zirkularpolariskop eine Verschiebung erfahren können, wobei letztere vom Winkel γ_* und vom Polarisationscharakter des einfallenden Lichtes abhängt. Praktisch übersteigt die Verschiebung der Isochromaten nicht 2,5% des Abstandes zweier benachbarter Isochromaten. Zur Erlangung einer größeren Präzision sollten die Isochromaten $\Delta = (2\,n + 1)\,\pi$ Anwendung finden, da sie nicht verschoben werden.

8. Die Wirkung der inneren Reflexion bei der schiefen Durchstrahlung

Die Wirkung der inneren Reflexion bei der perpendikulären Durchstrahlung spannungsoptischer Modelle ist von H. Favre [17] behandelt worden. Untersuchen wir im folgenden, wie sich die innere Reflexion bei der schiefen Durchstrahlung auswirkt.

Fresnel hat für die Komponenten des elektrischen Vektors reflektierten Lichtes die folgenden Formeln aufgestellt:

$$R_P = \frac{\operatorname{tg}(i - r)}{\operatorname{tg}(i + r)} E_P\,, \qquad R_s = -\frac{\sin(i - r)}{\sin(i + r)} E_s\,, \quad (79)$$

wo E_P, E_s die Komponenten des einfallenden Lichtes — parallel und perpendikulär zur Einfallsebene —, und R_P, R_s die entsprechenden Komponenten des reflektierten Lichtes sind. Die entsprechenden Reflexionskoeffizienten sind

$$\varrho_P^2 = \left(\frac{R_P}{E_P}\right)^2, \qquad \varrho_s^2 = \left(\frac{R_s}{E_s}\right)^2. \quad (80)$$

In dem für die Praxis typischen Fall ($\Theta_x = 55°$) erhalten wir $\varrho_P^2 = 0{,}0002$; $\varrho_s^2 = 0{,}14$. Da $\varrho_P^2 \ll \varrho_s^2$, können wir die zur Einfallsebene parallele Komponente des reflektierten Lichtes vernachlässigen.

Betrachten wir nun die schiefe Durchstrahlung einer dem räumlichen Spannungszustand unterliegenden planparallelen Platte (Abb. 5). Dabei berücksichtigen wir außer dem primären Strahl 1 auch den Strahl 2, der in den Punkten B und C reflektiert wird.

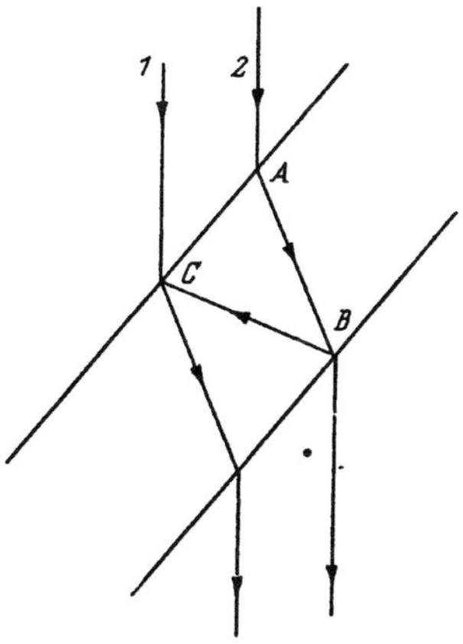

Abb. 5

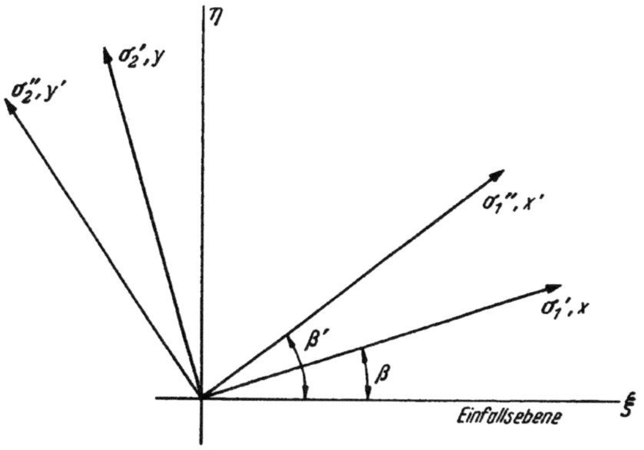

Abb. 6

Nach der Brechung im Punkt A zerfällt das linear polarisierte Licht in die Schwingungen x und y in Richtung der sekundären Hauptspannungen σ_1' und σ_2'. Bezeichnen wir die Amplituden dieser Schwingungen mit J_x und J_y, so erhalten wir in Punkt B

$$x_B = J_x \sin \omega t , \quad y_B = J_y \sin (\omega t - \Delta) . \tag{81}$$

Nach der Reflexion in Punkt B haben wir (Abb. 6)

$$\eta_B = \varrho_s \sqrt{J_x^2 \sin^2 \beta + J_y^2 \cos^2 \beta + 2 J_x J_y \sin \beta \cos \beta \cos \Delta} \sin (\omega t - \Delta_B) , \quad \xi_B = 0 . \tag{82}$$

Da beim Gebrauch üblicher spannungsoptischer Einrichtungen keine Interferenz zwischen gebrochenem und reflektiertem Licht in Punkt C entstehen kann, ist die Phase der Schwingung η_B ohne Bedeutung. Wir bezeichnen die Schwingung η_B kurz durch

$$\eta_B = \varrho_s J_B \sin \omega t . \tag{83}$$

Die Schwingung η_B zerfällt in zwei Schwingungen, gerichtet nach den sekundären Hauptrichtungen σ_1'', σ_2'' (auf den Strahl BC bezogen[1]) (Abb. 6):

$$\left.\begin{aligned} x' &= \varrho_s J_B \sin \beta' \sin \omega t , \\ y' &= \varrho_s J_B \cos \beta' \sin \omega t . \end{aligned}\right\} \tag{84}$$

In Punkt C haben die Schwingungen (84) den Gangunterschied $\Delta' = \dfrac{2 \pi C t}{\lambda \cos r} (\sigma_1'' - \sigma_2'')$,

$$\left.\begin{aligned} x_C' &= \varrho_s J_B \sin \beta' \sin \omega t , \\ y_C' &= \varrho_s J_B \cos \beta' \sin (\omega t - \Delta') . \end{aligned}\right\} \tag{85}$$

Nach der Reflexion in Punkt C erhalten wir

$$\eta_C = \varrho_s^2 J_B \sqrt{\sin^4 \beta' + \cos^4 \beta' + 2 \sin^2 \beta' \cos^2 \beta' \cos \Delta'} \sin (\omega t - \Delta_C) = \varrho_s^2 J_B J_C \sin (\omega t - \Delta_C) . \tag{86}$$

[1]) Beim allgemeinen räumlichen Spannungszustand sind die Richtungen der sekundären Hauptspannungen für die Strahlen AB und BC unterschiedlich.

Also tritt die Wirkung der inneren Reflexion darin zutage, daß zu dem gebrochenen Licht in Punkt C die Schwingung (86) hinzukommt, deren Amplitude J_η^{*} maximal den Wert

$$J_\eta'' = \varrho_s^2 \, (J_x \sin \beta + J_y \cos \beta) \qquad (87)$$

haben kann. Die Amplitude der entsprechenden Schwingung des gebrochenen Lichtes J_η' ist

$$J_\eta' = J_x \sin \beta + J_y \cos \beta \, . \qquad (88)$$

Also hat die summarische Amplitude J_η der in Punkt C senkrecht zur Einfallsebene erfolgenden Schwingung die Gestalt

$$J_\eta = (J_x \sin \beta + J_y \cos \beta) \sqrt{1 + \varrho_s^4} \, . \qquad (89)$$

Falls $\varrho_s^2 = 0{,}14$ ist, erhalten wir

$$J_\eta = 1{,}01 \, (J_x \sin \beta + J_y \cos \beta) = 1{,}01 \, J_\eta' \, . \qquad (90)$$

Demgemäß kommt die Wirkung der inneren Reflexion darin zum Vorschein, daß die Amplitude der in Punkt C zur Einfallsebene senkrecht gerichteten Schwingung größer wird, wobei diese Vergrößerung im Falle $\Theta_x = 55°$, $n = 1{,}5$ maximal 1% betragen kann.

Ist das einfallende Licht linear polarisiert, so offenbart sich die Wirkung der inneren Reflexion darin, daß sich der elektrische Vektor von der Einfallsebene entfernt. Diese Drehung des elektrischen Vektors kann im obenbetrachteten Fall maximal 17′ sein.

Ist das einfallende Licht zirkular polarisiert, so wird es bei der Brechung den Beziehungen (79) gemäß elliptisch. Infolge der inneren Reflexion verringert sich einigermaßen die Elliptizität des gebrochenen Lichtes, wodurch auch die Verschiebung der Isochromaten (Beziehungen (77) und (78)) etwas kleiner wird.

Aus dem Obengesagten geht hervor, daß die Wirkung der inneren Reflexion bei der schiefen Durchstrahlung sehr gering ist und die Versuchsergebnisse nicht merklich ändert. Dabei vermindert die innere Reflexion etwas die in den optischen Erscheinungen auftretenden Störungen, was der Brechung polarisierten Lichtes an den Flächen des Modells zu verdanken ist. Der Umstand, daß die Wirkung der inneren Reflexion bei der schiefen Durchstrahlung bedeutend kleiner ist als bei der perpendikulären [17], erklärt sich dadurch, daß bei der perpendikulären Durchstrahlung der gebrochene und der reflektierte Strahl interferieren, während bei der schiefen Durchstrahlung eine solche Interferenz ausbleibt.

Zusammenfassend kann man auf Grund der in den beiden letzten Punkten gebrachten Erwägungen folgern, daß die Bettung des schief zu durchstrahlenden Modells in eine Immersionswanne nicht unbedingt erforderlich ist. Die bei der Brechung und Reflexion polarisierten Lichtes an den Modellflächen entstehenden Störungen der optischen Erscheinungen können in den meisten Fällen vernachlässigt werden. Für die Anforderungen einer präziseren Experimentmethodik ist es möglich, die Versuchsergebnisse mit Hilfe der abgeleiteten Beziehungen genauer zu bekommen.

Zusammenfassung

Es werden verschiedene Möglichkeiten zur Anwendung des Verfahrens der schiefen Durchstrahlung betrachtet, und es wird gezeigt, welche Methoden bei der Bestimmung des Spannungszustandes die höchste Genauigkeit aufweisen. Die Anwendung des Verfahrens der schiefen Durchstrahlung wird mit Fjodorows universeller Methode zusammen betrachtet. Auch wird die Anwendung der Methode der schiefen Durchstrahlung zusammen mit der interferometrischen Methode zur vollständigen Auswertung des räumlichen Spannungszustandes behandelt. Es werden die optischen Erscheinungen analysiert, die bei der Refraktion und Reflexion des polarisierten Lichtes an den Flächen des Modells entstehen.

Akademie der Wissenschaften der Estnischen SSR, Institut für Kybernetik, Tallinn.

Literatur

[1] Drucker, D. C., Mindlin, R. D., Stress Analysis by Three-Dimensional Photoelastic Methods, J. Appl. Phys. **11** (1940) 724—732.

[2] Drucker, D. C., Photoelastic Separation of Principal Stresses by Oblique Incidence, J. Appl. Mech. **10** (1943) 156—160.

[3] Drucker, D. C., The Method of Oblique Incidence in Photoelasticity, Proc. Soc. Exp. Stress Analysis 8 (1950) No 1, 51—66.

[4] Краснов, В. М., К решению пространственной задачи теории упругости оптическим методом, Уч. зап. ЛГУ, серия мат. наук №. 87 (1944) 115—130.

[5] Краснов, В. М., О косом просвечивании в фотоупругости, Поляризационно-оптический метод исследования напряжений (Труды конференции 1958 года), Издат. ЛГУ (1960) 72—81.

[6] Hickson, V. M., Photoelastic Determination of Free Boundary Stresses of Frozen Stress Models by an Oblique Indidence Method, Brit. J. Appl. Phys. **2** (1951) 261—269.

[7] Абен, X., О применении метода наклонного просвечивания в фотоупругости, Изв. Академии Наук Эстонской ССР **9**, серия техн. и физ.-мат. наук (1960) 33—46.

[8] Zandman, F., Emploi de la platine théodolite dans la photoélasticimétrie tridimensionelle, Analyse contraintes **2** (1955) No 6, p. 15—21.

[9] Пригоровский, Н. И. и Прейсс, А. К., Исследование напряженного состояния на прозрачных объемных моделях в пучке параллельных лучей поляризованного света, Изв. Академии наук СССР, ОТН (1949) 686—699.

[10] Jessop, H. T., Wells, M. K., The Determination of the Principal Stress Differences at a Point in a Three Dimensional Photoelastic Model, Brit. J. Appl. Phys. **1** (1950) 184—189.

[11] Jessop, H. T., A Tilting Stage Method for Three — Dimensional Photoeleastic Investigations, Brit. J. Appl. Phys. 8 (1957) 30—32.

[12] Абен, X., О полном определении объемного напряженного состояния методом фотоупругости, Изв. Академии наук Эстонской ССР **9**, серия физ.-мат. и техн. наук (1960) 134—144.

[13] Прейсс, А. К., Определение напряжений с применением „замораживания", Сб. статей: Поляризационно-оптический метод исследования напряжений, Изд. АН СССР (1956) 113—137.

[14] Kuske, A., Das Kunstharz Phenolformaldehyd in der Spannungsoptik, Forsch. Geb. Ingenieurwesens **9** (1938) 139—149.

[15] Norris, C. B., Voss, A. W., An Improved Photoelastic Method for Determining Plane Stresses, NACA, Techn. Note No. 1410, 1948.

[16] Acloque, P., Méthode optique de mesure et séparation des contraintes en élasticité plane, Compt. Rend. **239** (1954) 1350—1352.

[17] Favre, H., Etude théorique de l'influence des réflexions intérieures sur la marche d'un rayon lumineux traversant une lame transparente soumise à des forces agissant dans son plan moyen, Ing.-Archiv **28** (1959), Festschrift Richard Grammel, S. 39—52.

Methoden zur örtlichen Bestimmung der beiden Hauptspannungen in einer Platte durch Anwendung der Schrägdurchstrahlung oder der Grenzwinkelinzidenz

Von P. Acloque

Einführung

Dieses Referat befaßt sich lediglich mit dem Fall des ebenen Spannungszustandes, das heißt mit dem Fall einer Platte mit parallelen Flächen, wo der Spannungstensor sich auf zwei normale Komponenten reduziert, die den Flächen der Platte parallel sind. Dies bedeutet jedoch nicht, daß diese normalen Komponenten selbst über die ganze Dicke der Platte gleich sind, so daß der Fall der Biegungsspannungen und derjenige bestimmter Systeme von Residualspannungen oder eingefrorenen Spannungen hier als zu den Methoden gehörig betrachtet wird, von denen wir im Folgenden sprechen wollen.

Den üblichen Verfahren der Spannungsoptik entsprechend durchstrahlt man die Platte, welche der Sitz der Spannungen ist, mit einem breiten Bündel polarisierten Lichts, so daß man einen Überblick, eine Gesamtansicht der Wirkungen gewinnt, welche die Durchstrahlung der Platte durch das polarisierte Licht in den verschiedenen Punkten derselben zur Folge hat: man untersucht auf diese Weise Netze von charakteristischen Linien, den Isoklinen und Isochromaten. Diese erhaltenen Liniennetze erlauben, die Richtung der Hauptspannungen σ_1 und σ_2 und den Wert ihrer Differenz $(\sigma_1 - \sigma_2)$ in jedem beliebigen Punkt der Platte zu kennen. Das heißt, man gelangt durch diese Methoden direkt zu den Schubspannungen. Will man jedoch die getrennten Werte σ_1 und σ_2 kennen, so kann man noch die Liniennetze vermittels mathematischer und graphischer Verfahren punktweise auswerten.

Im Gegensatz zu den synoptischen Methoden, die wir erwähnt haben, kann auch noch die Spannungsoptik nach der örtlichen Bestimmung verfahren, das heißt, man benutzt nicht mehr ein breites Strahlenbündel, welches das ganze Probestück durchstrahlt, sondern ein sehr schmales Bündel, das alle Schichten der Platte durchquert, oder eventuell nur die oberflächennahen Schichten, die einem bestimmten und im voraus gewählten Punkte benachbart sind. Die Methoden der örtlichen Bestimmung können nicht den Anspruch erheben, die synoptischen Methoden zu ersetzen, auch sind mit ihnen einige Nachteile verbunden, auf die im Verlauf dieser Ausführungen noch näher eingegangen werden soll. Aber sie haben auch unbestreitbare Vorteile. Der wichtigste dieser Vorteile ist zweifellos der, daß sie die einzelnen Werte der Hauptspannungen direkt liefern.

Bei der örtlichen Bestimmung wird das polarisierte Licht von einer Quelle geliefert, die sich im Apparat selbst befindet, der zur okularen Untersuchung dient. Sie wird genau auf das Probestück gerichtet, was dadurch möglich ist, daß der Apparat ein optisches Endstück besitzt, das unter gewissen Voraussetzungen in Kontakt mit der oberen Fläche der Platte gebracht wird.

1. Methode für die örtliche Bestimmung der Spannungen bei Schrägdurchstrahlung

Die allgemeine Methode der Schrägdurchstrahlung wurde 1943 durch Drucker [3] beschrieben, wobei dieser Autor darauf hinwies, daß man für die Hauptspannungen σ_1 und σ_2, die in einer Platte herrschen, eine andere Beziehung erhalten kann als diejenige, welche die

Bestimmung bei senkrechtem Lichteinfall liefert. Man kann auf diese Weise die beiden entsprechenden Isochromatennetze konstruieren, das eine auf senkrechtem Weg, das andere bei Schrägdurchstrahlung, und von diesen Netzen die einzelnen Hauptspannungswerte an allen Punkten ableiten.

Wir haben vor einigen Jahren [2] darauf hingewiesen, daß, immer für den Fall des ebenen Spannungszustandes, die örtliche Bestimmung bei Schrägdurchstrahlung mit dem Winkel Θ in beiden Einfallsebenen, die je einer der Hauptebenen entsprechen (Abb. 1), Gangunterschiede g_1 und g_2 ergibt, die mit σ_1 und σ_2 durch sehr einfache Gleichungen in Beziehung stehen:

$$\left.\begin{aligned} \sigma_1 &= \frac{(g_1 \cos^2 \Theta + g_2) \cos \Theta}{k\, d\, (1 - \cos^4 \Theta)}, \\ \sigma_2 &= \frac{(g_2 \cos^2 \Theta + g_1) \cos \Theta}{k\, d\, (1 - \cos^4 \Theta)}. \end{aligned}\right\} \qquad (1)$$

Dies sind Gleichungen, in welchen σ_1 und σ_2 den Hauptebenen E_1 bzw. E_2 entsprechen; g_1 und g_2 sind die optischen Gangunterschiede entlang dem vom Licht zurückgelegten Weg in den Ebenen E_1 und E_2, Θ ist der Einfallswinkel des Lichtes mit der Normalen der Platte, k ist die Brewstersche Konstante, d ist die Plattendicke.

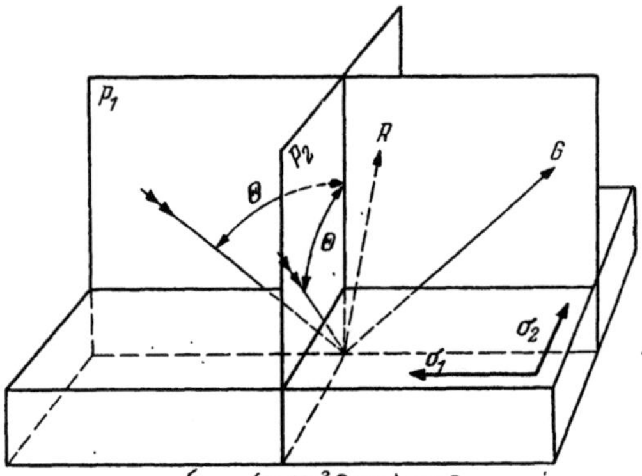

$$\left\{\begin{aligned} \sigma_1 &= \frac{(g_G \cos^2 \Theta + g_R) \cos \Theta}{2\, kd\, (1 - \cos^4 \Theta)} \\ \sigma_2 &= \frac{(g_R \cos^2 \Theta + g_G) \cos \Theta}{2\, kd\, (1 - \cos^4 \Theta)} \end{aligned}\right.$$

Abb. 1

Läßt man das Licht das Modell unter Einschaltung eines Prismas durchstrahlen, dessen Brechungsindex demjenigen des Stoffes, aus dem die Platte besteht, gleich ist, so kann man Einfallswinkel erhalten, die den Wert des Grenzwinkels für diesen Stoff im Verhältnis zur Luft überschreiten. Unter diesen Voraussetzungen erhält man eine totale Reflexion auf der unteren Fläche des Modells, und man kann die Gesamtheit des Lichtes in einem mit der Lichtquelle verbundenen Meßsystem auffangen. Dies erlaubt die Entwicklung eines kompakten, der örtlichen Bestimmungsmethode vollkommen gerecht werdenden Apparates.

Wenn der gewählte Einfallswinkel 45 Grad beträgt, vereinfachen sich die Gleichungen (1) beträchtlich und nehmen bei Berücksichtigung der Tatsache, daß das Licht infolge der Reflexion einen doppelten Weg zurücklegt, folgende Form an:

$$\left.\begin{aligned} \sigma_1 &= \frac{\sqrt{2}}{3\, k\, d}\left(\frac{g_1}{2} + g_2\right), \\ \sigma_2 &= \frac{\sqrt{2}}{3\, k\, d}\left(\frac{g_2}{2} + g_1\right). \end{aligned}\right\} \qquad (2)$$

Die Totalreflexion besitzt bekanntlich die Eigenschaft, eine gewisse Phasendifferenz zwischen der Parallelschwingung und der zum Einfallswinkel senkrechten Schwingung zu schaffen: die Gangunterschiede g_1 und g_2 müssen daher korrigiert werden, bevor man sie in die Gleichungen (2) einführt. Eine solche Korrektur ist leicht durchzuführen durch Versetzung der Null der Meßvorrichtung, so daß ein für allemal die Wirkung der Totalreflexion berücksichtigt wird. Bei der nun folgenden Beschreibung des Apparates, dem diese Prinzipien zugrunde liegen, wird man sehen, daß auch noch ein anderer Weg eingeschlagen werden kann, um die erwünschte Korrektur zu erhalten.

Das Clinopolariskop

Das Clinopolariskop ist, wie sein Name andeutet, ein zur Untersuchung bei schrägem Lichteinfall bestimmtes Polariskop (klinos heißt auf griechisch geneigt, schräg). Es ist ein Kontaktapparat, der gleichzeitig zwei Bündel polarisierten Lichts aussendet, welche das Probestück in zwei aufeinander senkrecht stehenden Einfallsebenen durchqueren. Die beiden Bündel werden im gleichen Okular aufgefangen, das einen Babinetkompensator und einen

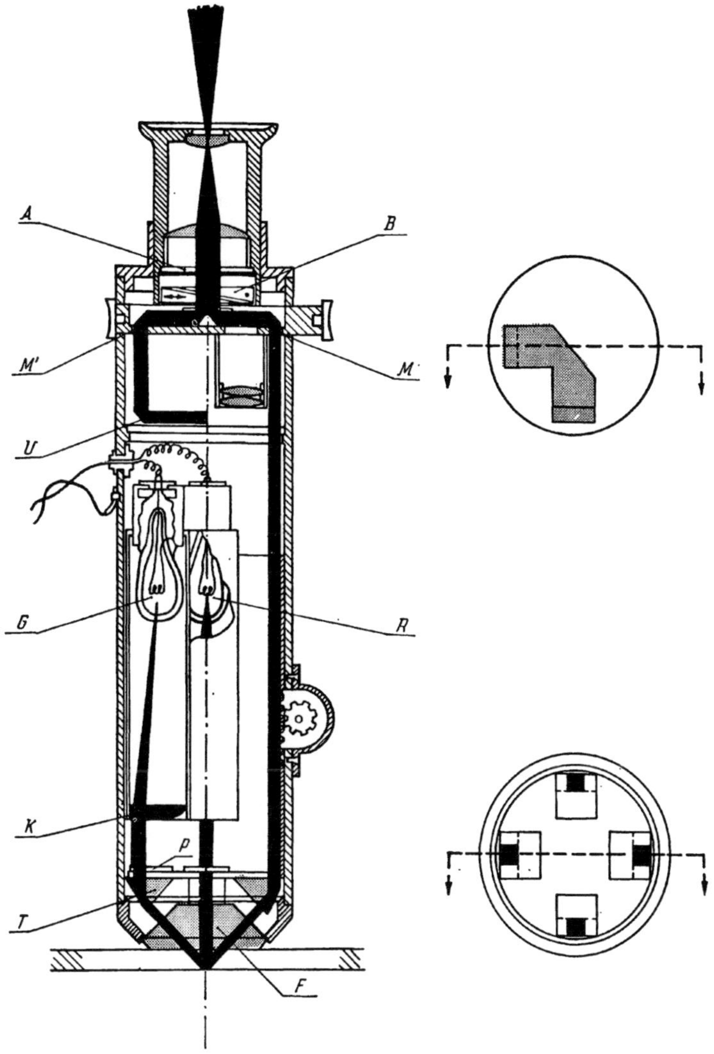

Abb. 2

Analysator enthält. Man kann auf diese Weise, wenn man als Einfallsebene des Lichtes die Hauptebene der Platte wählt, mit einer einzigen Messung die beiden Gangunterschiede g_1 und g_2 erhalten, die in den Gleichungen (2) vorkommen.

Abb. 2 ist eine schematische Darstellung des Lichtverlaufs in einem Achsenquerschnitt des Apparates: eine elektrische Birne mit gedrungenem Glühdraht G sendet ein Lichtbündel aus, das eine Kollimationslinse und anschließend einen Polarisator P durchquert. Mit Hilfe eines totalreflektierenden Prismas T wird das Strahlenbündel so abgeleitet, daß es mit der Apparatachse einen Winkel von 45 Grad bildet. Das Licht durchquert dann einen der Hauptquerschnitte einer Viereckpyramide F, deren Endfläche auf der Probe aufsitzt (mit Hilfe einer dünnen Flüssigkeitsschicht). Nach Totalreflexion an der Unterfläche der Platte schlägt das Lichtbündel auf dem Rückweg einen dem Einfallsweg symmetrischen Weg ein und wird vermittels eines Doppelprismas M in die Achse des Apparates zurückgebracht. Es durchquert schließlich den Babinetkompensator B und den Analysator A.

Gleichzeitig sendet eine Birne R ein Lichtbündel aus, das einen entsprechenden Weg in einer zur Ebene der Abbildung senkrechtstehenden Ebene einschlägt. Mit Hilfe eines Umkehrprismas wird dieses Bündel nach der Durchquerung der Platte in die Ebene der Abbildung gebracht (Abb. 3) und durchquert schließlich den Babinetkompensator neben dem ersten Strahlenbündel. Das durch das Okular beobachtete Feld sieht dann gemäß Abb. 4 folgendermaßen aus: die Kompensatorstreifen werden im Verhältnis zur Null der Skala verschoben um die im allgemeinen voneinander verschiedenen Werte g_G, der dem Unterschied des optischen Weges entspricht, den das aus der Lichtquelle G kommende Strahlenbündel

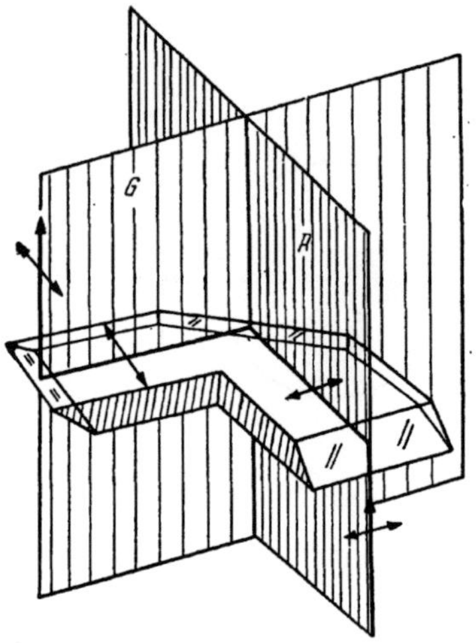

Abb. 3

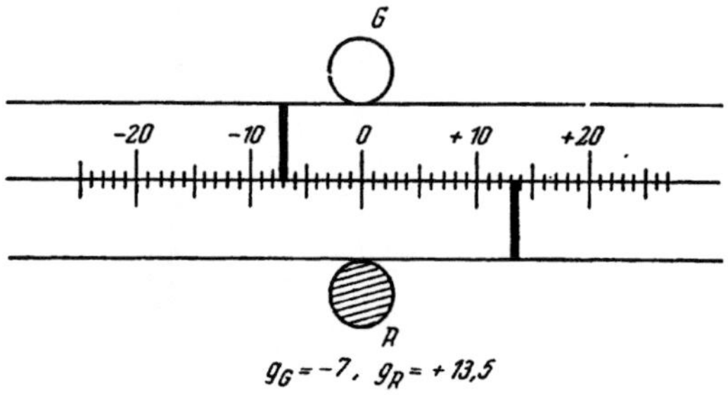

Abb. 4

zurücklegte, und g_R, der dem Unterschied des optischen Weges entspricht, den das aus der Lichtquelle R kommende Strahlenbündel nahm.

Man sieht, daß die von beiden Lichtbündeln eingeschlagenen Wege Totalreflexion in mehreren Prismen umfassen. Diese Reflexionen führen eigene Gangunterschiede ein, und, da die Zahl der Brechungen für die beiden Wege nicht die gleiche ist, könnte man ihre Wirkungen nicht gleichzeitig durch Versetzung der Null der Skala ausgleichen. Man wandte daher einen Kunstgriff an, der darin besteht, daß man den Prismen Brechungsindizes gibt, die so gewählt sind, daß die Gangunterschiede infolge der Totalreflexionen für beide Wege die gleichen sind.

Man hat außerdem den Apparat so gestaltet, daß er sich für die Messung der Gangunterschiede bei senkrechtem Lichteinfall eignet: man kann auf diese Weise einen dritten Wert g_N messen, der zur Nachprüfung der beiden andern dienen kann. Das Licht reflektiert auch noch an der unteren Fläche der Platte und legt so einen Weg zurück, der zweimal der Dicke entspricht. Den Grundprinzipien der Spannungsoptik gemäß muß man also haben:

$$|\sigma_1 - \sigma_2| = \frac{1}{2\,k\,d}\, g_N\,. \tag{3}$$

Diese Gleichung (3) bildet mit den vorausgehenden Gleichungen (2) ein System von drei Gleichungen mit zwei Unbekannten. Eine davon ist überflüssig, und es muß zwischen g_G, g_R und g_N folgende Beziehung bestehen:

$$|g_N| = \frac{\sqrt{2}}{3}\,(g_G - g_R)\,.$$

Infolge der Möglichkeit, eine senkrechte Beobachtung am für die Messung gewählten Punkt durchzuführen, ist es leicht, die Hauptrichtungen in diesem Punkt zu bestimmen, falls man dies nicht bereits vorher in einem anderen Versuch getan hat.

Wie bei allen Methoden mit Schrägdurchstrahlung entsprechen die Werte der optischen Gangunterschiede dem Mittelwert der Spannungswirkungen entlang dem vom Licht eingeschlagenen Weg. Die betroffene Zone ist ein Zylinder mit einer zur Platte senkrecht stehenden Achse vom Radius $r = d \operatorname{tg} \Theta$.

In unserem Fall, wo der Einfallswinkel 45 Grad sein soll, ist der Radius dieses Zylinders gleich der Dicke der Platte. Die Messung besitzt daher nur dann Gültigkeit, wenn der Spannungsgradient in der Umgebung des Meßpunktes schwach ist. Die Erfüllung dieser Voraussetzung ist jedoch nur für eine der Hauptrichtungen erforderlich, da die zweite Messung bei senkrechter Beobachtung durchgeführt werden kann. Es ist dann besonders wertvoll, daß der gleiche Apparat gleichzeitig die schrägen Gangunterschiede g_G und g_R und den senkrechten Gangunterschied g_N zu liefern imstande ist.

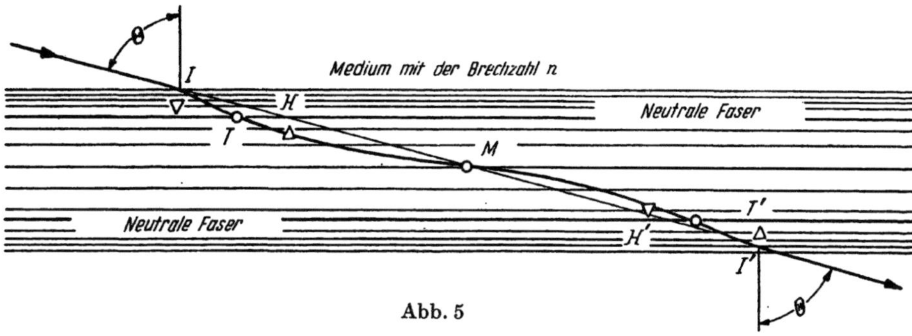

Abb. 5

Die Methoden, bei welchen der Gang des Lichtes die Platte von einer Seite zur andern durchquert, berücksichtigen einen Mittelwert der Spannung in allen Schichten dieser Platte, denn der optische Gangunterschied, den man schließlich mißt, ist das Integral der Gangunterschiede, die jeder Schicht eigen sind. Dies gilt für den schrägen wie auch für den senkrechten Strahleneinfall. Es ist daher nicht möglich, an Hand dieser Methoden den Fall der Biegung zu untersuchen. Wir haben jedoch gezeigt [3], daß für hinreichend große Einfallswinkel, die mehr als 85 Grad betragen können, bei nicht gleichartiger Spannungsverteilung über die Plattendicke hin ein Effekt kontinuierlicher Biegung des Lichtweges auftritt, der bewirkt, daß, wenngleich das Spannungsintegral Null ist, das Integral der Gangunterschiede nicht Null ist (Abb. 5). Leider sind mit der Zustandebringung solcher Einfallswinkel Nachteile verbunden, so daß wir Versuche in einer anderen Richtung unternommen haben, wobei wir das Licht bei der Durchquerung der Platte einen Weg einschlagen ließen, der auf die oberflächennahen Schichten beschränkt bleibt. Diese Methode ist es, die im dritten Teil dieses Referates besprochen werden soll. Vorher jedoch wollen wir, um die zeitliche Reihenfolge einzuhalten, kurz auf eine Methode eingehen, die gewiß in den Bereich der örtlichen Spannungsoptik in des Wortes weiterem Sinne gehört, bei der jedoch kein optischer Gangunterschied eine Rolle spielt: es handelt sich, wie wir sehen werden, um eine Differentialmessung von Brechungsindizes.

2. Refraktometrische örtliche Bestimmungsmethode

Vor einigen Jahren hat Orowan die früher von Abbe [5] vorgeschlagene Methode auf Hartglas angewandt [4], um den oberflächlichen Spannungszustand zu bestimmen. Die Orowansche Methode besteht darin, daß auf die Oberfläche der zu untersuchenden Probeplatte ver mittels einer Flüssigkeit mit geeignetem Brechungsindex ein Prisma aufgesetzt wird, das einen Brechungsindex besitzt, welcher größer als der der Platte ist. Durch dieses Prisma (Abb. 6) fällt ein Lichtbündel auf die Trennungsfläche beider Medien unter einem Winkel, der dem Grenzwinkel α benachbart ist. Das aus dem Prisma zurückkommende Licht besitzt eine verschiedene Intensität, je nachdem es Strahlen entspricht, die unter einem Einfallswinkel aufgetroffen sind, der etwas kleiner (partielle Reflexion) oder etwas größer (Totalreflexion) als der Grenzwinkel α ist. Beim ebenen Spannungszustand besitzt das Brechungsindexellipsoid eine senkrecht zur Oberfläche stehende Achse. Die Richtung der Normalen zur Oberfläche ist daher eine eigene Richtung für die Lichtschwingungen. Die beiden anderen Achsen des Ellipsoids liegen in der Oberflächenebene, und ihre Richtungen sind die Hauptrichtungen der Oberflächenschicht. Wenn daher die Einfallsebene des Lichts mit einer dieser Richtungen zusammenfällt, wird die Einfallsschwingung in eine Schwingung senkrecht zur Platte und in eine Schwingung senkrecht zur Einfallsebene zerlegt. Für diese beiden Schwin-

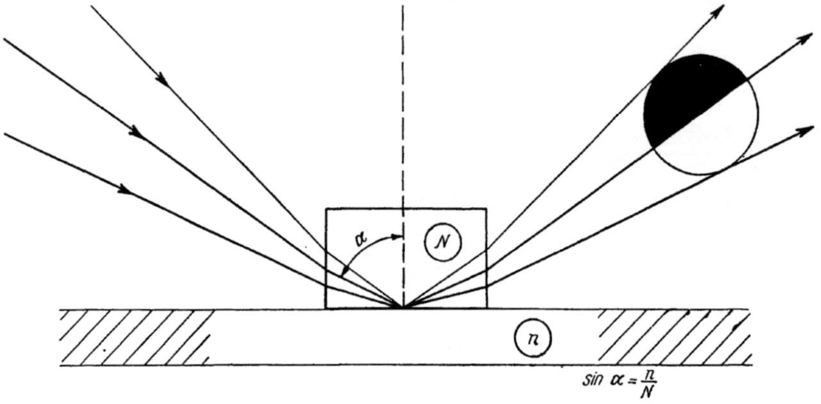

Abb. 6

gungen wird der Brechungsindex im allgemeinen nicht der gleiche sein, so daß dann zwei Grenzwinkel α_1 und α_2 vorhanden sind. Das aus dem Prisma kommende Licht wird, durch ein Okular beobachtet, zwei Trennflächen zeigen, deren Entfernung mathematisch in Verbindung gebracht werden kann mit der Differenz der entsprechenden Brechungszahlen, und folglich mit den einzelnen Werten der Hauptspannungen. Diese Methode ist jedoch niemals eine Methode von hoher Empfindlichkeit, denn man kann hier nicht die Möglichkeit der Verlängerung des Weges der Lichtstrahlen im anisotropen Medium ausnützen, wie man dies bei den polariskopischen Methoden tut.

Die Methode der tangentialen Beleuchtung, die jetzt noch zu besprechen ist, gehört zu dieser letzteren Gruppe und ist damit für die Bestimmung der Oberflächenspannungen geeignet, selbst dann, wenn diese schwach sind.

3. Örtliche Bestimmungsmethode mit tangentialem Lichteinfall

Diese Methode wurde bei Gelegenheit einer Arbeit über Härtung von Glas entwickelt. Man weiß, daß, wenn eine Glasplatte von einer Temperatur von ca. 700 Grad ziemlich rasch abgekühlt wird, sich in der Masse dieser Platte ein System von Spannungen von parabolischer Verteilung entwickelt, das die Druckspannung der oberflächennahen Schichten und die Zugspannung der zentralen Schichten umfaßt. Es ist sehr wichtig, diese Spannungen zu kennen und ihre Stärke zu messen. Da aber die Kurve ihrer Verteilung bekannt ist, genügt es, ihren Wert an einem Punkt, beispielsweise an der Oberfläche zu bestimmen, um vollkommen Bescheid zu wissen. Nachdem wir die „Spiegelungs"-Methode entwickelt hatten, die wir oben erwähnt haben, dachten wir, daß es möglich sein müßte, dem Licht in den oberflächennahen Schichten einer gehärteten Glasplatte einen gekrümmten Weg anzuweisen, dergestalt, daß dieses Licht nach einem bestimmten Verlauf in den oberflächennahen Schichten des zweiten Mediums in das erste zurückgeleitet wird (Abb. 7). Dieses erwies sich als schwierig. Dagegen gelang es uns zu erreichen, daß ein von einem dichteren Medium kommendes und unter dem Grenzwinkel fallendes Lichtbündel in dem dünneren Medium einen Weg von bestimmter Länge zurücklegt, um dann wieder in das erste Medium zurückzukehren [6]. Um nicht durch das viel intensivere Lichtbündel gestört zu sein, das die Totalreflexion erfährt, muß man dieses reflektierte Bündel mit Hilfe einer Blende eliminieren. Abb. 8 gibt das Grundschema eines Versuches, in dem das erste Medium Glas, das zweite Luft ist. Das herauskommende Licht

Abb. 7

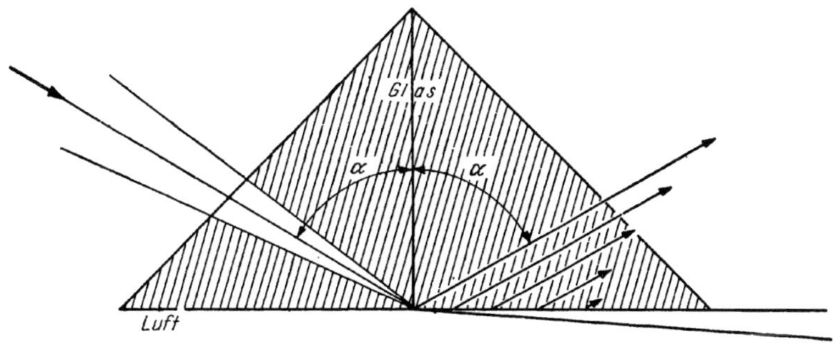

Abb. 8

nimmt sehr stark an Intensität ab, wenn es sich von dem Punkt entfernt, an dem es in das zweite Medium eingetreten ist. Wenn aber dieses zweite Medium z. B. gewöhnliches Glas, Plexiglas, Araldit usw. ist, kann man noch eine Lichtmenge auffangen, die intensiv genug ist für die polariskopische Bestimmung in einer Entfernung von mehreren Zentimetern.

Die Lichtwelle, die sich auf diese Weise in dem schwach brechenden Medium fortpflanzt, ist keine Spiegelungswelle mehr, und sie ist vorhanden, ganz gleich, welches die Indexverteilung in den oberflächennahen Schichten des Mediums ist. Vielleicht ist sie eine Verlängerung der schwindenden Welle, deren Vorhandensein im dünneren Medium Optiker und Radioelektriker erkannt haben und die die Einfallswelle durch die Trennungsoberfläche hindurch begleitet. Die Tatsache, daß sich das Licht in dem zweiten Medium über die Zone fortpflanzt, wo es als Flankenwelle die Einfallswelle begleitet, und daß sie dabei noch in das erste Medium unter dem Grenzwinkel zurückkehrt, läßt vermuten, daß es sich hier um eine Erscheinung handelt, die komplexer ist, als es auf den ersten Blick den Anschein hat. Wie dem auch sei, wir haben uns hier lediglich vorgenommen, diese Eigenschaften zu benutzen, nicht aber sie zu erklären. Daher werden wir nun eine schematische Beschreibung des Apparates geben, den wir entwickelt haben, und zeigen, wie er benutzt werden kann.

Spannungsoptisches Gerät für tangentiale Beleuchtung

Der Apparat setzt sich im wesentlichen aus einem Prisma zusammen, dessen Brechungsindex größer ist als der des Stoffes, aus dem das Probestück besteht. Dieses Prisma ist wie die Pyramide des Clinopolariskops dazu bestimmt, mit seiner Grundfläche auf die Oberfläche der zu untersuchenden Platte aufgesetzt zu werden unter Dazwischenschaltung einer Flüssigkeit, deren Brechungsindex größer als der des Probestücks sein muß.

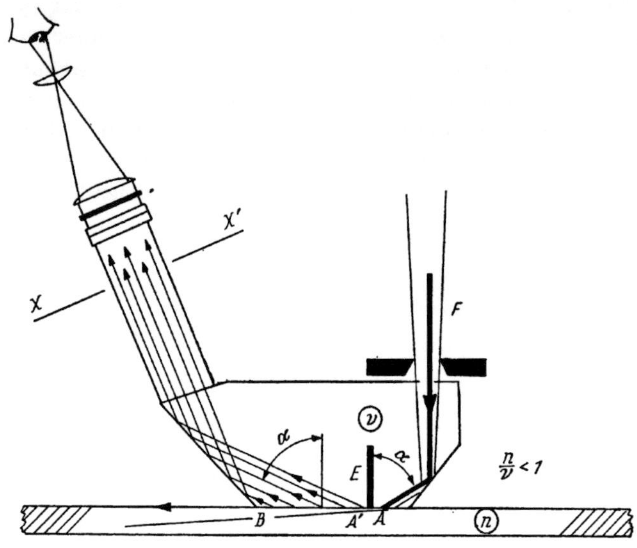

Abb. 9

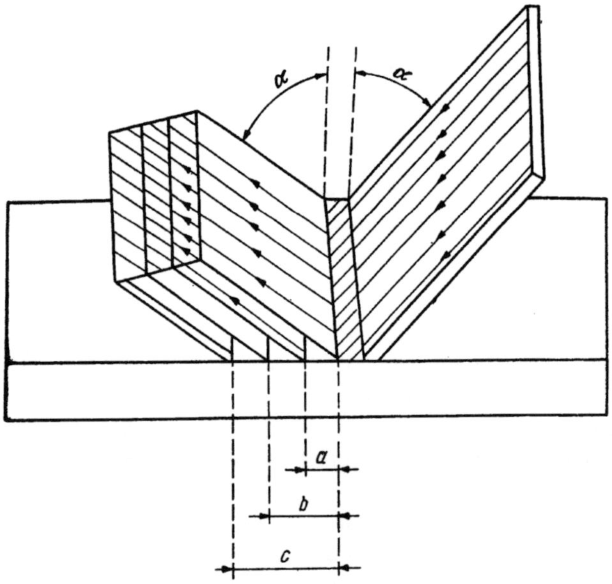

Abb. 10

Das Schema der Abbildung 9 zeigt den Lichtverlauf von der Lichtquelle bis zum Auge des Beobachters. Zwei der Flächen des Prismas sind so orientiert, daß durch Totalreflexion auf diesen Flächen das einfallende Licht und das zurückkommende Licht mit der Normalen zur Platte den Grenzwinkel α bilden, welcher den Brechungszahlen der beiden aneinandergrenzenden Medien entspricht. Wenn ν der Brechungsindex des Prismas und n derjenige der Platte ist, hat man

$$\sin \alpha = \frac{n}{\nu}.$$

Um das in A total reflektierte Lichtbündel zu vermeiden, hat das Prisma eine Kerbe E erhalten, in die eine undurchsichtige Substanz eingebracht wurde, bis sie sehr genau die Ebene der Grundfläche des Prismas berührt. Das Licht, das sich in den oberflächennahen Schichten der Platte fortpflanzt, muß nun trotz seiner relativ schwachen Intensität vom Auge wahrgenommen werden können. Unter den Strahlen, die so zwischen den Punkten A' und B herauskommen, haben die B am nächsten gelegenen einen längeren Weg in den oberflächennahen Schichten der Platte zurückgelegt als diejenigen, welche sich nahe A' befinden. Wenn man darauf geachtet hat, das einfallende Licht so zu polarisieren, daß die vom Polarisator übertragene Schwingung mit der Abbildungsebene einen Winkel von 45 Grad bildet, wird sich diese Schwingung bei der Ankunft im anisotropen Medium, das von den oberflächennahen Schichten der Platte gebildet wird, in zwei senkrecht zueinander stehende Schwingungen zerlegen, die jeweils den Achsen des Indexellipsoids entsprechend ausgerichtet sind. Wir haben weiter oben daran erinnert, daß im Fall eines ebenen Spannungszustandes, auf den wir uns beschränkt haben, eine dieser Achsen senkrecht zur Oberflächenebene steht, während die beiden anderen in ihrer Ebene liegen und die Hauptrichtungen der Oberfläche darstellen. Vorausgesetzt, daß man den Apparat so auf die Platte aufbringt, daß die Einfallsebene, die wir als Ebene der Abbildung annehmen wollen, eine dieser Hauptrichtungen enthält, wird das Lichtbündel, das sich in der Platte parallel zur Zwischenebene ausbreitet, daher eine Schwingung transportieren, die senkrecht, und eine, die parallel zu dieser Zwischenfläche ist. Je nach der Länge des Weges in den oberflächennahen Schichten wird der Gangunterschied für diese beiden Schwingungen mehr oder weniger groß sein. Wir wollen nun annehmen, daß in dem zwischen A' und B liegenden Bereich die Oberflächenspannung gleichförmig ist. Dann zeigt uns Abb. 10, daß in der Beobachtungsebene, die wir durch ein Rechteck[1]) schematisch darstellen, das senkrecht zum herauskommenden Strahlenbündel ausgeschnitten ist, alle waagerecht aneinandergereihten Punkte einem gleichen zurückgelegten Weg in den oberflächennahen Schichten entsprechen und daher den gleichen Gangunterschied zwischen den Lichtschwingungen aufweisen. Diese horizontalen Linien sind Isochromaten in des Wortes eigentlichem Sinn, die man auftreten sieht, sobald man einen Analysator ins Okular eingesetzt hat. Nehmen wir, um diesen Gedanken zu verdeutlichen, an, daß zwischen dem ersten und dem zweiten Streifen, zwischen dem zweiten und dem dritten Streifen usw. ein Gangunterschied von einer Wellenlänge λ vorhanden ist und daß l die Entfernung zwischen diesen Streifen bedeutet. Man kann die Beziehung zwischen l und der tatsächlich vom Licht zurückgelegten Strecke a in der Oberflächenschicht folgendermaßen ausdrücken:

$$a = \frac{l}{\cos \alpha} . \tag{4}$$

Nehmen wir als Referenzsystem ein dreiachsiges Koordinatensystem $0xyz$. $0x$ und $0y$ seien die Hauptrichtungen der Plattenoberfläche, während $0z$ in der Abbildungsebene liegt. Man kann dann den Gangunterschied λ folgendermaßen ausdrücken:

$$\lambda = a\,(n_y - n_z) .$$

Nach den MAXWELLschen Gleichungen und bei der Annahme, daß es sich um eine ebene Spannung handelt, kann man auch schreiben

$$\sigma_y - \sigma_z = \sigma_y = \frac{\lambda}{k\,a} .$$

Somit ergibt sich unter Berücksichtigung von (4)

$$\sigma_y = \frac{\lambda \cos \alpha}{k\,l} . \tag{5}$$

Wenn die Einfallsebene die Spannung σ_x enthielte, würde man

$$\sigma_x = \frac{\lambda \cos \alpha}{k\,l'}$$

erhalten, wo l' die Entfernung zwischen den neuen Streifen darstellen würde.

Auf diese Weise sind die Spannungen genau in Einzelwerten bestimmt; und vorausgesetzt, daß man den Apparat so stellt, daß die Einfallsebene mit einer der Hauptrichtungen übereinstimmt, kann man die Oberflächenspannung in der zu dieser Einfallsebene senkrechten Richtung bestimmen.

---

[1]) Die Seitenlänge dieses Rechtecks entspricht der Breite des einfallenden Lichtbündels und kann nach Belieben verkleinert werden je nach der Art, in der die Spannung von einem Punkt der Oberfläche zum andern variiert. Wenn der Gradient groß ist, braucht man eine Seitenlänge von einigen Millimetern nicht zu überschreiten.

Wenn wir dies auf den Fall der ebenen Biegung anwenden, bei welchem weder die schräge noch die senkrechte Beobachtung zu einer Lösung führen, genügt es, als Einfallsebene diejenige Ebene zu wählen, die senkrecht zur Ebene der Biegung liegt, so daß man entweder die Zugspannung (konvexe Seite) oder die Druckspannung (konkave Seite) mißt, die dieser Belastung entsprechen. Wählt man dagegen als Einfallsebene diejenige der Biegung, so darf kein Gangunterschied zu beobachten sein, wenn es sich tatsächlich um eine reine ebene Biegung handelt.

Die Erfahrung hat uns gelehrt, daß bei der Untersuchung des gewöhnlichen photoelastischen Materials das aufgefangene Licht im allgemeinen nicht sehr homogen ist. Unter diesen Bedingungen ist die direkte Beurteilung der Gangunterschiede nach den Isochromaten der Abbildung 10 nicht immer einfach. Wir haben es daher vorgezogen, einen Kunstgriff zu benutzen, bei dem die Messung einer Länge durch die eines Winkels ersetzt wird.

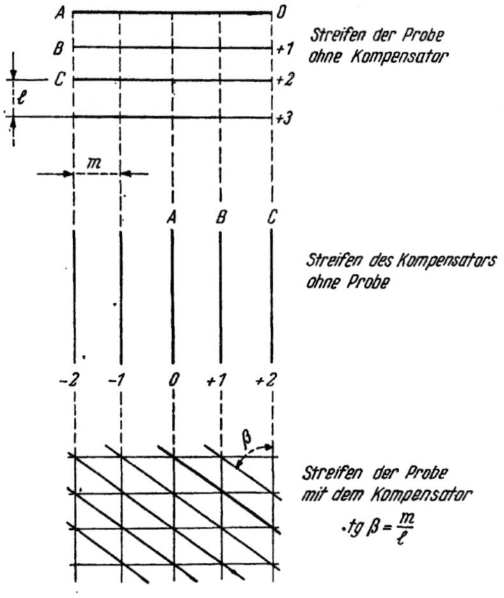

Abb. 11

Um dies zu tun, führt man zwischen Analysator und Kontaktprisma einen Babinetschen Kompensator ein, oder, allgemeiner, einen Streifenkompensator, und zwar so, daß die natürliche Streifenrichtung der Einfallsebene parallel ist, das heißt senkrecht zur Richtung der Isochromaten. Sehen wir uns nun im Hinblick darauf die Schemata der Abbildung 11 an. Hier sind zuerst (oben) übereinander die Streifen dargestellt, die man sehen würde, wenn jedes System allein da wäre. Die Streifen gleichen Namens werden als von gleicher Ordnung angenommen, zum Beispiel der Streifen A wäre von der Ordnung 0, der Streifen B von der Ordnung 1 usw. Den waagerechten Streifen A entlang ist keinerlei Gangunterschied für das Probestück vorhanden, die Begegnungspunkte dieser Streifen mit den Streifen des Babinetkompensators sind daher feste Punkte. Den horizontalen Streifen B entlang besteht dagegen ein Gangunterschied von einer Wellenlänge. Entlang dieser Streifen werden demzufolge alle Streifen des Babinetkompensators um einen Streifenzwischenraum verschoben. Einen waagerechten Streifen C entlang werden alle Streifen des Babinetkompensators um zwei Streifenzwischenräume verschoben usw. Die Streifen des Babinetkompensators werden somit schräg in Erscheinung treten, und zwar so, daß sie mit ihrer ursprünglichen Richtung einen Winkel β bilden, so daß, wenn m der Streifenzwischenraum des Babinetkompensators und l (wie oben) der Zwischenstreifen ist, den die Probe hervorrief, man auch schreiben kann

$$\operatorname{tg} \beta = \frac{m}{l}. \qquad (6)$$

Wenn wir dann auf die Gleichung (5) zurückkommen, finden wir zwischen der gesuchten Spannung σ_y und dem Winkel β die Beziehung

$$\sigma_y = \frac{\lambda \cos \alpha}{k\, m} \operatorname{tg} \beta. \qquad (7)$$

Man sieht, daß die Spannung proportional dem Tangens des Winkels ist, dessen Streifen sich im Verhältnis zu ihrer ursprünglichen Richtung gedreht haben. Dieser Winkel ist leicht zu messen, wenn man für den Apparat ein Drehokular verwendet, das ein Fadenkreuz und einen Kreis mit Gradeinteilung enthält.

Berücksichtigt man, daß der Winkel α der Grenzwinkel ist, so ändert sich obige Formel wie folgt:

$$\sigma_y = \frac{\lambda\sqrt{1-\left(\frac{n}{\nu}\right)^2}}{k\,m}\,\mathrm{tg}\,\beta\,.$$

Es ist leicht, den eingeteilten Kreis gemäß den Tangenswerten zu graduieren und die Konstante $\lambda\sqrt{1-\left(\frac{n}{\nu}\right)^2}\Big/k\,m$ in ihn einzuführen, so daß man die Werte der Oberflächenspannung unmittelbar in kg/cm² ablesen kann.

Ein Prototyp dieses Apparates wurde in unserem Laboratorium entwickelt, und wir haben bereits eine gewisse Erfahrung, was seine Benutzung betrifft. Die aufgefangene Lichtmenge richtet sich nach der Art des untersuchten Stoffes: mit Plexiglas und Araldit ist die Beobachtung der Streifen im allgemeinen leicht.

Zusammenfassung

Wir haben drei neue Methoden der spannungsoptischen Messung behandelt. Diese Methoden besitzen eine Anzahl gemeinsamer Eigenschaften, die wir hier noch einmal rekapitulieren wollen:

1. Sie sind örtliche Bestimmungsmethoden, die imstande sind, nur die Spannungswerte in der Nachbarschaft eines bestimmten Punktes zu liefern.
2. Sie benutzen Kontaktapparate, bei denen Lichtquelle sowie Meß- und Beobachtungsgerät in einem Stück vereinigt sind.
3. Man erhält durch die Benutzung dieser Apparate unmittelbar die einzelnen Werte der normalen Hauptspannungen, und nicht nur ihre Differenz.

Andererseits hat auch jede dieser Methoden ihre besonderen Eigenschaften und ihren ganz bestimmten Anwendungsbereich. Die Methode des Clinopolariskops ist besonders geeignet für die Lösung der Probleme der Residualspannungen, der eingefrorenen Spannungen und der Spannungen bei Oberflächenschichtverfahren. Für die Bestimmung von Spannungen infolge thermischer Entwicklung viskoelastischer Materialien wird diese Methode ganz speziell angewandt. Man kann sie aber auch in der allgemeinen Spannungsoptik als Hilfsmethode benutzen, um an bestimmten Punkten sofort die einzelnen Werte der Spannungen zu kennen und so eine Kontrolle oder sogar einen neuen Ausgangspunkt für die Auswertung der Isochromaten und Isoklinennetze zu ermöglichen.

Die refraktometrische Methode besitzt ihrerseits einen beträchtlichen Vorteil vor den andern Methoden: die Spannungswerte, die man durch sie erhält, sind tatsächlich die Werte an einem Punkt und nicht ein Mittelwert für eine mehr oder weniger ausgedehnte Zone um diesen Punkt herum. Es ist dagegen sehr schwierig, eine annehmbare Präzision zu erhalten, wenn die untersuchten Oberflächen nicht von optischer Qualität sind.

Die Methode des tangentiellen Lichteinfalls endlich, welche die letzte entdeckte Methode ist, scheint dazu geschaffen, ohne Schwierigkeiten und mit Präzision Aufklärung zu bringen in Fällen, wo die Oberflächenspannung eine wichtige Rolle spielt. Es ist ganz zweifellos die Biegespannung, sei sie nun rein oder mit Druck- oder Zugspannung vermischt, die den größten Vorteil von der Einführung dieser Methode in die experimentelle Spannungsoptik erwarten darf.

SAINT-GOBAIN Service de Recherche Fondamentale, Paris

Literatur

[1] Drucker, D. C., Jour. Appl. Mec. Sept. (1943) 156—160.
[2] Acloque, P., Revue d'Optique 34 No. 11, (1955) 553—616.
[3] Acloque et Guillemet, Selected papers on Stress Analysis Presented at The Institute of Physics Stress Analysis Group Conference Delft 1959.
Acloque et Guillemet, Verres et Réfractaires No. 1, Janv. Fév. (1960).
Acloque et Guillemet, Analyse des Contraintes 4, No. 3—4 Décembre (1959) 11.
[4] Orowan, Congrès de l'Union Internationale pour la Mécanique pure et appliquée. Bruxelles Juillet 1954.
[5] Abbe, Handbuch der Physik XVIII, Springer-Verlag, Berlin 1927, 701.
[6] Acloque et Guillemet, C. R. Académie des Sciences PARIS 250 (1960) 4328—4330.

Einige Probleme der ebenen Spannungsoptik

Von J. BALAŠ und A. HANUŠKA

Der Spannungszustand des unendlichen Keiles und die Beschreibung der Konstruktion eines neuentwickelten Interferometers.

In dem ersten Teil ist eine Untersuchung eines rechtwinkligen, mit Einzellast entlang eines Randes beanspruchten Keiles gegeben. Es wird eine theoretische Berechnung des Keiles unter Anwendung FOURIERscher Integrale vorgelegt, und es werden genaue Formeln zur Berechnung der Randspannungen angeführt. An Hand dieser Formeln ist es möglich, den Verlauf der Spannung in der Nähe einer Ecke genau zu bestimmen, und es können weitere Schlußfolgerungen für den Verlauf der Spannungen in der Nähe von Ecken mit anderen Winkeln als $\pi/2$ gezogen werden. Im weiteren wird die theoretische Ermittlung des Verlaufes der Isopachen und eine experimentelle Bestimmung der Isochromaten vorgeführt, womit der Spannungszustand im Innern des Keiles bestimmt wird. Weitere Einzelheiten sind in dem, im „Stavebnícky časopis SAV 1959, No. 1" veröffentlichten Artikel der beiden Autoren zu finden (in slowakischer Sprache).

In dem zweiten Teil wurde eine Beschreibung des nach dem Hauptgedanken D. POSTS konstruierten und im Laboratorium für Meßgeräte der Slowakischen Akademie der Wissenschaften verfertigten Interferometers beigefügt. Das Gerät besteht im ganzen aus drei aneinander stehenden halbreflektierenden Ebenen. Die Lichtstrahlen, welche zweimal zwischen der ersten und der zweiten, teilweise reflektierenden Fläche reflektiert werden, interferieren mit den zwischen der zweiten und der dritten reflektierenden Fläche zweimal reflektierten Strahlen. Die Interferenzordnung zwischen den reflektierenden Keilen verändert sich allmählich, wodurch das Abwechseln der dunklen und hellen Interferenzstreifen gegeben ist. Die Isopachen werden durch die Subtraktion der vor der Belastung gewonnenen Interferenzordnung von der nach der Belastung der Konstruktion ermittelt. Diese Subtraktion kann auf photographischem Wege erfolgen. Es wurden Beispiele einer kreisförmigen, von zwei Kräften zusammengedrückten Scheibe und einer quadratischen Scheibe, die in der Diagonale von zwei Kräften gedrückt wurde, angeführt (Abb. 1, 2, 3). Die qualitativen Ergebnisse zeugen davon, daß die angewandte Methode gut und verhältnismäßig einfach ist. Der Vorteil des Interferometers liegt hauptsächlich darin, daß er die Planparallelität der Modellflächen nicht als Bedingung fordert. Es wird jetzt eine quantitative Auswertung durchgeführt und die Ergebnisse mit einer genauen Beschreibung der Konstruktion des Interferometers werden in einem Artikel im Stavebnícky časopis, 1963, No. 1 veröffentlicht werden.

Slowakische Akademie der Wissenschaften,
Institut für Bauwesen und Architektur, Bratislava

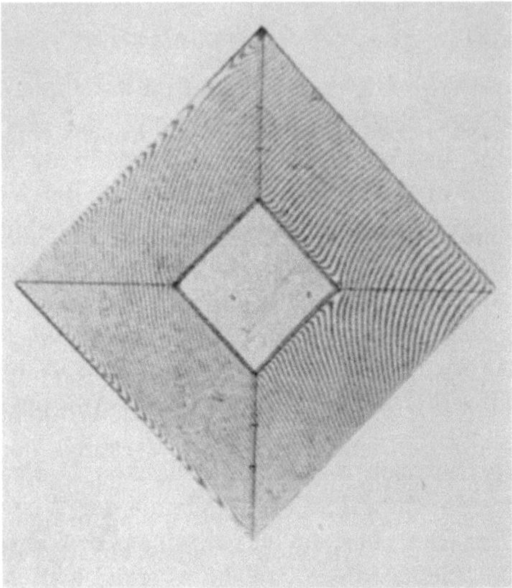

Abb. 1. Interferenzstreifen vor der Belastung

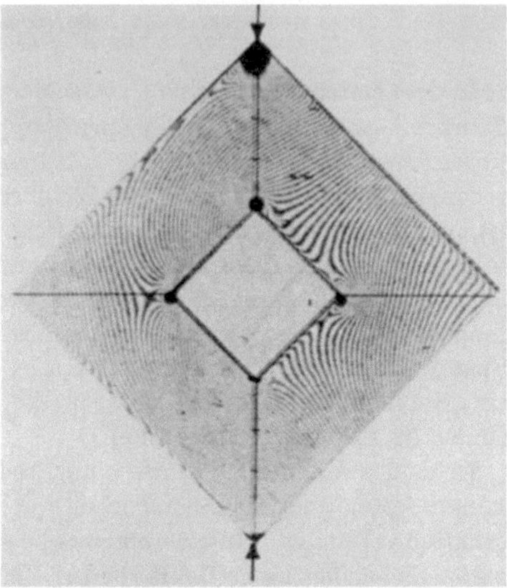

Abb. 2. Interferenzstreifen nach der Belastung

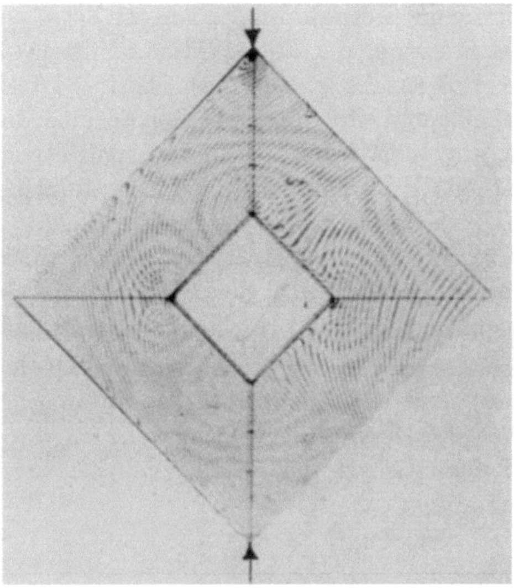

Abb. 3. Isopachen

Anwendungen des Erstarrungsverfahrens an der Universität Nottingham

Von H. Fessler

Der Vortrag war eine Zusammenfassung der wichtigeren Arbeiten, welche im spannungsoptischen Laboratorium der Universität von Nottingham ausgeführt wurden. Die Namen der Mitarbeiter sind aus den Titeln der Veröffentlichungen zu ersehen. Diese Resultate wären ohne die sorgfältige Arbeit der Laboratoriumsassistenten und der Werkstattmechaniker nicht möglich gewesen.

Alle Modelle wurden aus dem Epoxy-Kunstharz „Araldite Casting Resin B" hergestellt, und die Schnitte wurden mit 1—1½ mm dicken Schleifscheiben, die am Umfang mit Diamantensplittern besetzt waren, angefertigt.

Die erstbeschriebene Gruppe von Problemen behandelte achsensymmetrische Druckgefäße. In einer Arbeit wurden verschiedene Formen von Kesselböden untersucht [1]. Das Verhältnis des mittleren Durchmessers des Zylinders zur Wandstärke all dieser Modelle war 10. Halbkugelförmige, elliptische und korbbogenförmige Böden mit und ohne Mannloch wurden untersucht. Die Umfangs- und Längsspannungen an der Innen- und Außenseite wurden gemessen. Es zeigte sich, daß Kesselböden, deren Wandstärke dünner als die des Zylinders war, zu reduzierten Biegungsspannungen führten.

Das war der Anlaß zu der zweiten Arbeit [2], bei welcher das Mitteldurchmesser-Wandstärke-Verhältnis von 4 bis 13 geändert wurde. Alle Kesselböden waren halbkugelförmig mit reduzierter Wandstärke. Bei der Durchlochung wurde die Bodenstärke verdoppelt. Die Resultate zeigten, daß diese Materialersparnis die Maximalspannungen in den Böden nicht über die Tangentialspannung an der Zylinderinnenseite erhöht. Bei den sehr dicken Modellen trat eine Erhöhung der Tangentialspannung auf der Innenseite der Zylinder auf.

Derzeit werden viele verschiedene Kesselböden untersucht, um die größte Spannung in beliebigen korbbogenförmigen Böden voraussagen zu können.

Reaktorbehälter wurden auch unter Innendruck untersucht, besonders mit Rücksicht auf die Spannungen nahe der Verbindung der Kugeln mit den stützenden Zylindern (Arbeit in Vorbereitung).

Die Modelle wurden im Glyzerinbad eingefroren, weil diese Flüssigkeit dasselbe spezifische Gewicht wie Araldit hat. Das Eigengewicht des Modells beeinflußt die Spannungen daher nicht.

Rohrverzweigungen unter Innendruck wurden auch bearbeitet. Das Verhältnis von Innen- zu Außendurchmessern der Abzweigungen war gleich dem der Hauptrohre. Rohre und Abzweigungen waren lang genug, um die Spannungszustände nach Lamés Gleichungen zwischen den Abzweigungen und den Rohrenden zu erreichen.

Die dickwandigen Modelle wurden aus zwei Stücken hergestellt, indem dem Ende des Abzweigungsrohres genau das Außenprofil des Hauptrohres gegeben wurde. Diese Stücke konnten dann mit einer dünnen Schicht „Araldite Casting Resin B" zusammengeklebt werden, ohne ausgebreitete Störungen des Spannungszustandes hervorzurufen. Dünnwandige Modelle wurden in einem Stück gegossen und auf der Drehbank bearbeitet, soweit das möglich war. Die Außenoberfläche wurde dann genau zur richtigen Form gefeilt.

Längsschnitte von 1½ mm Stärke wurden entlang den Symmetrieebenen hergestellt. Nachdem die Längsspannungen in diesen dünnen Platten gemessen waren, wurden sie quergeschnitten. Die „Zähne" dieser „kammförmigen" Schnitte wurden abgebrochen, um die Tangentialspannungen der Innenoberfläche an den Kanten der Zähne zu messen. Diese Verfahren sind in [3] beschrieben.

Bei Innendruckbelastung ist die höchste Zugspannung immer die Umfangsspannung an der Innenseite, wo der symmetrische Schnitt eine rechtwinklige Ecke zeigt. Diese Spannung fällt in jeder Richtung sehr rasch ab. Eine anschließende Arbeit [4] zeigte, daß der Unterschied der Poissonschen Zahl zwischen Metallausführungen (etwa 0,3) und im Erstarrungsverfahren belasteten Modellen (0,5) keine wesentliche Änderung der Höchstspannungen der Rohrverzweigungen erzeugt. Die verhältnismäßig großen Dehnungen, welche bei Erstarrungsverfahren-Modellen oft zur genauen Isochromatenbestimmung nötig sind, verringern die Hauptspannungen nicht wesentlich. Die Resultate werden in Proc. Inst. Mech. Eng. 1962 veröffentlicht.

Ein wichtiges Berührungsproblem, der Spannungszustand nahe den Druckflächen doppelt gekrümmter Körper [5], wurde auch untersucht. Verschiedene doppelt und einfach gekrümmte Körper wurden durch eine zu den Druckflächen normal gerichtete Kraft belastet, und die Hauptschubspannungen wurden mit den nach der Hertzschen Theorie berechneten Werten verglichen. Die Übereinstimmung war gut.

Bei der Berührung eines Eisenbahnradstückes mit einer Schiene (natürlicher Maßstab) wurden die drei Spannungen entlang der Belastungsachse mittels des Frochtschen Spannungsdifferenzverfahrens ermittelt. Aus einem 3 mm dicken Schnitt wurde nach Untersuchung ein 1½ mm dickes Stäbchen geschnitten. An diesem Stäbchen wurden die Isoklinen und Isochromaten entlang dreier Linien bestimmt, welche 1 mm voneinander entfernt waren.

Zwei Arten von Zentrifugalspannungsproblemen wurden beschrieben. Die Spannungen bei den Kerben in den Drehkörpern von Wechselstromgeneratoren wurden gemessen [6]. Die Resultate von Reihenuntersuchungen führten zu einer Gleichung, mit deren Hilfe die Hohlkehlspannungen bestimmt werden können. Die zweite Arbeit beschäftigt sich mit den 3-dimensionalen Spannungen an den Bohrungen von Turbinenläufern [7]. Erhebliche Druckspannungen wurden in der Längsrichtung entlang der Bohrung gemessen. Da die Umfangszugspannungen auch nicht gleichmäßig entlang der Länge der Bohrung sind, muß beachtet werden, daß die Hauptschubspannung in der Bohrung viel größer ist als von den üblichen Rechnungen vorausgesagt wird.

Letztens wurde eine Untersuchung eines „Wöhler"-Prüflings mit Querloch beschrieben [8]. Es war notwendig, die Endschnitte mit dem „Abreibeverfahren" zu untersuchen, um zu beweisen, daß die größte Spannung nicht an der Kante des Querloches, sondern etwas innerhalb dieser Bohrung entsteht.

University of Nottingham, Department of Mechanical Engineering

Literatur

[1] Fessler, H. u. Rose, R. T., Proc. Inst. Mech. Eng. **171** (1957) 633.

[2] Fessler, H. u. Lakshminarayana, C. N., Proc. Inst. Mech. Eng., Symposium on Pressure Vessel Research towards better design. Januar 1961.

[3] Fessler, H. u. Lewin, B. H., British Journal of Applied Physics (BJAP) **7** (1956) 76.

[4] Fessler, H. u. Lewin, B. H., BJAP, **11** (1960) 273.

[5] Fessler, H. u. Ollerton, E., BJAP, **8** (1957) 387.

[6] Fessler, H., Proc. Inst. Mech. Eng., **173** (1959) 717.

[7] Fessler, H., Hey, E. I. u. Roberts, E. A., The Engineer, **211** (1961) 113.

[8] Fessler, H. u. Roberts, E. A., Selected papers on Stress Analysis presented at the Institute of Physics Stress Analysis Group Conference in Delft 1959 (Chapman and Hall), 45.

Zur Auswertung spannungsoptischer Plattenversuche

Von G. Haberland

Mit Hilfe des Zweischichtverfahrens oder des Reflexionsverfahrens lassen sich bei elastischen Platten spannungsoptisch die maximalen Torsionsmomente $T_{\max}$ (d. h. die Differenzen der Hauptbiegungsmomente M_1, M_2) und die Richtungen der Hauptbiegungsmomente messen. Zur Bestimmung der einzelnen Biegungsmomente können rechnerische Auswerteverfahren herangezogen werden. Praktisch alle für Scheiben bekannten Auswertemöglichkeiten lassen sich auch bei Platten, die innerhalb der Kirchhoffschen Bedingungen auf Biegung beansprucht werden, ableiten, sofern man — im Gegensatz zu den Scheiben — nicht von den Gleichgewichtsbeziehungen ausgeht, sondern die in der Kirchhoffschen Theorie enthaltenen Annahmen über die Formänderungen mit berücksichtigt. In der Durchführung der Auswertung besteht kein prinzipieller Unterschied zwischen Scheiben und Platten.

Wir gehen aus von der bereits bekannten Integration längs geradliniger Wege [1], [2], [3].

Zwischen den örtlichen Ableitungen der Biegungsmomente M_x, M_y und des Torsionsmomentes T_{xy}, welches nach der Beziehung

$$T_{xy} = T_{\max} \sin 2\varphi \quad \text{mit } T_{\max} = \frac{M_1 - M_2}{2} \tag{1}$$

(φ ist der Winkel, den die Richtung des Hauptbiegungsmomentes M_1 mit der x-Achse bildet) aus den spannungsoptischen Meßwerten bestimmt wird, besteht bei Platten mit konstanter Biegungssteifigkeit folgender Zusammenhang:

$$\frac{\partial (M_x - \mu M_y)}{\partial y} = (1 + \mu) \frac{\partial T_{xy}}{\partial x}, \tag{2}$$

$$\frac{\partial (M_y - \mu M_x)}{\partial x} = (1 + \mu) \frac{\partial T_{xy}}{\partial y} \tag{3}$$

(μ bedeutet die Poissonsche Konstante).
Die Ausdrücke

$$\left.\begin{aligned} m_x &= M_x - \mu M_y, \\ m_y &= M_y - \mu M_x \end{aligned}\right\} \tag{4}$$

sind jeweils einer Plattenkrümmung proportional. Wir bezeichnen sie als Ersatzmomente.

Der Zusammenhang zwischen den Momenten verschiedener Schnittrichtungen wird in bekannter Weise durch den Mohrschen Momentenkreis veranschaulicht. Mit den Abkürzungen

$$M_1 + M_2 = p \quad \text{und} \quad M_1 - M_2 = q \tag{5}$$

gelten für die Ersatzmomente die Beziehungen:

$$\left.\begin{aligned} m_x &= (1 - \mu)\frac{p}{2} + (1 + \mu)\frac{q}{2}\cos 2\varphi, \\ m_y &= (1 - \mu)\frac{p}{2} - (1 + \mu)\frac{q}{2}\cos 2\varphi. \end{aligned}\right\} \tag{6}$$

Damit ergibt sich aus (2) und (3):

$$\frac{\partial p}{\partial y} = \frac{1+\mu}{1-\mu}\left[\frac{\partial}{\partial x}(q \sin 2\varphi) - \frac{\partial}{\partial y}(q \cos 2\varphi)\right], \tag{7}$$

$$\frac{\partial p}{\partial x} = \frac{1+\mu}{1-\mu}\left[\frac{\partial}{\partial x}(q \cos 2\varphi) + \frac{\partial}{\partial y}(q \sin 2\varphi)\right]. \tag{8}$$

Gleichartige Beziehungen müssen gelten, wenn wir anstelle von x, y das orthogonale, aber sonst beliebig in der Plattenmittelfläche liegende System ξ, η einführen. Anstelle von φ tritt dann der Winkel δ, den die Richtung ξ mit der Richtung s_1 des Hauptbiegungsmomentes M_1 bildet (Abb. 1).

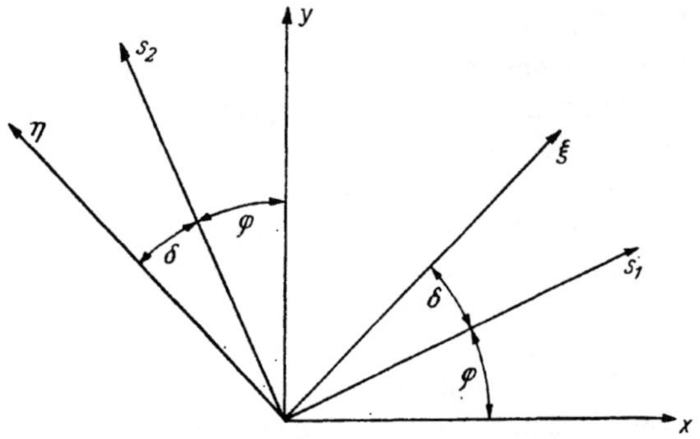

Abb. 1. Zur Integration längs eines beliebigen Weges

Mit der Festlegung des Winkels δ nach Abb. 1 erhalten wir so anstelle von (7) und (8) die Gleichungen

$$\frac{\partial p}{\partial \xi} = \frac{1+\mu}{1-\mu}\left[\frac{\partial q}{\partial \xi}\cos 2\delta - \frac{\partial q}{\partial \eta}\sin 2\delta + {} + 2q\left(\frac{\partial \varphi}{\partial \xi}\sin 2\delta + \frac{\partial \varphi}{\partial \eta}\cos 2\delta\right)\right], \tag{9}$$

$$\frac{\partial p}{\partial \eta} = \frac{1+\mu}{1-\mu}\left[-\frac{\partial q}{\partial \xi}\sin 2\delta - \frac{\partial q}{\partial \eta}\cos 2\delta + {} + 2q\left(\frac{\partial \varphi}{\partial \xi}\cos 2\delta - \frac{\partial \varphi}{\partial \eta}\sin 2\delta\right)\right], \tag{10}$$

wobei die Differentiation der einzelnen Produkte noch ausgeführt ist. Da auf den rechten Seiten nur spannungsoptisch bestimmbare Größen stehen, sind diese Beziehungen zur Integration längs beliebiger Wege geeignet. Verschiedene Auswertemöglichkeiten gehen aus diesen Gleichungen als Spezialfälle hervor, wie noch gezeigt wird.

Führen wir die Ableitungen von q und φ nach s_1 und s_2 ein, so erhalten wir z. B. aus (9)

$$\frac{\partial p}{\partial \xi} = \frac{\partial p}{\partial s_1}\cos\delta + \frac{\partial p}{\partial s_2}\sin\delta = \frac{1+\mu}{1-\mu}\left[\cos\delta\left(\frac{\partial q}{\partial s_1} + 2q\frac{\partial \varphi}{\partial s_2}\right) + \sin\delta\left(-\frac{\partial q}{\partial s_2} + 2q\frac{\partial \varphi}{\partial s_1}\right)\right]. \tag{11}$$

Die analoge Beziehung für Scheiben wurde von Föppl zur Integration längs eines beliebigen Weges vorgeschlagen [4].

Aus (11) entnehmen wir

$$\frac{\partial p}{\partial s_1} = \frac{1+\mu}{1-\mu}\left(\frac{\partial q}{\partial s_1} + 2q\frac{\partial \varphi}{\partial s_2}\right), \tag{12}$$

$$\frac{\partial p}{\partial s_2} = \frac{1+\mu}{1-\mu}\left(-\frac{\partial q}{\partial s_2} + 2q\frac{\partial \varphi}{\partial s_1}\right). \tag{13}$$

Diese Beziehungen sind zur Integration längs der Hauptbiegungsmomentenlinien geeignet.

Mit der Bedeutung von q und p aus (5) und mit Einführung der Hauptersatzmomente

$$m_1 = M_1 - \mu M_2, \qquad m_2 = M_2 - \mu M_1 \tag{14}$$

lassen sie sich schreiben

$$\frac{\partial m_2}{\partial s_1} = (1+\mu)(M_1 - M_2)\frac{\partial \varphi}{\partial s_2}, \tag{15}$$

$$\frac{\partial m_1}{\partial s_2} = (1+\mu)(M_1 - M_2)\frac{\partial \varphi}{\partial s_1}. \tag{16}$$

Im Falle einer rotationssymmetrisch belasteten Kreisplatte wird wegen

$$\frac{\partial \varphi}{\partial s_2} = \frac{1}{r} \quad \text{und} \quad ds_1 = dr$$

aus (15)

$$\frac{\partial m_2}{\partial r} = (1 + \mu)\left(\frac{M_1 - M_2}{r}\right). \tag{17}$$

In diesem Falle entfällt somit eine Differentiation gemessener Größen, da die Krümmungen der Hauptbiegungsmomentenlinien durch die Rotationssymmetrie gegeben sind.

Beziehungen zur Integration längs der Haupttorsionsmomentenlinien gewinnen wir, wenn wir in (9) und (10) die Richtungen ξ, η mit den Richtungen t_1, t_2 der Haupttorsionsmomente zusammenfallen lassen:

$$d\xi = dt_1\,, \qquad d\eta = dt_2\,, \qquad \delta = 45^\circ\,.$$

Es ergeben sich die Beziehungen

$$\frac{\partial p}{\partial t_1} = \frac{1+\mu}{1-\mu}\left(-\frac{\partial q}{\partial t_2} + 2\,q\,\frac{\partial \varphi}{\partial t_1}\right), \tag{18}$$

$$\frac{\partial p}{\partial t_2} = \frac{1+\mu}{1-\mu}\left(-\frac{\partial q}{\partial t_1} - 2\,q\,\frac{\partial \varphi}{\partial t_2}\right). \tag{19}$$

Eine weitere Möglichkeit zur Bestimmung der Momentensumme stellt das Analogon dar zu einem von L. Föppl für Scheiben angegebenen Verfahren [5]. Man trägt den Winkel γ, den die Isokline mit der Hauptbiegungsmomentenrichtung s_1 bildet, beiderseits von s_2 auf. Diese beiden neuen Richtungen werden mit s und t bezeichnet (Abb. 2). Multiplizieren wir nun (12) mit $\sin\gamma$, (13) mit $\cos\gamma$ und addieren beide Beziehungen, dann erhalten wir als Ergebnis

$$\frac{\partial p}{\partial s} = -\frac{1+\mu}{1-\mu}\cdot\frac{\partial q}{\partial t}\,. \tag{20}$$

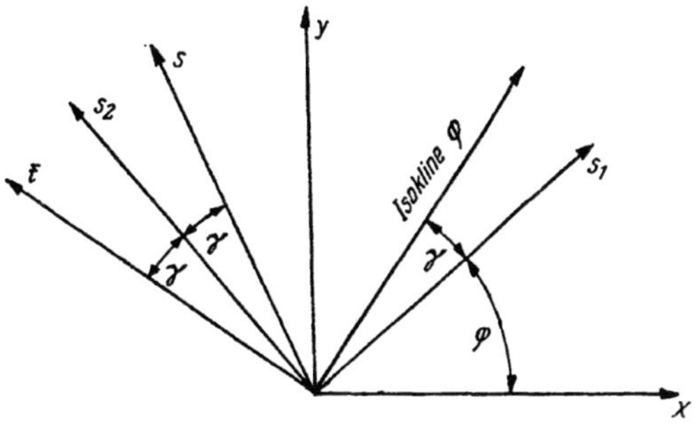

Abb. 2. Die Richtungen s und t zur Bestimmung der Momentensumme

Es lassen sich auch die Beziehungen, die Neuber zur Konstruktion der Linien konstanter Spannungsumme bei Scheiben angegeben hat [6] zur Konstruktion der Linien konstanter Momentensumme bei Platten verwenden. Wir wollen auf dieses Verfahren nicht näher eingehen, wollen aber eine ähnliche Beziehung angeben, die ebenfalls zur Konstruktion der Linien konstanter Momentensumme geeignet ist. Aus (7) und (8) erhält man für den Winkel ϑ_p, den die Linie $p = \text{const.}$ mit der x-Achse bildet, die Beziehung

$$\operatorname{tg}\vartheta_p = -\frac{\partial p/\partial x}{\partial p/\partial y} = \frac{\frac{\partial}{\partial x}(q\cos 2\varphi) + \frac{\partial}{\partial y}(q\sin 2\varphi)}{-\frac{\partial}{\partial x}(q\sin 2\varphi) + \frac{\partial}{\partial y}(q\cos 2\varphi)}\,. \tag{21}$$

Die Ausdrücke $q\sin 2\varphi$ und $q\cos 2\varphi$ werden aus den Isochromaten und Isoklinen bestimmt, für hinreichend viele Schnitte $x = \text{const.}$ und $y = \text{const.}$ aufgetragen und differenziert. Man erhält aus (21) zunächst ein Richtungsfeld der Linien $p = \text{const.}$ Die Gewinnung der Linien $p = \text{const.}$ selbst aus dem Richtungsfeld gleicht der Konstruktion der Trajektorien der Hauptbiegungsmomente aus den Isoklinen, wenn zunächst die Linien $\vartheta_p = \text{const.}$ aufgezeichnet werden.

Die Festlegung der Zahlenwerte auf denjenigen Linien p = const., die nicht auf den Rand stoßen, erfolgt am besten durch Integration längs eines geradlinigen Weges, der möglichst alle Linien konstanter Momentensumme schneidet.

Eine ausführliche Darstellung der hier kurz skizzierten bzw. nur erwähnten Auswertemöglichkeiten wurde vom Verfasser in der Zeitschrift Ingenieur-Archiv veröffentlicht [7].

Zu der eben angegebenen Methode zur Konstruktion der Linien konstanter Momentensumme soll noch ein Beispiel angegeben werden.

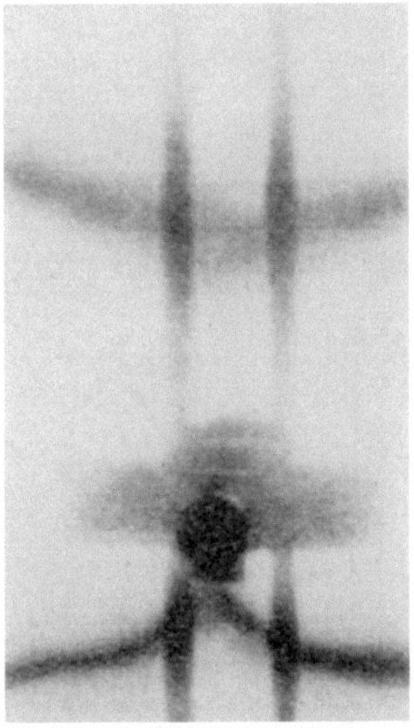

Abb. 3. Isochromaten der Zweischichtplatte bei einer Einzellast P = 42 kp. Ordnung der Isochromaten 0,5 (Hellfeldaufnahme). λ = 589 nm

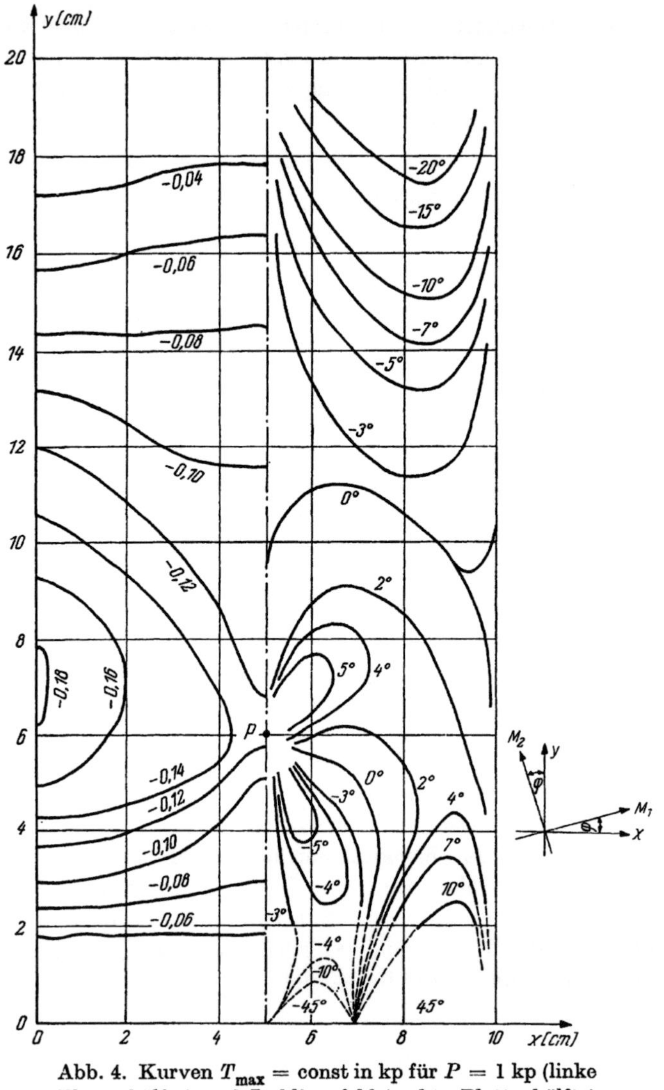

Abb. 4. Kurven T_{max} = const in kp für P = 1 kp (linke Plattenhälfte) und Isoklinenfeld (rechte Plattenhälfte)

Eine Rechteckplatte mit dem Seitenverhältnis 2:1 (Länge 20 cm, Breite 10 cm), die aus zwei gleich starken Schichten Plexiglas und Polyester VP 1527 zusammengeklebt war, wurde längs der kurzen Seiten frei drehbar aufgelagert und durch eine Einzellast belastet. Abb. 3 zeigt eine Isochromatenaufnahme bei einer Einzellast P = 42 kp. Den Verlauf der Kurven T_{max} = const. für eine Last P = 1 kp sowie das Isoklinenfeld für diesen Lastfall gibt Abb. 4 wieder. Zur Aufzeichnung der Linien T_{max} = const. wurden die Isochromaten von der Ordnung 0,5 bei verschiedenen Laststufen aufgenommen. Mit diesen Meßgrößen wurden nach Gl. (21) in der angegebenen Weise die Linien $p =$ const. ermittelt, wie sie aus Abb. 5 ersichtlich sind. Die Festlegung der Zahlenwerte derjenigen Linien, die auf den freien Rand stoßen, ist durch die dort gemessenen q-Werte unmittelbar möglich, denn es gilt am freien Rande $p = -q$ wegen $M_x = M_1 = 0$. Die Zahlenwerte der übrigen, die Einzellast umschließenden

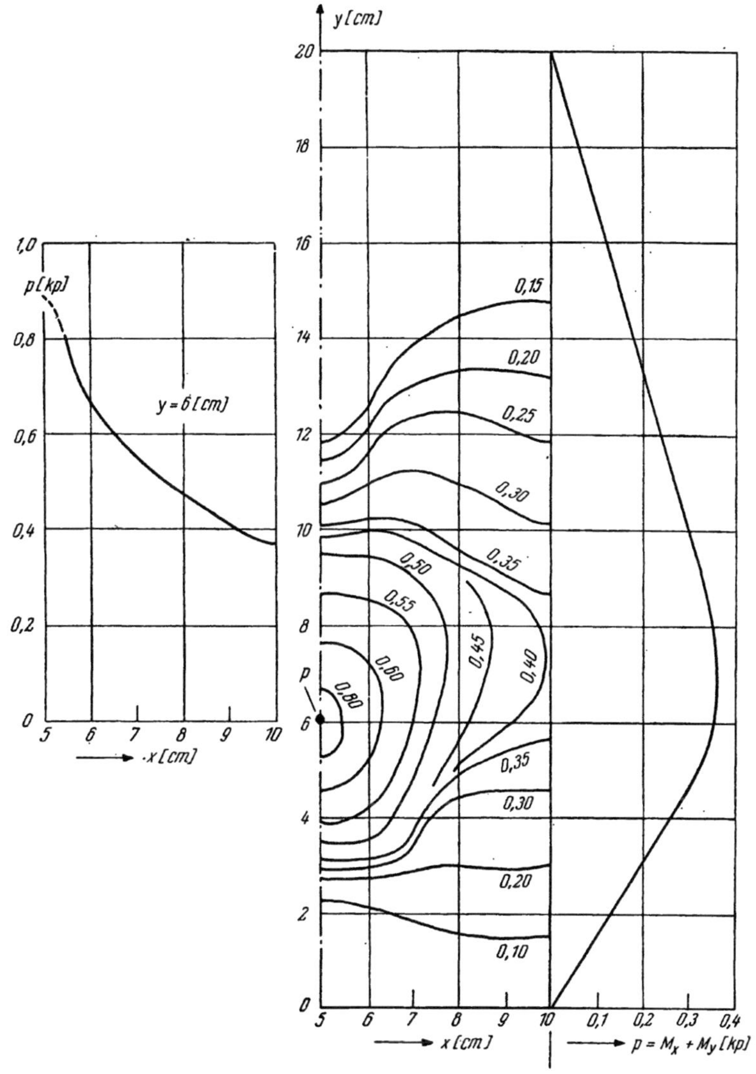

Abb. 5. Linien konstanter Momentensumme in kp für eine Einzellast $P = 1$ kp im Punkte $x = 5$ cm, $y = 6$ cm sowie Verlauf der Momentensumme längs des freien Randes $x = 10$ cm und längs des Schnittes $y = 6$ cm

Kurven konstanter Momentensumme wurden durch Integration längs des Weges $y = 6$ cm festgelegt. Das Hauptaugenmerk bei der Auswertung war auf die untere Plattenhälfte, wo die Einzellast stand, gerichtet.

Zur Ermittlung der Konstante, die zur Berechnung der T_{max}-Werte aus den gemessenen optischen Gangunterschieden (Isochromaten) erforderlich ist, wurde wieder wie in früheren

Arbeiten [2], [3] ein Zweischichtenstab benutzt, der auf zwei Stützen gelagert, in der Mitte mit einer Einzellast belastet und in Lastrichtung beobachtet wurde.

Deutsche Akademie der Wissenschaften zu Berlin,
Institut für Angewandte Mathematik und Mechanik,
Spannungsoptisches Laboratorium, Erkner bei Berlin

Literatur

[1] Schwieger, H., Ein Auswerteverfahren bei der spannungsoptischen Untersuchung elastischer Platten. Bauplanung u. Bautechnik 8 (1954) 174—176 und Wiss. Z. Univ. Halle, Math.-Nat. 4 (1954) 249—252.

[2] Schwieger, H. u. Haberland, G., Bestimmung des Biegespannungszustandes elastischer, quadratischer Platten. Bauplanung u. Bautechnik 8 (1954) 358—366 und Wiss. Z. Univ. Halle, Math.-Nat. 4 (1954) 253—264.

[3] Schwieger, H. u. Haberland, G., Spannungsoptische Untersuchung einer Kragplatte mit linear veränderlicher Dicke . Z. Angew. Math. Mech. **39** (1955) 85—100.

[4] Föppl, L., Ein neues Auswerteverfahren der ebenen Spannungsoptik. Z. Angew. Math. Mech. **34** (1954) 454—459.

[5] Föppl, L. u. Mönch, E., Praktische Spannungsoptik. 2. Aufl. Springer-Verlag, Berlin-Göttingen-Heidelberg 1959, S. 107.

[6] Föppl, L. u. Neuber, H., Festigkeitslehre mittels Spannungsoptik. Verlag von R. Oldenbourg, München und Berlin 1935.

[7] Haberland, G., Einige Auswerteverfahren bei spannungsoptischen Plattenuntersuchungen. Ing.-Arch. **30** (1961) 254—268.

Zu spannungsoptischen Versuchen im Ultrarot

Von E. Hausmann und G. Junghähnel

1. Einführung

Bekanntlich zeigen mehrere Stoffe die Eigenschaft, unter Belastung doppelbrechend zu werden. Ebenso bekannt ist, daß sich mit Hilfe des Effekts auch quantitative Bestimmungen von Spannungszuständen durchführen lassen.

An die Körper, die für solche Untersuchungen verwendet werden, stellt man die Forderung, daß sie fest, isotrop und im sichtbaren Spektralbereich im hohen Grade lichtdurchlässig sein sollen. Zudem ist ein großer spannungsoptischer Koeffizient erwünscht, d. h., schon bei relativ geringen Spannungen soll das Probestück möglichst viele Isochromaten, also Linien gleicher Hauptspannungsdifferenz, zeigen.

Eine Reihe von Kunststoffen erfüllt diese Bedingungen recht gut (z. B. Phenol-Formaldehyd-Harz, Zelluloid, Zellon, Äthoxylinharze usw.), andere weichen davon ab. Beschränkt sich diese Abweichung auf eine geringere Lichtdurchlässigkeit im sichtbaren Spektralbereich, läßt sich die Liste der brauchbaren Substanzen dadurch erweitern, daß man auch das Ultrarot in die Untersuchungen einbezieht. Voraussetzung dafür ist ein Satz Polarisationsfilter und $\lambda/4$-Blättchen für den ultraroten Bereich sowie eine Möglichkeit, das ultrarote Bild sichtbar zu machen.

2. Die Apparatur

Dank dem Entgegenkommen des VEB Carl Zeiss, Jena waren beide Voraussetzungen erfüllt. Es wurde eine optische Bank aufgebaut, die sich von den Anlagen, die im sichtbaren Bereich arbeiten, nur wenig unterscheidet. Ihr Aufbau (Abb. 1) sei hier kurz skizziert:

Die Linse *L 1* dient als Kondensor, die Linsen *L 2* und *L 3* werden zur Abbildung auf den Schirm des Bildwandlers benötigt, für die Photographie auf U.R.-Film sind sie überflüssig.

SIF ist ein Metallinterferenzfilter, das Licht eines relativ schmalen Wellenlängenbereichs aus dem Intervall 750—1050 nm einer Lichtquelle *LA* ausfiltert. Übrigens wirken auch die

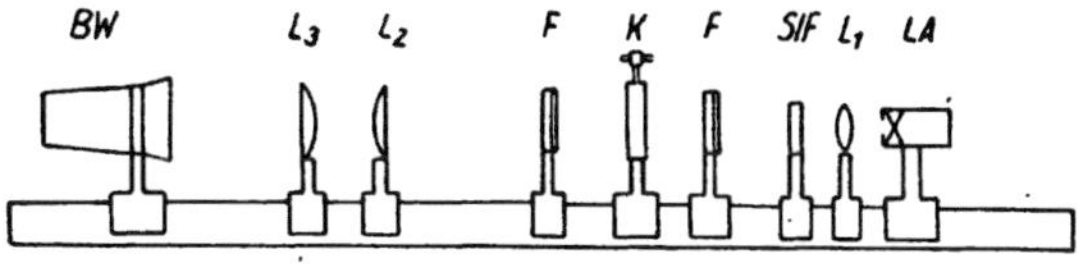

Abb. 1. Optische Bank (schematisch)

gekreuzten Polarisatoren als U.R.-Filter, die nur Licht über 700 nm hindurchlassen. Für manche Zwecke genügt dies schon (U.R.-Photographie).

Die beiden Filter *F* mit einem Durchmesser von 60 mm sind so angeordnet, daß sie sowohl gemeinsam als auch einzeln drehbar sind, wobei die aufgesetzten $\lambda/4$-Blättchen mitbewegt oder festgehalten werden können. Die Filter sind wirksam im Bereich zwischen 700 und 1300 nm. Für kürzere Wellenlängen nimmt die Durchlässigkeit, für längere der Polarisationsgrad stark ab.

K stellt die Belastungsrichtung dar, in die das Probestück eingespannt wird, *BW* den Bildwandler. Der *BW* transformiert das ultrarote Bild (bis ungefähr 1100 nm) in den sichtbaren Bereich. (Bei PVC nur bis 810 nm brauchbar). Es erscheint, auf das 0,6fache verkleinert, auf dem Leuchtschirm, auf dem es beobachtet und photographiert werden kann. Für die Photographie wurde der hochempfindliche H-α-Film des VEB Agfa Wolfen verwendet.

Die Hochspannung, mit der der *BW* betrieben wird, entstammt einem Netzgerät, dessen Schaltung aus der Skizze ersichtlich ist. Es liefert Gleichspannungen regelbar bis 25 kV. Um die Kontakte am *BW* vor Überstromstärken zu schützen, wurde der Ausgangsstrom auf maximal 50 μA begrenzt (Abb. 2).

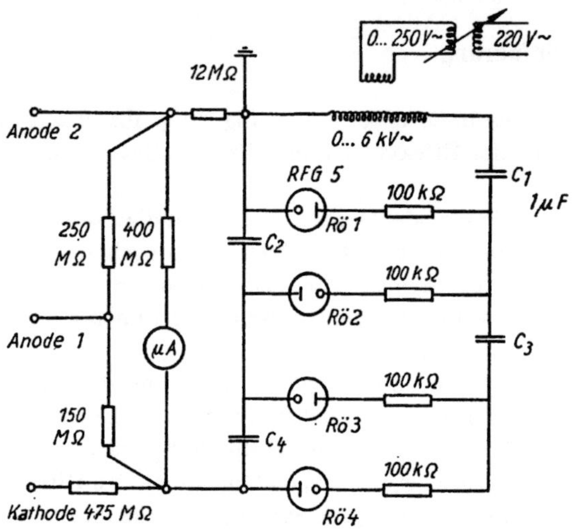

Abb. 2. Schaltung des Hochspannungs-Netzgerätes

Direkte Photographie mit Infra-Rapidfilm läßt sich verwenden bis 800 nm, mit Agfa-Infrarot-Sonderplatten bis 1050 nm. Sie vereinfacht die Arbeit.

3. Zu den Messungen

Bisher wurden folgende Substanzen untersucht: Decelith, Igelit, Gummi, Hartgummi, Meladur, Melamin, Melacart, Epilox, EGK 19 mit 50 Gew.-% Quarzmehl.

Als für die Spannungsoptik brauchbar erwiesen sich Hartgummi bis 3 mm (ohne Füllstoff) und Decelith bis 12 mm.

Das PVC ist in dünnen Schichten (bis ungefähr 2 mm) auch für sichtbares Licht in geringem Maße durchlässig. PVC-Proben besitzen Vorspannungen, die sich nicht austempern lassen. Diese Vorspannungen werden sichtbar als ein über die ganze Fläche verteiltes Netz von dünnen, einige Millimeter langen Strichen. Dieses Netz verschwindet jedoch, wenn ihnen eine starke Spannung überlagert wird, z. B. durch Strecken des bis zur Erweichung erwärmten Materials. Diese Streckung läßt sich „einfrieren".

Ferner zeigte es sich, daß die Vorspannungslinien Isoklinen sind und sich deshalb durch Wahl einer geeigneten Richtung des Probestücks gegen die Polarisationsebene des Lichtes eliminieren oder — noch einfacher — im zirkular polarisierten Licht auslöschen lassen.

Es ist noch zu erwähnen, daß sowohl Isochromaten als auch Isoklinen keine homogenen Linien darstellen. Sie setzen sich aus etwa 0,5 mm breiten, 2—5 mm langen Strichen zusammen, die fast alle die Richtung der Vorspannungslinien haben und daher auch senkrecht auf der Richtung der Isoklinen bzw. Isochromaten stehen können. Dadurch bekommen diese eine gewisse Unschärfe. An den Stellen, wo beide Richtungen zusammenfallen, ergeben sich scharfe Isochromaten, wie sie von anderem Modellmaterial her bekannt sind. Mit wachsender Belastung nimmt die Länge der strukturellen Striche ab und damit die Schärfe der Spannungslinien zu.

Der Eichversuch an einem Decelith-Stab von 8×20×175 mm ergab — gemittelt über mehrere verschiedene Belastungen — einen spannungsoptischen Koeffizienten, der mit

$$\frac{1}{S} = 0{,}008_5 \pm 0{,}0006 \frac{\text{Ordnung}}{\text{kp/cm}^2 \cdot \text{cm}}$$

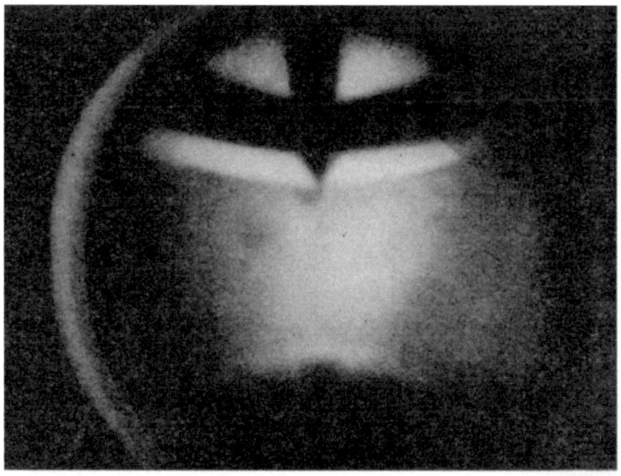

Abb. 3. Aufnahme eines unbelasteten PVC-Stabes 10 × 20 × 100 mm

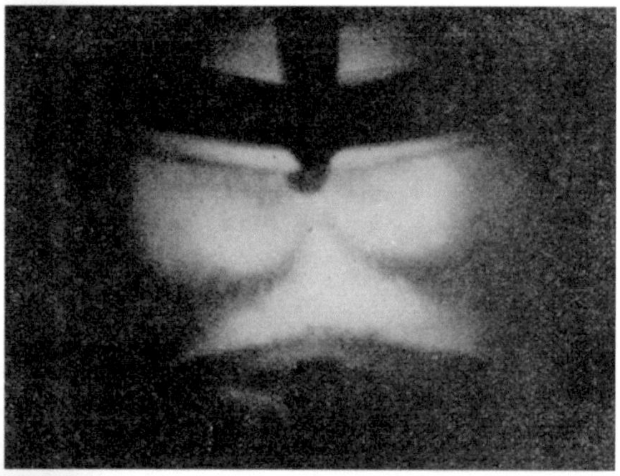

Abb. 4. Die 40°-Isokline eines PVC-Stabes unter starkem Druck auf die Mitte. — Der Stab ist an der Unterkante zweimal gelagert. Die Isochromaten sind nur schwach angedeutet

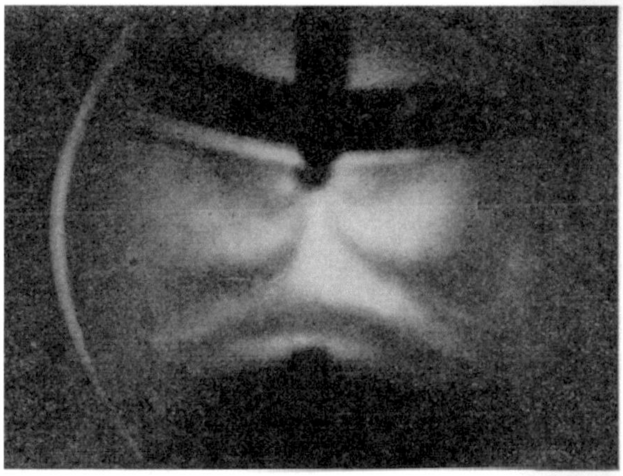

Abb. 5. Der gleiche Stab, aber stärker belastet. Außer der 45°-Isokline treten auch die Isochromaten der ganzen Ordnungen hervor

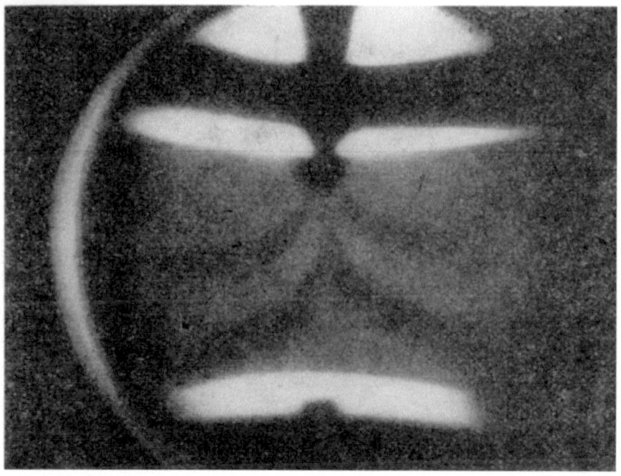

Abb. 6. Der gleiche Stab unter gleicher Belastung. Durch gleichzeitiges Drehen beider parallelgestellter Filter wurden die Isochromaten der halben Ordnungen gezeichnet

zwar doppelt so groß ist wie der von Plexiglas, aber im Vergleich mit denen anderer Kunststoffe relativ klein erscheint. Für eine exakte Auswertung der Spannungslinien ist deshalb die mehrmalige Anwendung von Kompensationsverfahren (nach Tardy oder Sénarmont) erforderlich. Dadurch wird natürlich das spannungsoptische Verfahren komplizierter, erscheint aber dennoch gerechtfertigt, da sich damit das bisher übliche Modellverfahren umgehen läßt für Werkstücke aus dem besprochenen und aus noch zu untersuchendem Material, die in der Technik Verwendung finden. Und das scheint uns nicht ohne Bedeutung zu sein angesichts der sich ständig mehrenden Anwendungsmöglichkeiten der Plaste in der Technik.

Hochschule für Maschinenbau Karl-Marx-Stadt, Institut für Physik

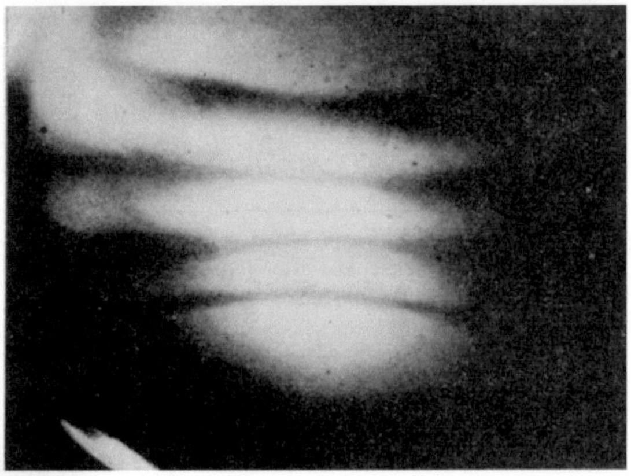

Abb. 7. PVC-Biegestab

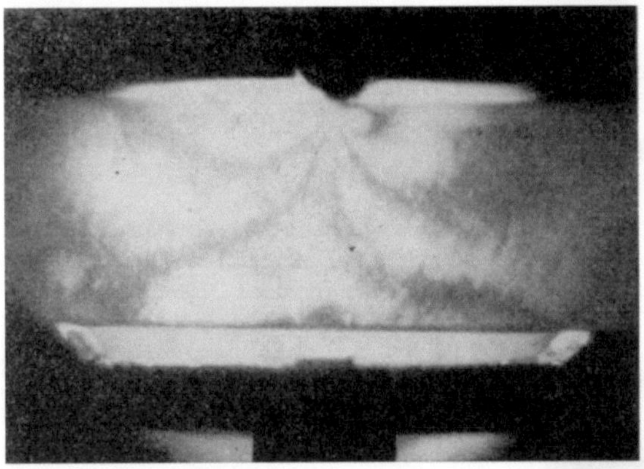

Abb. 8. Isochromaten von PVC (10 mm). Die Belastungsart ist sichtbar

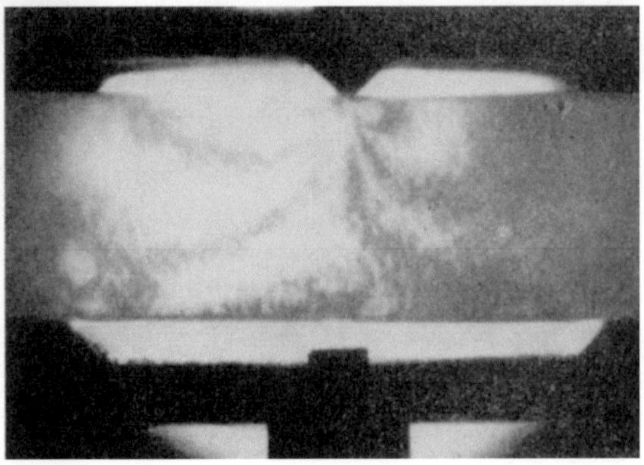

Abb. 9. Der gleiche Stab wie oben, die 45°-Isokline ist überlagert

Abb. 8 und 9 sind direkt auf Infrarapidfilm fotografiert. Hier fällt die kissenförmige Verzeichnung fort, die man beim Bildwandler in Kauf nehmen muß (Abb. 3 bis 7)

Spannungsoptische Untersuchung eines Federbundes aus dem Epoxydharz EG 1

Von J. Heymann

Es waren die statischen Beanspruchungen in einem Federbund zu untersuchen. Die Arbeit wurde ausgeführt am Institut für Festigkeitslehre der Hochschule für Maschinenbau Karl-Marx-Stadt, das unter der Leitung von Herrn Prof. Dr.-Ing. Vocke steht.

Abb. 1 zeigt den Federbund mit den Federlagen. Der Federbund ist auf die Federn aufgeschrumpft. Es sei im folgenden kurz auf die Annahmen bei der theoretischen Berechnung eingegangen. Wie Elastizitätsrechnungen gezeigt haben, ist die Nachgiebigkeit der einzelnen Federlagen im Vergleich zur Formänderung des als Rahmen betrachteten Federbundes so klein, daß man das Federpaket praktisch als starre Auflage betrachten kann, um die herum sich der Rahmen verformt. Bei Aufbringen der Betriebskraft können sich die Längsseiten

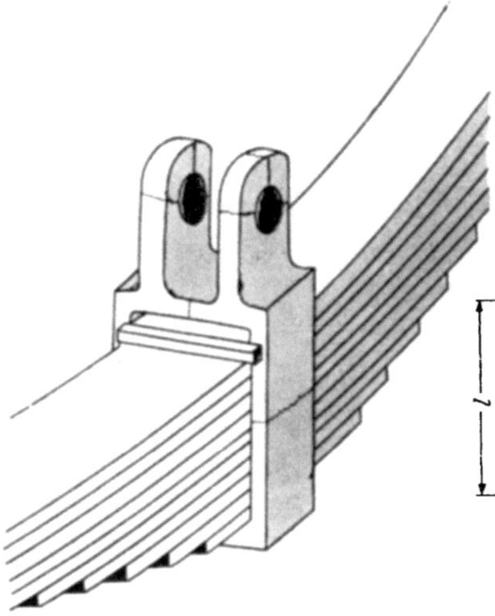

Abb. 1. Federbund mit Federlagen

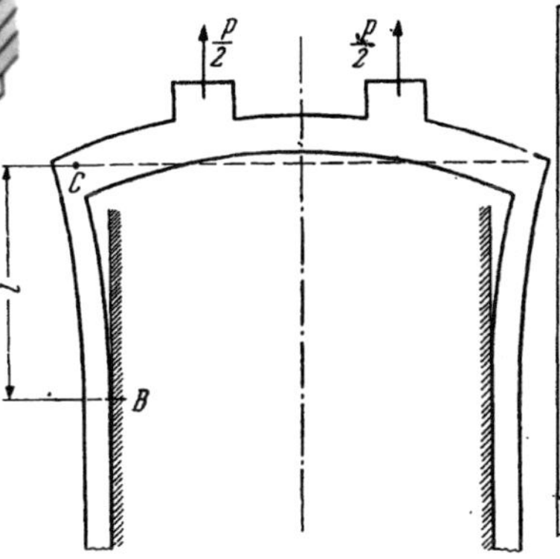

Abb. 2. Formänderung des oberen Teiles des Federbundes

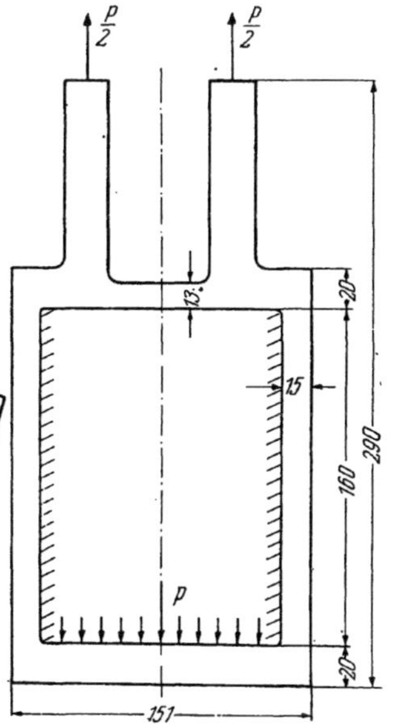

Abb. 3. Federbund im Schnitt

nicht nach innen verformen, wie sie es ohne Verformungsbehinderung tun würden. Durch die an den Aufhängeösen übertragene Betriebskraft wird diese Querseite des Federbundes etwas nach oben durchgebogen, wie es Abb. 2 stark übertrieben zeigt.

Da eine Verformung, die durch Biegung hervorgerufen wird, in den Längsseiten in einiger Entfernung von der rechtwinkligen Übergangsstelle auf Grund der starren Federlagen nicht mehr möglich ist, werden von dort ab in den Längsseiten nur noch Zugspannungen vorhanden sein. Infolgedessen muß das Biegemoment in Punkt B verschwinden.

Um die Richtigkeit der bei der Berechnung gemachten Annahmen zu prüfen, und um überhaupt einen Vergleich mit der theoretischen Untersuchung zu erhalten, wurde der Federbund auch spannungsoptisch untersucht.

Abb. 3 zeigt einen Schnitt durch den Federbund. Hiernach wurde das Modell in einer Stärke von 10 mm angefertigt. Um die Randbedingungen zu erzeugen, wurde in den Innenraum des Federbundes eine Holzplatte genau eingepaßt, die, um möglichst Ähnlichkeit der E-Moduli zwischen der Hauptausführung und dem Modell zu erreichen, aus Erle bestand. Erle eignet sich als Splintbaum auf Grund ihrer gleichmäßigen Härte und Dichte gut dazu. Die Platte wurde an der unteren Querseite ausgespart, um Platz für einen Stahlbacken zu schaffen, der die Krafteinleitung übernimmt. An den beiden oberen Ösen wurde die Kraft wieder abgenommen.

Der Modellversuch fand unter erweiterter Ähnlichkeit $\varepsilon_v = 4$ statt.

$$\frac{P_M}{P_H} = \frac{60}{11\,200}\,; \qquad \frac{d_M}{d_H} = \frac{1}{11}\,; \qquad \frac{l_M}{l_H} = \frac{1}{1}\,; \qquad \frac{E_M}{E_H} = \frac{31\,000}{2\,100\,000}\,;$$

$$\Delta l_v = \frac{P_M \cdot d_H \cdot E_H}{P_H \cdot d_M \cdot E_M} = \frac{60 \cdot 11 \cdot 2{,}1 \cdot 10^6}{11\,200 \cdot 31\,000} = 4\,; \quad l_v = 1\,.$$

Verwendete Dimensionen: kp und cm.

1. Diskussion der Isochromatenaufnahmen

Abb. 4 zeigt die Gesamtaufnahme des Isochromatenbildes. Es bestätigt die bei der theoretischen Rechnung gemachte Annahme, daß in einiger Entfernung von den rechtwinkligen Übergangsstellen das Biegemoment abklingt. Deutlich sind die Momentennullpunkte (a) an den lastfreien Rändern zu erkennen. Die Abbildung zeigt weiterhin, daß der Federbund zwischen den beiden Aufhängeösen (b) sowie in der unteren Querseite (c) durch querkraftfreie Biegung, überlagert durch Zugspannung, beansprucht wird. Die höchste Beanspruchung des Federbundes tritt an den inneren rechtwinkligen Übergangsstellen (d) auf, die als Folge der sehr geringen Ausrundungshalbmesser stark der Kerbwirkung unterliegen. Im spannungsoptischen Bild wird dies durch die besonders starke Zusammendrängung der Isochromaten an diesen Stellen sichtbar.

Abb. 4. Gesamtaufnahme des Isochromatenbildes

Abb. 5 zeigt den Ausschnitt des Federbundes zwischen den Ösen. Die neutrale Faser ist nach dem Innenrand hin verschoben, die Randordnungen betragen außen 9,0 (Zugspannung) und 7,2 (Druckspannung).

Abb. 6 zeigt den Ausschnitt des Federbundes an der linken oberen Übergangsstelle. Man erkennt, daß sich die Spannungskonzentration an der Übergangsstelle mehr nach den etwas schwächeren Längsseiten hinzieht, aber dann rasch abklingt. Momentennullpunkte (a) befinden sich am linken Außenrand und am Innenrand unter der Aufhängeöse.

Abb. 7 zeigt das Isochromatenbild des Federbundes bei freier Verformung der Längsseiten nach innen. Es ergibt sich — vor allem in den Längsseiten — ein völlig anderer Spannungszustand. Zwischen den Aufhängeösen und in der unteren Querseite wird der Federbund auf reine Biegung, in den Längsseiten auf Biegung mit Querkraft beansprucht. Zwischen den Aufhängeösen übersteigt die Liniendichte praktisch schon das Auflösungsvermögen des Filmes. Trotzdem ist aber noch zu erkennen, daß jetzt dieser Teil des Federbundes höher belastet ist als beim Versuch nach Abb. 4; an den rechtwinkligen Übergangsstellen verhält es sich dagegen gerade umgekehrt. Beide Versuche wurden unter gleichen Belastungsbedingungen durchgeführt.

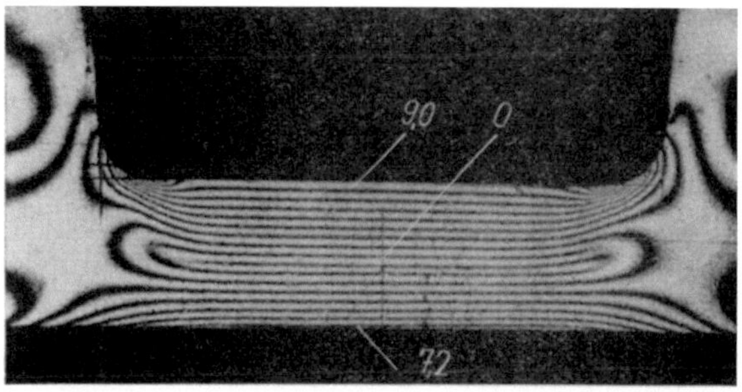

Abb. 5. Ausschnitt zwischen den Aufhängeösen

Abb. 8 zeigt den Eichversuch, Biegemoment $M = 80$ cmkp, Stabhöhe $h = 2$ cm, Stabdicke $d = 1$ cm. Mit $n = 9{,}1$ wird $s = 13{,}2 \frac{\text{kp}}{\text{cm Ordnung}}$.

Die Isochromatenbilder wurden mit einer Kleinbildkamera Exakta-Varex auf einen $H - \alpha$-Film aufgenommen. Die Belichtungsdaten betrugen bei Verwendung von zwei Natriumdampflampen 85 W als Lichtquelle: Blende 16, Belichtungszeit ½ sec.

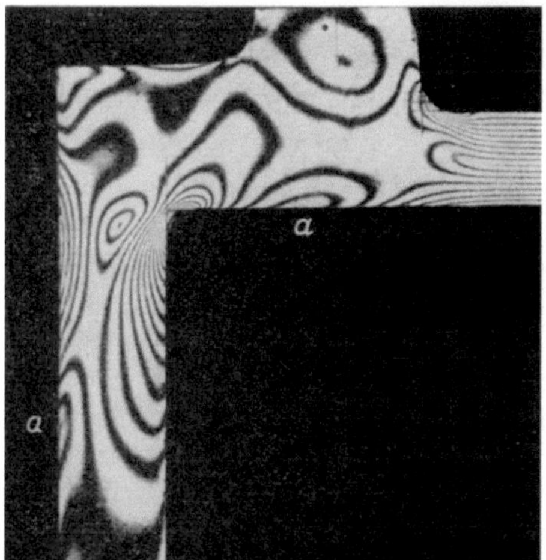

Abb. 6. Ausschnitt an der linken oberen Übergangsstelle

Abb. 7. Isochromatenbild des Federbundes bei freier Verformung nach innen

2. Zur Modellherstellung

Das Modell besteht aus dem heißhärtenden Epoxydharz Epilox EG 1 der Leuna-Werke. Es wurde aus einer selbstgegossenen Platte ausgesägt. Die Oberfläche der Platte ist nicht mechanisch bearbeitet worden. An unserem Institut wurden in der letzten Zeit Versuche mit diesem Harz durchgeführt. Mittels einzeln gegossener Probestäbe wurde ein günstiger Isochromatenwert $s = 13{,}2$ kp/cm · Ordn. sowie eine hohe dehnungsbezogene Isochromatenzahl $D = 2{,}31\ cm^{-1}$ festgestellt. Der E-Modul liegt bei etwa 31000 kp/cm². Bei allen Versuchen wurde ein konstantes Mischungsverhältnis 100 Gewichtsteile Epilox EG 1 zu 30 Gewichtsteilen Epiloxhärter 102 eingehalten. Die ermittelten Werte sind etwas von den Gieß- und Härtebedingungen abhängig.

Epoxydharz EG 1 und Epiloxhärter 102 werden getrennt geschmolzen. Beim Gießen der Probestäbe zeigte es sich, daß EG 1 Verunreinigungen enthält, die sich dann als unerwünschte Einschlüsse im Probestab wiederfinden. Deshalb erhitzen wir jetzt das reine Harz EG 1 auf 180 bis höchstens 200°. Bei dieser Temperatur ist es sehr dünnflüssig. Man läßt es kurze Zeit stehen, damit sich die Verunreinigungen am Boden absetzen können und dekantiert anschließend über ein feines Sieb gleich in das Gießgefäß. Ein Erhitzen auf eine höhere Temperatur als 200° C führt bereits zu Veränderungen des Harzes. Es beginnt zu schäumen. Die

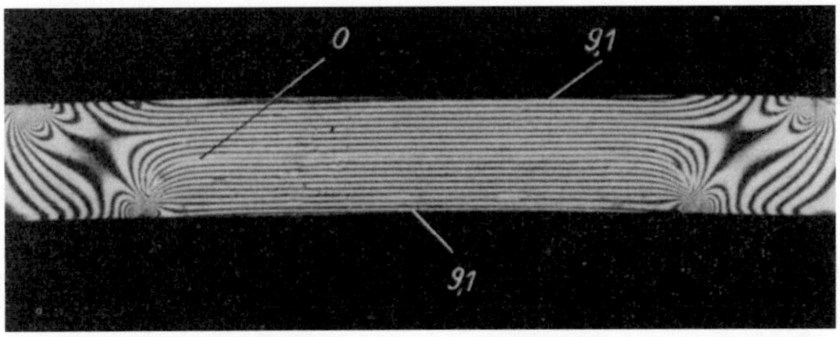

Abb. 8. Eichversuch

fein verteilten Luftblasen entweichen auch bei der folgenden Abkühlung nicht, so daß man Gußstücke mit unendlich vielen fein verteilten Luftblasen erhält. Nach Abkühlen auf etwa 150° wird der auf die gleiche Temperatur gebrachte Härter, der nun ebenfalls flüssig ist, mit dem Harz vereinigt und gut gemischt. Die nun eintretende exotherme Reaktion ist nach den gemachten Erfahrungen in erster Linie von der Menge der Harz-Härter-Mischung abhängig und bei kleineren Mengen — etwa bis 1 kg — sehr gering.

Der flüssige Härter beginnt zwar schon bei 150° sich etwas zu verflüchtigen, jedoch ist dieser Anteil äußerst gering, wie man sich leicht durch Vergleichswägungen überzeugen kann. Er beträgt ungefähr 1%, bezogen auf die gesamte Härtermenge. Man kann dies bereits beim Einwiegen durch eine entsprechende höhere Einwaage berücksichtigen, oder aber man korrigiert kurz vor dem Mischvorgang die Härtermenge auf den ursprünglichen Wert. Beides ist jedoch von untergeordneter Bedeutung, da man ohnehin aus jeder gegossenen Platte einen Eichstab zur Bestimmung des Isochromatenwertes herstellen wird, so daß im Falle der Vernachlässigung der flüchtigen Bestandteile kein Fehler entstehen wird.

Nach innigem Mischen der beiden Komponenten läßt man diese bei etwa 160° nur kurze Zeit stehen, damit die durch das Rühren entstandenen Luftblasen entweichen können. Unmittelbar danach wird bei dieser Temperatur die Platte in einem möglichst blasenfreien Gießakt gegossen. Die Gießtemperatur wurde deshalb so hoch gewählt, weil hier die Harz-Härter-Mischung bedeutend dünnflüssiger als bei der üblichen Gießtemperatur ist, die mit 120—140° angegeben wird. Dadurch können die während des Gießens trotz aller Vorsicht entstehenden Luftblasen leicht entweichen, wie es auch die durchgeführten Versuche bewiesen. Zwar ist die Schwingung des Harzes bei einer Gießtemperatur von 160° größer als bei einer solchen von 130°, jedoch ist dieser Umstand bei einer einfachen Platte bedeutungslos.

Die Gießform besteht aus zwei Stahlplatten und drei Distanzstäben, davon zwei an den Längsseiten und einer an der unteren Querseite. Oben ist die Gießform offen. Ihre Abmessungen sind von dem zur Verfügung stehenden Trockenschrank abhängig. Sie betragen 330 · 210 · 10 mm im Lichten. Sämtliche mit dem Harz in Berührung kommenden Flächen wurden abgehobelt und feingeschliffen. Anschließend wurden sie mit Silikonlack L 152 als Formtrennmittel bestrichen. Nach Trocknung des Lackes an der Luft wurde dieser bei 450° 20—30 min lang eingebrannt. Vor dem Zusammenbau der Form wurden diese Flächen außerdem mit einer ganz dünnen Schicht Silikonfett 4203 versehen.

Vor dem Guß wird die Form auf 120° vorgewärmt. Zu Beginn des Gießaktes wird die Form zunächst schräg gehalten, damit das Harz möglichst blasenfrei an der Formwand herablaufen kann. Während des Gusses wird die Form langsam in die vertikale Lage gebracht. Der Gießakt muß unbedingt kontinuierlich verlaufen; er darf nicht unterbrochen werden, da sich sonst die zur Oberfläche des Gießgutes aufgestiegenen Luftblasen an der Formwandung festsetzen, und so unerwünschte Blasenkränze bilden.

Das Harz wird anschließend an den Guß 24 h bei einer Temperatur von 100° gehärtet. Die nachfolgende Abkühlung bis zur Raumtemperatur erfolgt mit einer geringen Abkühlungsgeschwindigkeit, etwa 5°/h. Da es sich nicht vermeiden läßt, daß Vorspannungen eintreten, werden diese anschließend 3 h lang bei etwa 150° durch einen sogenannten Tempervorgang ausgeheizt. Dazu kann man die Platte im Trockenschrank entweder genau vertikal aufstellen oder horizontal zwischen zwei Glasplatten legen. Die nachfolgende Abkühlung muß ebenfalls sehr langsam erfolgen, etwa mit 5°/h, da anderenfalls Wärmespannungen unvermeidlich sind.

Mit dieser Form- und Gießmethode erreicht man zwar keine völlig spiegelblanken Oberflächen. Die Platte, die einen hell- bis gelbbraunen Grundton besitzt, ist jedoch gut durchsichtig. Es lassen sich damit, wie die Aufnahmen beweisen, scharfe und kontrastreiche Isochromatenbilder herstellen.

Hochschule für Maschinenbau Karl-Marx-Stadt, Institut für Angewandte Mechanik

Experimentelle Bestimmung von Wärmespannungen auf spannungsoptischem Wege

Von E. Hosp

In den Ausführungen wurde zunächst auf den Begriff der Wärmespannungen eingegangen. Dabei hat es sich als nützlich erwiesen, eine Trennung der WS (Wärmespannungen) in zwei Hauptgruppen entsprechend ihrer Entstehung vorzunehmen:

1. Wärmespannungen im Mehrstoffsystem

Es handelt sich um „Bimetallspannungen", welche immer dort auftreten, wo ein System, bestehend aus mehreren Werkstoffen unterschiedlicher linearer Wärmedehnung, einem konstanten, gleichmäßigen Temperaturfeld ausgesetzt ist (Stahlschraube im Al-Gehäuse usw. bei gleichmäßiger Erwärmung).

2. Wärmespannungen im Einstoffsystem

Diese Art von WS wurde als „echte" WS bezeichnet. Ein thermisch isotroper Körper ist einem ungleichmäßigen Temperaturfeld unterworfen. Sofern sich das Bauteil nicht der Wärmedehnung entsprechend verformen kann, treten in der Folge WS auf.

Um der Problematik der WS im Einstoffsystem nähertreten zu können, wurden die Einsatzmöglichkeiten der spannungsoptischen Modelltechnik zunächst an Rundscheiben geprüft. Zwei charakteristische Fälle sind dabei besonders hervorzuheben:

a) Scheibe *mit* Wärmeabgabe an den Oberflächen

und

b) Scheibe *ohne* Wärmeabgabe an den Oberflächen.

Beide Fälle sind noch analytisch lösbar und bieten daher eine gute Kontrolle für die spannungsoptischen Untersuchungen.

Im Verlauf der Ausführungen wurden die theoretischen Lösungen angegeben und gleichzeitig die gute Übereinstimmung mit den spannungsoptischen Messungen demonstriert.

Um das beschriebene Verfahren technisch interessant werden zu lassen, wurden die Ähnlichkeitsbeziehungen angegeben, welche neben den mechanischen Kenngrößen auch den thermischen Materialwerten Rechnung tragen müssen. Außerdem sind bei der Übertragung der spannungsoptischen Meßergebnisse auf eine gegebene Hauptausführung noch die thermodynamischen Randbedingungen zu erfüllen. Es wurde darauf hingewiesen, daß man sich in den meisten Fällen nur noch mit einer angenäherten Ähnlichkeit begnügen muß, besonders, wenn auch noch der Fall einer zeitlich veränderlichen Temperaturverteilung mit einbezogen werden soll.

An Hand eines Beispiels konnte die Anwendung des Verfahrens und die Übertragung der Ergebnisse auf ein Original gezeigt werden.

Der zweite Teil des Vortrags beschäftigte sich mit einigen durchgeführten Untersuchungen auf dem Gebiet des Talsperrenbaus.

Eine Bilderserie vermittelte einen guten Überblick über die dort auftretenden Probleme. Die anschauliche Demonstration des auftretenden WS-Zustandes in einer flächenhaft beheizten Dreieckscheibe wurde ergänzt durch die Diagramme, welche den Verlauf der Hauptspannungen in verschiedenen Richtungen zeigen. Die Auswertung des WS-Zustandes geschah nach den allgemein bekannten Integrationsverfahren der ebenen Spannungsoptik.

Zum Schluß der Erörterungen konnte noch ein Bild eines „eingefrorenen" WS-Zustandes gezeigt werden. Es handelte sich um Versuche an einer Kreisscheibe, deren gesteuert eingefrorener Spannungszustand nachträglich durch einen Sägeschnitt gestört war. Diese Untersuchungsmethode liefert eventuell zu einem späteren Zeitpunkt die Möglichkeit, Eigenspannungen, wie sie durch Schweißen oder Härten entstehen, spannungsoptisch wenigstens qualitativ zu bestimmen.

Einige Worte zur Werkstoffauswahl für die Bestimmung von Wärmespannungen, wobei besonders der Werkstoff MAKROLON erwähnt wurde, beschlossen das Referat.

Der größte Teil des Vortrags wurde an Hand folgender Veröffentlichungen zusammengestellt: Die Bautechnik, **37.** Jahrg. Heft 11, November 1960, S. 405—418 „Experimentelle Bestimmung von Wärmespannungen in Bauteilen auf spannungsoptischem Wege", Dr.-Ing. E. Hosp, Stuttgart und VDI-Zeitschrift **103,** Nr. 27 (21. 9. 1961) S. 1329—1334 „Anwendung des spannungsoptischen Erstarrungsverfahrens zum Ermitteln von Wärmespannungen in Scheiben."

Fa. Ernst Heinkel, Flugzeugbau, München

25 Jahre Photoelastizität in Ungarn

Von St. Huszár

Diese Arbeit gibt ein Bild von den von ungarischen Fachleuten ausgeführten spannungsoptischen Forschungen, deren Ergebnisse in einem genauen literarischen Verzeichnis angeführt sind. Die Arbeit ist unter der Überschrift „25 Years of Photoelasticity in Hungary" in der Acta Technica, Academiae Scientiarum Hungaricae, Tomus XXXI, Fasciculi 3—4 veröffentlicht.

Technische Universität für die Schwerindustrie,
Lehrstuhl für Mechanik, Miskolc-Egyetemváros

Die Formfaktoren von kreisförmig gekrümmten Stäben mit kreisförmigen Kerben

Von St. Huszár

In dieser Arbeit wird die Bestimmung der Formfaktoren von kreisförmig gekrümmten Stäben in Abhängigkeit von der Kerbzahl behandelt. Die andere Veränderliche ist der Kerbradius. Die Arbeit ist in der Acta Technica, Academiae Scientiarum Hungaricae, Tomus XXXIII, Fasciculi 1—2 veröffentlicht.

Technische Universität für die Schwerindustrie,
Lehrstuhl für Mechanik, Miskolc-Egyetemváros

Photoplastische Versuche am Werkstoff Zelluloid

Von J. Javornický

Die Erforschung des plastischen Zustandes von Konstruktionsmaterialien und elastisch-plastischer Zustände der Konstruktionen selbst bildet das aktuellste Problem der theoretischen und experimentellen Studien der Mechanik.

Im experimentellen Studium elastischer Spannungszustände nimmt die polarisationsoptische Methode — die Spannungsoptik — einen bemerkenswerten Platz ein. In neuerer Zeit erscheinen die ersten bedeutenden Arbeiten über die theoretischen Grundlagen und die praktische Anwendung dieser Methode auf dem Gebiet des Studiums elastisch-plastischer Zustände von Spannung und Verformung, wobei für sie die Bezeichnung Photoplastizität angenommen wurde.

Während beim Studium der Zustände im Bereich elastischer Deformationen die Abhängigkeit der Spannung von der Verformung im allgemeinen einfach — d. h. linear — ist, und die theoretische Analyse im wesentlichen die mathematische Beherrschung der Geometrie der Kontinuität von Differentialelementen bedeutet, ist im Bereich der plastischen Deformation die Lage viel komplizierter, hauptsächlich wegen der Unklarheit der physikalischen Seite des Mechanismus der Verformung. Es ist üblich, den plastischen Zustand als einen solchen zu definieren, bei welchem das lineare Verhältnis zwischen Spannung und Verformung nicht gilt und dessen Folge gleichzeitig das Vorkommen einer Dauerdeformation ist. Die Wirklichkeit ist jedoch bedeutend komplizierter, so daß man nicht unbeachtet lassen kann, daß es bei plastischer Verformung auch zu Strukturänderungen im Stoff kommt, die seine Eigenschaften kontinuierlich verändern, und die gleichfalls die Unterschiede im Verlauf der plastischen Deformation bei verschiedener Art der Beanspruchung begründen (durch normale Kräfte, Schubkräfte, im einachsigen oder mehrachsigen Spannungszustand und so weiter).

Ein Körper im Gleichgewichtssystem, der der Einwirkung äußerer Kräfte unterworfen ist, die kontinuierlich von 0 bis zum Endwert wachsen, ändert seine Form kontinuierlich, indem er dem wirkenden System durch innere Kräfte, die gleichfalls kontinuierlich wachsen, widerstrebt. Diese inneren Kräfte sind im allgemeinen nicht gleichen Ursprungs. Ein Teil von ihnen sind anziehende und abstoßende Massenkräfte, die zwischen Makro- oder Mikroteilchen, eventuell zwischen Molekülen wirken, ein Teil sind Kräfte von Strukturbindungen wie z. B. Valenz —, van der Waalsche und andere Kräfte, ein Teil hat seinen Ursprung in der inneren Reibung oder in anderen Hemmungen der inneren Bewegung (z. B. bei gegliederten Teilchen oder Molekülen bei gegenseitiger Verschiebung) oder schließlich sind es interatomare Kräfte, z. B. im Kristallgitter. Nicht immer kommen alle diese Kräfte in der Reaktion des Körpers auf äußere Einwirkung zur Geltung. In ihrer Gesamtheit stellen sie jedoch eine komplizierte energetische Situation innerhalb des Körpers dar, deren Gesetze bis jetzt nicht genau erforscht sind. Wenn irgend eine Kategorie dieser Kräfte einen ausgeprägten Anteil an der Natur des inneren Widerstandes des Stoffes hat, bestimmt sie den Charakter seiner gesamten Verformung. Bei Überwiegen der inneren Reibung sprechen wir von viskoser Verformung, bei Überwiegen der anziehenden Kräfte der Teilchen von elastischer Verformung. Welche Art von Kräften in Erscheinung tritt, wird gewiß auch von der Geschwindigkeit der Belastung beeinflußt, weiterhin von der Art und der ganzen Geschichte des Belastungsprozesses. Die Wirkung einiger innerer Kräfte zeigt auch so komplizierte Äußerungen wie Verfestigung, Kriechen, Relaxation.

Eine verhältnismäßig einfache Lage entsteht bei der elastischen Verformung; anziehende und abstoßende Kräfte beginnen sogleich zu Beginn der Belastung zu wirken und schwinden bei Entlastung mit einer Geschwindigkeit, die größenordnungsmäßig mit der Schallgeschwindigkeit vergleichbar ist.

Sobald jedoch bei der Verformung Deformationen endlicher Größe zu erscheinen beginnen, die gleichzeitig auch irreversibel sind, das bedeutet, daß sich an dem Mechanismus der Verformung auch andere Arten innerer Kräfte geltend machten, ist die Beherrschung eines solchen Prozesses wesentlich komplizierter. Bei dem heutigen Stand der Wissenschaft sind noch nicht viele Aspekte dieser Prozesse bekannt und man kann nicht einmal aus der Endverformung Verlauf und Geschichte der Kräfte beziehungsweise der energetischen Veränderungen bestimmen, die sich vor dem Endzustand abspielten. Deshalb können wir nicht einmal physikalisch in einheitlicher Weise solche Verformungen charakterisieren. Definieren wir indessen für unsere Zwecke die plastische Verformung als einen Prozeß, bei welchem es zu Lageänderung der Strukturteilchen gegenüber ihrer ursprünglichen gesamten Umgebung oder ursprünglichen Lage kommt; diese Änderungen sind nicht umkehrbar. Die Lageänderung der Teilchen (das sogenannte Fließen) entsteht dabei erst bei Überschreiten einer gewissen Spannung, zum Unterschied vom viskosen Fließen, welches bei theoretisch beliebig kleinen Spannungen verläuft.

Die physikalische Äußerung der plastischen Verformung ist jedoch bei verschiedenen Stoffen verschieden und man muß sie in Erwägung ziehen, wenn wir in der Photoplastizität Verformung von Konstruktionsmaterialien an Kunststoffen modellieren wollen. Entscheidend ist jedoch, bis zu welchem Ausmaße wir alle Äußerungen und Mechanismen erfassen wollen.

Erwägen wir vom Standpunkt des gegenwärtigen Standes der Plastizitätstheorie Möglichkeiten und Sinn der Verwendung experimenteller Methoden an Modellen für die Lösung von Zuständen elastisch-plastischer Spannung und der zugehörigen Verformung, muß man davon Abstand nehmen, alle Äußerungen der Plastizität allgemein erfassen zu wollen, und zwar deshalb, weil die Verformungseigenschaften der Stoffe allzu eng mit ihrem physikalischen Wesen und Bau zusammenhängen, deren Modellierung allein ausgedehnte Forschungsarbeit erfordern würde und deswegen, weil man durchweg nicht lineare Beziehungen zwischen den verschiedenen Größen nicht in allen Fällen unter Einhaltung desselben Ähnlichkeitsgesetzes modellieren kann. Deshalb ergibt sich die Frage, was grundlegend ist, was man zuerst erforschen sollte, und wovon man bei der Einführung weiterer beeinflussender Parameter ausgehen sollte, eventuell, welche Abhängigkeiten es sind, die man für die Bestimmung des resultierenden plastischen Zustandes superponieren könnte und auf welche Weise. Es empfiehlt sich, als Grundlage den Zustand der elastischen und plastischen Deformationen anzusehen, die entsprechende Spannung zu bestimmen und den Einfluß der Zeit als komplizierteren Fall einzuführen. Aber völlig eindeutig läßt sich auf die gegebene Frage nicht antworten; man muß davon ausgehen, für welchen Zweck wir modellieren, und welches das Material des Bauwerks ist, das wir modellieren.

Es genügt gewöhnlich, sich auf ein Modellmaterial zu beschränken, dessen Arbeitsdiagramm eine konvexe, glatte, monotone Kurve ist. Eine solche Abhängigkeit ist für die große Mehrzahl der Konstruktionsstoffe charakteristisch, insofern wir das Intervall plastischer Deformationen im Sinne haben, für alle außer für weichen Stahl. Die ausgeprägte Streckgrenze bei diesem Stahl zeigt sich jedoch bei kalt geformtem Stahl durch eine nicht größere als eine 1%ige Deformation, und deshalb ist selbst diese Besonderheit bei der Anwendung der Resultate anderer Materialien auf dieses Material nicht von Nachteil.

Ein solches Material für Photoplastizität ist Zelluloid, welches gegenüber anderen Kunststoffen mit der Fähigkeit der zeitweiligen Doppelbrechung und großer plastischer Deformationen den Vorteil der Durchsichtigkeit auch in größerer Dicke besitzt, so daß man es auch für das Modellieren von Druckspannungszuständen verwenden kann, für welche sich sonst geeignete Materialien wie Polyamide, Polyäthylen und andere wegen ihrer Undurchsichtigkeit nicht eignen.

Für das Modellieren in der Photoplastizität muß man den Mechanismus der Verformung von Zelluloid erforschen, wenigstens in den Beziehungen zwischen Spannung σ, Deformation ε und Doppelbrechung δ. Diesem Thema wurden bereits mehrere Arbeiten gewidmet [1], [2], [3], [4], mit denen unsere Erfahrungen übereinstimmen. Unter denselben mechanischen Bedingungen ist der Abhängigkeitsverlauf von Spannung und Deformation derselbe, und demselben Deformationszustand entspricht auch die gleiche Doppelbrechung bei Material der gleichen Erzeugung. Damit wir aber die Erfüllung der Grundforderung beim Modellieren von Zuständen plastischer Spannung nachweisen können, also eine eindeutige Übereinstimmung zwischen allen angeführten Charakteristiken, unter entsprechenden Bedingungen, verfolgten wir in unseren Versuchen auch die Frage der Deformationsgeschwindigkeit, der Kriechdeformation, der Art der Beanspruchung und andere Fragen. Dabei beschränkten wir uns nur auf die Belastungsphase — denn Entlastung stellt einen, hinsichtlich der strukturellen Seite, abweichenden Vorgang dar — und auf einachsige Beanspruchung.

Wie bekannt, hat die Deformationsgeschwindigkeit auf mechanische Eigenschaften und durch ihre Vermittlung auch auf optische Eigenschaften Einfluß. Die Einhaltung einer konstanten Deformationsgeschwindigkeit bei Ausführung der Versuche läßt sich nur bei einachsiger Beanspruchung durchführen, bei mehrachsigen Spannungszuständen jedoch führt sie zu gewissen Schwierigkeiten. Man kann bei einem solchen Vorgehen in einer bestimmten Phase eine Entlastung unter Deformationszuwachs nicht vermeiden, was die ganze Sache kompliziert. Deshalb wurde als beeinflussender Faktor die Belastungsgeschwindigkeit genommen. Änderungen in der Deformationsgeschwindigkeit gegenüber der Belastungsgeschwindigkeit sind dann eine Folge der Kriechverformung, eventuell des plastischen Fließens. Die Ergebnisse unserer Versuche zeigen, daß, soweit es sich um Charakteristiken elastischer Eigenschaften handelt, diese für praktische Belastungsgeschwindigkeiten in den Grenzen 5—100 kp/cm^2/min fast überhaupt nicht beeinflußt werden und im Zusammenhang damit auch die Festigkeit und Dauerdeformation. Aber jenseits der Elastizitätsgrenze, wo plastisches Fließen in Betracht kommt und auch die Kriechdeformation gewöhnlich größer ist, erreichen die relativen Unterschiede (z. B. in der Gesamtdeformation) einige 10 Prozent. Besonders deutliche Unterschiede sind bei Geschwindigkeiten unter 5 kp/cm^2 in der Minute ersichtlich. Erst Geschwindigkeiten, die viel höher als die Geschwindigkeit des plastischen Fließens (einige Tausend kp/cm^2 min) sind, bieten praktisch sich nicht unterscheidenden Verlauf, aber das Material zeigt sprödes Verhalten.

Die Ursache von Veränderungen mechanischer Charakteristiken in Abhängigkeit von der Belastungsgeschwindigkeit liegt neben physikalisch-chemischen Ursachen in dem Masse, in dem der Verlauf von Verschiebungen und Deformationen in der Struktur ermöglicht wird. Große Belastungsgeschwindigkeit gestattet nicht die Entwicklung plastischer Deformationen, das Material zeigt einen höheren Elastizitätsmodul, bei großen Beanspruchungen auch Sprödigkeit. Eine niedrige Belastungsgeschwindigkeit gestattet die Erstreckung von Molekülketten, Verschiebungen in der Struktur (ihre zeitliche Entwicklung sind Kriechdeformationen) und ermöglicht dem Material, Zähigkeit zu zeigen.

Diese Tatsachen werden durch Abb. 1 illustriert, welche Spannung und Doppelbrechung in Beziehung setzt. Die Verfolgung der Doppelbrechung wurde wegen des leichteren Ablesens gewählt und weil ihre Beziehung zur Deformation unter denselben Bedingungen eindeutig ist. Es zeigt sich, daß bereits bei Geschwindigkeiten von 2,6 und 25 kp/cm^2/min im plastischen Gebiet beträchtliche Unterschiede in den Werten der Doppelbrechung, die zu einer bestimmten Spannung gehört, auftreten und in Übereinstimmung damit auch in der Deformation. Die Geschwindigkeit von 25 kp/cm²/min zeigte sich als genügend, damit sich Kriechänderungen nicht zu störend äußerten.

Ein Vergleich der Zeiteinflüsse wurde bei Belastung auf eine Spannung ausgeführt, die ins plastische Gebiet fällt. Ein Probekörper, belastet auf eine Spannung, die eine restliche Doppelbrechung beläßt, wurde im ersten Falle gleich nach Belastung entlastet, im zweiten Falle unter der wirkenden Belastung für die Zeit von 40 Minuten belassen. Beim ersten Probekörper ist die Doppelbrechung nach Entlastung auf einen kleinen Wert gesunken, welcher im Verlauf einiger Stunden auf Null sank. Beim zweiten Probekörper ist der Wert der Doppelbrechung um den Betrag gesunken, der 300 kp/cm²/min bei linearer Abhängigkeit $\sigma - \delta$ entspricht, die sofortige Restdoppelbrechung verringerte sich um den sogenannten reaktiven Betrag auf einen dauernden konstanten Wert.

Zur Vertiefung der Erkenntnisse über den Mechanismus der Verformung von Zelluloid wurde eine Untersuchung von Zelluloid auf Hysterese vorgenommen. Die Ergebnisse

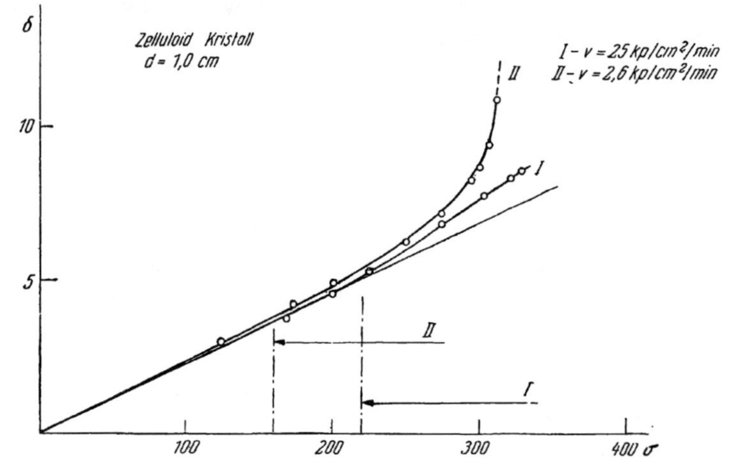

Abb. 1. Zelluloid Kristall. Kurve I — Belastungsgeschwindigkeit $v = 25$ kp/cm²/min. Kurve II — $v = 2{,}6$ kp/cm²/min. (I, II — Der entsprechende Bereich der Führung der Belastungsgeschwindigkeit)

ermöglichten, die charakteristische Grenze festzustellen. Die Proportionalitätsgrenze entspricht einer Spannung von 170 kp/cm². Für die Elastizitätsgrenze kann man, falls wir eine Dauerdeformation von 0,04% zulassen, eine Spannung von 200 kp/cm² halten. Von einer Spannung von 320 kp/cm² an kommt es zur eigentlichen plastischen Verformung, die Dauerdeformation und Doppelbrechung verursacht. Die Verformung schreitet rascher fort, durch plastisches Fließen, und beim Werte 383 kp/cm² begann sich ein Bruchriß zu zeigen. Kontrollmessung an einer anderen Zelluloidart zeigte, daß sich die Proportionalitätsgrenze in den Genauigkeitsgrenzen ändert, die Elastizitätsgrenze wenig, die Grenze des Fließbeginns jedoch bewegt sich etwa von 280 bis 320 kp/cm².

Die mechanischen und optischen Eigenschaften werden ferner durch die Art der Beanspruchung beeinflußt. Die Unterschiede äußern sich im Wert des Elastizitätsmoduls und folglich auch der optischen Konstante (und im ganzen Verlauf der Abhängigkeit $\sigma - \delta - \varepsilon$) bei Zug und Druck. Die Ursachen dieser Unterschiede sind nicht bekannt. Allem Anschein nach entstehen sie durch eine Änderung der Polarisierbarkeit, welche durch eine Änderung in der inneren energetischen Lage der Kettenmoleküle hervorgerufen wird.

Biegungsversuche an Zelluloidbälkchen, die durch reine Biegung belastet wurden, zeigten einen deutlichen Unterschied zwischen der Doppelbrechung im gezogenen und gedrückten Bereich. Bei elastischem Spannungszustand war die Doppelbrechung im gedrückten Teile um 7,25% höher als im gezogenen. Dieser Unterschied erhöhte sich beim Vorkommen plastischer Deformationen bis auf 18,55% für eine Spannung von 467 kp/cm² (Abb. 2). Dabei waren die entsprechenden Deformationen in den gedrückten Fasern kleiner als in den gezogenen.

Derartige Unterschiede wären eine ernste Hemmung bei der Durchführung photoplastischer Messungen. Unsere Erfahrungen zeigen jedoch, daß solche ausgeprägten Unterschiede nur dort eintreten, wo es sich um gleichzeitiges Vorkommen eines homogenen Zugspannungszustandes in einem Gebiet und eines Druckspannungszustandes im Nachbargebiet handelt; der Schubspannungszustand unterscheidet sich nicht so sehr vom Zugspannungszustand. Die Auswertung von Schubspannungen und Deformationen aus Isochromaten hat danach ihre Begründung.

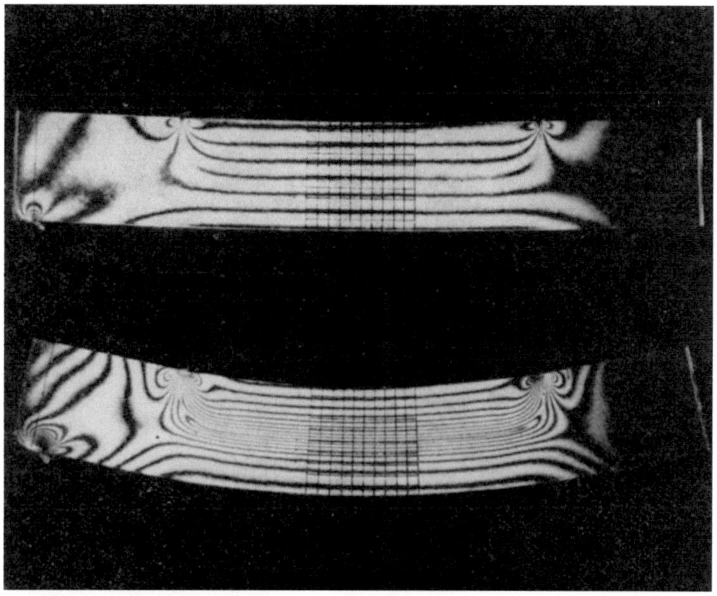

Abb. 2. Zelluloidbälkchen bei reiner Biegung. Oben — Elastischer Spannungszustand. Unten — Elastoplastischer Spannungszustand

Für den Verformungsmechanismus ist auch die Verfolgung der Restdoppelbrechung von Bedeutung. Zelluloid zeichnet sich durch die Fähigkeit von Dauerdeformation und Doppelbrechung, entsprechend der verlaufenen Verformung, in Übereinstimmung mit dem Spannungszustand, aus. Dauerdeformation entsteht in Zelluloid bei höheren Spannungen als 300—320 kp/cm² und es wurde schon erwähnt, daß ihre Größe von der Wirkungsdauer der Belastung stark abhängt. Nach Entlastung sinkt die Doppelbrechung noch durch eine gewisse kürzere Zeit, als Folge der reaktiven Fähigkeit des Materials, und erst nach Ablauf dieser Dauer haben Doppelbrechung und Deformation wirklich dauernden Charakter. Abb. 3 zeigt den Doppelbrechungszustand in einem Zelluloidprobekörper eine Woche nach Bruch. Daß die Doppelbrechung wirklich an verlaufene Strukturverformungen und nicht etwa an irgendeinen Spannungszustand gebunden ist, wird, wie Abb. 4 zeigt, durch Anschneiden dieses Probekörpers bewiesen, welches die Dauerdeformation, bis auf die durch Erwärmung bei Bearbeitung verletzten Stellen, nicht gestört hat. Abb. 5 zeigt den Zustand desselben Probekörpers nach 13 Monaten. Die restliche Doppelbrechung ist jedoch im Zelluloid dauernd nur unter denselben physikalischen Bedingungen erhalten, das heißt vor allem bei derselben Temperatur und Feuchtigkeit. Ihre Änderungen können auch eine Änderung der Dauerdoppelbrechung und Deformation, wie wir noch weiter zeigen werden, herbeiführen.

Grundsätzlich äußern sich also bei Zelluloid und überhaupt bei linearen Polymeren im Falle mechanischer Umformung Deformationen von zweierlei Art: Verformungen, die wir als plastisch bezeichnen und die durch eine höhere, die Elastizitätsgrenze übersteigende Spannung hervorgerufen werden, und zeitlich abhängige Deformationen, welche als Kriechdeformationen bezeichnet werden. Die Ursache beider Arten von Veränderungen sind gleichen Wesens. Der wirkliche Verformungsmechanismus ist nicht bekannt und deshalb kann bezüglich dieser Verformung höchstens von Arbeitshypothesen gesprochen werden, welche jedoch für das Verständnis der Verwendung der Photoplastizität zur Lösung technischer Probleme nützlich sein können.

Verspinnung von Kettenmolekülen der Zellulose im Kampfermedium ist bei innerem Gleichgewicht der Strukturkräfte durch Massenkräfte und durch intermolekulare Haupt- und

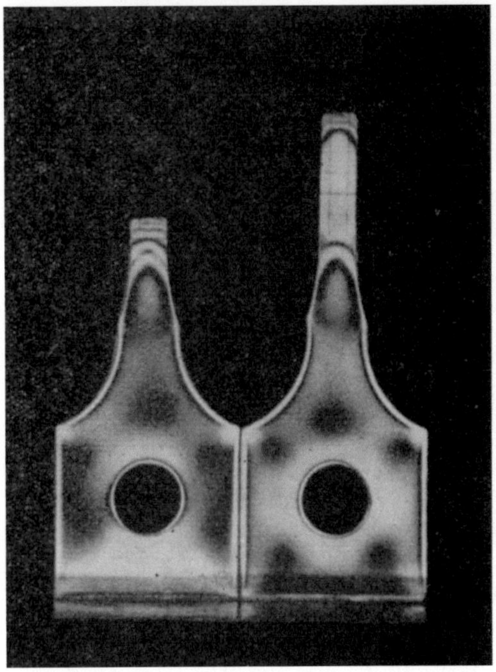

Abb. 3

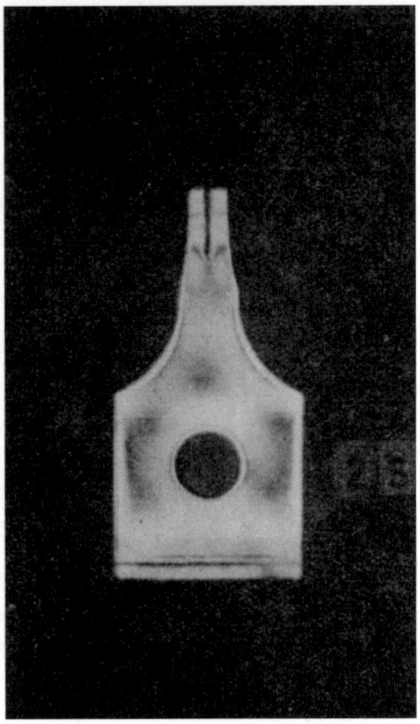

Abb. 4

Nebenkräfte gebunden; es sei e die Entfernung der Schwerpunkte dieser Moleküle (Abb. 6a). Eine nur elastische Deformationen bewirkende Belastung wird eine Änderung (Vergrößerung) der Entfernung der Schwerpunkte auf den Wert e' und eine gewisse kleinere Anordnung der Molekülelemente (Drehung) hervorrufen, wobei das Gleichgewicht zwischen den äußeren Kräften und dem System der inneren Körperkräfte erhalten wird, die sich durch Entfernen der Schwerpunkte gegenüber dem ursprünglichen Wert vergrößern (Abb. 6b).

Durch Erhöhung der Belastung (oder durch eine langdauernde Einwirkung) entsteht das Ausziehen der Moleküle in direkte Ketten, mit einer der Richtung der Beanspruchung entsprechenden Orientierung und der Schwerpunkt der Moleküle ändert durch gegenseitige Verschiebung seine ursprüngliche Lage auf den Wert e'' (Abb. 6c); im Zelluloid verläuft eine Kriechverformung, zuletzt plastisches Fließen. Der Verformungsprozeß ist langsamer als in der ersten Phase. Durch Entlastung kann die Deformation sich nur um einen solchen Anteil vermindern, welchen die Körperkräfte imstande sind zu überwinden, im Bestreben, das ursprüngliche Kräftegleichgewicht der Struktur zu erreichen. Die völlige Rückkehr wird auch jetzt durch die Reibung einzelner Fasern aneinander gehindert, zu deren Größe nunmehr neue Intermolekularkräfte beitragen, die zwischen den gestreckten Ketten wirken. Das plastische Fließen verläuft durch Gleiten der Ketten aneinander und deshalb war zu seiner Entstehung eine höhere Spannung notwendig als die, die zur Bewegung der Moleküle nötig ist.

Durch plastische Deformation der Moleküle entsteht eine Volumverminderung, deren Grenzwert dem Zustande einer völligen Streckung der Ketten (Abb. 6d) und ihrer zueinander gedrängten Lage entspricht. Bei weiterer Deformation muß das Volumen bereits notwendig konstant bleiben, und der entsprechende Wert der Poissonschen Konstante beträgt dann 0,5. Dieser Zustand wird gewöhnlich nicht erreicht, weil es an irgendeiner Stelle schon vorher zur Störung der Kontinuität der Ketten und der Entstehung eines Risses kommt.

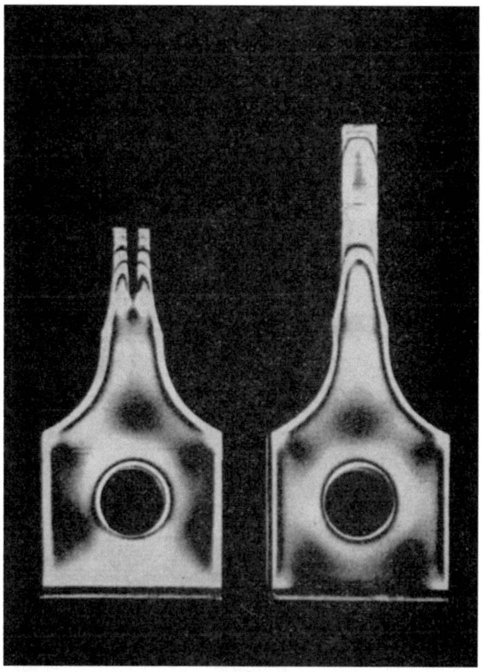

Abb. 5

Die durch Zug entstandene plastische Deformation stimmt qualitativ mit der Deformation überein, die durch Druck entstanden ist, der in einer zum Zuge senkrechten Richtung wirkt, quantitativ ist sie jedoch etwas abweichend.

Daß die Umformung in die Struktur der Moleküle selbst nicht eingreift, kann durch folgenden Versuch nachgewiesen werden. Der Zelluloidprobekörper mit Dauerdeformation und entsprechender restlicher Doppelbrechung (Abb. 7) werde im Ölbade nach allmählicher Temperatursteigerung 10 Minuten lang bei 100 °C erwärmt. Durch diesen Vorgang verliert das Material seine Dauerverformung und Doppelbrechung, wie Abb. 8 zeigt. Die Dimensionen des Probekörpers haben wieder ihre ursprünglichen Werte erlangt und das Kräftegleichgewicht

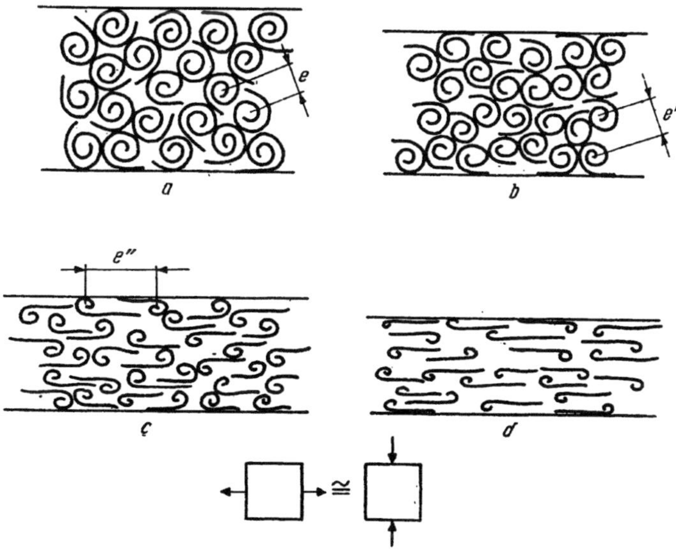

Abb. 6

der Struktur ruft keine Doppelbrechung hervor. Dabei ist die Art der Beanspruchung, durch welche die Dauerdeformation hervorgerufen wurde, wie es analoge Versuche bestätigten, für die Erscheinung nicht entscheidend.

Die Ursache dieser Erscheinung ist eine Lockerung der Strukturbindungen durch gelieferte Wärme (die bei der Deformation ausstrahlte), eine Verringerung der Reibung zwischen Molekülketten und die erhöhte Schwingung der Moleküle, welche bei entsprechender Amplitude sich ihren ursprünglichen Lagen mit den Massenkräften des früheren energetischen Gleichgewichts nähern können.

Die Erkenntnisse über den Verformungsmechanismus des Zelluloids und über seine Interpretierung durch Doppelbrechung dienten neben anderen als Grundlage für den Ausdruck

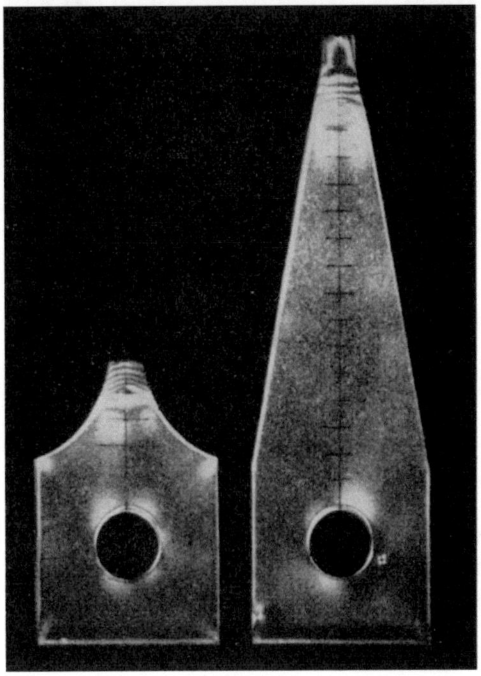

Abb. 7

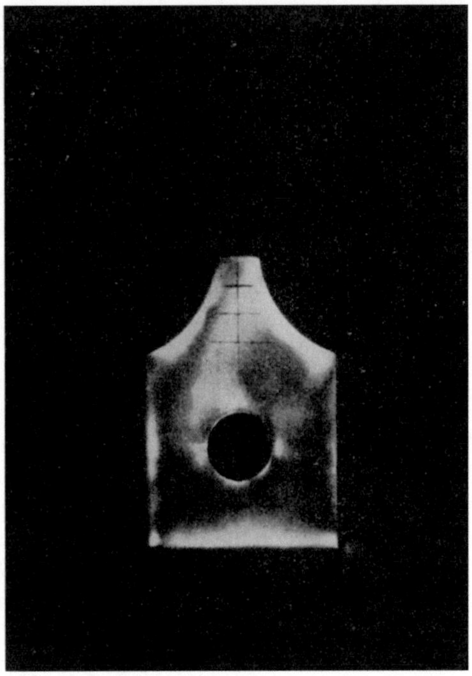

Abb. 8

des Verhältnisses zwischen Spannung, Deformation und Doppelbrechung bei einachsigem Spannungszustand [5].

Diese Beziehung wird durch die Gleichung $\delta = [C\,\sigma + K\,(\varepsilon - \varepsilon_e)]\,d$ beschrieben, wo C die spannungsoptische Konstante aus der Brewster-Wertheimschen Gleichung und $K\left[\frac{1}{\text{cm}}\right]$ eine analoge Konstante ist, die durch Eichung für augenblickliche Belastung und $t = \text{const}$ bestimmt wird; ε_e ist die der Elastizitätsgrenze entsprechende Deformation und d die Scheibendicke.

Zur Auswertung der Doppelbrechung nach der angeführten Gleichung sind jedoch noch weitere Angaben notwendig, denn sie enthält zwei Unbekannte σ und ε. Die nötigen Angaben bietet die Restdoppelbrechung. Bezeichnen wir die augenblickliche Restdoppelbrechung mit δ_R, so wird (weil $\delta_R = K\,(\varepsilon - \varepsilon_e)\,d$)

$$\sigma = \frac{1}{C\,d}(\delta - \delta_R)\,, \qquad \varepsilon = \frac{1}{K\,d}\delta_R + \varepsilon_e\,.$$

Aus diesen Gleichungen kann man also auf Grund gemessener Doppelbrechungen (bei gewählter Leitung des Belastungsprozesses nach den Modellforderungen mit Rücksicht auf das Arbeitsdiagramm des Konstruktionsmaterials) die plastische Spannung und Deformation direkt bestimmen.

Vorbereitung und Leitung der photoplastischen Versuche verlangen jedoch die Einhaltung spezifischer Bedingungen, durch welche sich diese Methode ziemlich wesentlich von der Praxis der spannungsoptischen Messungen unterscheidet.

Die Vorbereitung muß von einer gründlichen Analyse der Natur des erforschten Problems ausgehen mit Rücksicht auf den Gesamtspannungs- und Deformationszustand, der beim elastisch-plastischen Zustand zu erwarten ist. Dieser Gesichtspunkt muß den Grenzen der Anwendbarkeit der Methode Rechnung tragen, auf Grund derer man bestimmt, an welchen Punkten oder Teilen des Modells es, um die verlangten Ergebnisse zu gewinnen, möglich ist, zu messen und auszuwerten, und beim Modellieren der Kriechdeformationen auch dieselbe

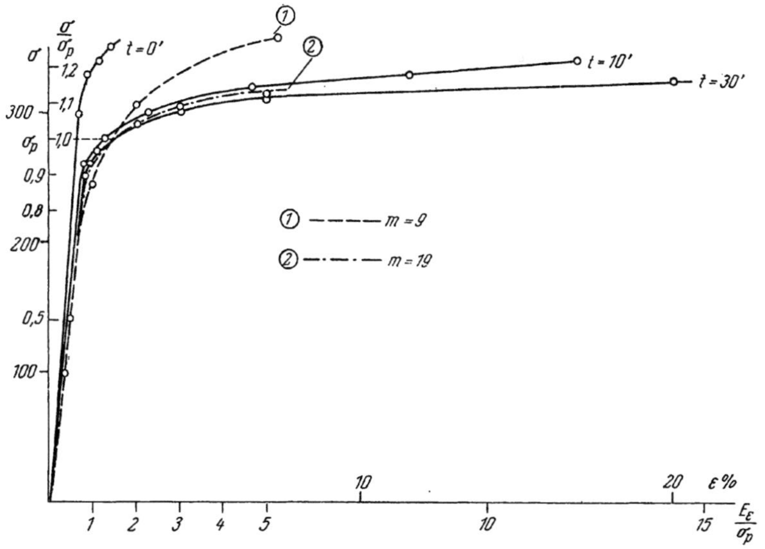

Abb. 9. Die Arbeitsdiagramme für Metalle und Zelluloid Worbla. $t = 0'$ — Die Kurve für Zelluloid und augenblickliche Belastung. $t = 10'$ — Zelluloid nach 10 Minuten Wirkung der Belastung. $t = 30'$ — Zelluloid nach 30 Minuten Wirkung der Belastung

Charakteristik der zeitlichen Abhängigkeiten zu verlangen wie beim Konstruktionsmaterial.

Das eigentliche Meßverfahren beruht in der Bestimmung der Isoklinen und der isochromatischen Kurven, in der Feststellung der Trajektorien der Hauptschubspannungen (die mit den Hauptschubdeformationen koinzidieren), in der Ermittlung der Spannungen und Deformationen aus der Doppelbrechung und eventuell auch in der Trennung der Hauptnormalspannungen und Deformationen. Beim plastischen Fließen, wenn sich das Bild der isochromatischen Streifen verhältnismäßig rasch ändert, ist es allein annehmbar, die Zustände photographisch zu registrieren. Mit Rücksicht darauf, daß das plastische Gebiet für größere Dicken eine beträchtliche Menge isochromatischer Streifen aufweist, die die Bestimmung der Isoklinen erschweren, kommt ihre Untersuchung an dünnen Platten oder Folien in Betracht. Bei der Forderung, die separierten Hauptspannungen zu bestimmen, kann man im zweiachsigen Spannungszustand nur die Methode der Schubdifferenzen verwenden, welche — wie Frocht und Guernsey [6] beweisen — für allgemeine nicht lineare Abhängigkeiten Doppelbrechung-Spannung anwendbar ist sowohl für elastische als auch plastische Spannungszustände.

Als Beispiel der Verwendung der Photoplastizität und der angeführten Methode der Auswertung der Doppelbrechung wurde die Bestimmung des Koeffizienten der Spannungskonzentration bei einer kreisförmigen Öffnung in einem Streifen gewählt, der im Unendlichen durch die gleichmäßige Zugspannung σ_n beansprucht ist.

Am Rande der Öffnung, am Orte der Maximalspannung, wo die zweite der normalen Spannungen (σ_x) Null ist, kann man die Auswertung der Doppelbrechung genau nach der Grundbeziehung der Photoplastizität ausführen, denn die Spannung σ_y ist hier eine präferierte Spannung und die Restdoppelbrechung ist nicht mit einem Spannungszustand von Restdeformationen in anderen Gebieten kombiniert.

Auf Grund der untersuchten Eigenschaften von Zelluloid kann man es sehr gut zum Modellieren von Metallverformungen verwenden. Nach den Ergebnissen von Ramberg und Osgood [7] lassen sich die Abhängigkeiten Spannung — Deformation der Metalle durch die Gleichung

$$\frac{E\,\varepsilon}{\sigma_p} = \frac{\sigma}{\sigma_p} + \frac{3}{7}\left(\frac{\sigma}{\sigma_p}\right)^m$$

darstellen, wo die dimensionslose Darstellung einen Vergleich verschiedener Materialien ermöglicht. Die Materialkonstante m bewegt sich in den Grenzen $m = 9$ bis $m = 19$. Die Kurven, die diesen Grenzen entsprechen, sind auf Abb. 9 eingezeichnet. Als Modellmaterial wurde Zelluloid Worbla in Platten von 0,6 cm Dicke gewählt. Unter der Voraussetzung der Modellierung der plastischen Verformung durch Kombination von plastischen und Kriechdeformationen wurden Eichmessungen durchgeführt, deren Ergebnisse gleichfalls in Abb. 9 enthalten sind. Die Messung mechanischer Eigenschaften bestimmte die Deformation an der Elastizitätsgrenze $\varepsilon_e = 1{,}2\%$, den Elastizitätsmodul $E = 20\,000$ kp/cm² und als Fließgrenze σ_p (Beginn einer Dauerdeformationsentstehung, die größer ist als 0,2%) den Wert 280 kp/cm²; auf diesen Wert beziehen sich die Maßstäbe der Koordinatenachsen für den Vergleich mit den Charakteristiken der Metalle entsprechend der erwähnten Gleichung. Es ist ersichtlich, daß die dem Ablesen der Deformationen 30 Minuten nach der Belastung entsprechende Kurve fast mit der Grenzkurve für $m = 19$ übereinstimmt und deshalb wird diese Methode für photoplastische Versuche verwendet.

Ein Modell von der Dicke 5,84 mm, einer Breite von 48 mm im gemessenen Teil mit einer Öffnung von 7,9 mm Durchmesser und einer Gesamtlänge von 250 mm wurde durch eine aktive Zugkraft beansprucht, hervorgerufen durch Hebelübertragung bei direkter Belastung. Durch ein Gewicht von 7,8 kp wurde eine Gesamtkraft von 156,0 kp hervorgerufen, die im ungeschwächten Querschnitt eine gleichmäßige Zugspannung von $\sigma_n = 55{,}6$ kp/cm² (bei einem Querschnitt von 2,806 cm²) gibt und eine elastische Nennspannung $\sigma_j = 66{,}5$ kp/cm² im geschwächten Querschnitt (2,347 cm²) (Abb. 10a). Die Spannung σ_n entspricht in diesem Falle der Doppelbrechung 0,725 λ des Natriumlichtes (λ) bei optischer Empfindlichkeit $\frac{1}{C} = 44{,}7$ kp/cm/λ, die an Eichkörpern gemeinsam mit den mechanischen Charakteristiken und der Konstanten der plastischen optischen Empfindlichkeit $K = 0{,}283$ cm^{-1} bestimmt wurde. Bei der angeführten Plattendicke entsprechen diese Konstanten für das Modell $\frac{1}{C'} = 76{,}7$ kp/cm²/λ und $K' = 0{,}165$.

Dann wurde die auf das Modell einwirkende Kraft auf 676 kp (Abb. 10c), das ist $\sigma_n = 240{,}5$ kp/cm² erhöht und diese, plastische Deformation hervorrufende Belastung, ließ man 30 Minuten lang wirken (Abb. 10d). Den Grad der plastischen Beanspruchung charakterisieren die Verhältnisse $\frac{\sigma_n}{\sigma_p} = 0{,}860$ und $\frac{\sigma_j}{\sigma_p} = 1{,}03$. Die Maximaldoppelbrechung am Umfang der Öffnung beträgt (nach 30 Minuten) 8,35 λ. Das durch das vorher angeführte Kriterium bestimmte plastische Gebiet ist auf der linken Hälfte der Abbildung 10d schraffiert; seine Grenze ist die Isochromate vom Werte 3,65 λ. Es ist ersichtlich, daß das Gebiet des plastischen Zustandes beträchtlich ist, der gefährliche Querschnitt ist gänzlich durch eine höhere Spannung als die der Fließgrenze beansprucht.

Das Bild der isochromatischen Streifen gleich nach Entlastung ist durch Abb. 10b gegeben. Im Punkte der maximalen Spannungskonzentration behält die Doppelbrechung den Wert 3,0 λ. Die Grenze des plastischen Gebietes, das ist hier die der Restdauerdeformation, wird durch die Isochromate vom ungefähren Wert 0,4 λ interpretiert (Einfluß der neuen Eigenspannung).

Führen wir die Auswertung nach der erwähnten Gleichung durch. Durch Entlastung verringerte sich die Doppelbrechung um $\delta_s = 5{,}35\,\lambda$, und dem entspricht

$$\sigma = \delta_s / C' = 5{,}35 \cdot 76{,}7 = 410{,}5 \text{ kp/cm}^2 .$$

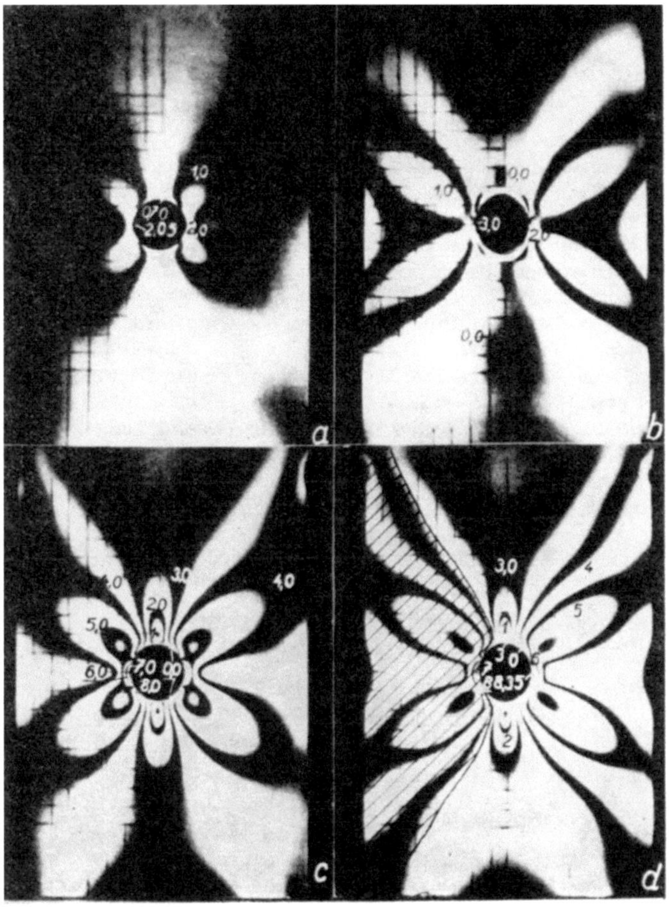

Abb. 10

Der Faktor der Spannungskonzentration ist daher

$$\frac{\sigma}{\sigma_n} = \frac{410{,}5}{240{,}5} = 1{,}71 .$$

Die entsprechende Deformation ist dann

$$\varepsilon = \frac{\delta_R}{K \cdot d} + \varepsilon_e = \frac{\delta_R}{K'} + \varepsilon_e = \frac{3{,}0}{0{,}165} + 1{,}2 = 19{,}4\% .$$

Die Kontrolle der Deformationsgröße in der Spannungskonzentration wurde mit Hilfe der Vermessung der Deformation des aufgetragenen Netzes durchgeführt. Das Bogensegment des Umfanges, von der Länge 2,5 mm auf jeder Seite der horizontalen Symmetrieachse, verlängerte sich um 18,7%; mit Rücksicht darauf, daß die durch Photoplastizität bestimmte Deformation sich auf einen kürzeren Abschnitt bezieht als die gemessene, ist die Übereinstimmung sehr gut.

Auch wenn die beschriebenen Versuche noch nicht alle Fragen der Verformung des Zelluloids in bezug auf zeitweilige Doppelbrechung aufklären, so berechtigen sie doch zu dem Urteil, daß die allgemeinen Zustände plastischer Spannungen und Deformationen der Verfestigungsstoffe durch Photoplastizität objektiv modelliert und ausgewertet werden können.

Tschechoslowakische Akademie der Wissenschaften,
Institut für theoretische und angewandte Mechanik, Prag

Literatur

[1] Mönch, E., Die Dispersion der Doppelbrechung als Maß für die Plastizität bei spannungsoptischen Versuchen. Forschung auf dem Geb. des Ing.-Wesens **21** (1955) Nr. 1, 20—25.

[2] Mönch, E. u. Hautmann, Th., Untersuchung einiger Kunststoffe auf ihre Eignung als photoplastisches Modellmaterial. Zeitschrift für angew. Physik **11** (1959) 35—39.

[3] Schäfer, A., Das polarisationsoptische Verhalten der Kunststoffe Celluloid und Dekorit. Ingenieur-Archiv **20** (1952) Nr. 2, 81—87.

[4] Frocht, M. M. u. Thomson, R. A., Studies in Photoplasticity. Office of Ordnance Research, U. S. Army, Technical Report No. 5, 1957.

[5] Javornický, J., Beitrag zur Analyse der Doppelbrechung in der Photoplastizität. Zeitschrift für angew. Physik **14** (1962) Nr.3, 152—157.

[6] Frocht, M. M. u. Guernsey, R., Further Work on the General Three-Dimensional Photoelastic Problem. Journal of Applied Mechanics **22** (1955) Nr. 2.

[7] Ramberg, W. u. Osgood, W. R., Description of Stress-Strain Curves by Three Parameters. NACA Technical Note Nr. 902, 1943.

Spannungszustand und Fließbeginn in gekerbten Proben und damit zusammenhängende spannungsoptische Fragen

Von A. Kochendörfer

Zusammenfassung

1. Spannungszustand und Mehrachsigkeitszahlen in gekerbten Zug- und Biegeproben bei elastischer Beanspruchung [1]

Mit Hilfe der von H. Neuber angegebenen Beziehungen wird der Verlauf der drei Hauptspannungen im Kerbquerschnitt und längs der Probenachse für zugbeanspruchte Rundproben und biegebeanspruchte Rechteckproben mit unendlich tiefen hyperbolischen Kerben berechnet. Es wird ein Weg angegeben, nach dem diese Ergebnisse benutzt werden können, um die Spannungszustände in Proben mit den üblichen Kerbformen unter Berücksichtigung der Kerbtiefe und des Flankenwinkels zu ermitteln. Photoelastische Messungen an Kunststoffen sowie eigene und fremde Messungen der Umfangsdehnungen an Baustählen zeigen, daß die so berechneten Spannungszustände mit den wirklichen bei nicht zu scharfen Kerben gut übereinstimmen. Bei sehr scharfen Kerben ist die Übereinstimmung weniger gut.

Aus dem Spannungsverlauf wird der Verlauf der Mehrachsigkeitszahl im Kerbquerschnitt und längs der Probenachse in Abhängigkeit von der Kerbschärfe und der Querdehnungszahl berechnet.

2. Spannungszustand und Ausbildung der Fließzonen in gekerbten Zug- und Biegeproben und ihr Einfluß auf das Festigkeits- und Formänderungsverhalten der Werkstoffe [2]

Die bisherigen theoretischen Ergebnisse über den Spannungszustand, die Ausbildung der Fließzonen und die Fließgrenze von gekerbten Proben werden an Hand der Berechnungen von R. Hill sowie von A. P. Green und B. B. Hundy erörtert und mit eigenen und fremden Meßergebnissen verglichen. Die Versuche ergeben in Übereinstimmung mit den theoretischen Voraussetzungen, daß in nicht zu schwach gekerbten Proben ein ebener Formänderungszustand vorliegt. Auch die Ausbildung der Fließzonen entspricht gut den theoretischen Erwartungen. Diese Zonen erstrecken sich bei schwachen Kerben als ausgedehnte Bereiche über den ganzen Querschnitt; bei scharfen Kerben dagegen bilden sie nur in der Umgebung der Kerben solche Bereiche, im übrigen einzelne, seitlich vom Kerbquerschnitt verlaufende Gleitlinien. Bei schwachen Kerben ist jedoch die Ausbildung der Fließzonen durch den Spannungszustand so unbestimmt festgelegt, daß bei ihnen infolge von Werkstoffinhomogenitäten anfänglich auch einzelne Gleitlinien auftreten können. Der gemessene Verlauf der die Fließgrenze bestimmenden Mehrachsigkeitszahl $\varkappa_F$ in Abhängigkeit von der Kerbziffer stimmt gut mit dem berechneten überein.

Form und Verlauf der Fließzonen ergeben sich qualitativ richtig aus dem elastischen Spannungszustand. An Hand dieses Sachverhalts läßt sich begründen, weshalb $\varkappa_F$ bei scharfen Kerben wesentlich kleiner ist als der Mittelwert $\bar{\varkappa}_{el}$ der Mehrachsigkeitszahl über den Kerbquerschnitt bei elastischer Beanspruchung, und daß deshalb die Sprödbruchgefahr bei solchen Kerben geringer ist als zunächst erwartet werden könnte.

Am wichtigsten für die Beurteilung der Festigkeits- und Formänderungseigenschaften der Werkstoffe ist das Ergebnis, daß die Fließgrenze und die größte Hauptspannung nicht nur vom Kerbhalbmesser, sondern von der gesamten Probenform und von der Beanspruchungsart abhängen. Eine aus diesen beiden Spannungen gebildete Gütezahl läßt erkennen, daß die

Übergangstemperatur in Übereinstimmung mit der Erfahrung ebenfalls durch diese Umstände beeinflußt wird und nicht nur durch den Werkstoff und die Kerbschärfe bestimmt ist. Die Folgerungen, die sich aus diesen Erkenntnissen für das Werkstoffverhalten in Bauteilen ergeben, werden erörtert.

3. Der Spannungszustand in gekerbten Proben und seine Bedeutung für die Sprödbruchtemperatur von Baustählen [3]

Es werden die bisherigen Lösungen der elastischen und plastischen Grundgleichungen erörtert und die Gesichtspunkte untersucht, die für einen spröden Bruch bei einem inhomogenen Spannungszustand von Bedeutung sind. Auf Grund der erhaltenen Ergebnisse wird ein Gütefaktor g für die Sprödbruchsicherheit angegeben. Die Sprödbruch- bzw. Übergangstemperatur ist um so kleiner, je größer g ist. Die auf diese Weise für verschiedene Proben und für große Platten bei verschiedenen Beanspruchungsarten berechneten Übergangstemperaturen stimmen gut mit den an Schiffbaustählen beobachteten überein.

Die Folgerungen, die sich hieraus im Hinblick auf die Sprödbruchsicherheit von Konstruktionen für ein zur Abnahmeprüfung geeignetes Prüfverfahren zur Bestimmung der Übergangstemperatur ergeben, werden erörtert.

* * *

Im Vortrag ist besonders auf die noch offenen Fragen über den Spannungszustand in gekerbten Proben und in Konstruktionsteilen hingewiesen worden, zu deren Lösung die Spannungsoptik beitragen könnte.

Max-Planck-Institut für Eisenforschung, Düsseldorf

Der Inhalt des Vortrages ist an folgenden Stellen ausführlich veröffentlicht worden:

[1] A. Kochendörfer und A. Schürenkämper, Spannungszustand und Mehrachsigkeitszahlen in gekerbten Zug- und Biegeproben bei elastischer Beanspruchung. Arch. Eisenhüttenwes. **32** (1961) 681—687.

[2] A. Kochendörfer und A. Schürenkämper, Spannungszustand und Ausbildung der Fließzonen in gekerbten Zug- und Biegeproben und ihr Einfluß auf das Festigkeits- und Formänderungsverhalten der Werkstoffe. Arch. Eisenhüttenwes. **32** (1961) 689—699.

[3] A. Kochendörfer, Der Spannungszustand in gekerbten Proben und seine Bedeutung für die Sprödbruchtemperatur von Baustählen. Acta Technica Academiae Scientiarum Hungaricae, Bd. **35/36** (1961) 219—236.

Über ein neues Verfahren zur Aufnahme von Isoklinenbildern mit Hilfe der Farbfotografie

Von D. Kockott

In verschiedenen Fällen spannungsoptischer Untersuchungen ist es zur Auswertung notwendig, neben dem Isochromatenbild auch das Isoklinenbild zu berücksichtigen. Das Isoklinengesamtbild wurde bisher durch zeichnerische oder zusätzliche fotografische Verfahren aus den Einzelbildern gewonnen. Es liegt der Gedanke nahe, den dreischichtigen Farbfilm für die gleichzeitige Registrierung von mindestens 3 Einzelbildern auf ein und demselben Film zu benutzen. Wenn es gelingt, in jeder der 3 Schichten ein Isoklinenbild festzuhalten, so muß bei der Betrachtung des Films unmittelbar das Gesamtbild zu erkennen sein, wobei die zu einer bestimmten Polarisationsrichtung gehörenden Isoklinen jeweils durch eine entsprechende Farbe gekennzeichnet sind.

Der handelsübliche Agfacolor-Film baut sich, abgesehen von notwendigen Zwischen- und Deckschichten, aus 3 lichtempfindlichen Schichten auf, die in der Reihenfolge von oben nach unten für blaues, grünes und rotes Licht empfindlich sind. Bei einem Agfacolor-Negativfilm ist die Zuordnung so gewählt, daß nach der Entwicklung in der blauempfindlichen Schicht (a) gelber Farbstoff, in der grünempfindlichen Schicht (b) purpurner Farbstoff und in der rotempfindlichen Schicht (c) blaugrüner Farbstoff entsteht.

Da Isoklinen immer unabhängig von der benutzten Wellenlänge schwarze Linien auf hellem Untergrund darstellen, ist eine direkte Farbregistrierung nicht möglich. Man muß vielmehr den Weg über die additive Farbmischung gehen.

Zur einfacheren Erläuterung des Verfahrens sei die Isokline einer beliebigen, aber bestimmten Stellung I des Polarisationskreuzes mit Isokline 1, die der Stellung II mit Isokline 2 usw. bezeichnet. Das Isoklinenbild bei der Filterstellung I wird in blauem Licht fotografiert. Dabei wird die blauempfindliche Schicht des Films über das gesamte Gesichtsfeld belichtet, abgesehen von dem Gebiet längs der Isokline 1. Bei der Filterstellung II wird das Isoklinenbild in grünem Licht auf ein und denselben Film aufgenommen, wobei die grünempfindliche Schicht außer im Bereich der Isokline 2 vom Licht getroffen wird. Die entsprechenden Verhältnisse liegen im Falle der Isokline 3 vor. Nach den 3 Teilbelichtungen sind also alle Gebiete, die von keiner Isokline durchzogen wurden, durch alle 3 Farben gleich belichtet worden, dagegen die Isokline 1 nur von der zweiten und dritten Teilbelichtung, die Isokline 2 nur von der ersten und dritten Teilbelichtung usw. (s. Tabelle 1).

Bei Verwendung eines Agfacolor-Negativfilms zeichnen sich die Isoklinen nach der Entwicklung durch die in Spalte 3 angegebenen Farben aus. An den singulären Punkten, in denen sich die Isoklinen schneiden, ist die Intensität des auf den Film treffenden Lichts bei allen 3 Belichtungen Null, so daß diese Stellen nach der Entwicklung farblos erscheinen. Nach dem Kopierprozeß auf Agfacolor-Papier treten die einander entsprechenden Farben auf, wie sie in Spalte 4 verzeichnet sind.

Die Abbildungen 1 bis 3 zeigen die Brauchbarkeit des Verfahrens. Die Farbe jeder Isokline ist ein Kennzeichen für die Stellung des Polarisationskreuzes bei ihrer Aufnahme.

Das geschilderte Aufnahmeverfahren ist nicht nur auf das hier behandelte Problem anwendbar. Es wird ganz allgemein immer mit Erfolg benutzt werden können, wenn es darum

Tabelle 1

	Aufnahmelicht	Belichtete Schichten	Farbe nach der Entwicklung	Farbe im Papierbild
Isokline 1	blau	$b + c$	purpur + blaugrün = blau	gelb
Isokline 2	grün	$a + c$	gelb + blaugrün = grün	purpur
Isokline 3	rot	$a + b$	gelb + purpur = rot	blaugrün
Singuläre Punkte	—	—	farblos	schwarz
Übrige Gebiete	blau + grün + rot	$a + b + c$	gelb + purpur + blaugrün = schwarz	farblos

geht, verschiedene einander zugeordnete — auch farblose — Erscheinungen auf ein und denselben Film aufzunehmen, um so eine sofortige gemeinsame Betrachtung zu ermöglichen.

Eine ausführliche Veröffentlichung unter dem gleichen Titel erscheint demnächst in der „Zeitschrift für wissenschaftliche Photographie".

Deutsches Amt für Material- und Warenprüfung (DAMW), Magdeburg

Abb. 1. Biegestab unter mittiger Einzellast.
Modellmaterial: Piacryl

Isokline gelb = 15°
Isokline purpur = 45°
Isokline blaugrün = 75°

Abb. 2. Kreisring unter zentrischer Last.
Modellmaterial: Piacryl

Isokline gelb = 0°
Isokline purpur = 30°
Isokline blaugrün = 60°

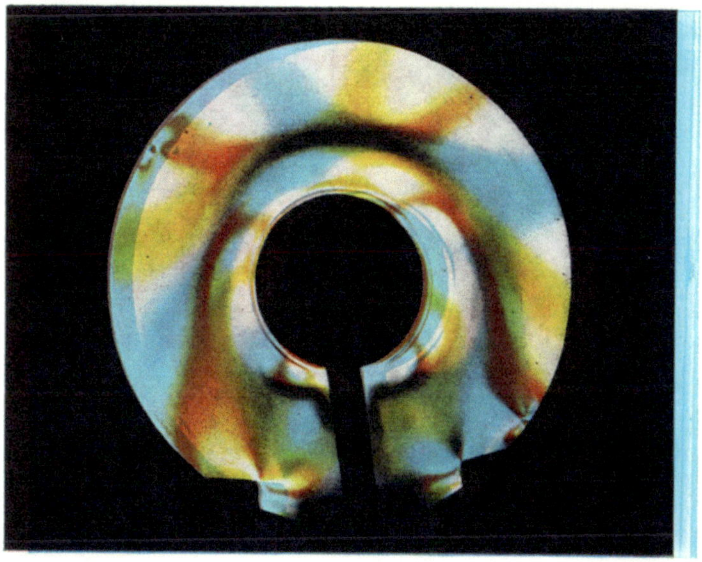

Abb. 3.
Geschlitzter Kreisring unter exzentrischer Last.
Modellmaterial: Piacryl

Isokline blaugrün = 15°
Isokline purpur = 45°
Isokline gelb = 75°

Das Einfrierverfahren
für spezielle spannungsoptische Untersuchungen von Platten

Von B. Košťák

1. Trennen der Modelle

Im Institut für theoretische und angewandte Mechanik der ČSAV in Prag haben wir uns mit der Untersuchung von Platten befaßt. Die Besonderheit unserer Methodik umfaßte das Trennen eingefrorener Modelle. Wir erhielten auf diese Weise zwei äquivalente Teile, die wir vergleichen konnten. Auf diesem Modell untersuchten wir vor allem die Isochromaten, während wir für die Isoklinen ein besonderes Modell herstellten, das in einer Ebene annähernd in der Mittelfläche gefräst wurde. Dies erwies sich im Hinblick auf die Größe der Doppelbrechung als vorteilhaft.

Vor der eigentlichen Modellherstellung haben wir zwei Platten aus Material CR 39 mit Klebstoff Umacol B zusammengeklebt. Nach dem Zusammenkleben folgte das Pressen mit

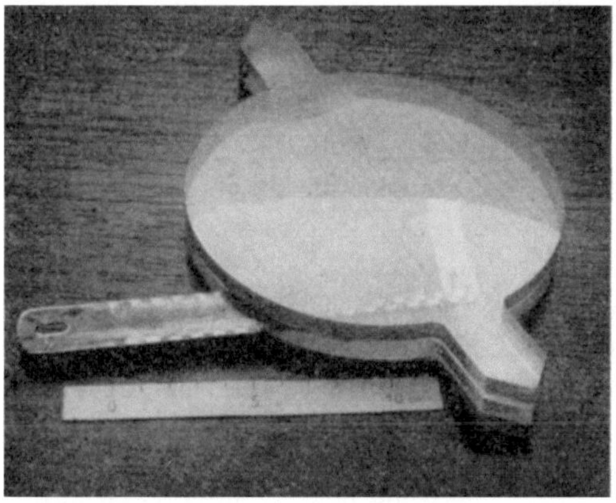

Abb. 1. Modell während des Trennens

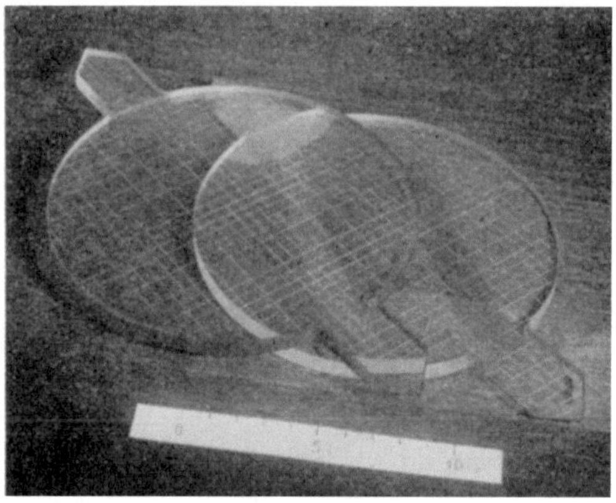

Abb. 2. Das getrennte Modell

einem Druck von etwa 3 kg/cm². Dann mußte noch die äußere Oberfläche vor dem Polymerisieren des Klebstoffes gereinigt werden. Aus dem zusammengeklebten Material haben wir dann das Modell verfertigt.

Der Klebstoff Umacol B ist ein Phenolformaldehydharz tschechoslowakischer Erzeugung. Er ätzt das eigentliche Modellmaterial nicht an. Die Dicke der Klebfuge war durchwegs nur 0,005 mm, so daß die durch Kleben entstandenen inneren Spannungen und optischen Effekte vernachlässigbar waren.

Das eigentliche Einfrieren erfolgte auf die übliche Weise. Das eingefrorene Modell haben wir dann einfach mechanisch getrennt, auseinandergespalten. Zuerst drangen wir mit einem Messer in die Fuge ein und nachdem sie sich genügend geöffnet hatte, fuhren wir im Trennvorgang durch Eintreiben einer Silberstahl-Rolle fort (Abb. 1, Abb. 2).

Auf diese Weise ersetzen wir das übliche Zerschneiden der eingefrorenen Modelle durch Voneinandertrennen. Sofern wir einzelne Teile nur der Quere nach untersuchen, ist kein optisch isotropes Material erforderlich. Es wird auf diese Weise die Untersuchung von Modellen genügender Dicke unter Verwendung von gewöhnlichem Plattenmaterial, wie z. B. CR 39, ermöglicht. Hierbei wird kein Modellmaterial durch Schneiden vernichtet.

Dieses Verfahren läßt sich dort anwenden, wo die geklebte Fuge überwiegend auf Schub beansprucht ist. Praktisch haben wir es bei der Untersuchung des Modells einer kreisrunden Platte verwendet, die in zwei gegenüberliegenden Punkten des Umfanges durch zwei gleich große, entgegengerichtete Biegungsmomente belastet war. Dieses Verfahren läßt sich auch bei anderen räumlichen Modellen zur Anwendung bringen. Wir untersuchten auf diese Weise z. B. das zu zertrennende Modell des Anschlusses von Gurtplatten mit Hilfe von Kehlschweißung an einen Ständer (Abb. 3). Für ein erfolgreiches Experiment wird verlangt, daß die mechanischen Eigenschaften des Klebstoffes und des geklebten Materials ungefähr gleich seien und daß der Klebstoff eine große Haftfähigkeit aufweise, ohne das eigentliche Modellmaterial anzuätzen, damit das Trennen ermöglicht ist. Die Kombination von CR 39 mit Umacol B hat sich vollends bewährt.

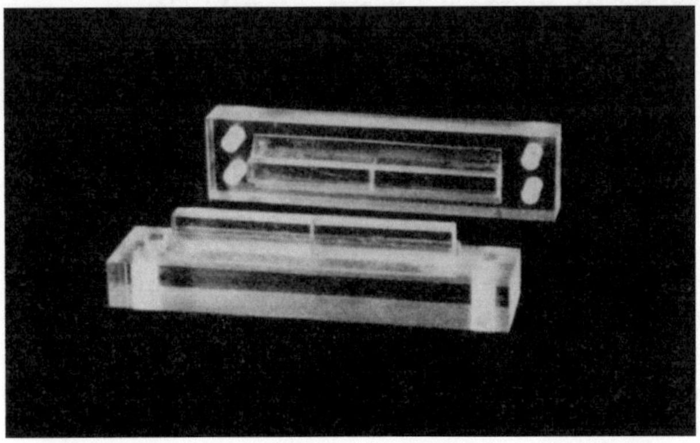

Abb. 3. Modell-Anschluß der Gurtplatten am Ständer

2. Kreisscheibe, die am Umfang durch vereinigte Biegungsmomente belastet ist

Wir untersuchten den Spannungszustand einer kreisförmigen Platte, die an zwei gegenüberliegenden Punkten durch zwei gleich große, entgegengerichtete Momente belastet war. Die Aufgabe wurde sowohl theoretisch als auch experimentell an drei Modellen gelöst. Das erste war eingefroren und für die Isoklinenmessung gefräst, das zweite eingefroren und für die Isochromatenmessung dem Trennvorgang unterworfen und das dritte war ein nicht eingefrorenes Modell einer kreisförmigen Wand, das zum Vergleich zwischen Platte und Wand diente. Die Modellabmessungen mit den Belastungsschemen sind in Abb. 4 dargestellt. Wie aus Abb. 4 ersichtlich ist, haben wir die Biegung in die Platte (den Druck in die Wand) durch besondere Belastungsausläufer übertragen. Messungsergebnisse: Darstellungen der Isoklinen, Isostaten und Isochromaten (siehe Abb. 5 bis 10).

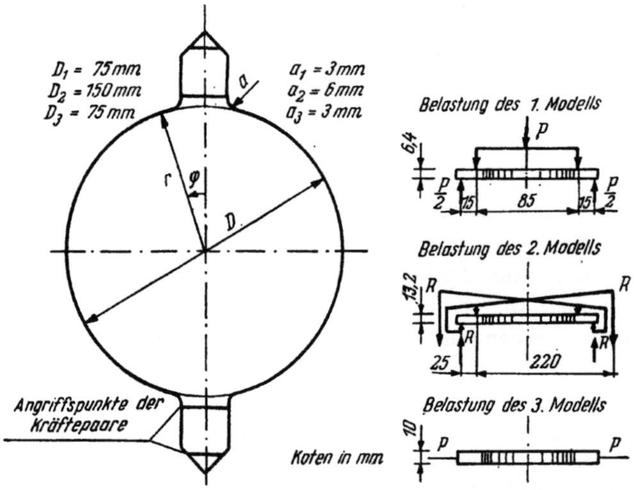

Abb. 4. Modellabmessungen und Belastungsschemen

Es zeigt sich hier der grundsätzliche Unterschied zwischen dem Spannungszustand einer Platte und einer Wand. Obgleich sich die Isostaten scheinbar einander sehr ähneln, sind bei den Isoklinen und Isochromaten die Abweichungen ersichtlich. Eine Platte verteilt offenbar die Spannungen besser als eine Wand.

Besondere Aufmerksamkeit verdient der freie Rand. Bei den Isochromaten ergibt sich am Plattenrand eine Konstante im Einklang mit der Theorie, während am Wandrand der Wert Null ist. Die Isoklinen der Wand steigen auf den Rand kontinuierlich, wie es dem senkrechten Auftreffen der Isostaten auf den Rand, der selbst eine Isostate ist, entspricht. Bei der Platte zeigt sich jedoch im Randbereich eine besondere Durchbiegung der Isoklinen. Wenn wir diese Durchbiegung vernachlässigen würden, würde ihr Verlauf dem theoretischen Ergebnis entsprechen oder den Randbedingungen, von denen die Theorie ausgeht:

$$\left.\begin{array}{l} 1.\ M_r = 0\,, \\ 2.\ V_r = 0\,. \end{array}\right\} \qquad (2.1)$$

Die Bedingung 2. der von Kirchhoff eingeführten Bedingungen (2.1) vereinigt in sich die Bedingung für den Querschub Q_r und die Umfangsschubmomente $M_{r\varphi}$. Sofern wir die Isoklinendurchbiegung am Rande vernachlässigen, entspricht ihr Auftreffen auf den Rand den allgemeinen Bedingungen (2.2):

$$\left.\begin{array}{l} 1.\ M_r\ = 0\,, \\ 2.\ M_{r\varphi} = 0\,, \\ 3.\ Q_r\ = 0\,. \end{array}\right\} \qquad (2.2)$$

Verfolgen wir nun die Bedeutung dieses doppelten Ergebnisses. Nach (2.1) münden, im Einklang mit der Theorie, die Isostaten nicht senkrecht auf den freien Plattenrand, der selbst keine Isostate ist. Am freien Plattenrand entstehen von Null verschiedene

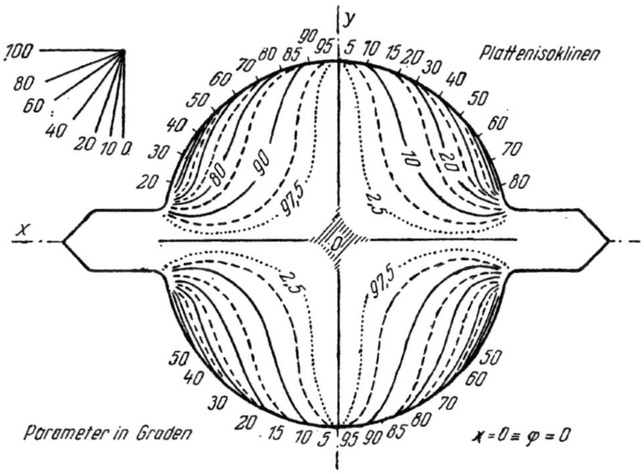

Abb. 5. Plattenisoklinen

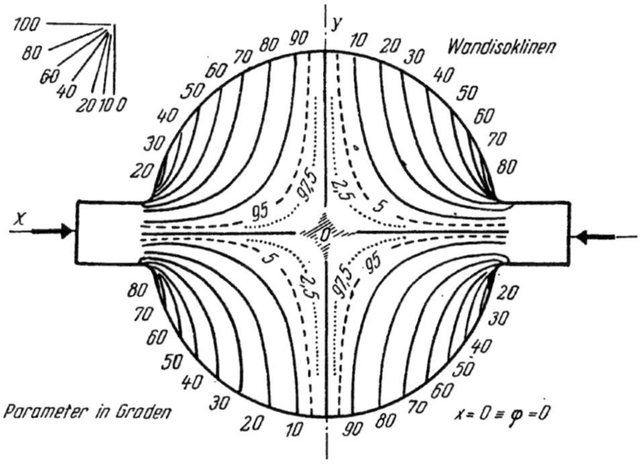

Abb. 6. Wandisoklinen

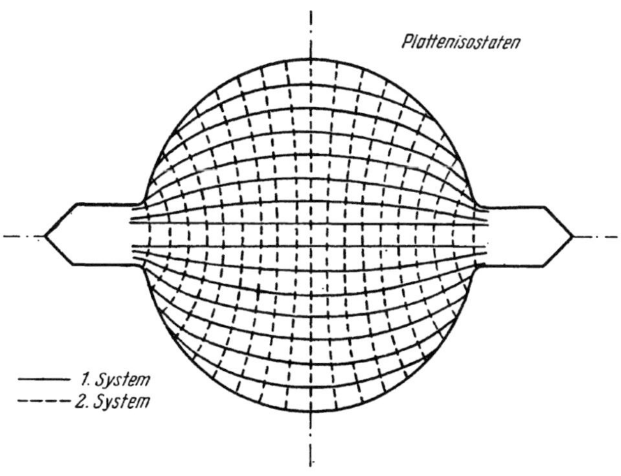

Abb. 7. Plattenisostaten

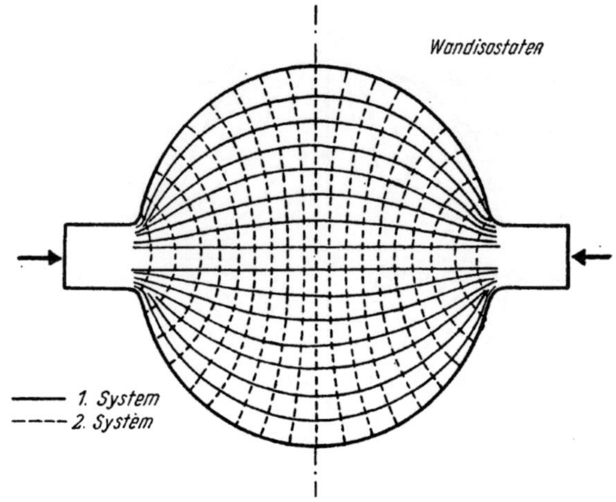

Abb. 8. Wandisostaten

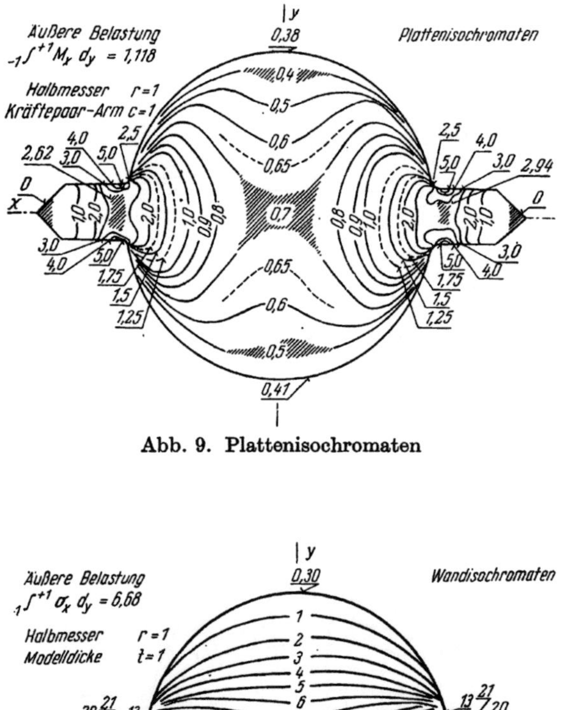

Abb. 9. Plattenisochromaten

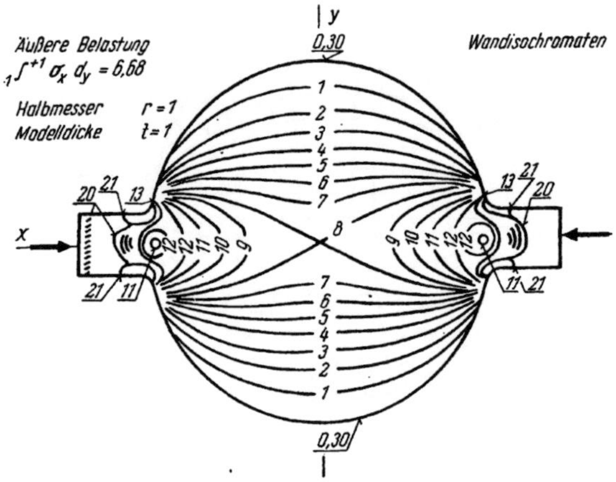

Abb. 10. Wandisochromaten

Schubmomente $M_{r\varphi} \neq 0$ und von Null abweichende Schubkräfte $Q_r \neq 0$.

Das Ergebnis nach den Bedingungen (2.2) bedeutet eine volle Übereinstimmung mit dem freien Wandrand. Die Isostaten münden senkrecht auf den Rand, der selbst eine Isostate ist.

Allgemein sollten wir den freien Plattenrand als einen räumlich gespannten ansehen. Es gilt hier die allgemeine Bedingung, daß alle Oberflächenspannungen gleich Null sein müssen. Aus diesem Grunde bedeuten die Bedingungen (2.1) und (2.2) eine Vereinfachung. Die Bedingung (2.2) ist dann eine bessere Wirklichkeitsannäherung, die der üblich angewandten Ausdrucksweise von Plattenspannungszuständen in statischen, auf die Mittelfläche bezogenen Größen entspricht.

Nach dem Prinzip von Saint-Venant werden wir Ergebnisunterschiede nur im Randbereich von begrenzter Breite erwarten. Der Gesamtspannungszustand wird durch sie nicht beeinflußt, jedoch die eigentlichen Unterschiede können die größten Werte erreichen. Auf dem freien Rand der Kreisplatte ergibt sich theoretisch nach (2.1)

$$(M_{r\varphi})_{r=1} = \text{const} \cdot \cot g\, \varphi\,, \tag{2.3}$$

während nach (2.2)

$$(\overline{M}_{r\varphi})_{r=1} = 0 \quad \text{ist.} \tag{2.4}$$

Im Punkte, wo sich die Belastungen konzentrieren, ist nach (2.3)

$$\lim_{\varphi \to 0} (M_{r\varphi})_{r=1} = \pm\infty\,. \tag{2.5}$$

Die Abweichung der Isostatenmündung von der Senkrechten nach (2.1) ergibt sich mit

$$\alpha_1 = -\frac{\varphi}{2} + \frac{\pi}{4}\,; \quad \alpha_2 = -\frac{\varphi}{2} + \frac{3\pi}{4}\,, \tag{2.6}$$

während nach (2.2)

$$\bar{\alpha}_1 = 0\,, \qquad \bar{\alpha}_2 = \frac{\pi}{2}\,. \tag{2.7}$$

Die Richtungsabweichung erreicht wieder das Maximum im Belastungspunkt, wo

$$\lim_{\varphi \to 0} \alpha_1 = \frac{\pi}{4}; \qquad \lim_{\varphi \to 0} \alpha_2 = \frac{3\pi}{4}. \tag{2.8}$$

Die Richtungsabweichungen der Isostaten von der Senkrechten am freien Plattenrand zeigt Abb. 11.

Die Ergebnisse (2.5) und (2.8) im Hinblick auf (2.4), (2.7) bedeuten die größtmögliche Abweichung in bezug auf Größe und Richtung.

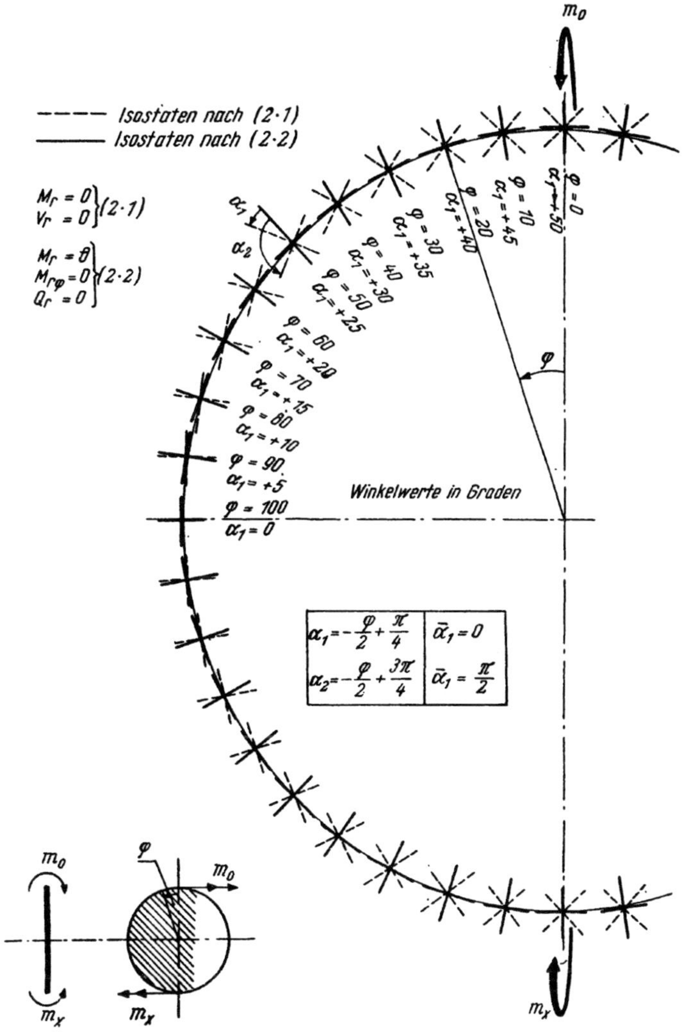

Abb. 11. Richtungsabweichungen am freien Plattenrand

3. Ergebnis-Auswertung

Mit den Randunstimmigkeiten haben wir uns deshalb befaßt, weil sie bei unvorsichtiger Auswertung des Experimentes entscheidende Fehler verursachen können.

Wenn wir keine andere unmittelbare Möglichkeit zur Trennung der Hauptmomente aus den gemessenen Unterschieden haben, dann müssen wir zur numerischen Integration nach

Schwieger Zuflucht nehmen. Die Integrationsgleichungen haben wir in einer etwas abgeänderten Form verwendet:

$$\left.\begin{aligned} &(\mu\, M_x - M_y) = -(1+\mu)\frac{1}{2}\int\left[\frac{\partial(M_1 - M_2)}{\partial y}\sin 2\,\varphi + 2\,(M_1 - M_2)\cos 2\,\varphi\,\frac{\partial\varphi}{\partial y}\right]dx + c\,,\\ &\frac{(\mu\, M_x - M_y) + (M_1 - M_2)\cos 2\,\varphi}{(\mu - 1)} = M_x\,, \qquad \frac{(\mu\, M_x - M_y) + \mu\,(M_1 - M_2)\cos 2\,\varphi}{(\mu - 1)} = M_y\,. \end{aligned}\right\} \tag{3.1}$$

Die Integration ist sehr heikel, insbesondere was die genaue Messung der Richtungsfunktionen anbelangt. Die Gleichungen (3.1) setzen selbstverständlich die Gültigkeit von (2.1) voraus. Im vorangehenden Teil haben wir konstatiert, daß das Experiment eher (2.2) entspricht und die Abweichungen der Richtungsfunktionen gerade im Bereich des freien Randes beträchtlich sind. Dabei sind wir praktisch gezwungen, mit der Integration vom freien Rand auszugehen, wo wir die Konstante

$$c = (\mu M_x - M_y)_{\substack{x=0\\ y=0}} \tag{3.2}$$

durch unmittelbare Messung bestimmen. (Für die Integration setzen wir den Anfang in den Integrationsbeginn).

Aus der Isoklinenzeichnung (Abb. 5) ist klar, daß wir eine Vernachlässigung der Randdurchbiegung bzw. ein Abschätzen des stetigen Einmündens der Isoklinen auf den freien Rand nur dort vornehmen können, wo sich die Isostaten dem Rand ungefähr senkrecht nähern. In unserem Fall ist dies nur im Bereich um den „Äquator" der Platte herum der Fall.

Wir haben gemäß der Gleichung (3.1) in mehreren zum Äquator parallelen Schnitten $x \equiv \varphi = \frac{\pi}{2}$ integriert. Wenn der Halbmesser $r = 1$ ist, dann waren dies Schnitte, die vom Äquator $y_0 = 0$, $y_0 = 0{,}4\,r$, $y_0 = 0{,}7\,r$, $y_0 = 0{,}9\,r$ entfernt waren. Wir sind so vorgegangen, daß wir die Integrationskonstante c (3.2) am freien Plattenrand am Äquator bestimmten und von der Plattenmitte in senkrechter Richtung längs des Hauptmeridians integrierten. Von da gingen wir bei der Integration in den übrigen Schnitten aus.

Es zeigte sich, daß jeder Durchgang der Integration durch den Randbereich ihren weiteren Verlauf verschiebt. Vernachlässigbare Fehler entstehen praktisch nur im äquatorialen Schnitt. Bei den übrigen Schnitten müssen wir stets nur in Richtung zum Plattenrand integrieren und den Integrationsverlauf am Rande entsprechend direkten Messungen berichtigen. Ein fehler-

Tabelle 1

Übersicht der Fehler infolge fehlerhafter Integration

Schnitt $y_0 = 0{,}4\,r$					Fehler				Abweichung
Theorie		m_0	= 1,00		0	$(M_y)_{r=1}$	= 0,377	109%	+ 9%
Experiment	Integration zum Rande		= 0,98	101%	+ 1%		= 0,425	123%	+23%
	Integration vom Rande		= 0,84	86,6%	—13,4%		= 0,345		
	Resultierende Werte		= 0,97	100%			= 0,345	100%	

Schnitt $y_0 = 0{,}7\,r$					Fehler				Abweichung
Theorie		m_0	= 1,00		0	$(M_y)_{r=1}$	= 0,380	165%	+65%
Experiment	Integration zum Rande		= 1,206	116,6%	+16,6%		= 0,960	417%	+317%
	Integration vom Rande		= 0,157	15,2%	—84,8%		= 0,230		
	Resultierende Werte		= 1,035	100%			= 0,230	100%	

hafter Integrationsverlauf stört teils die Gleichgewichtsbedingung, teils führt er zu unrichtigen Randwerten. Im Fall der Integration vom Rand weg gibt er ganz unsinnige Resultate. Eine Übersicht über die entstandenen Fehler gibt die Tabelle 1 (S. 84), wo mit dem Zeichen m_0 das äußere Belastungsmoment und mit dem Zeichen $(M_y)_{r=1}$ das Randmoment in senkrechter Richtung zur Integrationsachse bezeichnet ist.

Die Integrationsergebnisse im Schnitt $y_0 = 0{,}9\,r$ waren vollkommen unrichtig. Die eigentlichen Experimentergebnisse haben sehr gut mit der Theorie übereingestimmt. Der Verlauf

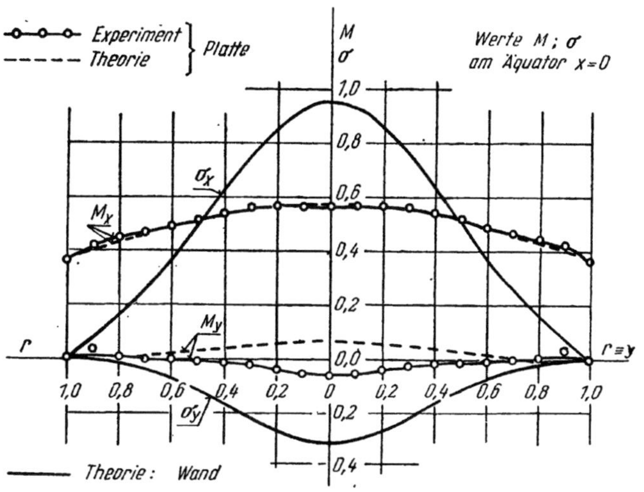

Abb. 12. Werte M; σ am Äquator $x = 0$

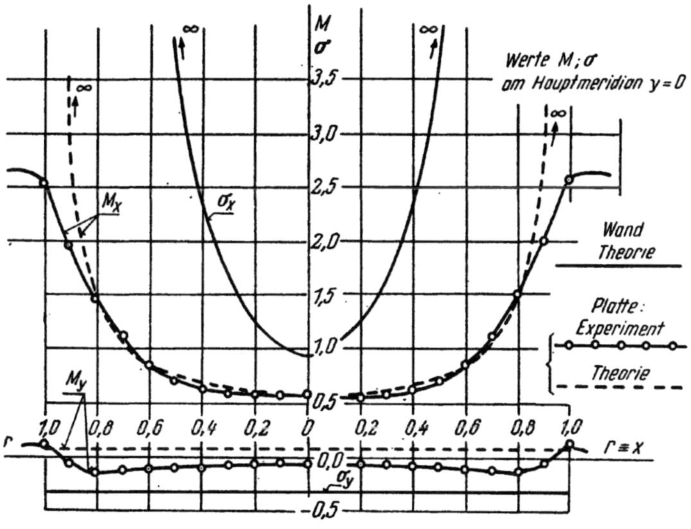

Abb. 13. Werte M; σ am Hauptmeridian $y = 0$

der vorwiegenden Werte war in beiden Fällen nahezu übereinstimmend, bei den untergeordneten Werten zeigte sich der Einfluß der zusätzlichen Biegung in der Querrichtung, deren Ursprung in der Form der Modell-Belastungsausläufer liegt.

In den Symmetrieachsen sind in den Abbildungen 12 und 13 die Momente im Vergleich mit den Spannungswerten σ auf der gedrückten Wand aufgetragen (Hertz-Problem).

4. Schluß

a) Die Experimente zeigten die praktische Verwendbarkeit der Trennungsmethodik beim Einfrieren.

b) Es zeigte sich wiederum, daß die Folgen von Kirchhoffs Vereinfachung der Randbedingungen am freien Rand einer dünnen Platte sich auf einen engen Bereich beschränken.

c) Es zeigte sich, daß der freie Plattenrand ein besonderer Bereich mit räumlichem Spannungszustand ist. Bei der Anwendung von Berechnungen, in denen mit experimentell ermittelten Werten in den Bereichen der freien Ränder gearbeitet wird, muß die Möglichkeit von Fehlerbildungen in Betracht gezogen werden.

d) Die Breite s des Bereiches, in der schwerwiegende Abweichungen in Erscheinung treten, welche die Integration (3.1) im Hinblick auf die Plattendicke h und mit Rücksicht auf die Isostatenverdrehung α_1 am Rande (siehe (2.6)) ungünstig beeinflussen können, beträgt:

$$(s)_{\alpha_1 \lessgtr 13\,g} \leqq h\,,$$

$$(s)_{\alpha_1 \lessgtr 25\,g} \leqq 1{,}7\,h\,.$$

Tschechoslowakische Akademie der Wissenschaften,
Institut für theoretische und angewandte Mechanik, Prag

Literatur

[1] Košťák, B., Spannungsoptische Untersuchung der Biegung dünner Platten (tschechisch). Stavebnícky časopis, Nr. 1—2, Bratislava 1961.

[2] Košťák, B., Kreisförmige Platte . . ., Aplikace matematiky Nr. 2, Prag 1961 (tschechisch).

[3] Schwieger, H., Ein Auswerteverfahren bei der spannungsoptischen Untersuchung elastischer Platten, Bauplanung u. Bautechnik 8 (1954) Heft 4.

[4] Kocian, V., Spannungs-Lösung in einem dreidimensionalen Körper an einem Modell mit Kehlschweißung, Bericht der ČSAV-ÚTAM, Nr. 999/58, Prag (tschechisch).

Modellwerkstoffe für die räumliche Spannungsoptik

Von E. Kučera

Die räumliche Spannungsoptik hat sich in der letzten Zeit zu einer der am meisten verwendeten Methoden zur Lösung des räumlichen Spannungszustandes in realen Konstruktionen entwickelt. Ihre Entwicklung ist nicht nur mit den theoretischen Berechnungen von Spannungszuständen, sondern vor allem mit der Wahl eines geeigneten Modellmaterials verbunden, das somit die grundsätzliche Voraussetzung für eine erfolgreiche Forschungsarbeit bildet.

Wie bereits bekannt, verwendet die räumliche Spannungsoptik zwei Methoden zur Ermittlung von Spannungszuständen. Die erste Methode, das sog. Einfrierverfahren, beruht auf der Fixierung von Formänderungen im Modellmaterial durch höhere Temperatur, und die zweite Methode — die des zerstreuten Lichtes — beruht auf der Durchführung von Lichtschnitten durch das belastete Modell und auf der Auswertung der auf diese Weise gewonnenen Bilder.

Bei der Verwendung des Einfrierverfahrens muß in einem nahe der Plastizität des Modellmaterials gelegenen Bereich gearbeitet werden, denn auf diese Weise wird die zeitliche Stabilität der entstandenen Formänderungen gewährleistet. Sowohl aus diesem Grunde als auch aus den Gründen der übrigen mechanisch-optischen Eigenschaften werden derzeit im weiten Maße als Modellmaterial makromolekulare Stoffe synthetischer Natur verwendet. Die Eigenschaften makromolekularer Materialien ermöglichen bei dem Einfrierverfahren die Ausnutzung irreversibler plastischer Formänderungen, die mit der Orientierungs-Doppelbrechung und mit der Fixierung der geprüften optisch-mechanischen Änderungen eng verbunden sind.

Aus der gesamten Problematik der Spannungsoptik geht klar hervor, daß das Modellmaterial auch bei höheren zum Einfrieren des Spannungszustandes benutzten Temperaturen eine hohe Orientierungs-Doppelbrechung und einen hohen Elastizitätsmodul aufweisen muß. Diese Eigenschaften gehören zu den Haupteigenschaften eines geeigneten Modellmaterials. Für die räumliche Spannungsoptik besteht jedoch eine nicht minder wichtige Forderung, daß nämlich das Modellmaterial in allen drei räumlichen Richtungen optisch isotrop sein muß und keine inneren Spannungen aufweisen darf. Diese Forderung entwickelte sich zum elementaren Faktor bei der Auswahl geeigneter Material-Grundstoffe, denn im Hinblick darauf, daß Modelle abgegossen werden, die bis mehrere Dekaden von Zentimetern stark sind, besteht die Gefahr beträchtlicher mechanischer Zerstörungen, die besonders durch den exothermen Verlauf der Aushärtungsreaktionen und durch das Entstehen beträchtlicher innerer Spannungen bewirkt werden.

Letzten Endes ist auch die Forderung nicht minder wichtig, daß das Material in verschiedenartig profilierte Formen abgießbar und damit seine Volumenkontraktion beim Aushärten minimal sei.

Es ist bekannt, daß in den letzten Jahren für diese Zwecke Epoxydharze und einige Polyesterharzarten Verwendung finden. Im spannungsoptischen Laboratorium unseres Institutes zeigte sich die Entwicklung und Verwendung eines geeigneten Materials der oben erwähnten Typen als äußerst notwendig. Es wurden deshalb einige geeignete Rohstoffbasen ausgewählt, die als billige Rohstoffe der inländischen Industrieproduktion erreichbar wären. Andererseits mußten geeignete Aushärteverfahren gesucht werden, die eine einfache Technologie in irgendeinem inländischen Laboratorium unter Berücksichtigung der spezifischen Anforderungen an das Material der räumlichen Spannungsoptik ermöglichen würden.

1. Epoxydharze

Unsere inländische Industrie erzeugt derzeit einige Epoxydharzarten, von denen für die praktische Verwendung die mit CHS EPOXY 2000, CHS EPOXY 1200, CHS EPOXY 110 bezeichneten Arten in Betracht kämen. Die erste Harzart ist ein hochmolekularer Stoff von fester Konsistenz, während die beiden übrigen Harze von flüssiger Konsistenz sind.

Da die Spannungsoptik ein optisches Verfahren ist, konnte von diesen drei Harzarten jenes Material verwendet werden, daß die optimale Durchsichtigkeit und die minimale Färbung aufwies. Dieser Anforderung entspricht am besten das Harz EPOXY CHS 110, das neben anderen vorteilhaften Eigenschaften den niedrigsten Gehalt an Hydroxylgruppen hat, die dann ungünstig auf die zeitliche Stabilität des resultierenden spannungsoptischen Materials einwirken können. Es wurden deshalb sämtliche nachstehend erwähnten Studien mit diesem Material durchgeführt.

Da bei Verwendung des erwähnten Materials nur die Aushärtungsbedingungen geändert werden konnten, wurde die weitere Aufmerksamkeit auf den thermischen Einfluß beim Aushärten und auf den chemischen Charakter des verwendeten Härtemittels konzentriert. Der Aushärtungsprozeß kann in zwei Gruppen geteilt werden, von denen die erste die Spezifikation eines geeigneten Härtemittels und die zweite die Wärmeverhältnisse bei der Aushärtungsreaktion umfaßt.

Trotz einer verhältnismäßig großen Menge an Aushärtestoffen eignet sich für die Spannungsoptik nur eine sehr geringe Zahl. Ein geeignetes Härtemittel kann durch folgende elementaren Bedingungen gekennzeichnet werden:

1. Langsame Reaktion des Härtemittels mit dem Harz, die vorteilhaft die Bindung und das Anwachsen der makromolekularen Ketten beeinflußt, wobei eine gute Ableitung der exothermen Aushärtungswärme garantiert ist.
2. Das Härtemittel darf mit dem Harz nicht derart reagieren, daß es im Material zu Nebenreaktionen, zu seinem Abdunkeln und zur Bildung von gasförmigen Stoffen kommt.

Man kann erwarten, daß vom physikalisch-chemischen Standpunkte am vorteilhaftesten ein Härtemittel mit hoher Aktivierungsenergie sein wird. Als Härtemittel wurden folgende Stoffe verwendet, bei denen die Ermittlung der Aktivierungsenergie und der Wärmebilanz beim Aushärten vorgenommen wurden. Es wurden folgende Härtemittel in unser Studium einbezogen: Diäthylentriamin, Sebacinsäure, Maleinsäureanhydrid, Phthalsäureanhydrid und eine Kombination von Maleinsäureanhydrid und Phthalsäureanhydrid.

Es ist bekannt, daß das Studium der Reaktionskinetik bei Stoffen des Epoxydharz-Typs auf beträchtliche Schwierigkeiten stößt, da das Harz in einen gelartigen, nichtlöslichen Zustand übergeht. In einem derartigen Fall lassen sich die analytisch-chemischen Methoden, die den Reaktionsverlauf auf Grund der Zusammensetzungsänderung des Reaktionssystems verfolgen, nicht anwenden. Bei den eigentlichen Epoxydharzen sind einige Methoden bekannt, die jedoch auf physikalischer Grundlage basieren und von denen die objektivste Methode jene zu sein scheint, welche die Änderung der charakteristischen Absorption der Epoxy-Gruppen im infraroten Bereich des Spektrums verfolgt. Diese Methode arbeitet jedoch nur mit Harzfilmen und ist für unsere Zwecke unbrauchbar. Auch andere Messungen, und zwar auf Grund des Löslichkeitsgrades, entsprechen nicht den Aushärtebedingungen des spannungsoptischen Materials.

Aus diesen Gründen wurden die Messungen auf mechanischem Wege derart durchgeführt, daß sich die Meßmethodik so viel als möglich den Bedingungen unseres Aushärtens näherte.

Wie bereits bekannt, läßt sich die Aktivierungsenergie E^* auf Grund der ARRHENIUSschen Gleichung in der Form:

$$t^* = t_0^* \cdot e^{\frac{E^*}{R}\left(\frac{1}{T} - \frac{1}{T_0}\right)}$$

ausrechnen, in der

t^* eine Zeit, die zur Erreichung eines bestimmten Effektes bei der Temperatur T nötig wird,

t_0^* die Zeit zur Erreichung desselben Effektes bei der Temperatur T_0,

R die Gaskonstante

bedeutet.

Um die Zeiten t und t_0 feststellen zu können, wurde eine Einrichtung verwendet, die in Abb. 1 veranschaulicht ist.

Aus der Abbildung ist die Anordnung des Gerätes ersichtlich. Durch ein Führungsrohr geht ein Zylinder mit einem punktförmigen Abschluß hindurch. Der obere Zylinderteil ist mit einer Skala mit Längenteilung versehen, welche die Ablesung der Verschiebung der unteren Zylinderspitze ermöglicht. Mit dieser Einrichtung wurden die Einstichtiefen in das ausgehärtete Harz in Abhängigkeit von der Zeit festgestellt. Das Aushärten wurde in runden Formen vorgenommen und die abhängigen Werte bis zu dem Augenblick ermittelt, da der Einstich infolge des mechanischen Harzwiderstandes gleich Null war.

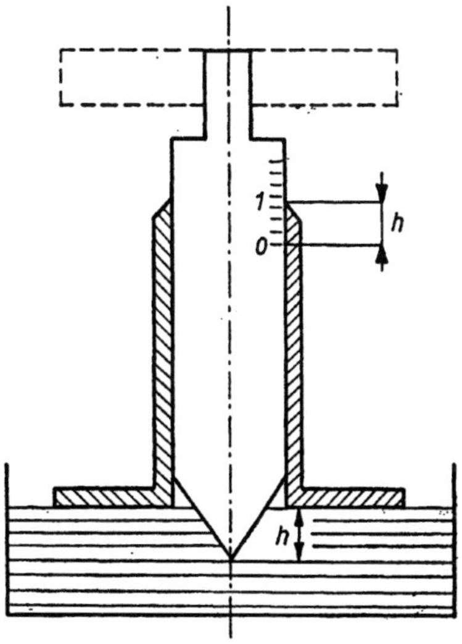

Abb. 1. Die Darstellung des Gerätes zur Messung der Aushärtung der Epoxydharze

Für die einzelnen Härtemittel wurden auf diese Weise Kurven ermittelt, die einen analogen Charakter wie die Kurven der Reaktionsgeschwindigkeiten zeigen. Auf den Abbildungen 2 und 3 sind diese abhängigen Werte für Maleinsäureanhydrid und eine Kombination von Maleinsäure- und Phthalsäureanhydrid angeführt.

Wie aus den graphischen Darstellungen ersichtlich ist, wurden diese Versuche bei verschiedenen Temperaturen desselben Härtemittels und Harzes durchgeführt und als Endeffekt, der für die Bestimmung der Zeiten t_0^* erforderlich ist, wurde ein Einstich mit der Standardtiefe h gewählt. Von den angeführten Werten wurde dann in üblicher Weise die Abhängigkeit der Werte $R \ln t^*$ von $\frac{1}{T} \cdot 10^3$ aufgetragen. Diese graphisch dargestellten abhängigen Werte sind in den Abbildungen 4 und 5 angeführt.

Die Aktivierungsenergie, die als Richtung der Geraden für die einzelnen verwendeten Härtemittel gewonnen wurde, ist in Tabelle 1 angegeben.

Aus den derart festgestellten Werten läßt sich, falls wir die Aushärtungszeit bei einer gewissen Temperatur kennen, die Aushärtungszeit bei einer anderen Temperatur errechnen, wobei jedoch die untere Temperaturgrenze, bei welcher das Härtemittel noch fähig ist, mit dem Harz zu reagieren, in Erwägung zu ziehen ist. Es hätte den Anschein, daß im Hinblick auf die oben erwähnten Gesichtspunkte am meisten die Sebacin- und Adipinsäure geeignet wären. Diese Härtemittel reagieren jedoch erst bei beträchtlich hohen Temperaturen unter Bildung unerwünschter, gasartiger Bestandteile. Es kommen somit nur das Maleinsäureanhydrid und das Phthalsäureanhydrid in Betracht, bzw. deren Kombination.

Wie bereits früher berichtet wurde, stellt den zweiten Hauptfaktor bei der Aushärtung die Wärmebilanz dar. Die Ermittlung der Bildungswärmen beim Aushärten stößt, ähnlich wie bei der Verfolgung der Reaktionskinetik, bei Epoxydharzen auf beträchtliche Schwierig-

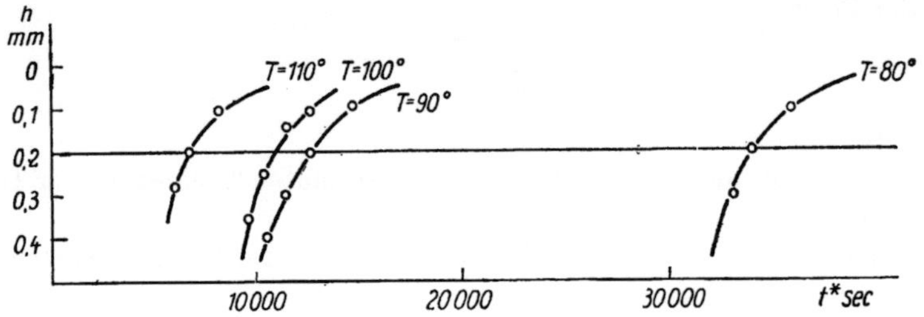

Abb. 2. Die Abhängigkeit der Tiefe des Striches h von der Zeit für das Harz Epoxy 110, gehärtet mit Maleinsäureanhydrid

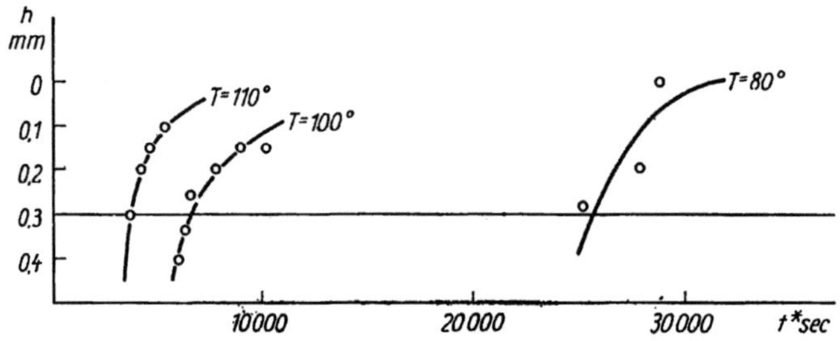

Abb. 3. Die Abhängigkeit der Tiefe des Striches h von der Zeit für das Harz Epoxy 110, gehärtet mit einer Kombination von Maleinsäureanhydrid und Phthalsäureanhydrid

keiten. Bei Aushärtungsprozessen, die bei spannungsoptischen Materialien verwendet werden, ist es jedoch besonders nötig, die Temperaturabhängigkeit der Bildungswärmen zu kennen.

Zur Orientierung kann die Wärmetönung ΔH wenigstens theoretisch nach der Kharasschen Formel ermittelt werden:

$$\Delta H_{br} = -26.050\,(4C + H - P) + \Sigma k_i\,\Delta_i\,,$$

worin ΔH_{br} die Verbrennungswärme,
C die Kohlenstoffanzahl im Molekül,
H die Wasserstoffanzahl im Molekül,
P die Anzahl der teilweise versetzten Elektronen,
k_i die Zahl der gleichen Substituenten,
Δ_i die Wärmekorrektur einschließlich der Änderung der Elektronenstruktur infolge der durch den Substituenten bewirkten Polarisation bedeutet.

Auf Grund dieser Formel können die betreffenden Bildungswärmen ermittelt und die eigentliche Wärmetönung ΔH der Reaktion nach dem thermodynamischen Gesetz errechnet

Tabelle 1

Härtungsmittel	E^* [cal/mol]
Maleinsäureanhydrid	13 600
Phthalsäureanhydrid	24 500
Kombination von Maleinsäureanhydrid und Phthalsäureanhydrid	16 680
Diäthylentriamin	9 000
Sebacinsäure	48 700
Adipinsäure	30 000

werden. Als Grundlage für die Berechnung ist die Reaktionsäquivalenz der Epoxyd- und Hydroxylgruppen zu nehmen. Es ergeben sich dann für das Phthalsäure- und Maleinsäureanhydrid die Werte der Tabelle 2.

Tabelle 2

Härtungsmittel	ΔH kcal/l. OH-Gruppe	ΔH kcal/l Epoxygruppe	ΔH kcal/mol Harze
Phthalsäureanhydrid	27	—13	26
Maleinsäureanhydrid	23	mit Öffnung der Doppelbindung 12 ohne Öffnung der Doppelb.: —28	mit Öffnung der Doppelbindung 70 ohne Öffnung der Doppelb.: —10
Diäthylentriamin	—	—	13,5
Adipinsäure	—	—	107
Sebacinsäure	—	—	159

Für Messungen der Temperaturabhängigkeiten von Bildungswärmen wurden diese Werte experimentell ermittelt. Diese Messungen wurden in üblicher Weise im Kalorimeter bei Temperaturen ausgeführt, die den betreffenden Aushärtetemperaturen entsprechen. Um Wärmeverluste zu vermeiden, wurde das Kalorimeter in einen Thermostaten eingesetzt, dessen Temperatur etwa um 5 °C tiefer als die betreffende Aushärtetemperatur war. Die ermittelten graphischen Abhängigkeiten sind in den Abbildungen 6 und 7 veranschaulicht.

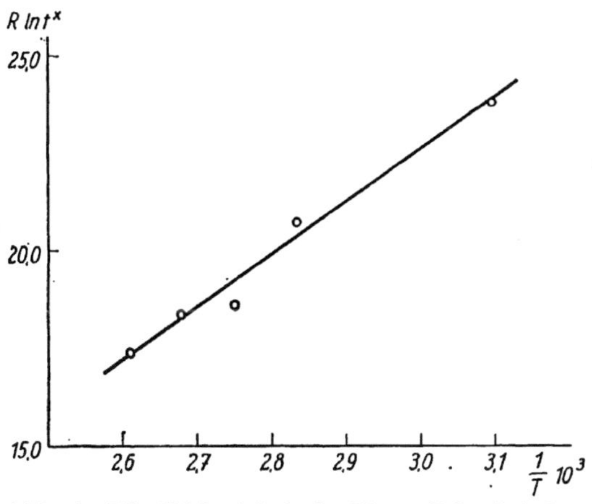

Abb. 4. Die Abhängigkeit der Werte R ln t bei der gewählten Standardtiefe des Striches von der absoluten Temperatur $1/T$ für das Harz Epoxy 110, gehärtet mit Maleinsäureanhydrid

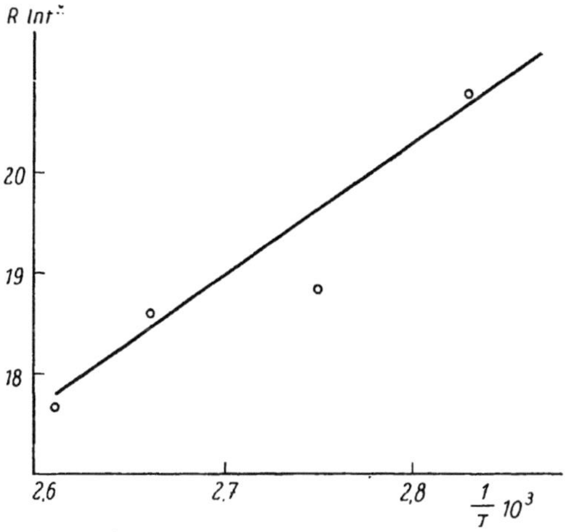

Abb. 5. Die Abhängigkeit der Werte R ln t bei der gewählten Standardtiefe des Striches von der absoluten Temperatur $1/T$ für das Harz Epoxy 110, gehärtet mit einer Kombination von Maleinsäureanhydrid und Phthalsäureanhydrid

Wie aus der graphischen Darstellung hervorgeht, tritt eine minimale Wärmetönung bei Temperaturen ein, bei welchen das Harz noch fähig ist, mit dem Härtemittel zu reagieren.

Es wurde festgestellt, daß sowohl die resultierenden Aktivierungsenergien als auch die zugehörigen Wärmetönungen bei einer Kombination von Härtemitteln bestehend aus Phthalsäure- und Maleinsäureanhydrid den partiellen Aktivierungsenergien der einzelnen Aushärtestoffe entsprechen, die durch den molaren Bruchteil des betreffenden Härtemittels gegeben sind.

Infolge der auf diese Weise gewonnenen Werte kann die Qualität der einzelnen Härtemittel gemäß der Gütezahl A ausgewertet werden, die durch das Verhältnis der Aktivierungsenergie des Härtemittels zur Wärmetönung bei der minimalen Aushärtetemperatur gegeben ist: $A = \frac{E^*}{\Delta H}$. Auf Grund dieser Gütezahl können dann die Härtemittel in die Reihenfolge eingereiht werden, wie es die Tabelle 3 zeigt.

Wie ersichtlich ist, entspricht am besten das Maleinsäureanhydrid und eine Kombination von Maleinsäure- und Phthalsäureanhydrid. Es wurden deshalb diese Härtemittel verwendet und die gewonnenen Ergebnisse zeigen die Tabellen 4 und 5.

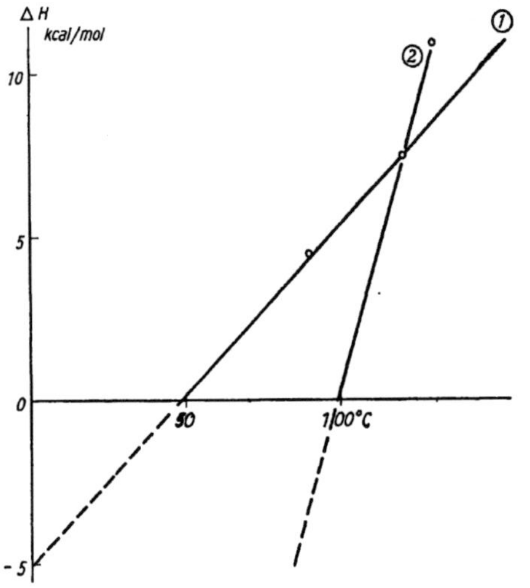

Abb. 6. Die Abhängigkeit der Wärmetönung von der Temperatur für die Aushärtung, Epoxy 110.
Kurve 1: Härtungsmittel Maleinsäureanhydrid
Kurve 2: Härtungsmittel Phthalsäureanhydrid

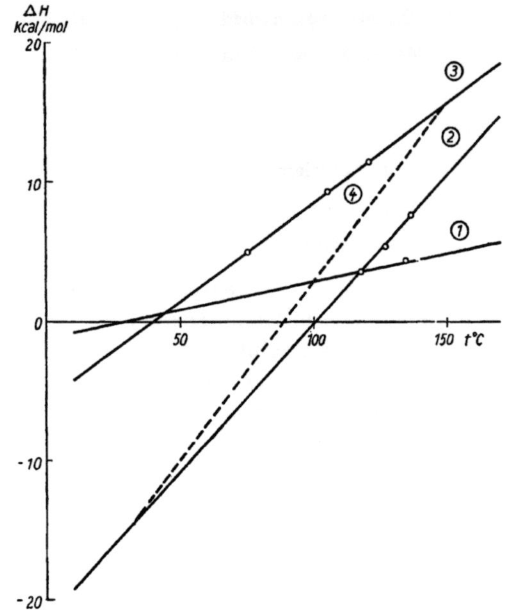

Abb. 7. Die Abhängigkeit der Wärmetönung von der Temperatur für die Aushärtung, Epoxy 110 gehärtet mit einer Kombination von Maleinsäureanhydrid und Phthalsäureanhydrid.
Kurve 1: Maleinsäureanhydrid in halber Menge pro 1 mol Harz
Kurve 2: Phthalsäureanhydrid in halber Menge pro 1 mol Harz
Kurve 3: Kombination Maleinsäureanhydrid und Phthalsäureanhydrid
Kurve 4: Theoretische Kurve für die Kombination von Maleinsäureanhydrid und Phthalsäureanhydrid

Beide auf diese Weise gewonnenen Materialien entsprechen voll den Anforderungen der räumlichen Spannungsoptik, jedoch das mit Maleinsäureanhydrid gehärtete Material bewirkte eine beträchtliche Abdunkelung des ausgehärteten Materials und zeigte geringe Randspannungen. Demgegenüber wurde im zweiten Falle ein spannungsloser Zustand erreicht und das Material änderte nicht seine Farbe. In beiden Fällen wurde ein stufenweises Aushärteregime angewendet, damit die Wärmeeffekte minimal blieben. Die Minimaltemperatur des Aushärtens betrug 110 °C und die Zeit zur Erreichung des Gels 72 Stunden bei einer Temperatur von 50 °C.

Beim Abgießen größerer Blöcke kommt es jedoch zu kürzeren Zeiten zur Erreichung des gelartigen Zustandes (bei Blöcken mit einem Gewicht von 3 kg statt in 72 Stunden in nur 43 Stunden). Die Zeitverkürzung zur Erreichung des gelartigen Zustandes kann auf Grund der Temperaturerhöhung des Reaktionsmittels infolge exothermer Reaktion in Verbindung mit der ARRHENIUSschen Formel berechnet werden.

In der Abbildung 8 ist die Temperaturabhängigkeit der optischen Empfindlichkeitskonstante angegeben, woraus sich das Einfrier-Temperaturintervall ergibt, das — wie bereits in der Tabelle angegeben — 150 °C beträgt.

Mit der entwickelten Komposition wurden einige erfolgreiche Messungen des räumlichen Spannungszustandes vorgenommen, wobei mehrteilige Formen verwendet wurden, die durch eine Schicht Silikonlack getrennt waren.

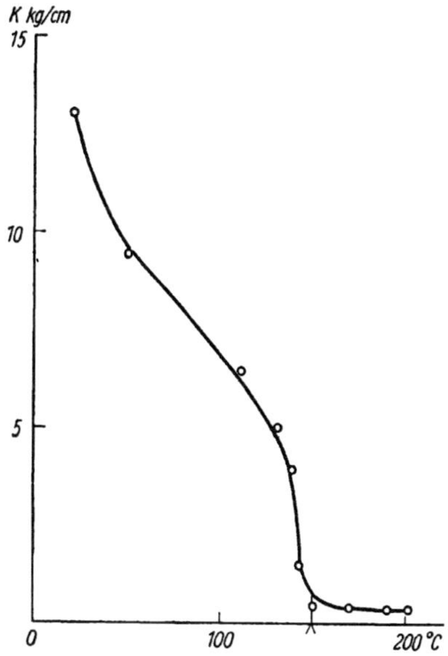

Abb. 8. Temperaturabhängigkeit der spannungsoptischen Konstante für Epoxy 110

Tabelle 3

Härtungsmittel	A
Maleinsäureanhydrid	$27 \cdot 10^3$
Phthalsäureanhydrid	$44 \cdot 10^2$
Kombination — Maleinsäureanhydrid und Phthalsäureanhydrid	$11 \cdot 10^3$
Diäthylentriamin	692
Sebacinsäure	305
Adipinsäure	280

Tabelle 4

Harz	Härtungsmittel	Temp. der Härtung	E	K	Farbe	Randspannung	Innere Spannung	E_e
Epoxy 110	Maleinsäureanhydrid	110	$3 \cdot 10^4$	11,5	dunkelbraun	1 Streifen	0—0,3 Streifen	500

E Modul der Elastizität bei normaler Temperatur [kg/cm²]
K Spannungsoptische Konstante bei normaler Temperatur [kg/cm]
E_e Modul der Elastizität bei der Einfriertemperatur [kg/cm²]

Tabelle 5

Harz	Härtungsmittel	Temp. der Härtung	K	K_e	E	E_e	Farbe	Randspannung	Innere Spannung
Epoxy 110	Phthalsäureanhydrid Maleinsäureanhydrid	110	13,0	0,38	$3{,}3 \cdot 10^4$	370	gelb	0	0

K Spannungsoptische Konstante bei normaler Temp. [kg/cm]
K_e Spannungsoptische Konstante bei der Einfriertemp. [kg/cm]
E Modul der Elastizität bei norm. Temp. [kg/cm²)
E_e Modul der Elastizität bei Einfriertemperatur [kg/cm²]

2. Polyesterharze

Auch bei der Verwendung von Polyesterharzen inländischer Erzeugung mußte ein geeignetes Aushärteregime festgesetzt werden. Von den zugänglichen Materialien kam das mit CHS 104 bezeichnete Polyesterharz in Frage, das Polyester mehrerer Ausgangsbestandteile mit einem Styrolmonomer darstellt. Es ist bekannt, daß Polyesterharze gegenüber dem Atmosphärensauerstoff empfindlich zu sein pflegen, der ein schlechtes Aushärten von Materialoberflächen bewirkt. Auch pflegen die Wärmetönungen gegenüber den Epoxydharzen beträchtlich zu sein, so daß ein allmählich wirkendes Aushärteregime gewählt werden muß. Es können daher nur Initiatoren ohne Zusatz von Katalysatoren verwendet werden.

Auf Grund vorläufiger Versuche wurde ein Wärmeregime ermittelt, das in drei Punkte eingeteilt werden kann:

1. Primärer Temperaturstoß.
2. Materialtemperatur-Verminderung, die zu einer Senkung der Zahl der aktiven Zentren führt.
3. Phase des allmählichen Anwachsens der Makromoleküle, das durch stufenweise Temperaturerhöhung vollzogen wird.

Tabelle 6

Harz	Zusatz	Temperatur-regime	E	E_e	K	K_e	Farbe	Rand-spannung	Innere Spannung
CHS 104	1% Initiator	in Text	$35 \cdot 10^4$	450	22	1,5	hellgelb	0	0

E Modul der Elastizität bei normaler Temperatur [kg/cm²)
E_e Modul der Elastizität bei Einfriertemperatur [kg/cm²]
K Spannungsoptische Konstante bei normaler Temp. [kg/cm]
K_e Spannungsoptische Konstante bei der Einfriertemp. [kg/cm]

Damit die erwähnten Voraussetzungen erzielt werden, muß das Aushärten durch mehrmalige Temperaturerhöhung und -erniedrigung ausgeführt werden.

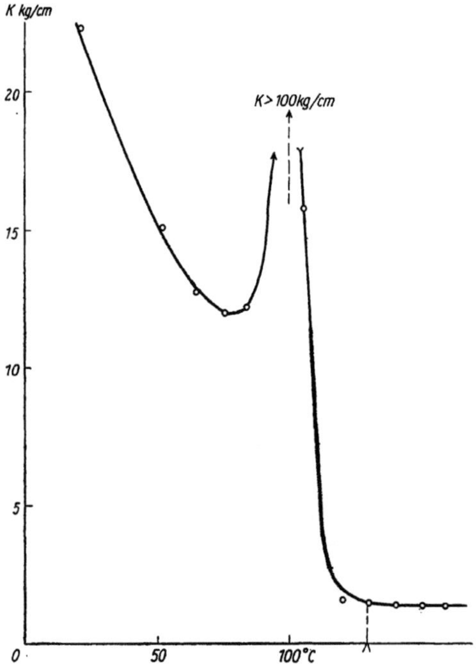

Abb. 9. Temperaturabhängigkeit der spannungsoptischen Konstante für Polyesterharz CHS 104

Dabei ist zwischen Modellen von kleinen Abmessungen (bis 300 g) und größeren Modellen zu unterscheiden, die wesentlich längere Aushärtezyklen beanspruchen.

Die Eigenschaften des gewonnenen Materials sind in der Tabelle 6 angeführt.

Es muß jedoch erwähnt werden, daß dieses Material nicht als Vergußmasse verwendet werden kann, da das enthaltene Styrol Kontraktionen der Ordnung mehrerer Dekaden von Prozenten verursacht. Es ist daher nur zur Herstellung von Block- oder Plattenmaterial verwendbar. Aus der Abbildung 9 ist die Abhängigkeit der optischen Empfindlichkeitskonstante von der Temperatur ersichtlich.

Wie aus der Abbildung hervorgeht, kommt es bei einer Temperatur von 100 °C zu einem beträchtlichen Abfall der optischen Empfindlichkeit, der jedoch die Verwendung dieses Materials für Einfrierzwecke nicht beeinträchtigt, wie aus dem weiteren Kurvenverlauf ersichtlich ist. Die starke Abnahme der optischen Empfindlichkeit läßt sich einfach erklären, wenn wir erwägen, daß eine Temperatur von etwa 100 °C dem Übergangspunkt zweiter Ordnung des Polystyrenbestandteils entspricht, der durch das entgegengesetzte Zeichen der Orientierungs-Doppelbrechung die Gesamtdoppelbrechung kompensiert.

Für Zwecke des zerstreuten Lichtes entspricht jedoch dieses Material im weiten Maße, da es nahezu glasartig und farblos ist. Es kann auch ein aushärtendes Kopolymer des Maleinsäurenanhydrid-Bestandteils verwendet werden, das bei einer optimalen Dosierung von 25 g auf 100 g Harz eine gute optische Empfindlichkeit bei normaler Temperatur (30 kg/cm) und das Abgießen beträchtlich starker Materialblöcke ohne mechanische Zerstörung gewährleistet. Für das Einfrierverfahren läßt es sich jedoch nicht verwenden, da sich nicht die Einfriertemperatur bestimmen läßt.

Tschechoslowakische Akademie der Wissenschaften,
Institut für theoretische und angewandte Mechanik, Prag

Literatur

[1] Prigorovskij, N. J., Poljarizacionno-optičeskij metod issledovanija naprazenij. Izd. An. SSSR, Moskva 1956.
[2] Prigorovskij, N. J., Prejss, A. K., Akutin, M. S., Gračeva, B. S., Zavodskaja laboratorija 31 (1957) Nr. 4.
[3] Kučera, E., Kocian, V., Chemický průmysl. (1960) Nr. 8.
[4] Karpetjanc, M. Ch., Chemická termodynamika. NČSAV, Praha 1953.
[5] Koršak, V. V., Vinogradova, V., Geterocepnyje polyefiry. Moskva 1958.
[6] Paquin, A. M., Epoxyverbindungen und Epoxyharze. Springer-Verlag, Berlin 1958.
[7] Alt, Ch., Chemie im Dienste der Photoelastizität. Schweizer Archiv (1956) Nr. 5.
[8] Lidařík, M., Kincl, J., Roth, V., Bring, A., Epoxydové pryskyřice. SNTL, Praha 1959.

Festigkeitsuntersuchungen an Verbundkonstruktionen mit Hilfe der Spannungsoptik

Von M. Kufner

Inhalt. Nach einer Abgrenzung des Begriffes „Verbundkonstruktion" wird das Modellgesetz abgeleitet und eine Übersicht über die zur Verfügung stehenden Werkstoffe gegeben. An Beispielen ausgeführter Untersuchungen werden angeführt: Spann- und Stahlbetonteile, Staumauern, ein Fundament und ein Druckstollen, ein geschichteter Balken und Klebverbindungen.

1. Grundlagen

1.1. Der Begriff „Verbundkonstruktion"

Als Verbundkonstruktionen werden im folgenden alle Konstruktionen oder Teile davon bezeichnet, die aus zwei oder mehreren verschiedenen Werkstoffen bestehen und längs ihrer gesamten Berührungsflächen kraftschlüssig und kontinuierlich miteinander verbunden sind. Die einzelnen zu einem solchen Konstruktionsteil verbundenen Werkstoffe unterscheiden sich durch ihre physikalischen Eigenschaften, wie z. B. die Dichte, die Festigkeit oder, worauf es hier vor allem ankommt, durch den Elastizitätsmodul.

Ein solcher Verbund mehrerer Werkstoffe liegt bei folgenden Gruppen von Konstruktionsteilen vor:

a) Stahl- und Spannbetonteile mit kontinuierlichem Verbund,
b) Fundament und Baugrund,
c) geschichtete Konstruktionsteile und Leimfugen.

Zur ersten Gruppe gehören z. B. auch Rohrmaste aus dünnwandigem Stahlblech, die mit Schleuderbeton verfestigt sind, zur zweiten wird man auch Druckstollen mit vorgespannter Betonauskleidung rechnen. Nagel- und Nietverbindungen sind dagegen laut Definition ausgeschlossen.

1.2. Ableitung des Modellgesetzes

Das Modellgesetz wird für eine Verbundkonstruktion aus zwei Werkstoffen abgeleitet, die durch die Indizes a und b gekennzeichnet werden. Alle Formelzeichen, die sich auf das Modell beziehen, werden mit einem Strich (′) versehen. Das Verhältnis der Elastizitätsmoduln $E_a/E_b = n$ ist für einige wichtige Werkstoffpaarungen aus der Tabelle 1 ersichtlich.

Man sieht, daß der Wert für n zwischen 16 bei geschichteten Konstruktionsteilen und 5 bis herunter zu 0,2 bei Fundament und Baugrund liegt. Es sei hier bereits vorweggenommen, daß es Beanspruchungsfälle gibt, bei denen im Modellversuch $n' = n$ sein muß, daß aber in bestimmten Fällen ein von n abweichendes n' gewählt werden kann.

Vor der Ableitung des Modellgesetzes sei noch darauf hingewiesen, daß hier wie bei allen spannungsoptischen Versuchen die Einhaltung strenger statischer Ähnlichkeit, die gleiche Dehnungen bei Hauptausführung und Modell voraussetzt, unzweckmäßig ist.

Das Hookesche Gesetz wird nun in Quotientenform für beide Werkstoffe sowohl für die Hauptausführung wie für das Modell angeschrieben und dabei $\sigma = \frac{P}{F}$ eingesetzt.

Tabelle 1. Elastizitätsmodul von Werkstoffen für Verbundkonstruktionen in kp/cm²

Stahl- und Spannbeton	
$n = 7:1$ bis $5:1$	
Stahl	2.100000
Beton B 300	300000
B 450	350000
B 600	400000
Fundament und Baugrund	
$n = 5:1$ bis $1:5$	
Beton	210000
Basalt	1.000000
Granit	350000···150000
Gneis	240000···1.400000
brüchiger Fels	<40000
geschichtete Konstruktionsteile	
Kunstharz/Duralumin	40000/630000
Buchensperrholz	15000/160000

$$\frac{\dfrac{P_a F_b}{P_b F_a}}{\dfrac{P_a' F_b'}{P_b' F_a'}} = \frac{\dfrac{E_a \varepsilon_a}{E_b \varepsilon_b}}{\dfrac{E_a' \varepsilon_a'}{E_b' \varepsilon_b'}} .$$

Wenn man nun alle auf das Modell bezüglichen Größen auf die rechte Seite schafft, so erhält man das Modellgesetz in der allgemeinsten Form:

$$\frac{P_a F_b E_b \varepsilon_b}{P_b F_a E_a \varepsilon_a} = \frac{P_a' F_b' E_b' \varepsilon_b'}{P_b' F_a' E_a' \varepsilon_a'} . \tag{1}$$

Die Anwendung dieser Gleichung auf einige technisch wichtige Fälle führt noch zu einigen Vereinfachungen. Der allgemeinste Fall ist wohl der Ausziehversuch für Stahlbeton mit den Bedingungen

$$\varepsilon_a \neq \varepsilon_b , \qquad \sigma_a \neq \sigma_b .$$

Unter den Spannungen σ_a und σ_b sind die der Kraft P das Gleichgewicht haltenden Spannungen zu verstehen, die Schnittflächen F_a und F_b stehen senkrecht zur Kraftrichtung. Die Spannungen σ_a und σ_b sind von der laufenden Koordinate x abhängig (Abb. 1).

Hier wie auch bei allen anderen Fällen wird man ein gleiches Verhältnis der Dehnungen bei Hauptausführung und Modell fordern müssen, also

$$\frac{\varepsilon_a}{\varepsilon_b} = \frac{\varepsilon_a'}{\varepsilon_b'} \tag{2}$$

Obige Gl. (1) vereinfacht sich damit zu

$$\frac{P_a F_b E_b}{P_b F_a E_a} = \frac{P_a' F_b' E_b'}{P_b' F_a' E_a'} . \tag{3}$$

Ein weiterer weniger allgemeiner Fall ergibt sich aus den Bedingungen

$$\varepsilon_a = \varepsilon_b , \qquad \sigma_a \neq \sigma_b .$$

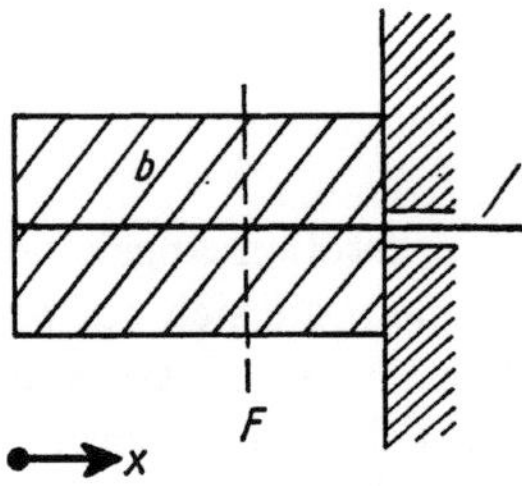

Abb. 1. Modell des Ausziehversuchs

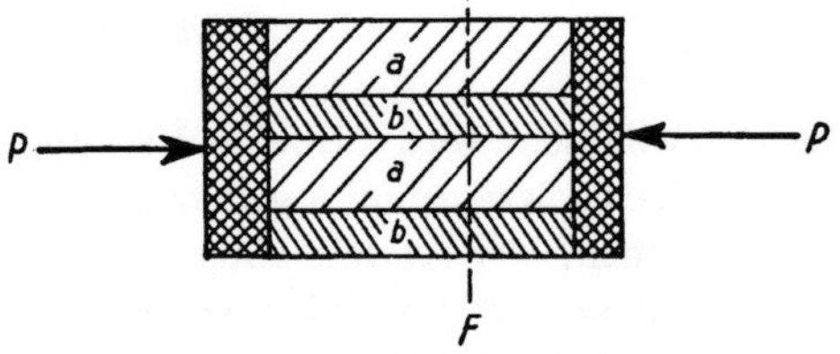

Abb. 2. Modell einer Verbundkonstruktion mit $\varepsilon_a = \varepsilon_b$

Das zugehörige Modell wurde von Kafka [7] beschrieben (Abb. 2). Die beiden Druckstücke sind starr und nötigenfalls zwangsweise parallel zueinander geführt zu denken. Mit $\varepsilon_a = \varepsilon_b$ und $\varepsilon_a' = \varepsilon_b'$ erhält man aus Gl. (1) wieder Gl. (3).

Ein weiterer Sonderfall ist

$$\varepsilon_a \neq \varepsilon_b , \qquad \sigma_a = \sigma_b .$$

Das zugehörige Modell ist dasselbe wie im vorigen Fall, wobei aber die Wirkungslinie der Kraft P um 90° gedreht ist (Abb. 3). Gl. (1) vereinfacht sich hier zu

$$\frac{E_a}{E_b} = \frac{E'_a}{E'_b}, \tag{4}$$

da ja $F_a = F_b$ und auch $P_a = P_b$ ist. In diesem Fall besteht keine Möglichkeit, ein von n abweichendes n' zu wählen. In den beiden ersten Fällen geht aus Gl. (3) hervor, daß ein von n abweichendes n' durch eine Korrektur der Querschnittsverhältnisse F'_a/F'_b ausgeglichen werden kann. Dies ist vor allem für Stahl- und Spannbetonmodelle wichtig, wo eine Änderung des Bewehrungsgrades von $5^0/_{00}$ auf $2^0/_{00}$ oder $10^0/_{00}$ die geometrische Ähnlichkeit praktisch nicht beeinträchtigt.

Die Ableitung des Modellgesetzes erfolgte zunächst ohne Berücksichtigung der Querdehnung und für elastische Werkstoffe. Wenn eine Verbundkonstruktion untersucht werden soll, bei der das Kriechen der verwendeten Werkstoffe eine Rolle spielt, so muß die stets gültige Bedingung (2) dahingehend erweitert werden, daß der Zeitmaßstab bei den Zeit-Dehnungskurven der Werkstoffpaarungen für Hauptausführung und Modell berücksichtigt werden muß:

$$\left|\frac{\varepsilon_a}{\varepsilon_b}\right|_t = a \cdot \left|\frac{\varepsilon'_a}{\varepsilon'_b}\right|_t . \tag{2a}$$

Tabelle 2

ε [$^0/_{00}$]	$(1 - \nu\,\varepsilon)^2\,\varepsilon$ [$^0/_{00}$]
1	0,999
2	1,996
5	4,975
10	9,900
20	19,602
50	47,531

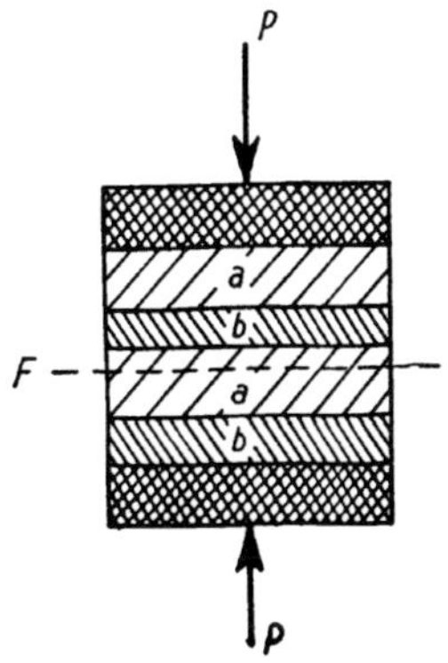

Abb. 3. Modell einer Verbundkonstruktion mit $\sigma_a = \sigma_b$

Dies heißt, daß die Zeit-Dehnungskurven der Werkstoffe a und a' und b und b' einander bis auf einen Verzerrungsfaktor a für den Zeitmaßstab ähnlich sein müssen.

Es ist noch der Fehler abzuschätzen, der durch die Vernachlässigung der Querdehnung zu erwarten ist. Bei einem einachsigen Spannungszustand, wie er beim Zugversuch vorliegt, gilt streng

$$P = F\,E\,\varepsilon = \text{const}\,, \tag{5}$$

wobei

$$F = F_0\,(1 - \nu\,\varepsilon)^2 \tag{6}$$

ist, so daß Gl. (5) die Form

$$P = F_0\,E\,(1 - \nu\,\varepsilon)^2\,\varepsilon = \text{const} \tag{5a}$$

annimmt. Hier wurde dagegen

$$\frac{P}{F} = E\,\varepsilon = \text{const} \tag{7}$$

vorausgesetzt. Für den größtmöglichen Wert von 0,5 für ν erhält man die Werte der Tabelle 2.

Bei einer Dehnung von 1% wird also beispielsweise bei Ableitung der Gl. (1) eine um 1% zu große Dehnung vorausgesetzt.

1.3. *Modellwerkstoffe*

Eine Übersicht über einige verfügbare Modellwerkstoffe gibt Tabelle 3. Da bei spannungsoptischen Untersuchungen wenigstens einer der beiden Verbundwerkstoffe durchsichtig sein muß, kommen Glasfaserstäbe, Magnesiumlegierungen und Duralumin für die Nachbildung von Stahl- und Spannbetonteilen in Frage. Der Elastizitätsmodul der für spannungsoptische Modelle geeigneten Kunstharze liegt zwischen 20000 und 40000 kp/cm² und man kann durch entsprechendes Kombinieren einen Bereich von $n' = 35$ bis $n' = 7$ in enger Stufung überdecken, wie aus Tabelle 4 hervorgeht. Wenn man Stahl- und Spannbetonmodelle untersuchen will, hat man es nach den Ausführungen über das Modellgesetz aber gar nicht nötig, ein unbekanntes Kunstharz zu verwenden.

Für die Gruppe „Fundament und Baugrund" sind die Paarungen der Tabelle 4 jedoch nicht brauchbar, da hier vor allem solche Fälle zu untersuchen sind, in denen der Elastizitätsmodul des Baugrundes kleiner als der des Fundaments ist und da außerdem der Spannungsverlauf im Fundament interessiert. Hier muß also das Modell des Fundaments durchsichtig sein und den höheren Elastizitätsmodul besitzen.

Tabelle 3. Elastizitätsmodul von Modellwerkstoffen für Verbundkonstruktionen in kp/cm²

Glas	700000
Duraluminium	630000
Magnesiumlegierungen	425000
Glasfaserstäbe	290000
Kunstharze bei 20 °C	
Catalin 61—893	43000
V.P. 1527	40000
Dekorit gehärtet	37000
Araldit B	34000
Araldit D	26000
C.R. 39	20000
Weich-Araldit	40000···4
Vulkollan	1200···40
Gelatine	1,7···0,25
Kunstharz beim Erstarrungsversuch	
Dekorit gehärtet	1400
Castolite	285
Araldit B	200
Fosterite	140
Catalin 61—893	77

Eine Gesamtübersicht über Werkstoffe für Verbundkonstruktionen in Abb. 4 enthält auch die weichen Kunstharze und Gelatine, die als Modellwerkstoff für die Untersuchung von Fundamenten in Frage kommt. Gelatine ist außerdem so empfindlich, daß bereits das Eigengewicht des Modells einen genügend großen spannungsoptischen Effekt hervorruft. Die Änderung des Elastizitätsmoduls im Bereich von etwa 1:7 wird durch verschieden großen Gelatinegehalt der Schmelze erzielt. Einzelheiten über die Technik können dem Buch von Föppl und Mönch entnommen werden [5]. Wenn der Einfluß des Eigengewichts ausgeschaltet werden soll, muß man das Gelatinemodell liegend oder schwimmend untersuchen.

Vulkollan wurde von Racké für Spannbetonmodelle verwendet [12], [13], das übrigens mit den weichsten Sorten ebenfalls die durch das Eigengewicht hervorgerufenen Spannungen zu untersuchen gestattet. Allerdings muß Vulkollan fertig bezogen werden, so daß eine beliebige Einstellung des Elastizitätsmoduls eine Zusammenarbeit mit dem Lieferwerk erfordert.

Der Elastizitätsmodul verschiedener Kunstharze beim Erstarrungsversuch wurde hier nur der Vollständigkeit halber angeführt, da entsprechende Versuche bisher nicht bekanntgeworden sind.

Es bleibt noch übrig, den Begriff „Weich-Araldit" zu erklären. Hier handelt es sich um Epoxyharze, vorwiegend verschiedene Aralditsorten, denen Weichmacher zugesetzt wurde. Als Weichmacher kommen Thiokole und eine Mischung von Cyclohexanol mit Dibutylphthalat im Verhältnis 5:3 in Frage. Abb. 5 zeigt Mischungsverhältnisse, bei denen je nach Weichmachergehalt ein Elastizitätsmodul zwischen 36000 und 4000 kp/cm² erreicht wurde. Allerdings ist das Kriechen unter konstanter Last zu beachten, das mit höherem Weichmachergehalt zunimmt. Man muß also zunächst von Proben mit verschiedenen Mischungsverhältnissen Zeit-Dehnungskurven aufnehmen und anhand dieser Kurven eine solche Paarung auswählen, die das gewünschte n' nach bestimmter Belastungsdauer erreicht. Ein von der Belastungsdauer unabhängiges n' kann man mit ein und demselben Kunstharz nur durch Verändern des Weichmacheranteils offensichtlich nicht erreichen, da sich die Kurvenschar von Abb. 5 für $t = 0$ asymptotisch dem Wert 36000 nähert, so daß keine Kurve mit der

Tabelle 4. Erreichbare Werte für $n = E_a/E_b$ bei Modellwerkstoffen

	700000	630000	425000	290000	
43000	16	14,5	10	6,8	Catalin
40000	17,5	16	10,5	7,3	VP 1527
37000	19	17	11,5	8	Dekorit gehärtet
34000	20	18,5	12,5	8,5	Araldit B
26000	27	24	16	11	Araldit D
20000	35	31,5	21	14,5	CR 39
	Glas	Duralumin.	Mg.-Leg.	Glasfaserstäbe	

anderen durch Parallelverschiebung längs der Ordinatenachse zur Deckung gebracht werden kann. Kunststoffe, bei denen dies möglich wäre, würden zu jeder Zeit dasselbe n' aufweisen. Untersuchungen in dieser Richtung sind noch im Gange. Übrigens kann man auch hier mit den weichsten Sorten die durch das Eigengewicht hervorgerufenen Spannungen untersuchen.

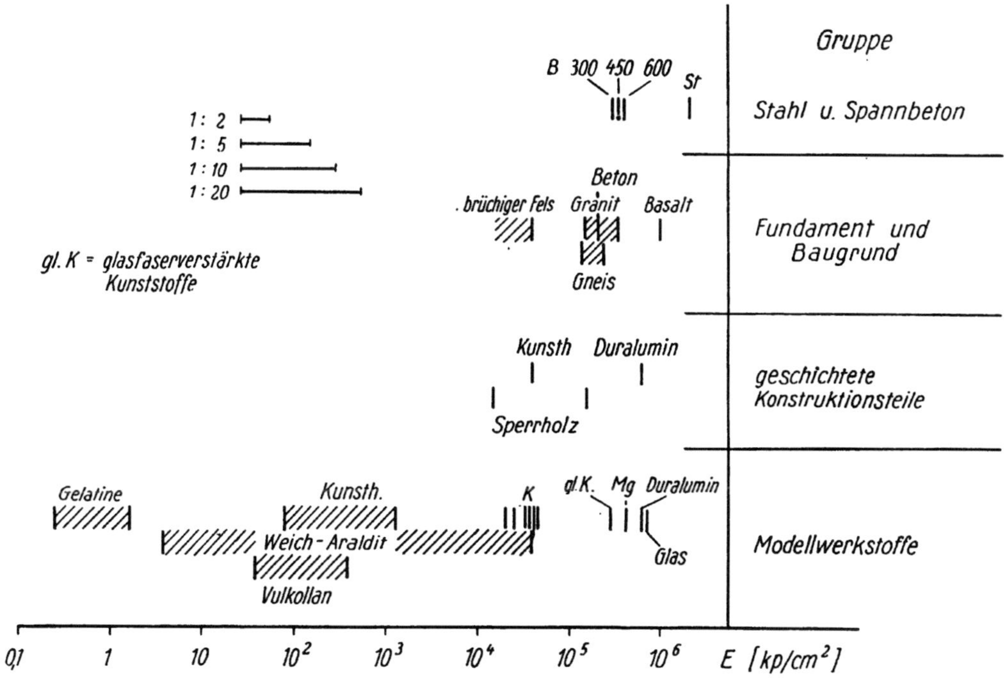

Abb. 4. Elastizitätsmodul von Werkstoffen für Verbundkonstruktionen

2. Beispiele durchgeführter Untersuchungen

2.1. Stahl- und Spannbeton

Beyer und Solakian veröffentlichten schon im Jahr 1934 eine Arbeit über die Untersuchung von Stahlbetonmodellen [1]. Mit den damals bekannten Kunststoffen war es aber nicht möglich, Schrumpfspannungen zu vermeiden. Erst nach dem Erscheinen neuer Gießharze wurden neue experimentelle Arbeiten bekannt [6], [10], [12], [13], [15], die ihrerseits wieder Anlaß zu theoretischen Ansätzen gaben [3], [4].

Aus den im Literaturverzeichnis genannten Arbeiten seien hier die von RACKÉ herausgegriffen, der Balken aus Spannbeton mit Vulkollan nachbildete [12], [13]. Die Balken bestanden aus einer durchsichtigen, weichen Sorte mit $E = 40$ kp/cm², während für die Spannglieder härtere und undurchsichtige Folien verwendet wurden, deren Elastizitätsmodul zwischen 220 und 1200 kp/cm² lag. Die Spanndrähte wurden durch eine Folie ersetzt, deren Breite 10 mm betrug und gleich der Modelldicke war. RACKÉ konnte zeigen, daß man dasselbe Isochroma-

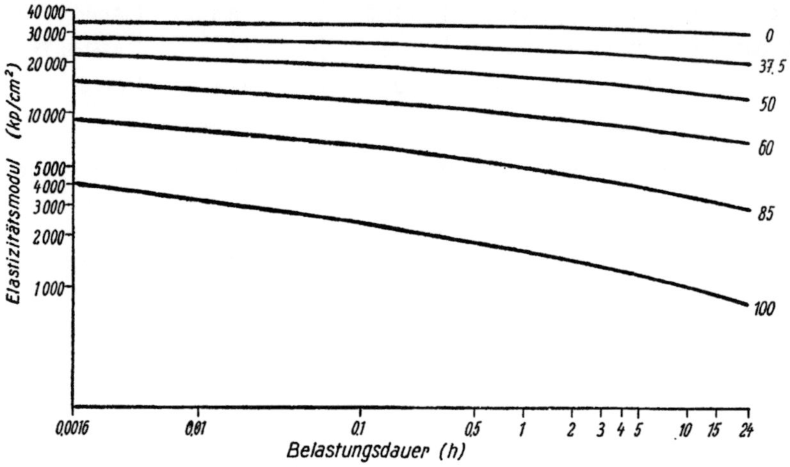

Abb. 5. Elastizitätsmodul von Araldit F mit 22 Gewichtsteilen Härter 972 und Thiokol LP 33. Parameter: Thiokol LP 33 in Gewichtsteilen

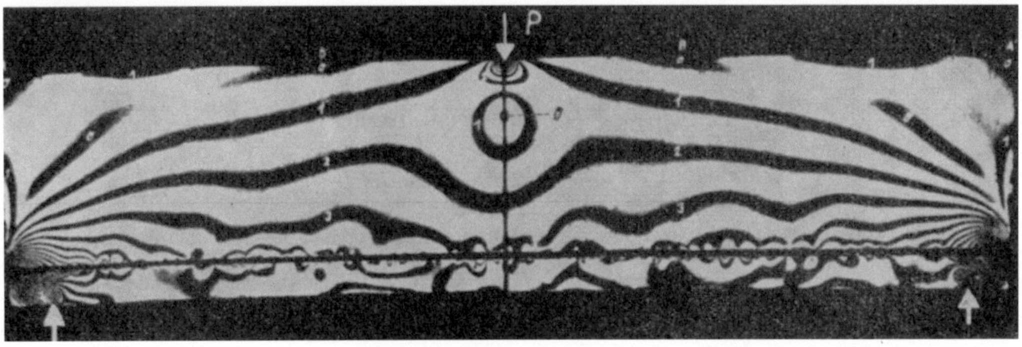

Abb. 6. Isochromatenbilder von Spannbetonbalken. Vulkollan/Vulkollan, $E_a : E_b = 6:1$

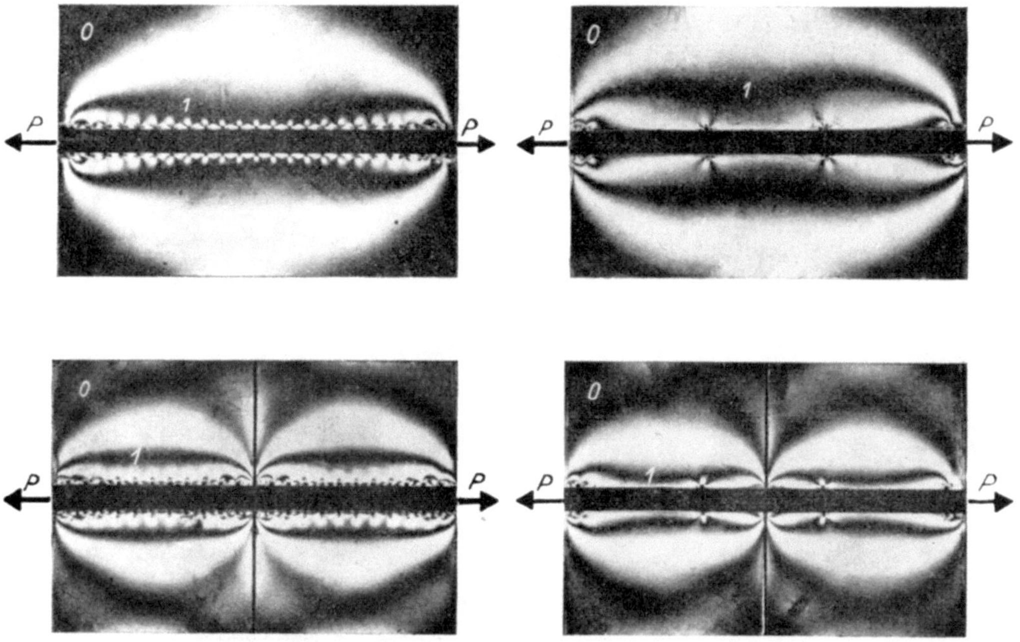

Abb. 7. Isochromatenbilder von Betonstählen mit Rippen. MgAl 6/Araldit D, $E_a : E_b = 15:1$

tenbild erhielt, wenn man solche über die ganze Dicke des Modells reichende Folien verwendete oder schmale, deren Abmessungen etwa dem Durchmesser der Spanndrähte entsprach, wenn in beiden Fällen die Querschnittsfläche und die Vorspannkraft dieselbe war. Die Herstellung der Modelle bestand dann darin, daß man auf die beiden Seiten der entsprechend vorgespannten Folie die Balkenteile aufklebte und nach dem Abbinden des Klebstoffes die Vorspannung wegnahm. Abb. 6 ist der Arbeit [13] entnommen. Das obere Isochromatenbild wurde bei Vierpunktlagerung, das untere bei Belastung durch mittige Einzellast am selben Modell gewonnen. Beim oberen Bild sieht man im mittleren querkraftfreien Teil des Balkens eine über die ganze Höhe praktisch konstante Druckspannung von $2\frac{1}{2}$ Isochromatenordnungen.

Abb. 8. Ausgeformtes Gelatinemodell einer Gewichtsstaumauer

Die nächste Abbildung 7 stammt aus einer Untersuchung über das Haften von Betonstählen mit Rippen. Bei den Modellen wurde der Betonstahl durch eine Magnesiumlegierung ersetzt, deren Elastizitätsmodul 430000 kp/cm² betrug, während das Kunstharz ein $E = 28000$ kp/cm² aufwies. Die Modelle wurden liegend in einer offenen Wanne um die Magnesiumstäbe herum gegossen, die Stäbe ragten mit beiden Enden über die Wanne heraus. An diesen freien Enden konnten sie zum Aufbringen der Zugkraft eingespannt werden. Ihr Querschnitt betrug ursprünglich 10×10 mm². Sie wurden dann an zwei gegenüberliegenden Seiten spanabhebend bearbeitet, so daß die

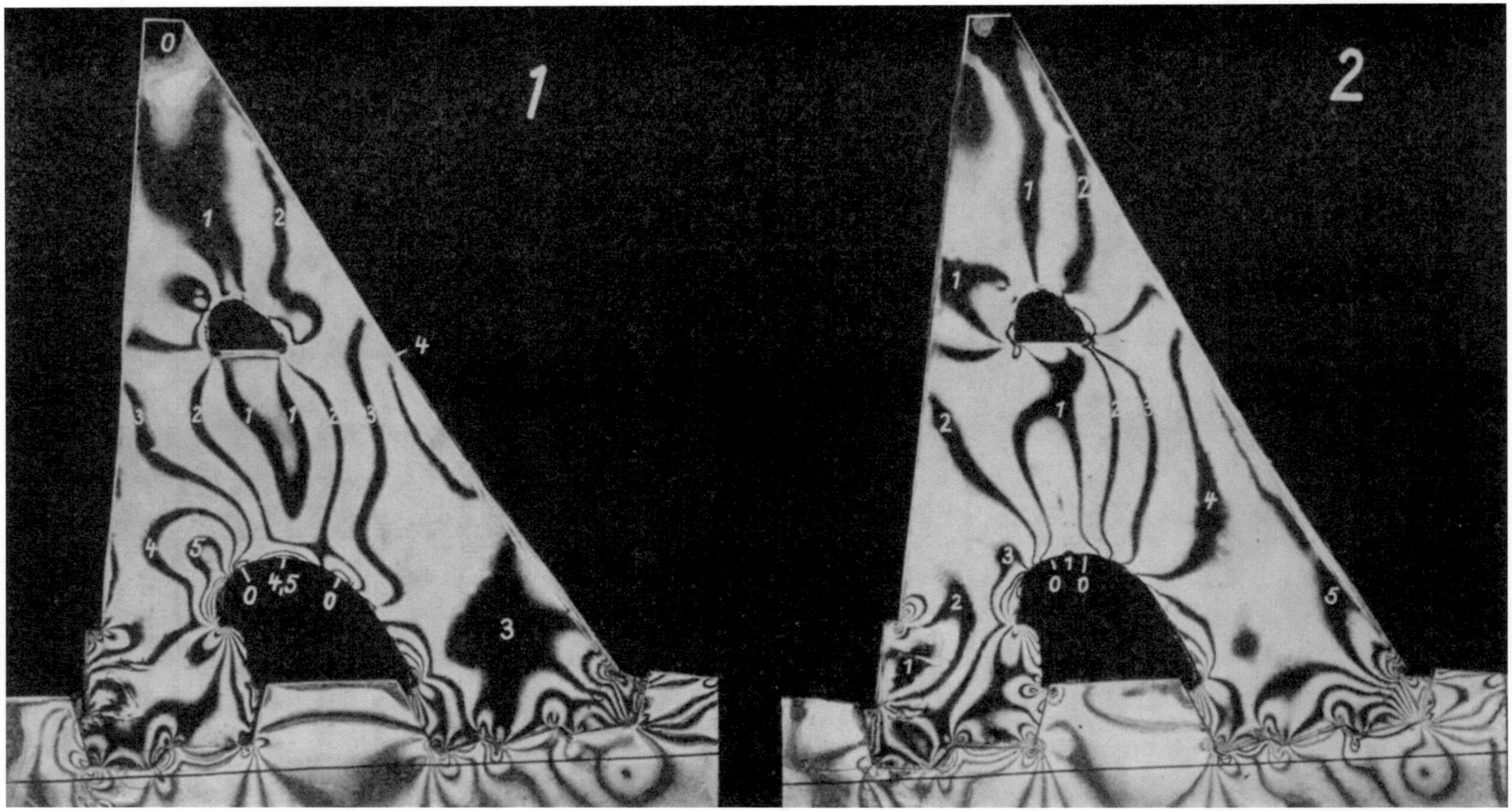

Abb. 9. Isochromatenbild einer Gewichtsstaumauer (Gelatinemodell), 1 Eigengewicht allein, 2 Eigengewicht und Wasserdruck

Breite von 10 mm nur über den stehengebliebenen Rippen erhalten blieb, während die dazwischen liegenden Teile auf 9,2 mm abgearbeitet wurden. Es zeigte sich, daß bei Modellen ohne Querrippen ein erstes Abreißen des Kunstharzes bereits bei Kräften von etwa 300 kp auftrat, während die Querrippen das Fortschreiten der Ablösung hier noch bei 730 kp verhinderten. Das Bild zeigt keinen Unterschied zwischen enger und weiter Teilung, da lediglich die äußerste Querrippe wirksam ist.

2.2. Fundament und Baugrund

Die Behandlung von Fundament und Baugrund als Verbundkonstruktion ergibt sich notwendigerweise aus der Tatsache, daß das Verhalten des Baugrundes in die statischen Berechnungen einbezogen werden muß, wenn es sich um große Massiv- und Kavernenbauten oder um Druckstollen handelt. Tatsächlich ist eine Untersuchung über das Kriechverhalten von Fels unter hydrostatischer Belastung durch einen einbetonierten dünnwandigen Kugelbehälter bekannt, wo aus einer sich über längere Zeit erstreckenden Beobachtungsreihe auf den nach 50 Jahren zu erwartenden Elastizitätsmodul extrapoliert wurde [2].

Bei großen Massivbauten spielen die durch das Eigengewicht hervorgerufenen Spannungen eine große Rolle. Deshalb wurden Modelle solcher Bauwerke schon mehrmals aus Gelatine hergestellt. Damit man einen genügend großen spannungsoptischen Effekt erhält, sollen die Modelle etwa 5 cm dick und 30 bis 50 cm hoch sein. Abb. 8 zeigt das Modell einer Gewichtsstaumauer nach dem Ausformen als ebenen Schnitt durch das in Wirklichkeit 40 m hohe Bauwerk. Der Längenmaßstab wurde hier mit 1 : 100 festgelegt. Wegen seiner geringen mechanischen Festigkeit muß das aufgerichtete Modell zwischen Plexiglasscheiben geführt werden, die in einem Abstand fest miteinander verbunden sind, der der Modelldicke entspricht. Sowohl in der Wirklichkeit als auch beim Modellversuch liegt hier ein ebener Formänderungzustand vor.

Bei dieser Untersuchung interessierte vor allem der Spannungsverlauf im Scheitel des unteren Hohlraumes, wo Zugspannungen zu erwarten waren. Diese Untersuchung ist noch dadurch bemerkenswert, daß der Elastizitätsmodul des Baugrundes nicht genau angegeben werden konnte. Beim Versuch wurde deshalb n' in so weiten Grenzen variiert, daß das tatsächliche Verhältnis n mit Sicherheit darin enthalten war. Ein Vorversuch wurde mit einem ungeteilten Modell und gleichem E für Bauwerk und Baugrund durchgeführt. Die zugehörigen Isochromatenbilder zeigt Abb. 9, den Spannungsverlauf am abgewickelten Lochrand Diagramm 1 in Abb. 10.

Drei weitere Versuche wurden nun mit Modellen durchgeführt, die entsprechend den vorgesehenen Teilfugen aus mehreren Teilen bestanden und bei denen n' verändert wurde. Bei dem einen Versuch leimte man das Gelatinemodell auf einen Holzklotz mit den Konturen des Ausbruches auf, beim anderen Versuch bestand Bauwerk und Baugrund aus derselben Gelatine, beim letzten Versuch wurde für den Baugrund eine sehr weiche Gelatine verwendet. Der Versuch mit dem Holzklotz ergab ein n', das praktisch $\infty : 1$ betrug, da man bei Holz ein $E = 100\,000$ kp/cm² annehmen darf, während das E für Gelatine größenordnungsmäßig bei 1 kp/cm² liegt. Beim zweiten Versuch war $n' = 1$ und beim dritten erhielt man ein $n' = 1 : 15$. Die Diagramme 2 bis 4 der Abbildung 10 geben die zugehörigen Spannungsverläufe am abgewickelten Lochrand.

Die Zugspannungen im Scheitel bei D betrugen beim Versuch mit dem ungeteilten Modell 0,037 und 0,009 kp/cm², wobei sich letzterer Wert bei Vollstau ergibt. Die Spannungen der Hauptausführung können mit Hilfe des Modellgesetzes

$$\frac{\sigma}{\sigma'} = \frac{\gamma}{\gamma'} \lambda$$

berechnet werden, wobei γ die Dichte und λ der Längenmaßstab ist. Man erhielt damit einen Maßstabfaktor für die Spannungen σ/σ' von rund 200. Die maximalen Scheitelspannungen der Hauptausführung sind dann (in kp/cm²):

Versuch	leer	Vollstau
1	+ 7,4	+ 1,8
2	+ 0,8	— 1,2
3	+ 0,8	— 4,0
4	+ 5,2	— 1,2

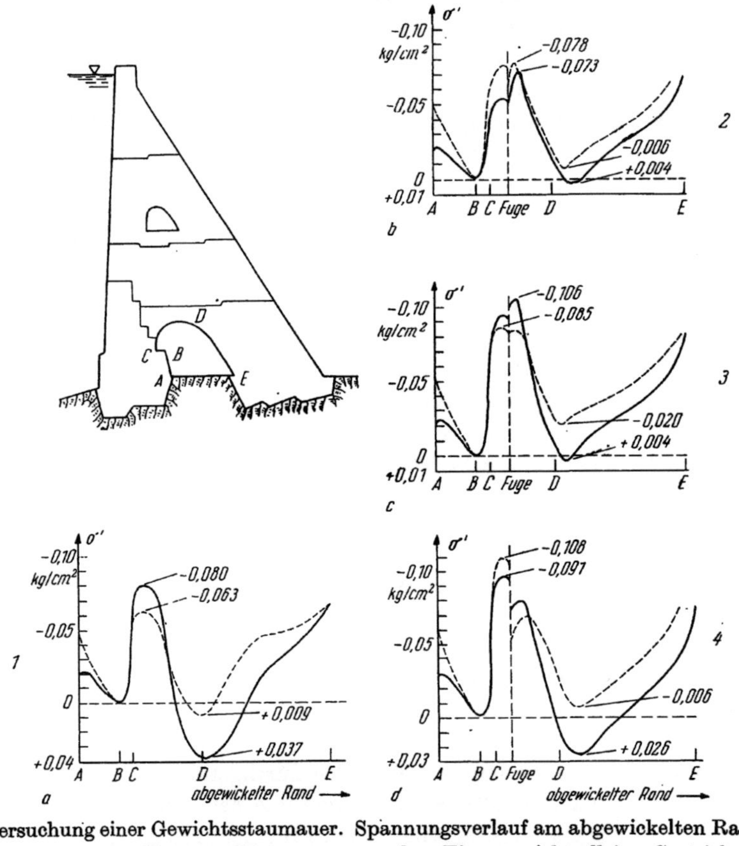

Abb. 10. Untersuchung einer Gewichtsstaumauer. Spannungsverlauf am abgewickelten Rand des unteren Hohlraums. Ausgezogene Kurven: Spannungen aus dem Eigengewicht allein. Gestrichelte Kurven: Spannungen aus Eigengewicht und Wasserlast bei Vollstau

Bild 1 $E_{Fels}/E_{Beton} = 1$	Modell aus einem Stück
Bild 2 $E_F/E_B = \infty$	Modell mit Teilfugen
Bild 3 $E_F/E_B = 1$	Modell mit Teilfugen
Bild 4 $E_F/E_B = 1/15$	Modell mit Teilfugen

Man sieht, daß auch im ungünstigsten Fall die für Massenbeton zulässige Zugspannung von 10 kp/cm² nicht erreicht wird.

Bei der Untersuchung der Spannungen in einem Krafthausfundament wurde Weich-Araldit als Modellmaterial für den Baugrund verwendet, der in Wirklichkeit aus Opalinuston mit $E = 20\,000$ kp/cm² bestand. Zur Nachbildung dieses Verhältnisses $n = 20:1$ wurde für das Fundament Araldit 33/896 verwendet, wobei das Mischungsverhältnis der Komponenten $A:B:C$ sich wie 100:50:6 Gewichtsteile verhielt. Dieses Harz ist wegen seiner dunklen Fär-

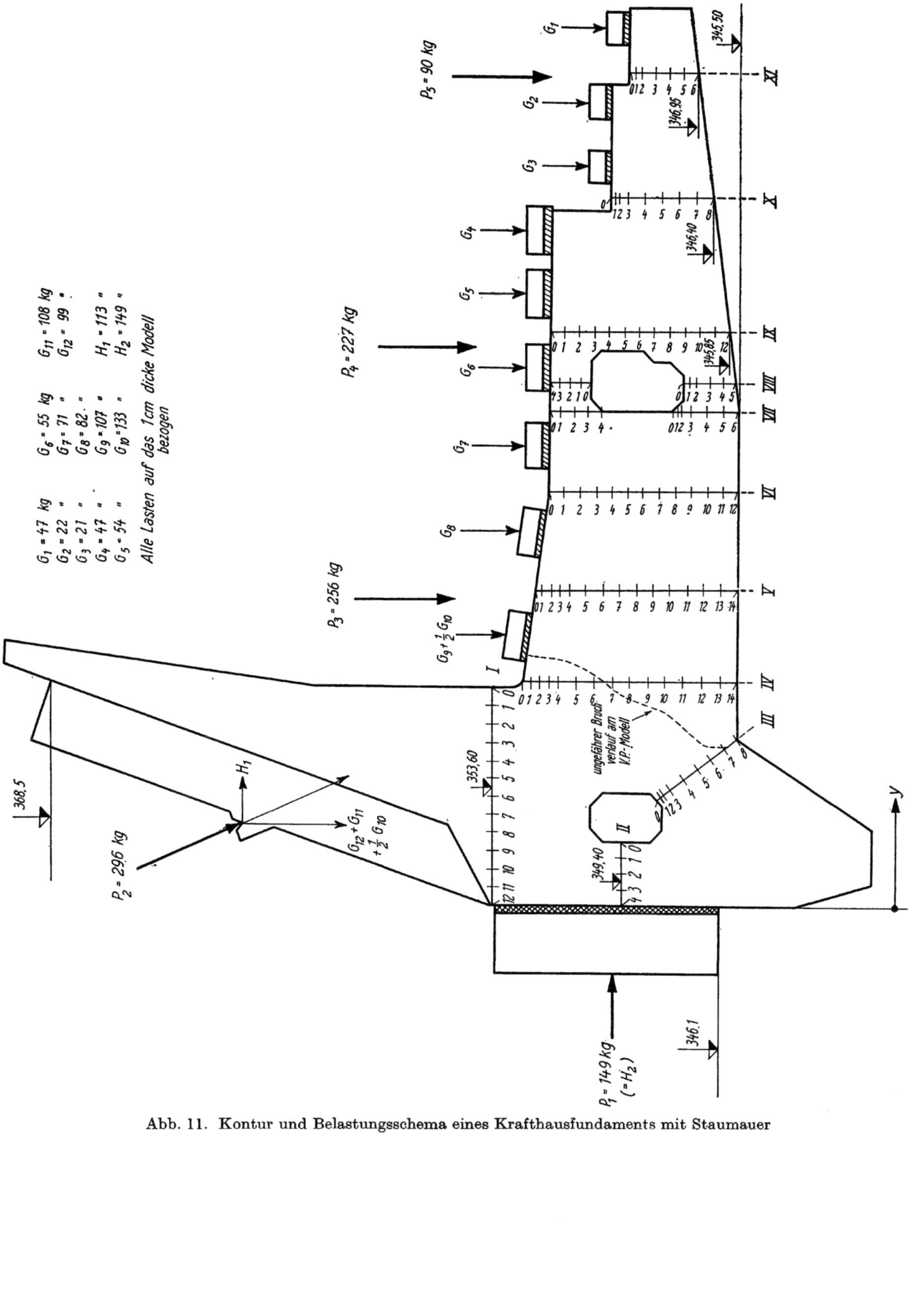

Abb. 11. Kontur und Belastungsschema eines Krafthausfundaments mit Staumauer

bung fast undurchsichtig. Araldit-Thiokolharze waren aber zu dieser Zeit noch nicht bekannt und zum Nachbilden der Bettung, in der die Spannungen nicht zu untersuchen waren, erwies es sich als brauchbar.

Das zu untersuchende Krafthausfundament ist mit einer 20 m hohen Staumauer zu einem Block vereinigt. Abb. 11 zeigt ein Modell und das Belastungsschema. Die Belastung setzte sich aus 3 Anteilen zusammen, nämlich dem Eigengewicht des Bauwerks, der Wasserlast bei Vollstau und verschiedenen Einzellasten wie Generatoren, Tragmauern u. dgl. Da hier besonders die Spannungen an der Unterseite des Fundaments zu untersuchen waren, wurden beim Versuch stets die dem vollen Eigengewicht entsprechenden Lasten aufgebracht. Die Teillasten G_1 bis G_{10} und H_1 und H_2 wurden mit Hebeln zu 5 Resultierenden P_1 bis P_5 zusammengefaßt und mit einer geeigneten Belastungsvorrichtung über Schraubspindeln und Ringkraft-

Abb. 12. Belastungsvorrichtung für das Modell des Krafthausfundaments

messer auf das Modell aufgebracht. Abb. 12 zeigt diese Belastungsvorrichtung, die aus einer Grundplatte, zwei Stahlblechrahmen und den einzelnen Belastungselementen besteht. Sie erwies sich als genügend verwindungssteif, so daß das Modell unter einer Gesamtlast von rund 1 t nicht ausknickte, obwohl es auf einem Block aus Weicharaldit mit dem erwähnten niedrigen Elastizitätsmodul förmlich schwamm. Abb. 13 zeigt die Isochromaten im Hellfeld und läßt einen Teil der Belastungsklötze und Hebel im Schattenriß erkennen. Längs der hier und in Abb. 11 mit römischen Zahlen bezeichneten Schnitte wurden vollständige Auswertungen des Spannungsverlaufs nach dem Schubspannungs-Differenzverfahren durchgeführt. Abb. 14 zeigt als Teilergebnis den Spannungsverlauf auf Kote 348,5 und die Bodendruckverteilung.

Die Untersuchung eines Druckstollens ist ein Beispiel für die Ausschaltung des Eigengewichts bei Gelatinemodellen durch waagerechtes Lagern des Modells auf einer Glasscheibe und senkrechte Durchstrahlung. Das Profil dieses Druckstollens wurde in Wirklichkeit zuerst in rohen Umrissen aus dem Fels herausgesprengt und dann mit Beton ausgekleidet, so daß der Innendurchmesser 5 m betrug. Abb. 15 zeigt verschiedene Annahmen für den Verlauf von Klüften im Fels. Untersucht wurde der Spannungsverlauf an der Innenseite des Druckstollens, einmal in leerem Zustand, das andere Mal unter einem Innendruck von 25 atü, wobei auch noch Vorspanninjektionen nachgeahmt wurden, die zur Verfestigung des Gebirges an der

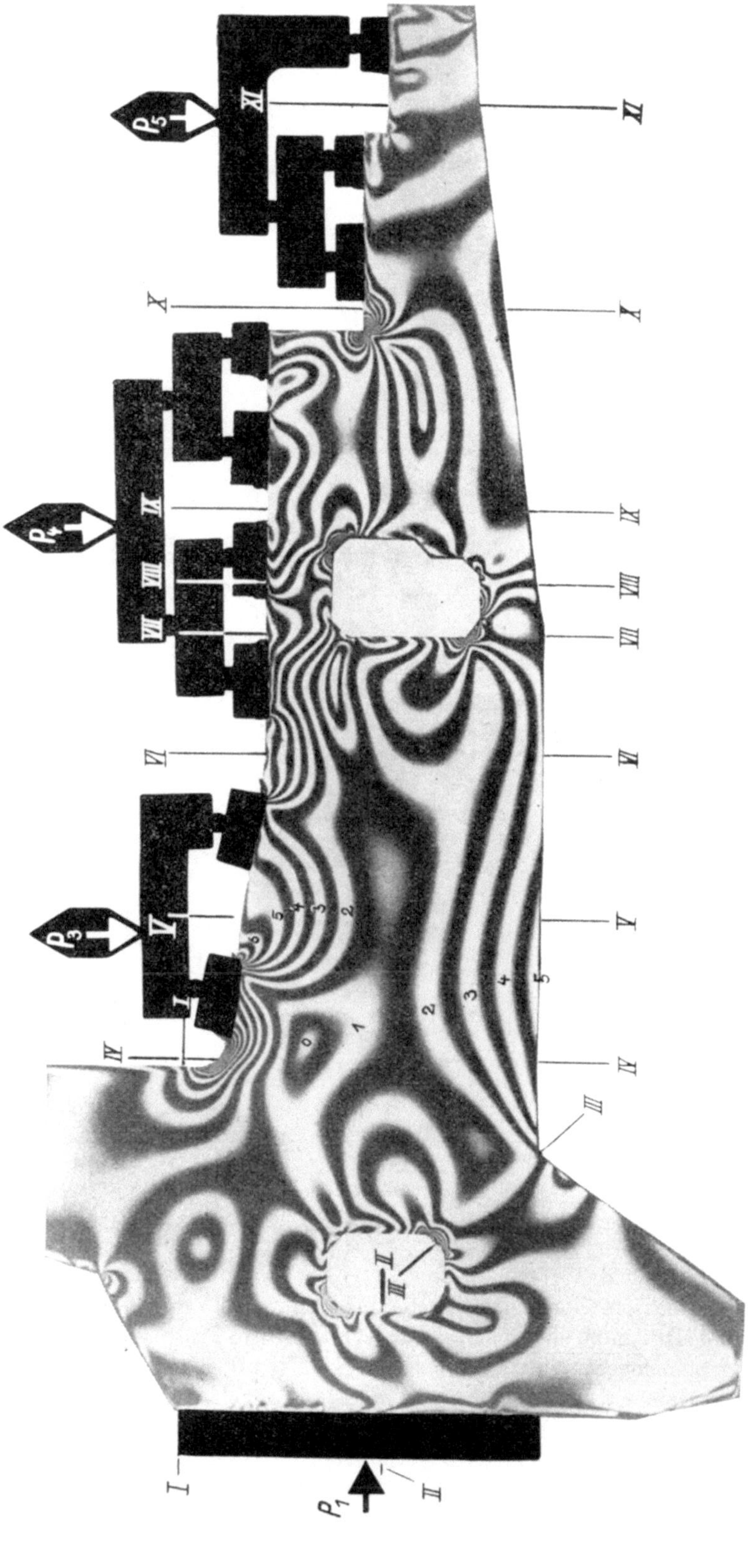

Abb. 13. Isochromatenbild des Krafthausfundaments mit Druckklötzen und Übertragungshebeln (Hellfeldaufnahme)
Araldit B/Araldit 33/896, $E_a : E_b = 20:1$

Leibung des Stollens eingebracht worden waren. Messungen im Stollen hatten nun gezeigt, daß diese Vorspanninjektionen stellenweise Zugspannungen hervorriefen. Die spannungsoptischen Versuche sollten nun darüber Aufschluß geben, ob diese Zugspannungen unter dem Innendruck zu- oder abnehmen würden. Die Isochromaten von Abb. 16 wurden mit der Versuchsanordnung c gewonnen. Das Diagramm zeigt den Verlauf der Tangentialspannungen am abgewickelten Lochrand. In diesem Fall nimmt die Zugspannung im Betrieb noch weiter zu.

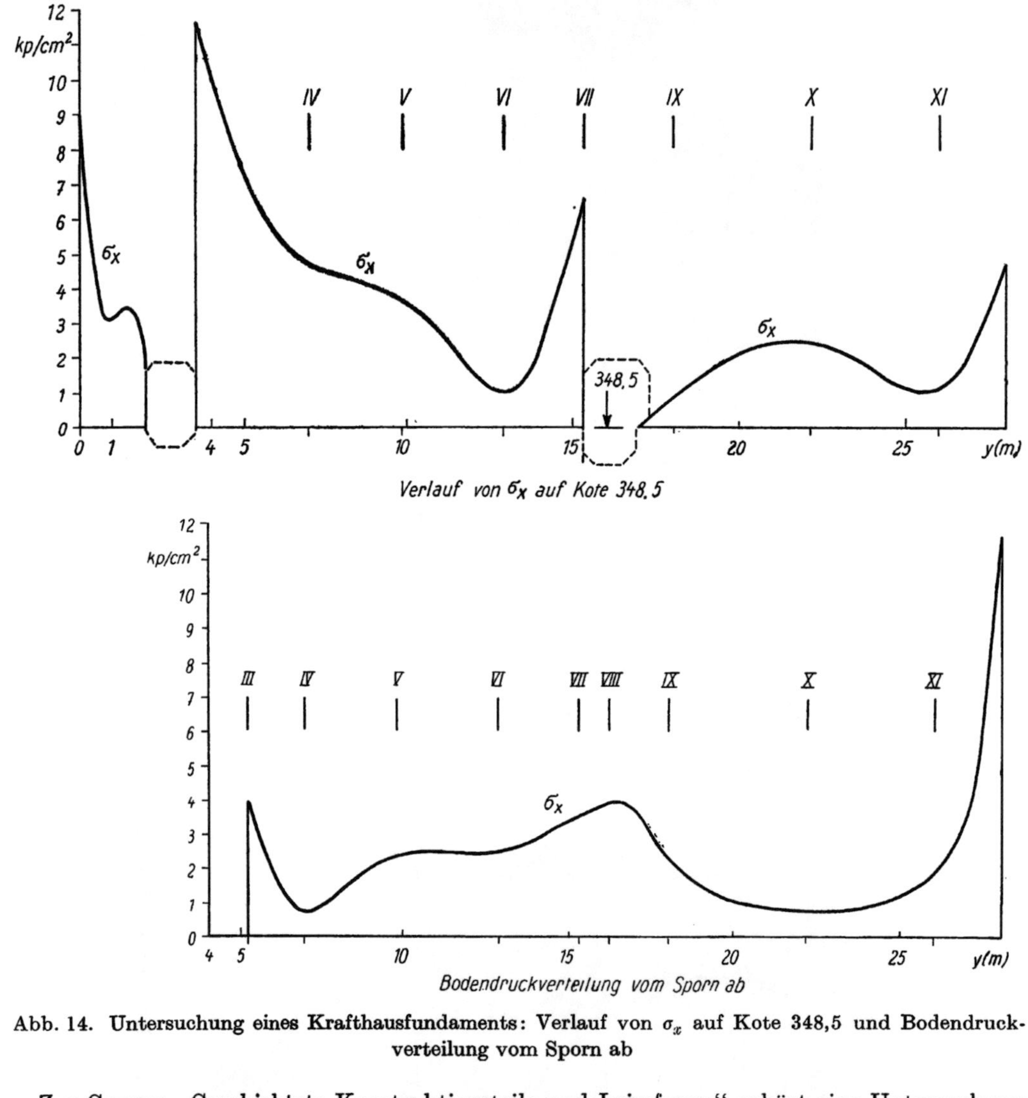

Abb. 14. **Untersuchung eines Krafthausfundaments: Verlauf von σ_x auf Kote 348,5 und Bodendruckverteilung vom Sporn ab**

Zur Gruppe „Geschichtete Konstruktionsteile und Leimfugen" gehört eine Untersuchung von Kollmann und Hiltscher über die Spannungsverteilung in Früh- und Spätholzschichten [8]. Holz ist ein inhomogener und anistroper Werkstoff, wobei die aufeinanderfolgenden Früh- und Spätholzschichten ein $n = 2$ bis 3 aufweisen. Vollholz kann deshalb als Verbundwerkstoff behandelt werden. Es gelang hier, durch Ändern des Härteranteils mit Araldit D $n' = 3:1$ und $2{,}4:1$ zu erreichen. Abb. 17 zeigt ein Modell, das aus 9 Schichten aufgebaut ist. Die oberste und die unterste Schicht weist den höheren Elastizitätsmodul auf, nach innen zu folgen dann weiche und harte Schichten aufeinander. Die härteren Schichten nehmen die

Zug- und Druckspannungen auf, während die weicheren Schichten die Schubspannungen übertragen. Die Auswertung der Isochromatenbilder ergab eine diskontinuierliche Verteilung der Normalspannungen über den Balkenquerschnitt.

Bei der Modellherstellung können sich in der Klebfuge leicht Eigenspannungen ausbilden. HILTSCHER goß daher zunächst Streifen mit dem höheren Elastizitätsmodul, die fertig ausgehärtet und bei 100 °C gestreckt wurden. Diese Zugvorspannung ließ HILTSCHER einfrieren, dann wurde das Kunstharz mit dem niedrigeren Elastizitätsmodul dazwischen gegossen und dann zuerst kalt und nachher bei 100 °C ausgehärtet. Es gelang, die Streckung der härteren

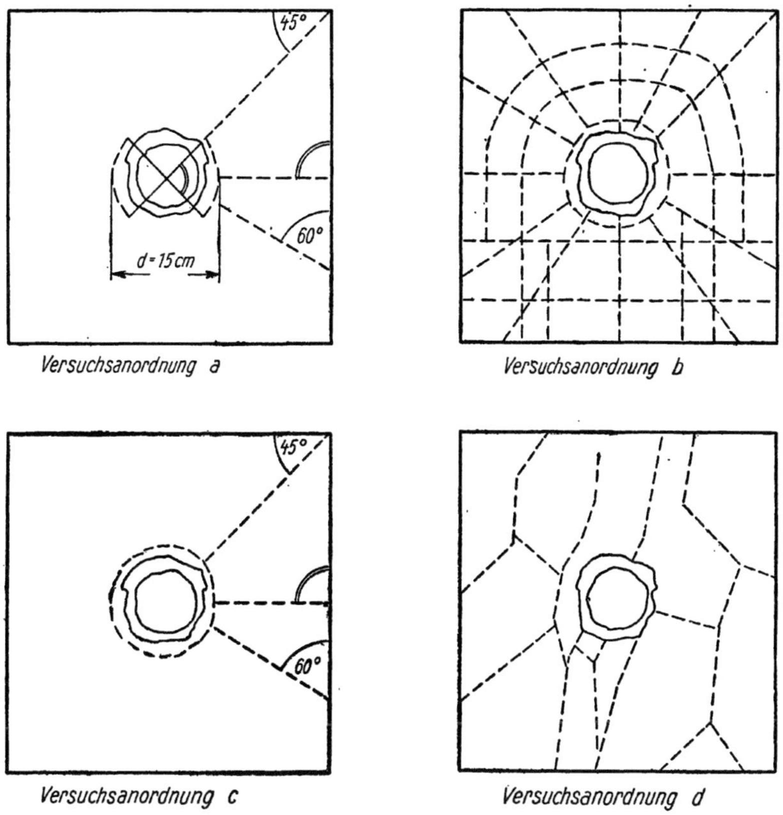

Abb. 15. Untersuchung eines Druckstollens: Annahmen für die Verteilung der Klüfte

Schichten und die mit dem Aushärten verbundene Schrumpfung der weicheren Schichten so aufeinander abzustimmen, daß die fertigen Modelle spannungsfrei waren.

Spannungsfreie Klebeverbindungen erhält man am einfachsten durch Verleimen spannungsfreier Teile bei Raumtemperatur. Beispiele finden sich in einer Arbeit von SHIMADA [14], der gelochte Zugstäbe und gekerbte Biegestäbe aus Epoxyharz untersuchte, die durch aufgeklebte Duraluminstreifen verstärkt waren. Das Verhältnis n' betrug hier 22:1. Schließlich sind noch 2 Untersuchungen des Klebfilms zu erwähnen. MYLONAS untersuchte Modelle von Überlappungen und stumpfen Stößen, und zwar die Spannungen im Klebfilm bei Metallverbindungen [11]. Es wurden zwei Streifen Duralumin mit einer Art Weich-Araldit verklebt.

Auch MCLAREN und MACINNES untersuchten Überlappungen [9]. Hier bestanden aber beide Teile aus Kunstharz mit $n' = 20$, was dem Verkleben von Aluminium mit Redux entspricht.

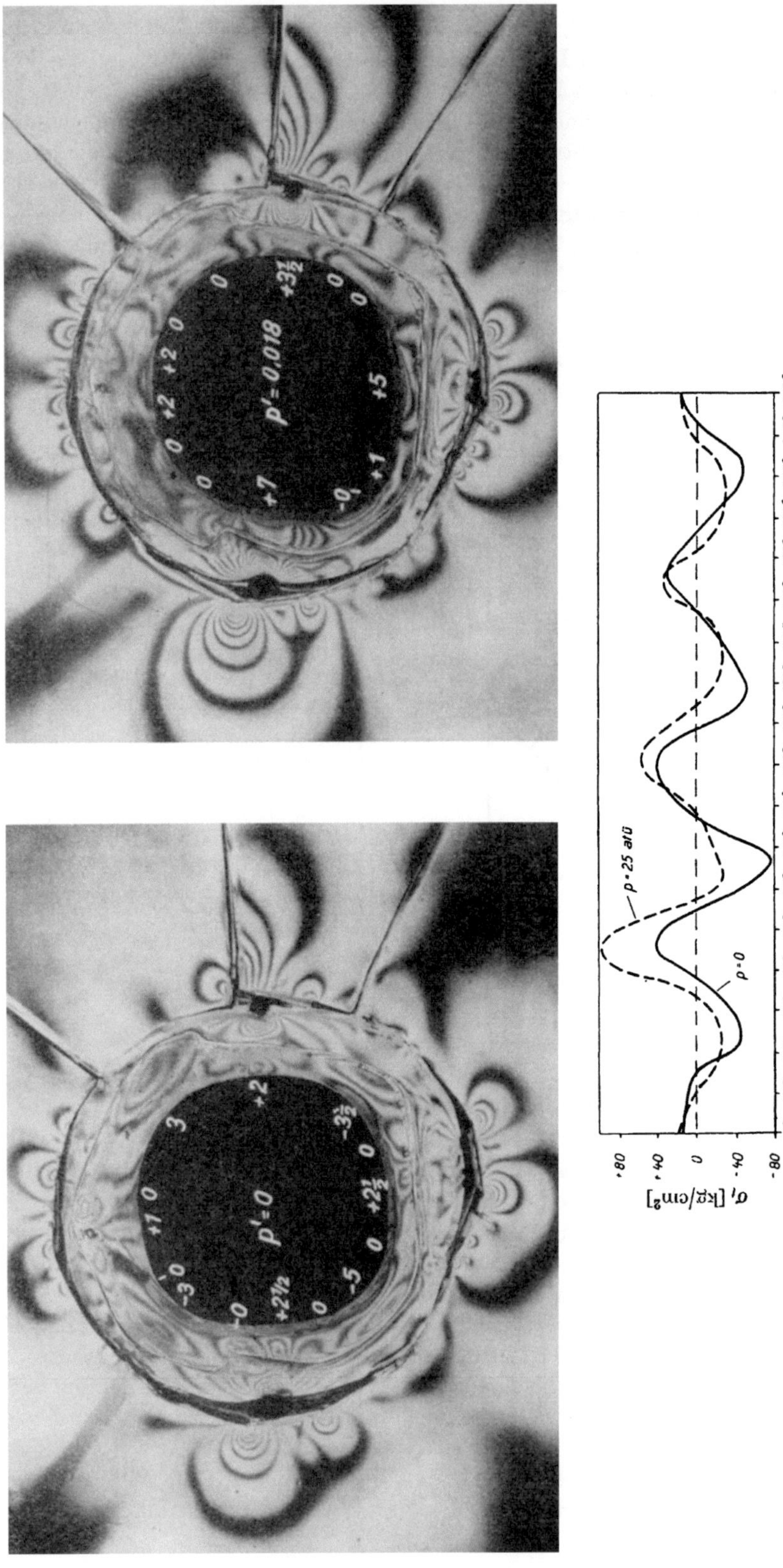

Abb. 16. Isochromatenbilder eines Druckstollens Gelatine/Gelatine, $E_a : E_b = 5:1$

Diagramm: Spannungsverlauf am abgewickelten Lochrand

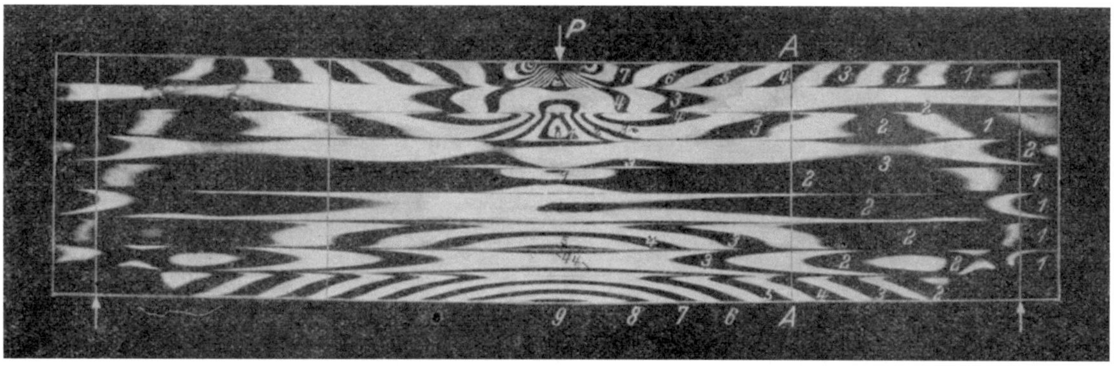

Abb. 17. Isochromatenbild eines geschichteten Balkens Araldit D/Araldit D, $E_a:E_b = 2{,}4:1$

3. Ausblick

Wenn man einerseits bedenkt, wie lange schon Verbundkonstruktionen bekannt sind und welche Verbreitung sie seit langem gefunden haben und wenn man andrerseits sieht, wie wenige wissenschaftliche Untersuchungen sowohl theoretischer als auch experimenteller Art bekannt sind, so ist der Schluß erlaubt, daß Forschungsarbeit auf diesem Gebiet noch große Fortschritte bringen wird.

Institut für Holzforschung und Holztechnik der Universität München. Die hier beschriebenen Untersuchungen wurden, soweit sie vom Verfasser stammen, im Institut für angewandte Spannungsoptik (Leiter Prof. Dr. L. Föppl und Prof. Dr. G. Sonntag) durchgeführt.

Literatur

[1] Beyer, A. H., Solakian, A. G., Photoelastic analysis in composite materials. Proc. ASCE **99** (1934) 1196—1212.

[2] Brewer, G. A., Dilation measurements of shell sphere and rock deformations at Kemano B. C., Proc. SESA **13**, Nr. 2 (1956) 63—78.

[3] Bufler, H., Ein neuer Ansatz zur Berechnung der Draht- und Haftspannungen im Stahlbeton. Bauing. **33** (1958) 382—388.

[4] Bufler, H., Einige strenge Lösungen für den Spannungszustand in ebenen Verbundkörpern. Z. ang. Math. Mech. **39** (1959) 218—236.

[5] Föppl, L., Mönch, E., Praktische Spannungsoptik. Berlin/Göttingen/Heidelberg 1959.

[6] Hiltscher, R., Müller, R. K., Bemessung der Bewehrung von Stahlbetonkonstruktionen mit Hilfe des spannungsoptischen Modellversuchs. Beton- und Stahlbetonbau **54** (1959) 263—271.

[7] Kafka, V., Der Spannungszustand in einem geschichteten Medium. Acta technica **2** (1957) 262—289.

[8] Kollmann, F., Hiltscher, R., Über spannungsoptische Untersuchungen an geschichteten Biegestabmodellen. Holz **13** (1955) 209—211.

[9] McLaren, A. S., MacInnes, J., The influence on the stress distribution in an adhesive lap joint of bending of the adherent sheets. Brit. J. Appl. Phys. **9** (1958) 72—77.

[10] Müller, R. K., Ein Beitrag zur spannungsoptischen Untersuchung von bewehrten Balkenmodellen. Diss. T. H. Darmstadt 1960.

[11] Mylonas, C., Experiments on composite models with applications to cemented joints. Proc. SESA **12**, Nr. 2 (1955) 129—142.

[12] Racké, H. H., Untersuchungen an photoelastischen Spannbetonmodellen, insbesondere für Balken mit sofortigem kontinuierlichen Verbund (Spannbett-Balken). Schweiz. Arch. **22** (1956) 150—163.

[13] Racké, H. H., Die Spannungsverteilung im Übertragungsbereich von Spannbett-Balken, ermittelt an photoelastischen Modellen mit unterschiedlicher Exzentrizität der Spanngliedlage. Schweiz. Arch. **22** (1956) 169—177.

[14] Shimada, H., Photoelatic investigation of stress in composite models with notches and holes. Brit. J. Appl. Phys. **9** (1958) 34—37.

[15] Vasconcelos, A. C., Spannungsoptische Untersuchungen der Spannungsverteilung in Stahlbetonbauteilen. Diss. T. H. München 1955.

Beiträge zur spannungsoptischen Untersuchung von Flächentragwerken

Von A. Kuske

1. Scheiben

Aus den bei spannungsoptischen Untersuchungen von Scheiben beobachteten Isochromaten und Isoklinen kann man bekanntlich nur zwei von den drei zur Charakterisierung eines ebenen Spannungszustandes erforderlichen Werten entnehmen. Zur Bestimmung des fehlenden dritten Wertes gibt es eine Reihe von zusätzlichen experimentellen Verfahren sowie Auswerteverfahren, die lediglich die optisch ermittelten Werte verwenden. Diese beruhen im wesentlichen entweder auf den Gleichgewichtsbedingungen oder der Verträglichkeitsbedingung. Die Verfahren unter Verwendung der Verträglichkeitsbedingung bestehen darin, allein aus den optisch ermittelten *Randwerten* die Spannungssumme im Innern der Scheibenfläche zu bestimmen. Die auf den Gleichgewichtsbedingungen beruhenden Verfahren dagegen benutzen sowohl die Isochromaten als auch die Isoklinen im Innern der Scheibenfläche zur schrittweisen Integration oder ähnlichen Manipulationen zur Ermittlung einer Normalspannung, der Spannungssumme oder der Richtung der Linien konstanter Spannungssumme.

Bei ersterem Verfahren ist eine Verwertung der Isochromaten, die, wie sich zeigen wird, an sich den vollständigen Spannungszustand beinhalten, im Innern der Scheibenfläche bisher nicht bekannt. Bei dem zweiten Verfahren werden zwar die Isochromaten zur Ermittlung des Spannungsverlaufs im Innern der Scheibenfläche benutzt, aber stets in Verbindung mit den Isoklinen. Dabei macht sich oft nachteilig bemerkbar, daß die Isoklinen wesentlich breiter als die Isochromaten und oft verwaschen, in ungünstigen Fällen kaum erkennbar sind.

Es soll nun im folgenden gezeigt werden, daß aus dem Isochromatenbild allein der vollständige Spannungszustand entnommen werden kann. Es wird sich allerdings zeigen, daß die praktische Durchführung eines Verfahrens auf dieser Grundlage mit gewissen Schwierigkeiten verknüpft ist.

Es sei zunächst vorausgeschickt, daß die Richtung der Isoklinen am lastfreien Rande einer Scheibe aus den Isochromaten und der geometrischen Form des Randes auf Grund der Gleichgewichtsbedingungen sofort angegeben werden kann. Eine Beziehung, die den weiteren Verlauf der Isoklinen kennzeichnet, läßt sich aber auf folgendem Wege ableiten: Die Verträglichkeitsbedingung kann man in folgender Form schreiben:

$$\frac{\partial^2(\sigma_y - \sigma_x)}{\partial y^2} - \frac{\partial^2(\sigma_y - \sigma_x)}{\partial x^2} + 4\frac{\partial^2 \tau}{\partial x\, \partial y} = 0\,. \tag{1}$$

Die Gleichgewichtsbedingungen nach x bzw. y differenziert und voneinander subtrahiert liefern die Beziehung:

$$\frac{\partial^2(\sigma_y - \sigma_x)}{\partial x\, \partial y} - \frac{\partial^2\tau}{\partial y^2} + \frac{\partial^2\tau}{\partial x^2} = 0\,. \tag{2}$$

Drückt man in diesen beiden Gleichungen $\sigma_y - \sigma_x$ und τ durch $\sigma_1 - \sigma_2$ und φ aus, so ergibt sich:

$$\frac{\partial^2\varphi}{\partial y^2} - \frac{\partial^2\varphi}{\partial x^2} = \frac{+\,4\,(\sigma_1 - \sigma_2)\,\frac{\partial\varphi}{\partial x}\cdot\frac{\partial\varphi}{\partial y} - \frac{\partial^2(\sigma_1 - \sigma_2)}{\partial x\,\partial y} - 2\left[\frac{\partial(\sigma_1 - \sigma_2)}{\partial y}\cdot\frac{\partial\varphi}{\partial y} - \frac{\partial(\sigma_1 - \sigma_2)}{\partial x}\cdot\frac{\partial\varphi}{\partial x}\right]}{(\sigma_1 - \sigma_2)} \tag{3}$$

und

$$\frac{\partial^2 \varphi}{\partial x\, \partial y} = \frac{-4(\sigma_1-\sigma_2)\left[\left(\frac{\partial\varphi}{\partial y}\right)^2-\left(\frac{\partial\varphi}{\partial x}\right)^2\right]+\left[\frac{\partial^2(\sigma_1-\sigma_2)}{\partial y^2}-\frac{\partial^2(\sigma_1-\sigma_2)}{\partial x^2}\right]-4\left[\frac{\partial(\sigma_1-\sigma_2)}{\partial x}\cdot\frac{\partial\varphi}{\partial y}+\frac{\partial(\sigma_1-\sigma_2)}{\partial y}\cdot\frac{\partial\varphi}{\partial x}\right]}{4(\sigma_1-\sigma_2)}. \tag{4}$$

Die rechten Seiten dieser beiden Gleichungen enthalten nur noch die ersten Ableitungen von φ, aber dessen zweite Ableitungen stehen dagegen nur auf der linken Seite. Es kann daher von Punkten mit bekannten Ausgangswerten (d.h. vom Rande) her durch Integration dieser Differentialbeziehungen der Verlauf der Hauptspannungsrichtungen oder der Isoklinen im Innern einer Scheibenfläche bestimmt werden, wonach dann wieder die Isopachen ermittelt werden können. Praktisch wäre dieses Verfahren allerdings etwas mühsam, wenn man es von Hand durchführen wollte. Eine Durchführung in Verbindung mit elektronischen Rechenmaschinen wird in Erwägung gezogen.

2. Platten

Für die Untersuchung von Platten gibt es eine Reihe verschiedener Verfahren, unter denen das Zweischichtverfahren und das Reflexionsverfahren die zweckmäßigsten sein dürften. Das Reflexionsverfahren wurde bereits vor längerer Zeit für diesen Zweck vorgeschlagen, aber es fehlte eine einfache Möglichkeit, brauchbare Modelle hierfür herzustellen [1]. Daher entwickelte ich zunächst das Zweischichtverfahren, bei dem das Modell, wie schon der Name sagt, aus zwei Schichten verschiedenen Materials und vor allem mit verschiedener spannungsoptischer Konstanten zusammengeklebt ist. Infolge der unterschiedlichen spannungsoptischen Konstanten und damit verschieden großer Gangunterschiede auf der Zug- und Druckseite der Platte, beobachtet man bei Durchleuchtung mit polarisiertem Licht einen endlichen Gangunterschied [2], [3], [4], [5].

Bei dem Reflexionsverfahren ist das Modell aus zwei Schichten gleichen Materials — und zweckmäßiger Weise gleicher Stärke — mit einer spiegelnden Zwischenschicht zusammengesetzt. Die Verbindung dieser drei Schichten war zunächst das Hauptproblem. Es hat sich nun gezeigt, daß die Zwischenschicht nur diffus zu spiegeln braucht, ja daß dies sogar in mancher Beziehung vorteilhafter ist als eine gerichtete Spiegelung. Für Modelle mit einer solchen diffus spiegelnden Zwischenschicht habe ich in den letzten Jahren ein sehr einfaches Herstellungsverfahren entwickelt. Ich habe hierfür Epoxyharz (Araldit kalt oder warm härtend) verwendet, aber nach dem gleichen Verfahren kann man sicher auch mit anderen Materialien arbeiten. Der Herstellungsgang ist nun folgender: Man rauht die eine Seite der beiden zu verbindenden Platten mit feinem Schmirgelpapier auf und bestreicht zunächst die eine der beiden ganz dünn mit flüssigem kalthärtendem Epoxyharz und bestäubt diese Schicht dann mit Aluminiumpulver. Überschüssiges Pulver bläst man ab. Zum Aushärten legt man es in einen Ofen bei ca. 40 °C, damit die Harzschicht keine Feuchtigkeit aus der Luft aufnimmt. Wichtig ist, daß die Harzschicht möglichst dünn und gleichmäßig ist. Um dies zu erreichen, läßt man die aufgetragene Schicht vor dem Bestäuben mit Aluminiumpulver bei ca. 50° C (im Ofen) ablaufen oder man verdünnt das flüssige Harz mit einem leicht verdunstenden Lösungsmittel (z. B. Aceton), damit es sich dünn auftragen läßt und gut und gleichmäßig verläuft. Nachdem die Schicht mit dem Aluminiumpulver dann ausgehärtet ist, klebt man ebenfalls mit flüssigem Epoxyharz die zweite Schicht auf die verspiegelte Seite der ersten Platte.

Für die Beobachtung derartiger Modelle verwende ich eine Geräteanordnung mit einigen Variationsmöglichkeiten nach Abb. 1. Zur Vermeidung von Reflexen an der Oberfläche (die bei parallelen Polarisationsrichtungen der Filter auftreten würden) steht in Abb. 1a die

Modellplatte so, daß das Licht nicht auf den Beobachter reflektiert wird, sondern ein wenig daneben. Infolge der diffusen Reflexion können trotzdem die Isochromaten und Isoklinen einwandfrei beobachtet werden. Um den Abstand zwischen Modell und Beobachter zu verkürzen, kann man einen Halbspiegel und eventuell eine Kondensorlinse (von der Größe des Modells) einschalten (Abb. 1b), wobei man dann Reflexe an der Oberfläche sowie geringe Änderungen des Polarisationszustandes in Kauf nehmen muß.

Gegenüber dem Zweischichtverfahren hat dieses Verfahren einige Vorteile neben einigen kleineren Nachteilen. Die Verwendung von zwei Platten gleichen Materials erleichtert die

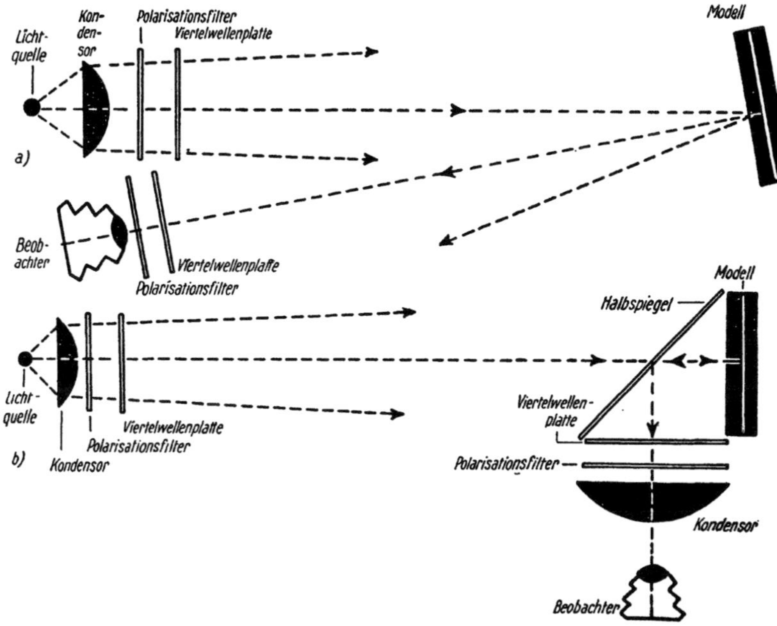

Abb. 1

Bestimmung der optischen und mechanischen Konstanten der zusammengesetzten Platte. Ferner sind die Störungen der Isochromaten und Isoklinen, die bei einem räumlichen Spannungszustand — z. B. in der Nähe von Lastangriffspunkten usw. — beim Zweischichtverfahren auftreten können, zum Teil beseitigt.

3. Plattenauswertung

Bei Plattenversuchen nach den beiden erwähnten Verfahren beobachtet man, wie erwähnt, Isoklinen und Isochromaten ähnlich wie bei Scheibenversuchen. Diese geben ganz analog zu den Scheiben die Richtung und die Größe der Differenz der Hauptnormalspannungen etwa an der Oberfläche der Platte an. Da zwischen den Spannungen an der Oberfläche und den Momenten in der Platte ein eindeutiger Zusammenhang besteht, sind damit auch die Richtung und die Größe der Differenz der Hauptbiegemomente bekannt. Die folgenden Formeln sollen auf die Spannungen bezogen werden, um den direkten Vergleich mit den entsprechenden für Scheiben zu ermöglichen.

Ähnlich wie bei Scheiben erhält man durch die optischen Beobachtungen der Isochromaten und Isoklinen nur zwei der drei Werte, die zur Beschreibung des Spannungszustandes erforderlich sind. Lediglich im freien Rand einer Platte erhält man damit den vollständigen Spannungszustand, für das Innere der Plattenfläche gilt ähnliches wie oben für Scheiben gesagt.

Als Grundlage für die Auswertung kann man hier ebenfalls die Gleichgewichtsbedingungen und die Verträglichkeitsbedingung verwenden: Die Gleichgewichtsbedingung erster Ordnung

$$\frac{\partial \sigma_x}{\partial x} + \frac{\partial \tau_{xy}}{\partial y} + \frac{\partial \tau_{xz}}{\partial z} = 0 \text{ usw.} \tag{5}$$

kann nur am freien Rande angewendet werden, wo $\partial \tau_{xz}/\partial z = 0$ für die Richtung senkrecht zum Rande ist. Sie liefert damit den Ausgangswert für die Integration der Gleichgewichtsbedingung zweiter Ordnung, die sich durch Differenzieren der Gleichgewichtsbedingungen erster Ordnung unter der Voraussetzung, daß $\sigma_z = 0$ ist, ergibt:

$$\frac{\partial^2 \sigma_x}{\partial x^2} + \frac{\partial^2 \sigma_y}{\partial y^2} + 2 \frac{\partial^2 \tau_{xy}}{\partial x \, \partial y} = 0 . \tag{6}$$

Hier sind τ_{xz} und τ_{yz}, die aus den optischen Beobachtungen nicht direkt hervorgehen, eliminiert. Die praktische Anwendung dieser Beziehung ist aber im allgemeinen auf Sonderfälle beschränkt, da die Verwendung experimentell ermittelter Werte zweiter Ableitungen nicht sehr günstig ist. Wenn der eine oder andere dieser Werte gleich Null ist, kann die Verwendung dieser Beziehung jedoch vorteilhaft sein.

Ferner kann man die Verträglichkeitsbedingung $\Delta(\sigma_x + \sigma_y) = 0$, die für den unbelasteten Teil der Plattenfläche gilt, in ähnlicher Weise wie bei Scheiben verwenden, das heißt z. B. die Linien konstanter Spannungssumme bzw. Momentensumme nach den Gesetzen der Potentialtheorie zeichnen, wozu man lediglich die Randwerte der Momentensumme bzw. Spannungssumme kennen muß. Diese ist am lastfreien bzw. momentenfreien Rande mit der Spannungsdifferenz identisch. Dazu muß allerdings gesagt werden, daß die Ermittlung der Spannungsdifferenz aus den Isochromaten am Rande u. U. nicht eindeutig ist, wie sich unten zeigen wird.

Da diese Beziehung ferner nur für den unbelasteten Teil der Plattenfläche gilt, sind die Ausgangswerte am Rand des belasteten Teils zunächst zu ermitteln.

Die Bestimmung dieser Randwerte im Innern der Plattenfläche kann mit Hilfe des o. g. Verfahrens in Sonderfällen, allgemein aber mit Hilfe der folgenden Beziehung, die von Schwieger und Haberland [6], [7] angegeben wurde, erfolgen. Diese Beziehung kann natürlich auch allein zur vollständigen Bestimmung des Spannungszustandes herangezogen werden. Sie gilt, wie sich zeigen läßt, auch für stetig belastete Plattenflächen (Reflexionsverfahren). Sie lautet

$$\frac{\partial \tau_{xy}}{\partial x} = \frac{1}{1 + \mu} \frac{\partial}{\partial y} (\sigma_x - \mu \, \sigma_y) , \tag{7}$$

worin μ die Querdehnungszahl bedeutet.

Da man aus den Isochromaten und Isoklinen τ_{xy} entnehmen kann, ist die Integration dieser Beziehung von bekannten Randpunkten ausgehend möglich.

Einige interessante Erkenntnisse ergeben sich nun, wenn man diese Beziehung zur Berechnung der Richtung der Linien konstanter Momentensumme bzw. Spannungssumme heranzieht. Kennt man die Richtung dieser Linien in jedem Punkt der Plattenfläche, so ist das Problem der vollständigen Auswertung im wesentlichen gelöst, da man mit diesem Richtungsfeld von Randpunkten ausgehend, an denen die Ausgangswerte wie erwähnt bekannt sind, die Linien konstanter Momentensumme zeichnen und ihren Parameter bestimmen kann.

Bezeichnet man mit β den Winkel zwischen einer beliebig gewählten x-Richtung und der Richtung der Linie konstanter Spannungssumme, so gilt offenbar:

$$\operatorname{tg} \beta = \frac{-\,\partial(\sigma_x + \sigma_y)/\partial x}{\partial(\sigma_x + \sigma_y)/\partial y} = \frac{-\partial(\sigma_y - \sigma_x)/\partial x - 2\, \partial\sigma_x/\partial x}{-\,\partial(\sigma_y - \sigma_x)/\partial y + 2\, \partial\sigma_y/\partial y} . \tag{8}$$

Andererseits ist, wie sich aus der elastischen Grundgleichung (7) ableiten läßt:

$$\left.\begin{aligned}\frac{\partial\sigma_x}{\partial x}&=\frac{1+\mu}{1-\mu}\frac{\partial\tau_{xy}}{\partial y}-\frac{1}{1-\mu}\frac{\partial}{\partial x}(\sigma_y-\sigma_x)\,,\\ \frac{\partial\sigma_y}{\partial y}&=\frac{1+\mu}{1-\mu}\frac{\partial\tau_{xy}}{\partial x}+\frac{1}{1-\mu}\frac{\partial}{\partial y}(\sigma_y-\sigma_x)\,.\end{aligned}\right\}\tag{9}$$

Setzt man diesen Ausdruck in die obige Beziehung (8) ein, so erhält man folgende Gleichung für den Richtungswinkel β:

$$\operatorname{tg}\beta=\frac{\partial(\sigma_y-\sigma_x)/\partial x-2\,\partial\tau_{xy}/\partial y}{\partial(\sigma_y-\sigma_x)/\partial y+2\,\partial\tau_{xy}/\partial x}\,.\tag{10}$$

Dieser Ausdruck, obwohl aus der Beziehung (7) abgeleitet, enthält nicht mehr die Querdehnungszahl μ, deren Bestimmung u. U. schwierig ist. Gl. (10) stimmt außerdem mit der entsprechenden für die Scheiben überein. Es gelten daher alle Regeln, die für Scheiben in diesem Zusammenhang bekannt sind.

Weiter kann man durch Kombination der Gleichgewichtsbedingungen (5) mit der elastischen Grundgleichung (7) offenbar folgende Beziehung ableiten:

$$\left.\begin{aligned}&\frac{\partial\tau_{xy}}{\partial x}=-\frac{\partial\sigma_y}{\partial y}-\frac{\partial\tau_{yz}}{\partial z}=\frac{1}{1+\mu}\frac{\partial}{\partial y}(\sigma_x-\mu\,\sigma_y)\,,\\ &\text{d. h. }\frac{\partial\tau_{yz}}{\partial z}=-\frac{1}{1+\mu}\frac{\partial}{\partial y}(\sigma_y+\sigma_x)\,.\end{aligned}\right\}\tag{11}$$

Damit ergibt sich für den Richtungswinkel β der Linie konstanter Spannungssumme:

$$\operatorname{tg}\beta=-\frac{\partial\,(\sigma_x+\sigma_y)/\partial x}{\partial\,(\sigma_x+\sigma_y)/\partial y}=-\frac{\partial\tau_{xz}/\partial z}{\partial\tau_{yz}/\partial z}\,.\tag{12}$$

Diese Beziehung besagt, daß die Linie konstanter Spannungssumme senkrecht zur Richtung der Resultierenden aus τ_{xz} und τ_{yz} verläuft, und zwar aus folgendem Grunde: Da τ_{xz} und τ_{yz} über den Querschnitt nach der gleichen Gesetzmäßigkeit verteilt sind, nämlich parabelförmig, verhalten sich an jedem Punkt τ_{xz}/τ_{yz} wie $\partial\tau_{xz}/\partial z$ zu $\partial\tau_{yz}/\partial z$. Die Richtung ihrer Resultierenden läßt sich zwar im allgemeinen nicht ohne weiteres angeben, aber längs eines Randes, der frei von Momenten und Kräften ist, hat diese Resultierende auf jeden Fall die Richtung des Randes, wie sich aus Gleichgewichtsüberlegungen ergibt. Das bedeutet, daß die Linien konstanter Spannungssumme senkrecht in einen lastfreien Rand münden müssen. Andererseits geht aus der Gleichung (10) hervor, daß am Rande Isochromaten und Isoklinen einen bestimmten Winkel einschließen und z. B. am lastfreien *geraden* Rand die Richtung der Linie konstanter Spannungssumme mit der der Isochromate zusammenfallen müßte. Da aber Versuche gezeigt haben, daß bei entsprechenden Lastfällen die Isochromaten nicht überall senkrecht in einen lastfreien geraden Rand einmünden, ergäbe sich somit ein Widerspruch. Worauf dieser Widerspruch zurückzuführen ist, geht aus folgenden Überlegungen bzw. Beobachtungen hervor: Im Falle einer auf reine Torsion beanspruchten rechteckigen Platte zeigt ein Versuch eine Verteilung der Isochromatenordnung entsprechend Abb. 2a bzw. b, während nach der Plattentheorie für die ideale, d. h. unendlich dünne Platte über den ganzen Querschnitt eine gleichmäßig verteilte Hauptschubspannung angenommen werden müßte. Der Unterschied rührt daher, daß es sich bei einer solchen „Platte" bei endlicher Dicke um den Fall eines auf Torsion beanspruchten prismatischen Stabes handelt, für den die Schublinien über dem Querschnitt in Abb. 2b angedeutet sind. Hieraus geht hervor, daß am Rande die Komponenten der Schubspannung in der Ebene senkrecht zur Strahlrichtung (deren Größe bekanntlich proportional dem Gangunterschied ist) verschwinden. Damit erklärt sich der Abfall der Isochromatenordnung zum Rande hin.

Durch Integration der Beziehung (7) sowie auch bei Verwendung anderer Verfahren, würde sich hier wegen dieses Ausgangswertes ein unzutreffender Wert für die Spannungen im Innern ergeben. Bei anderen Plattenformen tritt dieser Effekt des Torsionseinflusses auf die Höhe der Isochromatenordnung am Rande u. U. ebenfalls auf. Man kann daher des öfteren beobachten, z. B. bei Breitensprüngen, daß die Isochromatenordnung ihr Maximum in einiger Entfernung vom Rande hat, während nach der Theorie der idealen Platten dieses Maximum am Rand selbst auftreten müßte (Abb. 2c).

Bei praktischen Versuchen muß man ja stets mit Platten endlicher Dicke arbeiten. Um die damit erzielten Ergebnisse auf ideale Platten übertragen zu können, denkt man sich den

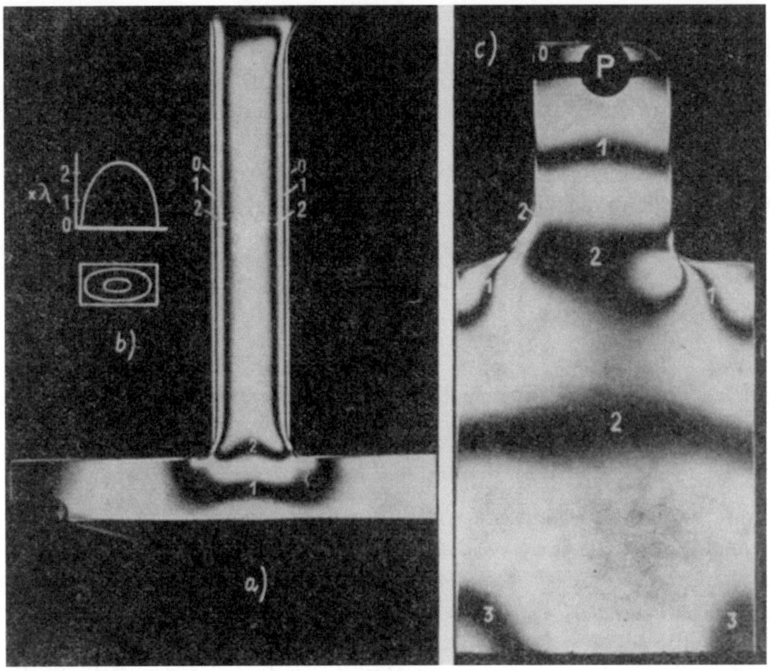

Abb. 2

Verlauf der Isochromaten von den tatsächlich erhaltenen Ergebnissen insofern abweichend, als die Isochromaten in einem Randbereich, der etwa der Dicke der Platte entspricht, von ihrem wirklichen Verlauf abweichen und unter dem entsprechenden Winkel in den Rand einmünden, z. B. am geraden Rand senkrecht in diesen.

Die hier beschriebene Eigenart des Spannungsverlaufes in Platten am Rande führt übrigens zu der Erkenntnis, daß am Rande der Spannungsverlauf auch nicht innerhalb der Grenzen, die durch die Plattentheorie gegeben sind, unabhängig von der Dicke der Platte ist. Man kann daher grundsätzlich das Ergebnis eines Versuches, zumindest die Randwerte, nicht auf eine Platte mit anderem Dickenverhältnis übertragen. (Weitere Widersprüche, die sich aus obigen Beziehungen ergeben, werden an anderer Stelle erörtert werden.)

Die hier erwähnten Zusammenhänge dürften auch für die Plattentheorie von Interesse sein.

4. Schalen und Faltwerke

Bei der optischen Untersuchung von Schalen und Faltwerken besteht gegenüber Scheiben und Platten die Schwierigkeit, daß sich die Richtungen der Hauptnormalspannungen längs des Weges eines Lichtstrahls senkrecht zur Oberfläche ändern, d. h. daß der Lichtstrahl einen räumlichen Spannungszustand durchdringt. Der Zusammenhang zwischen Spannung und Doppelbrechung ist an sich bekannt. Er gilt sowohl für ebene als auch für räumliche Spannungszustände. Bei räumlichen Spannungszuständen mit wechselnden Hauptspannungsrichtungen längs des Weges der Lichtstrahlen besteht aber die Schwierigkeit, die Auswirkung der von Punkt zu Punkt nach Größe und Richtung wechselnden Doppelbrechung auf den Schwingungszustand polarisierten Lichtes zu bestimmen und vor allem umgekehrt aus den optischen Beobachtungen auf den Verlauf der Spannung längs des Weges eines Lichtstrahls zu schließen.

Eine Differentialgleichung über die optischen Vorgänge wurde zwar schon von NEUMANN [8] um 1840 entwickelt, aber weder für diese noch für die später zu behandelnden von mir aufgestellten gibt es allgemeine Lösungen, nicht einmal für die einfachsten praktischen Fälle räumlicher Spannungszustände.

Mit Hilfe des sogenannten j-Kreises ist es aber möglich, auf graphischem Wege für einen gegebenen Spannungsverlauf die Veränderung des Schwingungszustandes des Lichts zu verfolgen. Dieses Verfahren wurde erstmalig von MENGES [9] 1940 auf Grund der NEUMANNschen Differentialgleichung für einen speziellen Anwendungszweck vorgeschlagen. Inzwischen habe ich es wesentlich erweitert und konnte einige interessante Gesetzmäßigkeiten daraus ableiten. Ein Vorläufer des j-Kreises, allerdings für die praktische Anwendung nicht geeignet, wurde bereits um 1890 von POINCARÉ [10] vorgeschlagen. Auf diesen Vorschlag komme ich später noch kurz zu sprechen. Die Grundlage des j-Kreisverfahrens ist in vereinfachter Form dargestellt folgende [11], [12]:

Setzen wir zunächst monochromatisches Licht voraus. Eine eben polarisierte Lichtschwingung wird beim Durchdringen eines doppelbrechenden Körpers (dessen Hauptschwingungsrichtungen zunächst als konstant angenommen werden sollen) in eine elliptische umgewandelt. Dabei ändert sich das Achsenverhältnis dieser Ellipse sowie die Richtung ihrer Achsen ständig nach bestimmten Gesetzen. Die Schwingungsenergie, die bekanntlich proportional dem Quadrat der Amplitude ist, bleibt jedoch grundsätzlich gleich. Bezeichnet man mit J die gesamte Schwingungsenergie und mit $J_{1,2}$ die auf die Amplituden in Richtung der Ellipsenachsen bezogene, so gilt also $J = J_1 + J_2$. Da es nur auf das Verhältnis der Schwingungsenergien in den verschiedenen Richtungen untereinander ankommt, können wir der Einfachheit halber $J = 1$ setzen. Bezeichnet man ferner $J_1 - J_2$ mit j, so gilt offenbar $J_{1,2} = \frac{1}{2}(1 \pm j)$. Durch Angabe von j ist also die Schwingungsenergie in beiden Achsenrichtungen gekennzeichnet. j kann Werte zwischen 0 und 1 annehmen.

Die Form der Ellipse und die Richtung ihrer Achsen wird hier nun durch einen Pfeil, dessen Länge die Größe von j angibt, dargestellt (Abb. 3a u. b). Seine Richtung entspricht der der größeren Ellipsenachse. In unserer Darstellung werden aber die Richtungswinkel gegenüber einer Grundrichtung verdoppelt, was keine Einschränkung der Darstellungsmöglichkeit von Ellipsen, also symmetrischen Formen, bedeutet, da zwei um 180° differierende Richtungen hierbei offenbar identisch sind. Trägt man den j-Pfeil nun vom Mittelpunkt eines Einheitskreises aus auf, so bleibt seine Spitze offenbar stets innerhalb dieses Kreises. Wie man sich leicht überlegen kann, bedeutet also ein j-Pfeil, dessen Spitze auf dem Kreisumfang liegt, ebenpolarisiertes Licht; ein Pfeil von der Länge 0, dessen Spitze also im Kreismittelpunkt liegt, bedeutet zirkularpolarisiertes Licht. Außer dem Richtungswinkel des j-Pfeils selbst werden in dieser Darstellung auch alle übrigen Winkel verdoppelt. Die wichtigste Tatsache aber, die den großen praktischen Wert dieser Darstellungsart begründet, ist die, daß sich die Spitze des j-Pfeils mit zunehmendem Gangunterschied und gleichbleibenden Hauptschwingungsrichtungen auf einer Geraden, d. h. auf einer Sehne des Kreises bewegt. Die Richtung dieser Sehne ist senkrecht zu den Hauptschwingungsrichtungen in dem doppelbrechenden Körper, die ja an sich einen Winkel von 90° einschließen, der aber wegen der Verdoppelung der Winkel hier zu 180° wird, d. h., die beiden Richtungen fallen zusammen. Die Lage der Pfeilspitze auf der Sehne ist nun, wie sich aus den mathematischen Zusammenhängen ergibt, durch die Beziehung (Abb. 3b)

$$AC = \sin 2\varphi \cdot \sin 2\pi G/\lambda \qquad (13)$$

definiert. Daraus geht hervor, daß von dem einen Ende der Sehne ausgehend entsprechend eben polarisiertem Licht, wie eben ausgeführt, nach einem Gangunterschied von einer Viertelwellenlänge die Mitte der Sehne erreicht wird, nach einer halben Wellenlänge das andere Ende. Nun läuft die Pfeilspitze wieder auf der gleichen Sehne zurück, erreicht nach $^3/_4$ Wellenlängen wieder die Mitte der Sehne und nach einer ganzen Wellenlänge den Ausgangspunkt auf dem Umfang des Kreises. Mit weiter zunehmendem Gangunterschied wiederholt sich dieser Vorgang in der gleichen Weise.

Dabei entspricht die eine Fortschreitrichtung der Pfeilspitze, wie man sich leicht überlegen kann, einem bestimmten Drehsinn der elliptischen Schwingung, d. h. links bzw. rechts drehend, die andere dem entgegengesetzten. Der mathematische Zusammenhang zwischen

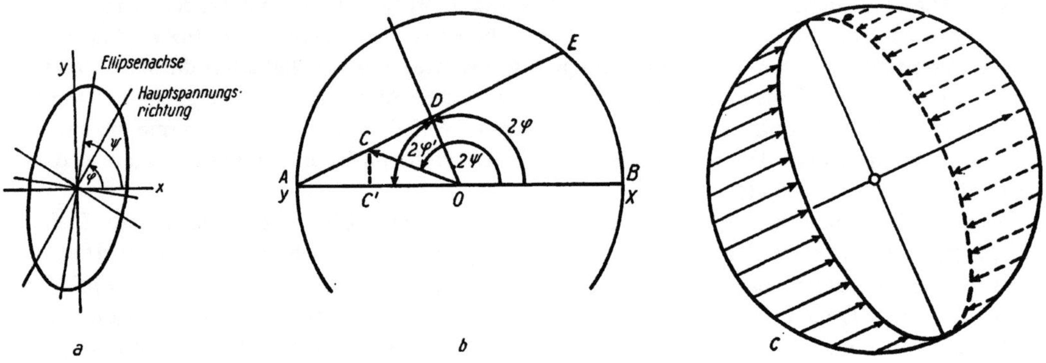

Abb. 3

der Lage der Pfeilspitze und der Größe des Gangunterschiedes bzw. der Hauptschwingungsrichtung ist in meinem Buch „Einführung in die Spannungsoptik" sowie an anderer Stelle von mir ausgeführt. Ich will jetzt nicht darauf eingehen, sondern einige interessante Dinge, die sich daraus ergeben, behandeln.

Zunächst erhöht es die Anschaulichkeit der Gesetzmäßigkeiten der Bewegung der Pfeilspitze, wenn man den Kreis als die senkrechte Projektion einer sich drehenden Kugel auf eine Ebene auffasst. Die Pfeilspitze bewegt sich dann so, als ob sich die Kugel um eine horizontale Achse senkrecht zur Fortschreitrichtung der Pfeilspitze dreht. Der Drehwinkel ist dabei proportional dem Gangunterschied. Eine volle Umdrehung der Kugel entspricht einem Gangunterschied von einer ganzen Wellenlänge. Die Pfeilspitze liegt dabei nun offensichtlich einmal auf der Oberseite der Kugel, das andere Mal auf der Unterseite entsprechend den beiden möglichen Drehrichtungen der elliptischen Lichtschwingung.

Es ist nun weiter leicht einzusehen, daß eine Änderung der Hauptschwingungsrichtung, sei sie stetig oder unstetig, eine entsprechende Änderung der Fortschreitrichtung der Pfeilspitze bedeutet. Die Richtung einer eben polarisierten Lichtschwingung ist nun, wie schon aus dem oben Erwähnten hervorgeht, durch einen Punkt auf dem Umfang des Kreises, oder was auf das gleiche hinauskommt, durch die Richtung eines bis zum Umfang reichenden j-Pfeils charakterisiert. Wichtig ist nun, wie sich die ein Polarisationsfilter passierende Lichtintensität in dieser Darstellungsart ausdrückt. Da wir die Gesamtenergie $= 1$ gesetzt haben, erhalten wir die Bruchteile dieses Ganzen, und zwar entspricht nun der Durchmesser des Kreises der maximalen Schwingungsenergie, die beispielsweise bei parallelen Filtern und dem Gangunterschied 0 auftritt. Der Bruchteil hiervon, der ein Filter tatsächlich passiert, entspricht dem Abschnitt des Durchmessers des Kreises, der durch die Projektion der Pfeilspitze auf diesen Durchmesser entsteht. Der eine Abschnitt entspricht der Schwingungsenergie bei einer bestimmten Stellung des Filters, der andere der um 90° gedrehten Stellung, da diese beiden Richtungen in dieser Darstellungsart eine Gerade bilden.

Die Darstellungsweise von Poincaré, die ich vorher erwähnte, benutzt ebenfalls die Projektion einer Kugel, die aber hier in eine Ebene projiziert wird, die gegenüber unserer Darstellungsart um 90° gedreht ist. Die Länge eines Pfeils bedeutet hierbei die Richtung einer Schwingung, die Richtung des Pfeils dagegen das Achsenverhältnis der Schwingungsellipse, also gerade umgekehrt wie beim j-Kreis. Dabei werden die Gesetzmäßigkeiten unübersichtlich und daher das Ganze für praktische Zwecke nicht brauchbar.

Es lassen sich nun zunächst mit Hilfe des j-Kreises alle bekannten Vorgänge mit gleichbleibender oder unstetig veränderlicher Hauptschwingungsrichtung einfach darstellen und veranschaulichen, wie zum Beispiel die Entstehung der Isoklinen und Isochromaten im eben und zirkular polarisierten Licht, die Umwandlung von eben polarisiertem in zirkular polarisiertes Licht, das Kompensieren mittels Viertelwellenplatte usw.

Wichtiger aber noch sind die Gesetzmäßigkeiten, die sich für räumliche Spannungszustände ergeben. Um diese Gesetzmäßigkeiten zu studieren, wollen wir einmal nicht nur von einer bestimmten ebenen Lichtschwingung, die also einer bestimmten Stellung des ersten Polarisationsfilters entspricht, ausgehen, sondern von allen möglichen Filterstellungen und auch von zirkular polarisiertem Licht gleichzeitig. Die Pfeilspitzen für die eben polarisierten Lichtschwingungen liegen nun offenbar über den ganzen Umfang des Kreises verteilt (Abb. 3c), die zirkular polarisierte entspricht wie gesagt dem Kreismittelpunkt. Betrachten wir nun wieder den Kreis als die Projektion einer Kugel, so sieht man sofort, daß bei einer beliebigen Drehung der Kugel, und zwar sowohl mit gleichbleibender als auch mit veränderlicher Hauptschwingungsrichtung, d. h. veränderlicher Drehachse der Kugel, der ursprüngliche Kreis, der ein Hauptkreis der Kugel ist, zu einer Ellipse wird, die den Kreis an zwei gegenüberliegenden Punkten berührt, während der ursprüngliche Kreismittelpunkt auf der kleinen Achse der projizierten Ellipse liegt, und zwar in einem bestimmten Abstand vom Mittelpunkt. Während nun bei gleichbleibender Hauptschwingungsrichtung offenbar die einzelnen Spitzenkurven lediglich Gerade senkrecht zur großen Achse der Ellipse darstellen, sind sie bei räumlichen Spannungszuständen beliebige Kurven. Anfangs- und Endpunkt der Spitzenkurven liegen also nicht mehr auf Senkrechten zur großen Achse der Ellipse. Bei unveränderlicher Hauptschwingungsrichtung gibt es bekanntlich eine Stellung eines gekreuzten Filterpaares, bei der die Lichtintensität, die das zweite Filter passiert, verschwindet. Diese Erscheinung begründet das Entstehen der Isoklinen. Dies ist im j-Kreis der Fall, wenn der Ausgangspunkt der Spitzenkurve im Endpunkt der Ellipsenachse auf dem Kreisumfang liegt. Außerdem kann man den Gangunterschied oder die Isochromatenordnung in bekannter Weise zum Beispiel durch Kompensieren messen. Verwendet man dabei das Kompensationsverfahren mittels Viertelwellenplatte nach Senarmont, so mißt man bekanntlich den Winkel, um den man das zweite Polarisationsfilter verdrehen muß, bis der zu vermessende Punkt dunkel erscheint. Dieser Winkel, den ich als Kompensationswinkel bezeichnet habe, ist bekanntlich proportional dem Gangunterschied, wobei 180° einer Wellenlänge entsprechen. Während man also bei ebenen Spannungszuständen zwei optische Werte erhält, sind es bei räumlichen deren drei, und zwar gibt es auch hier eine Stellung der beiden Polarisationsfilter, bei der ähnlich wie bei den Isoklinen in Scheiben der zu vermessende Punkt dunkel bleibt, aber dabei ist die Filterstellung im allgemeinen nicht rechtwinklig zueinander. Dies rührt daher, daß ja hier im Gegensatz zum ebenen Spannungszustand Anfangs- und Endpunkt der Spitzenkurve nicht im Endpunkt der großen Ellipsenachse zusammenfallen, weil die Spitzenkurve keine Gerade ist. Lichtauslöschung tritt vielmehr dann ein, wenn das zweite Filter auf den Endpunkt der

Ellipsenachse, das erste aber auf den entsprechenden Ausgangspunkt der Spitzenkurve auf dem Kreisumfang zeigt. Diesen Winkel der notwendigen Verdrehung der beiden Filter gegeneinander habe ich als Verdrehwinkel bezeichnet. Ferner habe ich als Neigungswinkel den Winkel bezeichnet, den die kleine Ellipsenachse mit einer Grundrichtung einschließt. Wie aus der Abbildung 3c hervorgeht, ist diese Richtung durch die Stellung des zweiten Polarisationsfilters bestimmt. Dieser Winkel entspricht im ebenen Spannungszustand der Hauptspannungsrichtung bzw. Hauptschwingungsrichtung. Auch den Kompensationswinkel kann man in ähnlicher Weise wie bei ebenen Spannungszuständen definieren und messen. Offenbar ist die Größe der kleinen Achse der Ellipse der Endpunkte der Spitzenkurven ein Maß für diesen Wert. Man mißt ihn, indem man von der nicht rechtwinkligen Stellung der Filter bei Lichtauslöschung ausgeht, beide Filter dann um 45° verdreht und schließlich unter Einschaltung einer Viertelwellenplatte den Kompensationswinkel wie in der Ebene mißt.

Zur Anwendung auf Schalen und Faltwerke ist noch folgendes zu bemerken: Hierbei kann der räumliche Spannungszustand, den ein Lichtstrahl beim Passieren eines Modells in Richtung der Flächennormalen antrifft, im allgemeinen als Überlagerung eines Scheiben- und Biegespannungszustandes aufgefaßt werden. Fallen die Hauptspannungsrichtungen dieser beiden Spannungszustände nun nicht zusammen, so beschreiben die Hauptspannungsrichtungen der resultierenden Spannung längs des Weges eines solchen Lichtstrahls im allgemeinen eine Bewegung, die einer Schraubenfläche ähnlich ist. Die Drehung der Kugel, deren Projektion der j-Kreis sein soll, müßte dabei so erfolgen, als ob die Kugel auf einem Parabelbogen abrollt. Die mathematischen Beziehungen zwischen den Größen dieser Parabel und den Spannungen will ich nicht näher behandeln.

Mit diesen Vorstudien lassen sich bereits einige Angaben in der Literatur kontrollieren. Zum Beispiel hat Drucker [13] in einer Arbeit das Problem der Überlagerung von Normal- und Biegespannung zum Zweck der Untersuchung von Platten nach dem Überlagerungsverfahren behandelt und dabei den Gangunterschied, hier Kompensationswinkel, als arithmetische Addition der Teilgangunterschiede berechnet, d. h. so, als ob die Kugel statt auf einer Parabel auf ihrer geraden Abwicklung abrollt. Damit ergeben sich natürlich Unstimmigkeiten. Kufner [14] hat in seiner Münchner Dissertation dieses Thema ebenfalls gestreift und behauptet, die Überlagerung von Normal- und Biegespannung in der gleichen Platte ergäbe den gleichen optischen Effekt, wie wenn diese beiden Spannungszustände in zwei verschiedenen hintereinander geschalteten Platten vorhanden wären. Offensichtlich ist dies aber ein Irrtum, denn das Abrollen auf der Parabel kann ja nicht mit dem auf einem Geradenzug identisch sein.

Teepe [15] hat in seiner Karlsruher Dissertation, und vor ihm wohl auch schon andere, angenommen, daß bei Überlagerung eines Normal- und Biegespannungszustandes, bei dem ja eine Lichtauslöschung nur unter Verdrehung der Filter aus ihrer gekreuzten Stellung möglich ist, die Mittelstellung der Filter die mittlere Spannungsrichtung, d. h. die Richtung des Normalspannungszustandes anzeige. Dies ist aber ebenfalls ein Irrtum. Wie aus der Abbildung im j-Kreis hervorgeht, gibt die Stellung des zweiten Filters diese Richtung an. Aber auch sie stimmt mit der Richtung der Normalspannung nur bei sehr kleinen Gangunterschieden näherungsweise überein. Bei größeren Gangunterschieden liegt sie sogar über die Stellung des zweiten Filters hinaus von der des ersten entfernt. Bei Gangunterschieden von mehr als einer Viertelwellenlänge besteht überhaupt kein einfacher Zusammenhang mehr zwischen Filterstellung und Hauptspannungsrichtung.

Man sieht daraus, daß die optischen Vorgänge zu kompliziert sind, um auf diesem Gebiet Aussagen nur nach Schätzung oder Gefühl zu machen.

Wir haben nun gesehen, daß man für einen gegebenen Spannungsverlauf die Änderung des Schwingungszustandes des Lichtes exakt bestimmen kann. Praktisch lautet das Problem allerdings umgekehrt, es sind nämlich aus den beobachteten optischen Daten die Spannungen zu ermitteln. In allgemeiner Form ist hierfür keine Lösung bekannt, auch nicht für den speziellen Fall der Überlagerung von Normal- und Biegespannungszustand. Man kann aber hier wie auch in ähnlichen Fällen so vorgehen, daß man für eine größere Anzahl in Frage kommender Spannungszustände die optischen Daten bestimmt und diese dann zum Beispiel in Form von graphischen Darstellungen in Abhängigkeit von dem Spannungszustand aufträgt. Eine Lösung auf diesem Wege ist natürlich nur dann möglich, wenn man mindestens ebensoviele Meßwerte bestimmen kann, wie Unbekannte vorhanden sind. Bei der Überlagerung von Normal- und Biegespannungszustand sind es 4 Unbekannte, nämlich die Größe und Richtung der der Normal- und Biegespannung entsprechenden Doppelbrechung. (Zur vollständigen Bestimmung des Spannungszustandes sind noch zwei weitere Werte erforderlich, die aber bei Durchleuchtung in Richtung der Normalen allein nicht bestimmt werden können, sondern zum Beispiel mit Hilfe von Auswerteverfahren o. ä.).

Die optische Beobachtung liefert an sich wie erwähnt nur drei Werte. Den vierten Wert erhält man nun z. B., indem man in das Modell eine spiegelnde Zwischenschicht einbringt, ähnlich wie bei den vorher erwähnten Plattenmodellen (wobei es noch verschiedene Variationen dazu gibt).

Dabei erhält man nun die optischen Daten für die beiden Schichten der Schale getrennt. Es hat sich dabei gezeigt, daß diese Modellart übersehbare eindeutige Ergebnisse liefert. Bei einem räumlichen Spannungszustand erhält man, wie Ihnen sicher schon bekannt und durch das vorher Gesagte auch nachgewiesen ist, keine eindeutigen Isochromaten wie bei Scheiben, d. h., bei gekreuzten oder parallelen Filtern sind im monochromatischen Licht diese Linien nicht ganz dunkel, sondern das Ganze ist mehr oder weniger aufgehellt, wodurch ein solches Bild im Gegensatz zu den Isochromatenbildern bei Scheiben nicht ohne weiteres zu übersehen ist. Wie aber einfache Überlegungen an Hand des $\jmath$-Kreises zeigen, werden die Isochromaten bei parallelen Filtern, wenn auch im allgemeinen nicht bei gekreuzten, absolut dunkel, wenn der Lichtstrahl an der Rückseite eines doppelbrechenden Körpers reflektiert wird und so den gleichen Weg im Modell zweimal zurücklegt. Beobachtet man ein solches Modell bei parallelen Filtern, so erhält man ein System von durchlaufenden Isochromaten, die unter Berücksichtigung der Stetigkeit des Spannungszustandes die Mehrdeutigkeit bezüglich der Isochromatenordnung auszuschalten gestattet, ähnlich wie bei Scheiben.

Ferner gibt es bei einem solchen Modell mit Spiegelung an einer Zwischenschicht einige weitere Gesetzmäßigkeiten, die sich teils aus der Anschauung leicht erklären lassen, teils mathematisch zu beweisen sind. Es hat sich nun gezeigt, daß die Ermittlung der optischen Daten für einen gegebenen Spannungszustand auf zeichnerischem Wege ein durchaus brauchbarer Weg ist. In dem vorliegenden Falle war die Tatsache von Vorteil, daß alle beliebigen Parabelbogen innerhalb eines gewissen in Frage kommenden Bereichs untersucht werden sollten und daher jeder Punkt einer solchen Spitzenkurve einen in Frage kommenden Spannungszustand kennzeichnet, d. h., man erhält durch Zeichnen einer einzigen Parabel bzw. deren Spitzenkurve mit einem bestimmten Anfangspunkt unendlich viele Werte für das Nomogramm. Einer meiner Mitarbeiter, der diese Aufgabe als Doktorarbeit durchführt, hat auch zunächst mit diesem Verfahren begonnen, aber es zeigte sich dann doch, daß allzuviele Punkte benötigt werden, um ein brauchbares Nomogramm darzustellen. Es wurde also erwogen, diese Werte über das Gleichnis mit der Kugel zu ermitteln, aber dabei schien vor allem die Genauigkeit fraglich. Er hat ferner versucht, mit Hilfe eines an einem geteilten Faden hängenden Pendels, das in zwei zueinander senkrechten Richtungen verschiedene Schwingungsdauer hat und daher die gleichen Schwingungsformen durchläuft wie ein Lichtstrahl in einem doppelbrechenden Material [12], zu arbeiten. Aber auch damit war keine ausreichende Genauigkeit zu erzielen. Schließlich habe ich dann ein System von Differentialgleichungen aufgestellt, die unmittelbar die drei optischen Werte angeben im Gegensatz zu denen von NEUMANN, die in den Begriffen des $\jmath$-Kreises ausgedrückt nur die Lage der Pfeilspitze bei einem bestimmten

Ausgangspunkt angeben. Diese Differentialgleichungen, die sich an Hand des j-Kreises ableiten lassen, lauten allgemein:

$$dm_k = dm \cos 2 (\varphi - \varepsilon) ,$$

$$d\varepsilon = d\,m \sin 2 (\varphi - \varepsilon) \operatorname{cotg} 2\, m_k,$$

$$d\delta = dm \sin 2 (\varphi - \varepsilon) \operatorname{tg} m_k,$$

m_k = Kompensationswinkel,
ε = Neigungswinkel,
δ = Verdrehwinkel,
φ = Winkel zwischen j-Pfeil der vom Mittelpunkt des j-Kreises ausgehenden Spitzenkurve und der Fortschreitrichtung seiner Spitze (Hauptspannungsrichtung)

und für den speziellen Fall der Parabel $y = 2\,a\,x$:

$$dm_k = dx (\cos 2\,\varepsilon + 2\,a\,x \sin 2\,\varepsilon) ,$$

$$d\varepsilon = dx (2\,a\,x \cos 2\,\varepsilon - \sin 2\,\varepsilon) \operatorname{cotg} 2\, m_k,$$

$$d\delta = dx (2\,a\,x \cos 2\,\varepsilon - \sin 2\,\varepsilon) \operatorname{tg} m_k.$$

Die Lösung dieser Differentialgleichungen erfolgte mit Hilfe einer elektronischen Rechenmaschine. Die Auswertung der Rechenergebnisse, d. h. ihre Ordnung nach den optischen Daten in Abhängigkeit von dem Spannungszustand, wird jetzt durchgeführt. Das Ergebnis wird danach darin bestehen, daß ein Nomogramm vorliegt, mit dessen Hilfe man von den optisch gemessenen Daten ausgehend unmittelbar den gesuchten Spannungszustand ablesen kann.

Technische Hochschule Stuttgart,
Institut für Spannungsoptik und Modellmessungen

Literatur

[1] Goodier, J. N. u. Lee, G. H., An extension of the photoelastic method of stress measurement to plates in transverse bending. J. appl. Mech. 8 (1941) A-27.

[2] Favre, H. u. Gilg, B., Sur une méthode purement optique pour la mesure directe des moments dans les plaques minces fléchies. Schweiz. Bauztg. 68 (1950) 253 u. 265.

[3] Kuske, A., Verfahren der Spannungsoptik. Düsseldorf 1951.

[4] Kuske, A., Spannungsoptische Untersuchung von Platten nach dem Zweischichtverfahren. Z. VDI 94 (1952) Nr. 22, S. 745.

[5] Kuske, A., Photoelastic research on plates in transverse bending, Engineering 175 (1953), 20—21 u. 36—39.

[6] Schwieger, H., Ein Auswerteverfahren bei der spannungsoptischen Untersuchung elastischer Platten. Wiss. Zeitschr. Univ. Halle/Wittenberg 4 (1954) 249—252.

[7] Schwieger, H. u. Haberland, G., Die vollständige Bestimmung des Biegespannungszustandes elastischer quadratischer Platten mit dem spannungsoptischen Zweischichtverfahren und einer neuen Integrationsmethode, Wiss. Zeitschr. Univ. Halle/Wittenberg 4 (1954) 253—264.

[8] Neumann, F. E., Über die Gesetze der Doppelbrechung des Lichtes in komprimierten und ungleichförmig erwärmten unkristallinischen Körpern. Abh. Akad. Berlin (1841).

[9] Menges, H. J., Die experimentelle Ermittlung räumlicher Spannungszustände mit Hilfe des Tyndall-Effektes. ZAMM 20 (1940) 210.

[10] Pockels, F., Lehrbuch der Kristalloptik. Leipzig 1906.

[11] Kuske, A., Einige neue spannungsoptische Verfahren, Selected Papers on Stress Analysis, Presented at The Institute of Physics Stress Analysis Group Conference. Delft 1959, S. 58—65 (erschienen 1961).

[12] Kuske, A., Einführung in die Spannungsoptik. Stuttgart 1959.

[13] Drucker, D. C., Photoelastic analysis of transverse bending of plates. J. Appl. Mech. 9 (1942) 1—4.

[14] Kufner, M., Spannungsoptische Untersuchung elastischer Platten. Diss. TH. München 1950.

[15] Teepe, W., Beitrag zur spannungsoptischen Untersuchung von Schalen. Diss. TH. Karlsruhe 1959.

Araldit-Sandguß einer Kurbelwelle im Kohlensäureverfahren

Von M. L. Meyer und A. N. Oak

1. Einleitung

Kleinere Aralditmodelle (Epoxyd-Harze) für das Einfrierverfahren der räumlichen Spannungsoptik werden am besten aus einem Block einfacher Gestalt herausgearbeitet. Wo dies bearbeitungsmäßige Schwierigkeiten bereitet, bildet eine Gußform aus Silikongummi einen Ausweg. Für das Gießen von hohlen Bauteilen sind Kerne aus ausgehärtetem Araldit oder mit Glyzerin gefüllte Gummibeutel verwendet worden.

In dringenden Fällen ist es manchmal wünschenswert, die Aralditgußform direkt von dem zu untersuchenden Bauteil abzunehmen. Für kleine und mittlere einfache Bauteile sind dann Silikongummiformen anwendbar, für größere Bauteile und kompliziertere Formen eignet sich der Sandguß, wie am folgenden Beispiel gezeigt wird. Es wird nicht behauptet, daß diese Methode einfach oder besonders gut sei; sie ergibt jedoch brauchbare Messungen, wenn keine bessere Methode zur Verfügung steht.

2. Das zu untersuchende Problem

Die Kurbelwelle Abb. 1 eines langsam laufenden Verbrennungsmotors zeigte typische Biege-Ermüdungsbrüche in den Wangen (Abb. 1 und 2), jedoch nicht in den Zapfenhohlkehlen. Eine schnelle Untersuchung war erforderlich. Es wurde angenommen, daß der Gasdruck im oberen Totpunkt eines Kolbens die größte Biegebeanspruchung in den benachbarten

Abb. 1. Vierzylinder-Kurbelwelle mit Ermüdungsbruch zwischen Zapfen Nr. 2 und Mittellager. Länge 702 mm, Kurbelhalbmesser 51 mm, Zapfen 54 mm $\varnothing \times$ 38 mm, Lager 57 mm $\varnothing \times$ 54 mm

Wangen hervorrief. Die Trägheitskräfte konnten vernachlässigt werden. Biegekräfte infolge von Verdrehungsschwingungen und andere, durch die leicht unsymmetrische Ausbreitung der Rißfront in Abb. 2 noch aufgezeigte Verdrehungswirkungen mußten in erster Annäherung und erster Eile unberücksichtigt bleiben. Andere Untersuchungen [1] haben bestätigt, daß Kurbelwellen im allgemeinen hauptsächlich als Biegeträger beansprucht werden.

Die Untersuchung ergab als unmittelbare Bruchursache, daß zwar der Konstrukteur die feingedrehte Zapfenhohlkehle von 4 mm Radius durch eine längsgeschliffene Hohlkehle von 9,5 mm Radius im Wangenansatz entlasten wollte, jedoch die Werkstatt die vorgeschriebene Schleifung des Wangenansatzes unterließ. Die tiefen Ausstechriefen des Gesenkschmiedestückes erhöhten die Spannungen in der Entlastungshohlkehle um mehr als das Dreifache, wie ein Vergleich mit den spannungsoptischen Ergebnissen zeigte, und führten trotz einer mit nur 1,6 mm Radius ausgeführten Zapfenhohlkehle zum Ermüdungsbruch in der Entlastungshohlkehle bei etwa 3% aller Kurbelwellen. Selbst der Bruch in Abb. 1 breitete sich von der unbearbeiteten Zapfenseite aus.

Vor Abschluß der Untersuchungen hatte die Produktionsabteilung bereits eine abgeänderte Konstruktion der Kurbelwelle ins Auge gefaßt; diese wurde zum Vergleich in derselben Weise untersucht und ergab, daß die Entlastungshohlkehle selbst wirkungslos und überflüssig war.

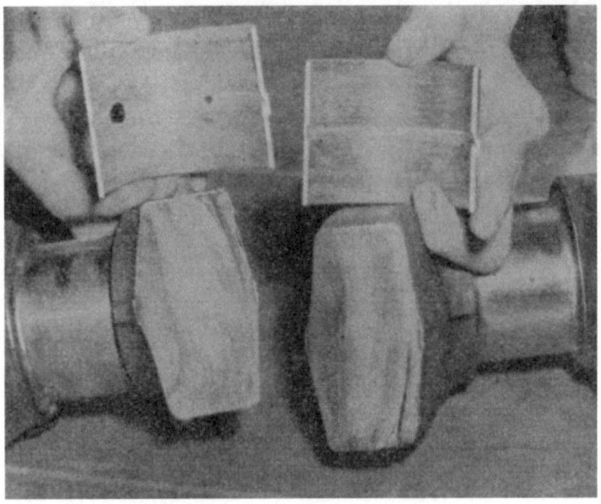

Abb. 2. Typischer Ermüdungsbruch in der Wange zwischen Zapfen Nr. 1 und 2

3. Ebenes spannungsoptisches Modell und Feindehnungsmessung

Um der Produktionsabteilung eine sofort verlangte ungefähre Antwort geben zu können und die Anwendung der so viel einfacheren ebenen Spannungsoptik auf eine erste angenäherte Spannungsbestimmung in diesem Falle zu prüfen, wurde zunächst das Plattenmodell in Abb. 3 aus Columbia Resin 39 angefertigt und optisch ausgewertet. Unter der Annahme ähnlicher Belastung und Stützung längs der Welle wurden die aus der spannungsoptischen Hauptgleichung erhaltenen Randspannungen pro Belastungseinheit S/W wie folgt vom Plattenmodell M auf das räumliche Bauteil B übertragen:

$$\frac{S_B}{W_B} = \frac{S_M}{W_M} \cdot \frac{Z_M}{Z_B} \cdot \frac{k_B}{k_M},$$

wobei Z das Biegewiderstandsmoment bezeichnet und der Kerbfaktor k den Petersonschen Kurven [2] für flache und runde Biegeträger mit Hohlkehlen entnommen wurde.

Sodann wurden eine fertige Kurbelwelle und ein Zylinderblock mit Lagern der Produktion entnommen; die Kurbelwelle wurde montiert und durch eine Pleuelstange, jedoch ohne untere Lagerhälfte, mit dem Kolben im Zylinder Nr. 1 verbunden. Eine im oberen Totpunkt mittels Schraube aufgebrachte statische Last von etwa 1000 kg konnte durch eine besonders angefertigte und geeichte Kraftmeßdose mit Dehnungsmeßstreifen gemessen werden. An den wichtigeren zugänglichen Stellen der Kurbelwellensymmetrieebene ließen sich nun die Längs- und Querdehnungen mittels eines Feindehnungsmessers (Abb. 4) von 2 mm Meßlänge und 10^{-5} mm/mm Meßgenauigkeit ablesen. Die Längsdehnungen in den Hohlkehlen wurden nach der Krümmung berichtigt [3] und die Spannungen pro Belastungseinheit nach dem HOOKEschen Gesetz zu einer weiteren Kontrolle der spannungsoptischen Ergebnisse errechnet.

Abb. 3. Spannungsoptische Untersuchung eines Plattenmodells im Maßstab 1:1 der Symmetrieebene einer Kurbelwellenhälfte

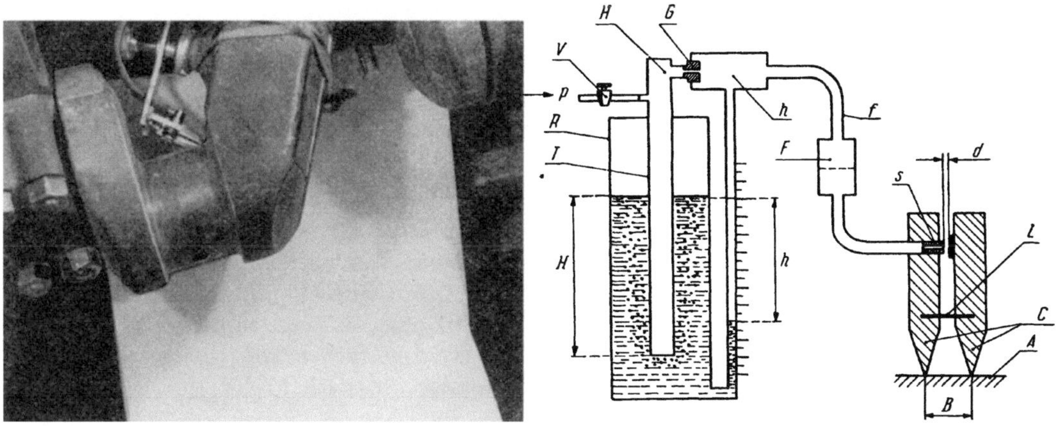

Abb. 4. Pneumatischer Feindehnungsmesser der Bauart Solex — de Leiris an der Zapfenhohlkehle der Stahlkurbelwelle und Schema des Messungsganges. P = Luft vom Kompressor, V = Reduzierventil, H = konstanter Einleitungsdruck und Eintauchrohrtiefe, G = Kontrolldüse, h = Meßdruck und Ablesungssäule, f = Gummischlauch, F = Luftfilter, s = Meßdüse, d = Meßluftspalt, L = Gelenkfeder, C = Spitzen, B = Meßlänge 2 mm

4. Sandguß des räumlichen Modells

Die Kurbelwelle wurde als Einformmodell zurückbehalten. Ein erster Versuch des Einformens in Gips mißlang, da der Gips auf die Kurbelwelle schrumpfte und diese beim Herausnehmen die Form beschädigte. Verwendung eines nicht schrumpfenden Gipses wäre eine noch auszuprobierende Möglichkeit, die aber nicht verfolgt wurde. Versuche mit gewöhnlichem Gießereisand mißlangen, da das Araldit in den Sand eindrang und entweder ganz auslief oder Sand in das Gußstück einbezog. Araldit lief auch durch die Fuge zwischen Ober- und Unterkasten aus, wenn diese Fuge nicht sorgfältig mit Gips abgedichtet war.

Abb. 5. Sandform für Kurbelwelle (abgeänderte Konstruktion) mit Eichstab vor dem Zusammenbau

In der schließlich angewandten, von Petrzela in der Tschechoslowakei entwickelten Kohlensäuremethode wird feiner Formsand in einer Mischmaschine mit 4% Natriumsilikat-Bindemittel ähnlicher Konsistenz wie etwa Kern-Leinöl gemischt. Nach Einformung und Aushebung der Steiger und des Eingusses, jedoch vor Entfernung des Modells (in diesem Falle die Stahlkurbelwelle und ein miteingeformter Eichstab) wird Kohlensäure durch den Sand geleitet; eine Rohrnadel wird an mehreren Stellen in den Sand gestochen und Kohlensäure unter leichtem Druck durchgeblasen. Das Bindemittel reagiert chemisch,

$$Na_2SiO_3\,aq. + CO_2 = SiO_2\,aq. + Na_2CO_3\,,$$

und das gebildete Silikagel bindet die Sandkörner in kurzer Zeit fast steinhart zusammen. Die Stärke der Bindung hängt hauptsächlich von Sandkörnung, Bindemittelgehalt, Stampfdichte und Blaszeit ab. In weiteren Versuchen wäre zu klären, wie weit die Stärke für den Araldifguß gemindert und die Bindung löslich gehalten werden kann.

Nach Entfernung der Stahlkurbelwelle und des Eichstabmodells wurde die so behandelte Sandform mit Silikonwachs DC7 bestrichen; vor dem Zusammenbau und der Verschraubung der Formkästen wurde die Fuge zwischen Ober- und Unterkasten sorgfältig mit Gips abgedichtet. Die fertige Form wurde im Ofen auf die Gießtemperatur vorerhitzt. 6 kg Araldit, d. h. ungefähr 20% Übergewicht, wurden bei der Gießtemperatur langsam mit 30% Härter gemischt, zum Entweichen der Luftblasen etwa 30 Minuten abgestanden und dann langsam vergossen. Die Gießtemperatur war zuerst 158 °C, doch erwies sich 140 °C später als vorteilhafter. Nach dem Guß wurde die Temperatur um 2 °C pro Stunde auf 90 °C gesenkt und der Ofen dann ausgeschaltet; wegen der geringen Wärmeleitfähigkeit des Sandes kühlte sich

Abb. 6. Aralditguß einer vollständigen Kurbelwelle nach Herauslösung aus dem Formsand

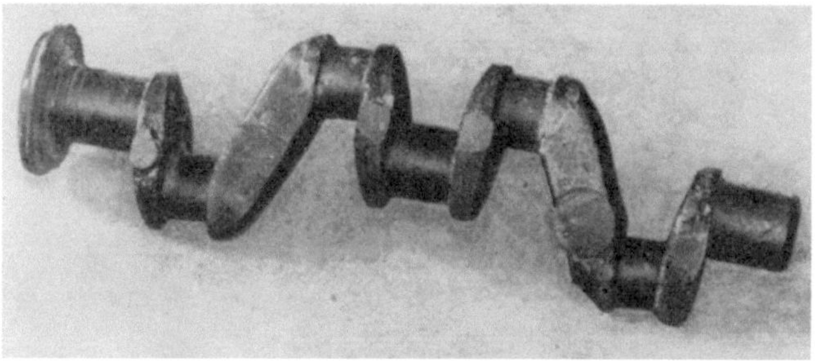

Abb. 7. Geputzter Aralditguß einer Kurbelwelle (abgeänderte Konstruktion). Die weißen Linien an den Außenseiten der Zapfen Nr. 2 und 3 zeigen die Kittstellen dieses Gußstückes

wahrscheinlich das Gußstück langsamer ab. Bei 50 °C wurde der Kasten aus dem Ofen entfernt, die Sandform aus dem Kasten gedrückt und die sehr dicke am Gußstück haftende Sandschicht mit Wasser abgelöst.

Abb. 5 zeigt eine der ersten Sandformen. Der Eichstab und die zwei seitlichen Eingüsse versteifen das Gußstück etwas in Längsrichtung; jede Wange trägt einen Steiger. Beim Herauslösen des Gußstückes aus dieser Form zeigten sich jedoch die beiden in Abb. 7 angedeuteten Brüche. In der nächsten Sandform wurden die Versteifungen verstärkt und die Steiger verdickt; das Gußstück brach nunmehr im Mittellager. In einer anderen Sandform lief das Araldit aus der Kastenfuge aus. Mehr aus Ehrgeiz als aus technischer Notwendigkeit wurden die Versteifungen weiter verstärkt und vermehrt, zwei dicke Steiger auf jede Zwischenzapfenwange gesetzt, so daß Material beim Schrumpfen nachziehen konnte, und Verguß von unten angeordnet; diesmal kam die ganze Kurbelwelle intakt aus der Sandform heraus (Abb. 6).

5. Behandlung des gegossenen Modells

Nach Verputzung und Säuberung durch leichtes Feilen wurden die gebrochenen Gußstücke mit kalthärtendem Araldit zusammengekittet (Abb. 7) und die Kittstelle für 10 Stunden bei 80 °C ausgehärtet. Nur die Lager und Zapfen wurden bearbeitet; nach dem Drehen (mit etwa 300 Umdr. p. Min.) waren die Zapfendurchmesser der Aralditkurbelwellen 2 mm kleiner als die Zapfendurchmesser der Stahlkurbelwelle.

Die Aralditkurbelwelle zeigte jetzt optisch erhebliche innere Spannungen in den Zapfen und Lagern, jedoch nur geringe Spannungen in den Kurbelwangen. Nach einigen Vorver-

Abb. 8. Belastungsvorrichtung für Kurbelwelle und Eichstab im Ofen

suchen wurden die Kurbelwellen leicht in losen feinen Sand eingebettet, auf 140 °C erwärmt und langsam wieder gekühlt. Die inneren Spannungen konnten durch diese Behandlung weitgehend entfernt werden; nur in einem Zapfen blieb eine Höchstspannung von zwei Ordnungen in etwa 50 mm Dicke sichtbar.

Nach dem Gelingen der Herstellung eines vollständigen Kurbelwellenmodells aus Araldit wurde zur Belastung und Auswertung doch wieder auf die halbe Kurbelwelle zurückgegriffen unter der Annahme, daß zumindest unter der statischen Modellbelastung die Spannungen in der unbelasteten Hälfte gering sein müssen. In der Tat, obgleich auch die Zapfen der ganzen Araldit-Kurbelwelle auf der Drehbank bearbeitet werden konnten, war es doch einfacher und schneller, nur eine halbe Kurbelwelle einzuspannen und zu drehen. Die Araldit-Lagerschalen der Belastungsvorrichtungen für Kurbelwelle und Eichstab waren als Vorversuche im gleichen Sandgußverfahren gegossen worden. Das halbe Kurbelwellenmodell wurde am Mittellager eingespannt, am Endlager gestützt und im oberen Totpunkt mit einer nach den Ergebnissen der Feindehnungsmessung als geeignet geschätzten Last von 15 kg belastet (Abb. 8), langsam auf 130 °C erhitzt, etwas über eine Stunde bei dieser Temperatur belassen, dann mit $1\frac{1}{2}$ °C Temperaturabfall je Stunde auf 90 °C gebracht und nach Abschaltung des Ofens schließlich bei erreichter Raumtemperatur entlastet.

Zur Auswertung wurde eine 6,5 mm dicke Scheibe auf der Bandsäge mit spezieller Vorrichtung symmetrisch zur Kurbelwellen-Symmetrieebene herausgeschnitten und beidseits auf 5 mm Dicke mit geringem Vorschub und reichlicher Kühlung abgeschliffen.

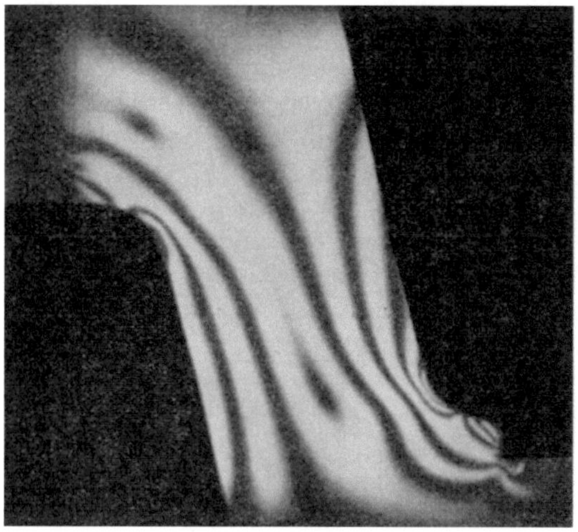

Abb. 9. Isochromatenbild der Kurbelwange im ebenen Modell

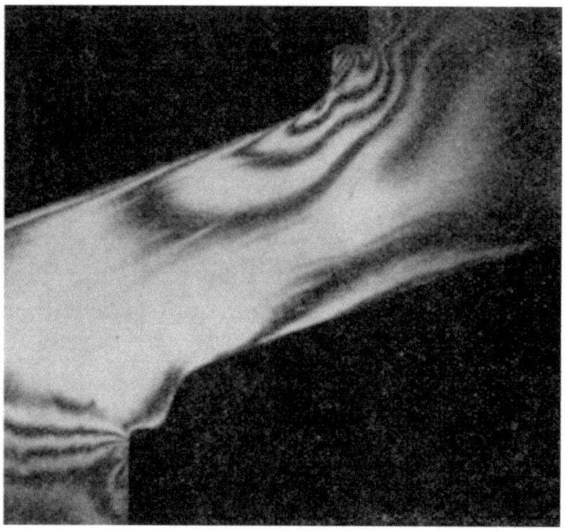

Abb. 10. Isochromatenbild der Mittelebene der Kurbelwange im räumlichen Modell

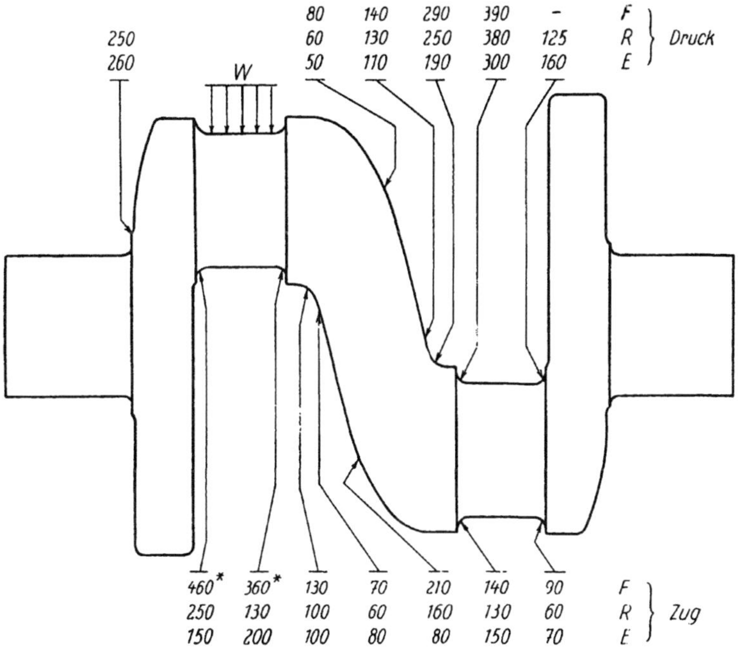

Abb. 11. Vergleich der nach drei Methoden erhaltenen örtlichen Spannungen in der Symmetrieebene einer Kurbelwellenhälfte unter statischer Belastung im oberen Totpunkt eines Zapfens.
F = Feindehnungsmessung, *R* = räumliche Spannungsoptik, *E* = ebene Spannungsoptik, * = unzuverlässige Ergebnisse (siehe Text). Alle Zahlen in Einheiten von kg/cm² pro 1000 kg Belastung. Unsicherheitsgrenzen etwa ±20 Einheiten für alle Messungen

6. Vergleich der Ergebnisse

Abb. 9 und 10 zeigen ähnliche Ausschnitte aus den Isochromatenbildern des ebenen und des räumlichen Modells. Im räumlichen Modell fällt besonders an den unbearbeiteten Rändern ein wohl hauptsächlich beim Ausglühen entstandener Randeffekt auf, und weitere Entwicklung wäre auf dessen Verminderung zu richten. Außerdem fällt ein Faser- oder Schliereneffekt auf, der wahrscheinlich auf eine anfängliche Aushärtung während des Vergießens bei 158 °C zurückzuführen ist; die niedrigere Misch-, Sandform- und Gießtemperatur von 140 °C und eine kürzere Wartezeit vor dem Vergießen ließen diesen Effekt weitgehend verschwinden.

Abb. 11 vergleicht die Spannungsergebnisse der drei benutzten Methoden, wobei die spannungsoptischen Zahlen auf etwa $^1/_4$ bis $^1/_2$ Ordnung abgeschätzt sind. Das ebene Modell war an der dem Mittellager (nahe der Belastung) entsprechenden Stelle irrtümlicherweise nur abgestützt und nicht eingespannt; dies beeinflußte die Spannungen unter der Belastungsstelle. Der Hohlkehlenradius des für die Feindehnungsmessung belasteten Zapfens der Stahlkurbelwelle war zu klein für eine zuverlässige Dehnungsmessung.

7. Schlußfolgerung

Trotz der nicht sehr genauen Messungen fällt auf, daß das ebene Modell in erster Annäherung eine im wesentlichen brauchbare, allerdings eher zu niedrige Abschätzung der örtlichen Spannungen ergibt; die ebene spannungsoptische Methode eignet sich hier somit zur einfachen vorläufigen Spannungsbestimmung in einem räumlichen Problem mit Symmetrieebene und zeigt vor allem die Stellen gefährlicher Spannungserhöhung richtig an. Das in Sand im Kohlensäureverfahren vergossene Aralditmodell für die spannungsoptische Einfriermethode führt bereits in diesem anfänglichen Stadium der Entwicklung zu Ergebnissen, die mit denen der Feindehnungsmessung im allgemeinen innerhalb der Meßgenauigkeit übereinstimmen; es erlaubt örtliche Spannungsmessungen an Stellen, an denen der Feindehnungsmesser versagt oder die ihm unzugänglich bleiben.

University of Sheffield,
Postgraduate Department of Applied Mechanics

Literatur

[1] Oppitz, A., Jahrb. d. Schiffbautech. Ges. 49 (1955) 353.
[2] Peterson, R. E., Stress Concentration Design Factors. New York 1953, S. 69, 74.
[3] Meyer, M. L., Akten d. 9. Internat. Kongr. Angew. Mech., Brüssel 1957, S. 469.

Einige neue Ergebnisse und Erfahrungen bei spannungsoptischen Versuchen mit Araldit B

Von E. Mönch

Die Epoxy-Gießharze sind gegenwärtig das bevorzugte Modellmaterial in der Spannungsoptik. An der Münchener Forschungsstelle Spannungsoptik, die ihre Hauptaufgabe darin sieht, die Versuchstechnik für die Verfahren der Spannungsoptik auszubauen, wurden in den letzten Jahren umfangreiche Versuche in dieser Richtung mit dem warmhärtenden Harz „Araldit B" der CIBA, Basel, durchgeführt. Über folgende Forschungsarbeiten wird berichtet:

1. Messung der Wärmedehnungszahl von Araldit B bei Hochelastizität. Sie ergab sich zu $18 \cdot 10^{-5}$° C, das ist etwa das 3fache des Wertes bei Raumtemperatur.

2. Die Gießformen für räumliche Modelle. Neben der meist üblichen Arbeitsweise mit Metallformen wird auch die Verwendung von Formen aus Gips, Zement und anderen Werkstoffen beschrieben.

3. Das Gießen von Platten für die ebene Spannungsoptik und das Oberflächenschicht-Verfahren. Eine Vorrichtung hierfür wird beschrieben.

4. Untersuchung von Schalen im Einfrier-Verfahren. An Hand von Beispielen mit Zylinder- und Kugelschalen werden die bestehenden Möglichkeiten und Grenzen erörtert.

5. Untersuchung von Platten und Schalen im Zweischicht-Verfahren. Einige technische Einzelheiten bei Verwendung von Modellen mit eingebetteter Spiegelschicht werden mitgeteilt.

Ausführliche Veröffentlichung in der Zeitschrift „Konstruktion" **13** (1961) 289—298.

Technische Hochschule München

Spannungsoptische Untersuchungen von bewehrten Balkenmodellen

Von R. K. Müller

1. Einleitung

Im folgenden soll über spannungsoptische Untersuchungen von bewehrten Balkenmodellen berichtet werden. Dabei soll nicht auf die Ergebnisse dieser Untersuchungen eingegangen werden, die in [1] ausführlich dargestellt sind und die im Rahmen dieses Berichtes nicht zur Diskussion stehen. Hier soll lediglich eine Möglichkeit gezeigt werden, wie der gerissene Stahlbetonbalken im Modellversuch dargestellt werden kann. Hierzu werden die in der Mechanik des Stahlbetonbalkens üblichen Bezeichnungen und Formeln verwendet. Sie müssen als bekannt vorausgesetzt werden.

Das Ziel der am Institut für Massivbau der T. H. Darmstadt durchgeführten Untersuchungen war, die Spannungsverteilung im gerissenen Stahlbetonbalken in Abhängigkeit von Bewehrungsart, Zahl der Risse und Haftverbund zu ermitteln. Die Durchführung dieser Untersuchungen im Großversuch am wirklichen Stahlbetonbalken bedingt einen größeren Aufwand und stößt außerdem auf meßtechnische Schwierigkeiten. Auch die analytische Ermittlung des Spannungsverlaufes mit Hilfe der Elastizitätstheorie führt bei einem Balken mit Rissen zu fast unlösbaren Ansätzen. So wird z. B. die Erfüllung der Randbedingungen der Differentialgleichung, die durch die Risse sehr vielfältig sind, kaum möglich sein.

Mit Hilfe eines Modells kann man aber unter denselben Voraussetzungen, wie sie auch für eine elastizitätstheoretische Berechnung notwendig sind, die Spannungsverteilung ermitteln. Ein Modell verkörpert nämlich seinem Wesen nach einen Analogieapparat oder eine Art Rechenmaschine zur Lösung elastizitätstheoretischer Aufgaben: Es erfüllt die Gleichgewichts- und Verträglichkeitsbedingungen von sich aus; man hat nur dafür zu sorgen, daß geometrische und statisch-elastische Ähnlichkeiten eingehalten werden, und der Spannungsverlauf mit einem geeigneten Meßverfahren genügend genau ermittelt werden kann.

Da der Balken, elastizitätstheoretisch gesehen, eine Scheibe ist, verwendet man als Meßverfahren zweckmäßigerweise die ebene Spannungsoptik.

2. Voraussetzungen für den Modellversuch

Für den Modellversuch müssen folgende idealisierende Annahmen getroffen werden:

1. Das Balkenmaterial und die Bewehrung müssen dem Hookeschen Gesetz gehorchen.

Beim wirklichen Balken wird diese Annahme vom Beton nicht erfüllt, da seine σ — ε-Linie bekanntlich gekrümmt ist. Aber im Bereich der Gebrauchsspannungen ist die Krümmung so gering, daß man sie mit guter Näherung noch durch eine Gerade ersetzen kann. Deshalb kann man die an einem Modell eines Stahlbetonbalkens gemessenen Spannungen nur auf den Bereich der Gebrauchsspannungen übertragen. Der Bruchzustand läßt sich im Modellversuch unter dieser Voraussetzung nicht darstellen.

2. An den Stellen der Risse ist zwischen Zugkante und Nullinie im Balkenmaterial keine Zugfestigkeit vorhanden.

Hierdurch steigen die Risse zum Unterschied gegenüber der Praxis sofort bei der Entstehung von der Zugkante bis zur Nullinie auf, unabhängig von der Größe der Belastung. Dies ist im wirklichen Balken nicht der Fall, da der Beton eine gewisse Zugfestigkeit besitzt: Der Riß wird erst mit zunehmender Last tiefer in die Zugzone eindringen und besonders im Bereich der Gebrauchsspannungen nicht bis zur Nullinie gelangen. Die zweite Voraussetzung stellt also eine größere Idealisierung dar als die zuerst genannte.

3. Im Modellversuch wird vollkommene Haftung zwischen Bewehrung und Balkenmaterial vorausgesetzt.

Beim Stahlbeton treten, wie Ausziehversuche beweisen, wirkliche Relativverschiebungen zwischen Stahl und Beton auf. Es besteht hier ein Quasiverbund, der durch mechanische Rauhigkeiten ermöglicht wird und der zwischen den Grenzfällen der vollkommenen Haftung und des völligen Gleitens liegt.

Diese drei Annahmen stellen mehr oder weniger große Abweichungen von den Verhältnissen des wirklichen Balkens dar. Sie werden aber auch in der technischen Biegelehre der Mechanik des Stahlbetonbalkens zugrunde gelegt.

Im folgenden soll der durch diese drei Annahmen definierte Querschnitt eines bewehrten und gerissenen Balkens als der ideal gerissene Querschnitt bezeichnet werden. Im Modellversuch läßt sich der ideal gerissene Querschnitt verwirklichen. Deshalb liefern die Modellmessungen die Spannungsverteilung ebenso, als sei sie mit Hilfe der mathematischen Elastizitätstheorie ermittelt worden.

3. Das Balkenmodell mit ideal gerissenem Querschnitt

Der ideal gerissene Querschnitt wird im praktischen Modellversuch folgendermaßen verwirklicht:

1. Das HOOKEsche Gesetz ist für die verwendeten Aralditmodelle mit Aluminiumbewehrung streng erfüllt.

2. Einen spannungsoptischen Modellbaustoff mit der Zugfestigkeit Null gibt es nicht, deshalb werden die Risse durch Einsägen künstlich erzeugt. Damit ist auch die zweite Voraussetzung erfüllbar.

3. Die Haftfestigkeit der Aluminiumbewehrung ist so hoch, daß sie allen Modellbeanspruchungen standhält. Im Modellversuch ist also vollkommene Haftung vorhanden, d. h., es ist in der Bewehrungsfaser

$$\varepsilon_e = \varepsilon_b \text{ und } \tau_H \neq 0 .$$

Es sind zwischen Bewehrung und Balkenmaterial keinerlei Relativverschiebungen möglich. Demgegenüber sind bei vollkommenem Gleiten Relativverschiebungen unbehindert möglich:

$$\varepsilon_e \neq \varepsilon_b \quad \text{und} \quad \tau_H = 0 .$$

Beim wirklichen Stahlbetonbalken liegt der Verbund zwischen diesen beiden Grenzfällen. Es sind Relativverschiebungen möglich ($\varepsilon_e \neq \varepsilon_b$). Trotzdem können Tangentialkräfte von der Bewehrung auf den Beton übertragen werden; es besteht ein Quasiverbund ($\tau_H \neq 0$).

Da die wirklichen Verbundverhältnisse des Stahlbetonbalkens modellmäßig nicht nachgeahmt werden können, werden die Untersuchungen an den Modellen für die Grenzfälle der vollkommenen Haftung und der über einen Teil ihrer Länge völlig gleitenden Bewehrung durchgeführt.

Die Bewehrungsdrähte werden in die zunächst unbewehrt hergestellten Modellbalken nachträglich eingeleimt (Abb. 1). Hierzu werden passende Nuten in das Modell gefräst und die Bewehrung mit dem selben kalthärtenden Kunstharz, aus dem auch das Modell besteht, eingegossen. Das Schwinden der sehr kleinen Vergußmenge erzeugt keine störenden Schrumpfspannungen. Es wird außerdem dafür gesorgt, daß eine Mantellinie längs der Bewehrung zugängig ist; so ist es möglich, mit Hilfe von Spitzendehnmessern die Beanspruchung der Bewehrung an jeder Stelle unschwer zu messen.

Die Risse werden nach dem Isochromatenbild gesägt, wie dies bereits in [2] näher erläutert ist. Am Rißende treten bei Belastung typische Kerbspannungsfiguren auf (Abb. 2). Sie zeigen das Maximum der Zugspannungen und den weiteren Rißverlauf an. Man hat nur immer senkrecht zur Richtung der größten Zugspannung weiterzusägen. Die Risse folgen so als mathematische Idealrisse den Druckspannungstrajektorien.

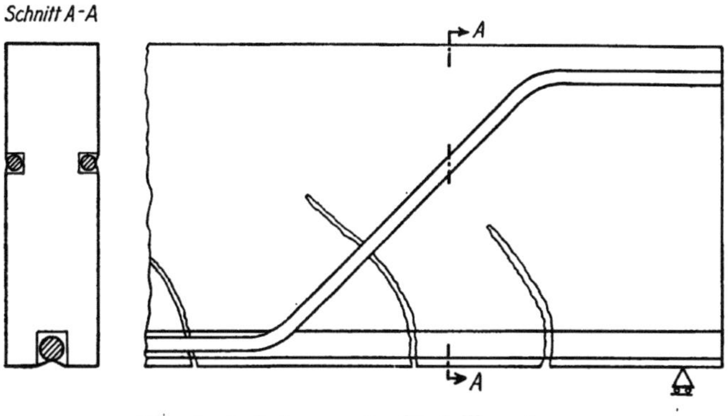

Abb. 1. Anbringung der Modellbewehrung

Abb. 2. Großes Zugmaximum. Kleines Zugmaximum. Druck- und Zugmaximum. Charakteristische Isochromatenbilder am Rißende. Entnommen aus: HILTSCHER/MÜLLER, Bemessung der Bewehrung von Stahlbetonkonstruktionen mit Hilfe des spannungsoptischen Modellversuches. B. u. St. **54** (1959) H. 11, S. 263/271.

4. Modellgesetze für den ideal gerissenen Querschnitt

Nach der Erläuterung der Voraussetzungen, unter denen die Modellversuche durchgeführt werden, sind als nächstes die Modellgesetze zu betrachten, die es gestatten, die gemessenen Modellspannungen auf eine Hauptausführung zu übertragen. Messungen an einem Modell lassen sich nur dann auf eine Hauptausführung übertragen, wenn die gesuchten Größen in beiden durch denselben mathematischen Ansatz beschrieben werden. Das heißt, bei dem hier interessierenden Fall der bewehrten Balkenmodelle müssen sowohl Modell als auch Hauptausführung den eingangs definierten ideal gerissenen Querschnitt besitzen, für den die bekannten Gleichungen aus der Mechanik des Stahlbetonbalkens gelten (Abb. 3).

Wir übertragen also die Ergebnisse auf einen idealisierten Stahlbetonbalken, der einen ideal gerissenen Querschnitt besitzt. Strenge elastische Ähnlichkeit besteht, wenn alle dimensionslosen Größen, insbesondere

$$m = \frac{\sigma_e}{\sigma_b}\,; \; n = \frac{E_e}{E_b}\,; \; \mu = \frac{F_e}{F_b}$$

für Modell und Hauptausführung gleich sind. Das Modell muß demnach dasselbe n wie die Hauptausführung besitzen. Unter Beachtung der Gleichgewichtsbedingungen läßt sich zeigen, daß man die Ähnlichkeitsbedingungen erweitern kann, so daß nicht mehr diese einzelnen dimensionslosen Größen n, m und μ für Modell und Hauptausführung gleich sein müssen, sondern ihre hier angeführten Kombinationen:

$$c_1 = n \cdot \mu \ ; \quad c_2 = \frac{m}{n} \ ; \quad c_3 = m \cdot \mu \, .$$

Die Konstanten $c_{1,2,3,}$ werden als „Kenngrößen" des ideal gerissenen Querschnittes bezeichnet. Eine von ihnen ist frei wählbar, die anderen lassen sich dann berechnen, da sie untereinander durch die Gleichgewichtsbedingungen verknüpft sind.

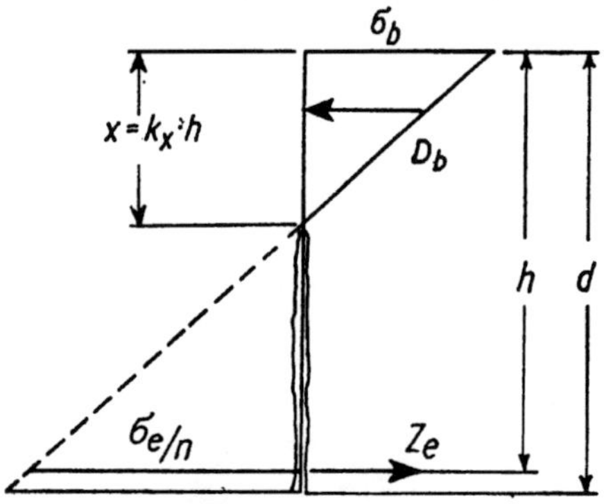

Abb. 3. Ähnlichkeitsbedingungen für den ideal gerissenen Querschnitt

Strenge elastische Ähnlichkeiten:

$m_M = m_H; \quad n_M = n_H; \quad \mu_M = \mu_H; \quad \varepsilon_M = \varepsilon_H$

Erweiterte Ähnlichkeitsbedingungen:

$$(n \cdot \mu)_M = (n \cdot \mu)_H = c_1$$

$$\left(\frac{m}{n}\right)_M = \left(\frac{m}{n}\right)_H = c_2$$

$$(m \cdot \mu)_M = (m \cdot \mu)_H = c_3$$

Von besonderer Wichtigkeit für die durchgeführten Modellversuche ist die erste Kombination

$$n \cdot \mu = c_1 \, .$$

Sie bedeutet mit anderen Worten, daß im Modell die Bewehrung durch eine statisch und elastisch äquivalente Bewehrung ersetzt werden kann, indem man verhindert, daß sich die Zugkraft Z_e und die Dehnung ε_e in der Ersatzbewehrung ändern. Man kann also F_e und E_e im Modell variieren, wobei sich lediglich die Spannung σ_e, nicht aber die Dehnungsverteilung der Bewehrung ändert.

Hierdurch erhält man in der Wahl der Modellbaustoffe weitgehende Freiheit; man bestimmt das Verhältnis n_M der E-Moduli für die gewählten Werkstoffe und kann das Modell durch Wahl eines entsprechend abgestimmten Bewehrungs- und Balkenquerschnittes so bemessen, daß die Meßergebnisse auf eine Hauptausführung umgerechnet werden können, die das am Bauwerk tatsächlich vorhandene n_H besitzt.

5. Vorversuche an einem Modell mit $n_M = 1$

Von diesem Gedanken ausgehend wurden bei den Vorversuchen Messungen an einem Modell ausgeführt, bei dem $n_M = 1$ gesetzt ist; es besteht aus einem Kunststoffbalken, in den zur Erzeugung des Zustandes II ein Riß gesägt wird. Dieser beginnt aber nicht direkt an der Zugkante des Modells, sondern hier bleiben ca. 3 mm Modellmaterial stehen, die die Rolle der Armierung übernehmen. Die an diesem Modell durchgeführten Messungen stimmen mit den rechnerisch erhaltenen Werten befriedigend überein. Nach dem Abklingen der durch den Riß verursachten Störung gleicht dieses Modell einem unbewehrten Balken, was zeigt, daß der Spannungsverlauf im Zustand I in seinem charakteristischen Verlauf durch die Bewehrung nicht beeinflußt wird. Nur die Nullinie wird nach dem bewehrten Rand hin verschoben, was dadurch zustande kommt, daß der „Bewehrungsquerschnitt" mit dem n-fachen Betrag zu berücksichtigen ist. Hierbei wird jedoch der durch die Bewehrung ersetzte Teil des Balkenquerschnittes doppelt gezählt. Um dies zu vermeiden, wird in der Theorie des Spannbetons streng mit $n - 1$ gerechnet, d. h., der unbewehrte Balken hat an der Stelle der Bewehrung ein Loch. Ist n groß, so kann man $n - 1 \approx n$ setzen, ohne einen wesentlichen Fehler zu begehen. Bei kleinen n-Werten ist dies jedoch nicht mehr möglich. In dem hier betrachteten Fall eines Modells mit $n_M = 1$ erhält man für $n - 1 = 0$, was in der Tat dem unbewehrten Querschnitt entspricht. Da jedoch die Spannungen in der „Bewehrung" solcher Modelle infolge von Kerbwirkungen am Rißende nur schwer gemessen werden können, wurden die weiteren Untersuchungen an aluminiumbewehrten Kunstharzmodellen ausgeführt.

6. Übertragung der Messungen auf die Hauptausführung

Um bei der Übertragung der Modellmessungen auf die Hauptausführung die etwas umständlichen Maßstabsgleichungen zu vermeiden, werden alle Meßwerte auf eine dimensionslose Form gebracht.

Als Bezugsspannung wird die Randspannung des homogenen Balkens von der Höhe h gewählt:

$$\sigma_0 = \frac{6\,M}{b \cdot h^2}$$

mit M = Schnittmoment am Balken,
b = Breite des Balkens,
h = Randabstand der Bewehrung.

Die bekannten Gleichungen für die Randspannungen des ideal gerissenen Querschnittes

$$\sigma_b = \frac{2\,M}{b\,h^2\,k_x\,(1 - k_x/3)}, \quad \frac{\sigma_e}{n} = \frac{M}{b\,h^2\,n \cdot \mu\,(1 - k_x/3)}$$

mit

$$k_x = x/h = 2\,m\,\mu = 2\,c_3$$

nehmen nach Division durch die Bezugsspannung folgende Form an:

$$\sigma_b{}^* = \frac{\sigma_b}{\sigma_0} = \frac{1}{k_x\,(3 - k_x)}, \quad \left(\frac{\sigma_e}{n}\right)^* = \frac{\sigma_e/n}{\sigma_0} = \frac{1}{2\,n\,\mu\,(3 - k_x)},$$

die durch Einführen der Kenngrößen $c_{1,2,3}$ erkennen lassen, daß die Größe dieser bezogenen Spannungen nach Wahl eines der Kennwerte gegeben ist:

$$\sigma_b{}^* = \frac{1}{2\,c_3\,(3 - 2\,c_3)}, \quad \left(\frac{\sigma_e}{n}\right)^* = \frac{1}{2\,c_1\,(3 - 2\,c_3)}.$$

Sie sind also unabhängig vom Maßstab und gelten sowohl für M als auch für H.

Die von der Belastung und den Abmessungen abhängige Größe der wirklichen Spannungen wird über die Bezugsspannung in die Rechnung eingeführt. Denn diese ist abhängig von der äußeren Last (dem Moment) und von den Abmessungen des Querschnittes b und h.

Die am idealisierten Balken gemessenen Spannungen kann man *nicht zahlenmäßig* auf den wirklichen Balken übertragen. Aber man kann durch Vergleich der am idealisierten Querschnitt für verschiedene Rissezahlen und Bewehrungsarten gewonnenen Ergebnisse *qualitative* Aussagen über das Verhalten eines wirklichen Stahlbetonbalkens machen.

7. Durchführung der Messungen

Die Messung der Spannungsverteilung beschränkte sich auf den Bereich zwischen Auflager und Einzellast (Abb. 4). Diese läßt sich versuchstechnisch am einfachsten realisieren. Sie wurde möglichst nahe am Auflager angebracht, um die Schubbeanspruchung aus der Querkraft gegenüber der Momentenbeanspruchung zu vergrößern. Damit sich aber zwischen den Störbereichen von Auflager und Last noch eine Balkenwirkung ausbilden konnte, wurde als Lastabstand die doppelte Balkenhöhe gewählt. Die Spannungsverteilung in diesem Teil des

Modells ist unabhängig davon, wie lang das Modell auf der anderen Seite der Last ist. Dies ist eine Folge des St. Venantschen Prinzips. In einer gewissen Entfernung von der Last ist die Spannungsverteilung sogar unabhängig davon, wo die Last am Balken angreift, wie Vorversuche beweisen.

In den eingezeichneten Meßpunkten wurden die Hauptspannungen nach Größe und Richtung bestimmt. Die Bewehrungsspannungen wurden in entsprechenden Punkten auf der Längsarmierung und den Aufbiegungen ermittelt. Für alle Modelle wurde als Hauptausführung ein Balken aus B 300 gewählt, der mit St III bewehrt ist.

Alle Messungen, auch die Ermittlung der Isochromatenordnungen, wurden punktweise bei periodisch wechselnder Last vorgenommen. Dieser Vorgang wird automatisch gesteuert

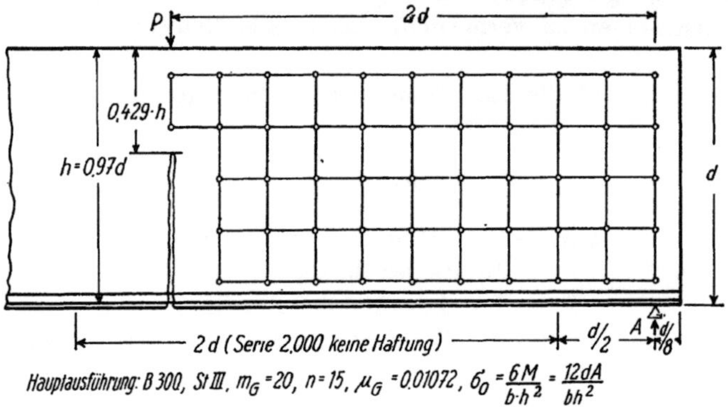

Abb. 4. Abmessungen des untersuchten Balkenteiles

in der Weise, daß alle 20 sec eine Be- und Entlastung erfolgt. Hierdurch wird das Kriechen des Kunstharzes eliminiert, da immer an derselben Stelle der Kriechkurve gemessen wird. Optisch können die Richtungen der Hauptspannungen und ihre Differenz gemessen werden. Da hiermit der Spannungszustand in einem Punkt noch nicht vollständig bestimmt ist, wird als Ergänzung zu den optisch gemessenen Werten die Querdehnung mit einem Hiltscher-*Lateralextensometer* mechanisch gemessen. Es ist frei beweglich im Raum aufgehängt. Zwischen zwei Spitzen wird mit Hilfe eines Feinmeßgerätes die Dickenänderung der Scheibe gemessen. Sie ist proportional der Hauptspannungssumme, so daß man mit Hilfe der beiden Eichkonstanten S und K die Hauptspannungen sofort in kg/cm² angeben kann:

$$\sigma_1 - \sigma_2 = n \cdot S \quad [\text{kg/cm}^2],$$

$$\sigma_1 + \sigma_2 = \Delta t \cdot K \quad [\text{kg/cm}^2]$$

mit

n = Isochromatenordnung
Δt = Dickenänderung [10^{-4} cm]
S = Spannungsoptische Konstante [kg/cm² Ord.]
K = Lateralkonstante [10^4 kg/cm]
α = Hauptspannungsrichtung [—].

Es ist zweckmäßig, zunächst die doppelten Hauptspannungen in spannungsoptischen Ordnungen zu berechnen. Ebenso kann man unter Benutzung der bekannten Umrechnungsformeln die doppelten Koordinatenspannungen ermitteln:

$$2 \cdot \sigma_{1,2} = \frac{K}{S} \Delta t \pm n \quad [\text{Ord.}]\,,$$

$$2 \cdot \sigma_{x,y} = \frac{K}{S} \Delta t \pm n \cdot \cos 2\alpha \quad [\text{Ord.}]\,,$$

$$2 \cdot \tau = n \cdot \sin 2\alpha \quad [\text{Ord.}]\,.$$

Durch Multiplikation dieser Werte mit einer Umrechnungszahl

$$V = \frac{S}{2 \cdot \sigma_0}$$

erhält man sofort die bezogene dimensionslose Form der Meßergebnisse, die unabhängig ist von der Größe der Belastung und von den Abmessungen des Modells. Durch die Anwendung dieses sog. Standardverfahrens der ebenen Spannungsoptik ist eine schnelle und einfache Auswertung der spannungsoptischen Messungen möglich, die zudem noch in Form von Tabellen von Hilfskräften ausgeführt werden kann.

Die Dehnmessungen wurden mit Hilfe eines Extensometers der Firma C. E. JOHANNSSON ausgeführt. Es ist etwa 5 cm hoch, hat eine Meßlänge von 2,0 mm, wiegt 12 g und hat eine Übersetzung von 1:2000. Die Schwierigkeiten bei Dehnmessungen mit solch kleinen Meßlängen liegen in der einwandfreien Befestigung der Geräte. Die Anpreßkraft darf ihre Richtung gegenüber dem Meßgerät bei einer eventuell während der Belastung auftretenden Neigung des Modells nicht ändern. Deshalb mußten verschiedene Vorrichtungen entwickelt werden, die diese Bedingung erfüllen.

8. Zusammenfassung

Der gerissene Stahlbetonquerschnitt läßt sich unter denselben Voraussetzungen, die auch der Mechanik des Stahlbetonbalkens zugrunde liegen, im Modellversuch darstellen. Die spannungsoptischen Messungen an bewehrten Balkenmodellen liefern deshalb die Spannungsverteilung ebenso, als sei sie mit Hilfe der mathematischen Elastizitätstheorie ermittelt worden. Um die wirklichen Verbundverhältnisse des Stahlbetons einzugrenzen, müssen Modelle mit vollkommenem Verbund und mit vollständig gleitender Bewehrung untersucht werden.

Die spannungsoptischen Messungen werden nach dem sogenannten Standardverfahren unter Einbeziehung von mechanischen Querdehnungsmessungen durchgeführt, da hiermit eine schnelle und einfache Auswertung möglich ist. Zusätzlich wird an der Modellbewehrung die Dehnungsverteilung mit Spitzendehnmessern ermittelt.

Die Ergebnisse lassen sich zahlenmäßig nicht auf den wirklichen Stahlbetonbalken übertragen; jedoch können durch Vergleich der verschiedenen Meßreihen qualitative Aussagen über das Verhalten von wirklichen Stahlbetonbalken gemacht werden.

Der Modellversuch liefert naturgemäß mehr Einzelheiten als ein Großversuch üblicher Art. Die Ergebnisse stehen, insgesamt betrachtet, nicht im Widerspruch zu den in der vorhandenen Literatur mitgeteilten Resultaten, die im Großversuch an Betonbalken festgestellt wurden. Darin liegt eine Bestätigung dafür, Probleme des Stahlbetons überhaupt mit Hilfe bewehrter Modelle zu studieren und Einzelergebnisse qualitativ auf den wirklichen Balken zu übertragen.

Technische Hochschule Stuttgart,
Institut für Spannungsoptik und Modellmessungen

Literatur

[1] MÜLLER, R., Ein Beitrag zur spannungsoptischen Untersuchung von bewehrten Balkenmodellen. Dissertation, T. H. Darmstadt 1960.

[2] HILTSCHER, R., u. MÜLLER, R., Die Bemessung von Stahlbetonkonstruktionen mit Hilfe des spannungsoptischen Modellversuches. B. u. St. **54** (1959) H. 11, S. 263/271.

Über spannungsoptische Untersuchungen von Wärmespannungen

Von Z. Orłoś und Z. Dyląg

Der erste Teil des Vortrages enthielt allgemeine Bemerkungen über theoretische Grundlagen der experimentellen Untersuchungen der Wärmespannungen.

Im zweiten Teil werden Ergebnisse der Untersuchungen der Verfasser besprochen.

1. Grundgleichungen der thermoelastischen Spannungszustände

Im einfachsten Falle des linear elastischen Körpers können wir auf Grund der Zusammenhänge, die zwischen den Verzerrungen

$$\varepsilon_{ik} = \frac{1}{2G}\left[\sigma_{ik} - \frac{\nu}{1+\nu} s\, \delta_{ik}\right] + \alpha_T\, T\, \delta_{ik}\,, \tag{1}$$

$$i, k = x, y, z\,; \quad s = \sigma_{xx} + \sigma_{yy} + \sigma_{zz}\,,$$

den Spannungen

$$\sigma_{ik} = 2G\left[\varepsilon_{ik} + \frac{\nu}{1-2\nu} e\, \delta_{ik} - \frac{1+\nu}{1-2\nu}\alpha_T\, T\, \delta_{ik}\right], \tag{2}$$

$$e = \varepsilon_{xx} + \varepsilon_{yy} + \varepsilon_{zz}\,,$$

den Gleichgewichtsbedingungen

$$\sum_k \frac{\partial \sigma_{ki}}{\partial k} = 0 \tag{3}$$

und den Verschiebungen

$$\varepsilon_{ik} = \frac{1}{2}\left(\frac{\partial u_i}{\partial k} + \frac{\partial u_k}{\partial i}\right) \tag{4}$$

bestehen, für die Verschiebungen u_i das System von drei partiellen Differentialgleichungen aufstellen:

$$\nabla^2 u_i + \frac{1}{1-2\nu}\frac{\partial e}{\partial i} - \frac{2(1+\nu)}{1-2\nu}\alpha_T \frac{\partial T}{\partial i} = 0\,, \tag{5}$$

$$\nabla^2 = \frac{\partial^2}{\partial x^2} + \frac{\partial^2}{\partial y^2} + \frac{\partial^2}{\partial z^2}\,.$$

Dazu treten noch Bedingungen an der Oberfläche des Körpers, an der entweder die Spannungen

$$\sum_k \sigma_{ik} \cos(n, k) = p_i \tag{6}$$

oder die Verschiebungen vorgegebene Werte annehmen müssen.

2. Die Temperaturverteilung

Die Temperaturverteilung wird durch die folgende partielle Differentialgleichung beschrieben:

$$\left(\lambda \nabla^2 - c_p \varrho \frac{\partial}{\partial t}\right) T + W = 0 \,. \tag{7}$$

λ bedeutet die Wärmeleitfähigkeit,
c_p die spezifische Wärme,
ϱ die Dichte,
W die Wärmemenge, die je Zeit- und Volumeinheit von einer im Innern eines Volumelements liegenden Wärmequelle produziert wird.

Die Lösung der obigen Gleichung soll die Anfangs- und Grenzbedingungen erfüllen.

Als Anfangsbedingung kann man eine bestimmte Temperaturverteilung zur Zeit $t = 0$ annehmen:

$$T(x, y, z, 0) = f(x, y, z) \,. \tag{8}$$

Die räumliche Grenzbedingung betrifft die Einwirkung der Umgebung des Körpers auf die Oberfläche des Körpers. Diese Bedingung kann man zum Beispiel in der Form der folgenden Gleichung ausdrücken:

$$\frac{\partial T}{\partial n} = \frac{\lambda_1}{\lambda} (T_0 - T) \,. \tag{9}$$

λ_1 bedeutet die Wärmeübertragungszahl,
T_0 die Umgebungstemperatur.

Die Lösungen der obigen Differentialgleichungen, die den Anfangs- und Randbedingungen genügen, sind in vielen Fällen sehr schwer zu erhalten. Aus diesem Grunde scheint es nötig zu sein, die Lösungen der Wärmespannungsprobleme auf dem experimentellen Wege zu suchen.

Einen sehr wichtigen experimentellen Weg stellt die Spannungsoptik dar, die in den letzten Jahren für die Untersuchungen der Wärmespannungen neben anderen Forschern von Gerard, Papirno, Gilbert und Tramposch angewandt worden ist.

Die ebene Spannungsoptik liefert uns folgende Beziehung zur Auswertung des Isochromatenbildes:

$$\sigma_1 - \sigma_2 = K_d \cdot m \,. \tag{10}$$

K_d bedeutet den Isochromatenwert für das Modell,
m die Isochromatenordnung.

Im allgemeinen Falle ist K_d eine Funktion der Temperatur.

Es hat sich als nützlich erwiesen, außer dem bekannten Gütemaß für einen Modellwerkstoff, das durch die Formel

$$Q = \frac{E}{K} \tag{11}$$

ausgedrückt wird, für die Wärmespannungsprobleme noch ein zusätzliches Gütemaß einzuführen:

$$Q_\alpha = \frac{\alpha_T E}{K} \,. \tag{12}$$

Es bedeutet α_T den Wärmeausdehnungskoeffizient.

3. Ähnlichkeitsgesetze für die Wärmespannungsuntersuchungen

Bei den einfachsten Problemen der Temperaturverteilung kann man die folgenden dimensionalen und entsprechenden dimensionslosen Größen haben

$$x,\, y,\, z,\, a,\, \varrho,\, c_P,\, \lambda,\, \lambda_1,\, t,\, T,\, T_0,\, T_A,\, W_P,\, W_L,\, W_A,\, W_V,\, \left(\frac{\partial T}{\partial n}\right)_A = T_n', \tag{13}$$

$$s_a,\, s_a',\, \ldots,\, s_P,\, s_P',\, \ldots,\, s_L,\, s_L',\, \ldots,\, s_A,\, s_A',\, \ldots,\, s_V,\, s_V',\, \ldots,$$

$$\frac{x}{a},\, \frac{y}{a},\, \frac{z}{a},\, \frac{\lambda_1 a}{\lambda},\, \frac{\lambda t}{\varrho c_p a^2},\, \frac{T}{T_0},\, \frac{T_A}{T_0},\, \frac{W_P}{\lambda T_0 a},\, \frac{W_L a}{W_P},\, \frac{W_A a^2}{W_P},\, \frac{W_V a^3}{W_P},\, \frac{T_n' a}{T_0},\, s_a,\, s_a',\, \ldots,\, s_P,\, s_P',\, \ldots,$$

$$s_L,\, s_L',\, \ldots,\, s_A,\, s_A',\, \ldots,\, s_V,\, s_V',\, \ldots\,. \tag{14}$$

Auf Grund der dimensionalen Analyse haben wir die folgenden Ähnlichkeitsgesetze für die Temperaturverteilungsprobleme erhalten:

$$\frac{x}{a} = \frac{x_m}{a_m},\, \ldots,\, \frac{\lambda_1 a}{\lambda} = \frac{\lambda_{1m} a_m}{\lambda_m},\, \ldots \tag{15}$$

und für Wärmespannungen

$$x,\, y,\, z,\, a,\, E_0,\, \nu_0,\, \alpha_0,\, T_0,\, \sigma,\, T,\, U,\, s_a,\, s_a',\, \ldots,\, s_U,\, s_U',\, \ldots,\, f_E,\, f_\nu,\, f_\alpha, \tag{16}$$

$$f_E = \frac{E}{E_0},\, f_\nu = \frac{\nu}{\nu_0},\, f_\alpha = \frac{\alpha}{\alpha_0}, \tag{17}$$

$$\frac{x}{a},\, \frac{y}{a},\, \frac{z}{a},\, \nu_0,\, \alpha_0 T_0,\, \frac{\sigma}{E_0},\, \frac{T}{T_0},\, \frac{U}{a},\, s_a,\, s_a',\, \ldots,\, s_U,\, s_U',\, \ldots,\, f_E,\, f_\nu,\, f_\alpha, \tag{18}$$

$$\frac{x}{a} = \frac{x_m}{a_m},\, \ldots;\, \nu_0 = \nu_{0m};\, \alpha_0 T_0 = \alpha_{0m} T_{0m};\, \frac{\sigma}{E_0} = \frac{\sigma_m}{\sigma_{0m}};\, \frac{T}{T_0} = \frac{T_m}{T_{0m}};\, \frac{U}{a} = \frac{U_m}{a_m};$$

$$s_a = s_{am},\, \ldots;\, s_U = s_{Um},\, \ldots;\, f_E = f_{Em};\, f_\nu = f_{\nu m};\, f_\alpha = f_{\alpha m}\,. \tag{19}$$

4. Experimentelle Untersuchungen

Bei unseren Untersuchungen haben wir als Modellmaterial das Kunstharz VP 1527 angewendet.

4.1 Den Elastizitätsmodul E, den Schubmodul G und die Poissonsche Konstante ν haben wir bei den Temperaturen +20, 0, —20, —40 und —78 °C ermittelt.

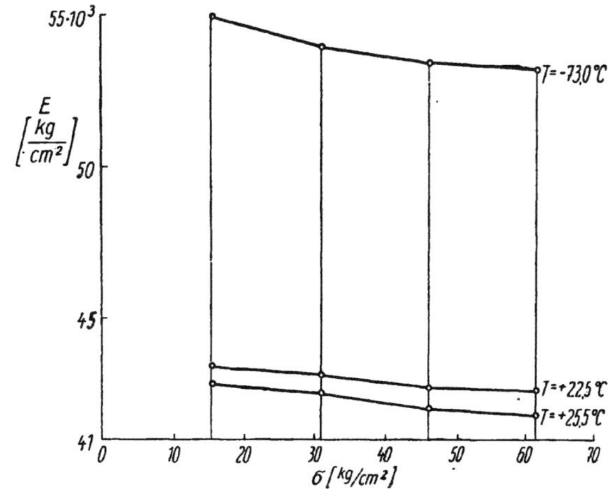

Abb. 1

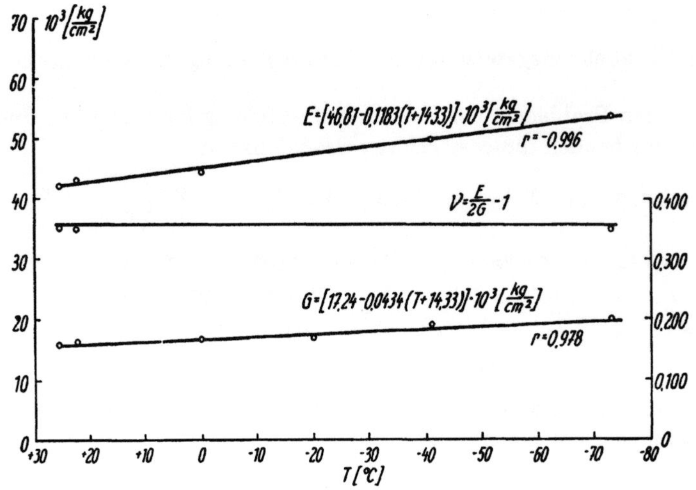

Abb. 2

Abb. 3

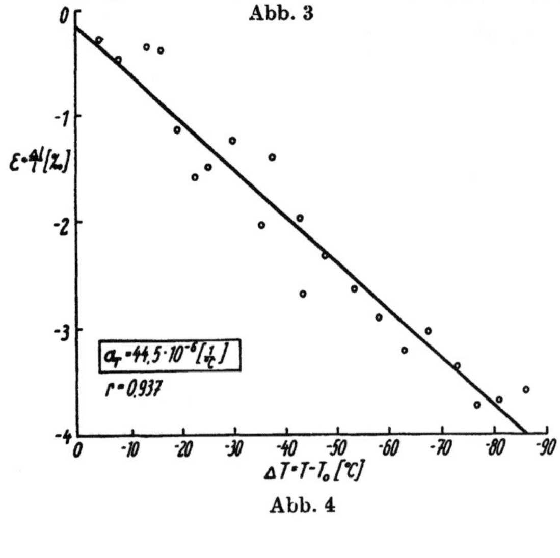

Abb. 4

Auf Abb. 1 haben wir die Werte des Elastizitätsmoduls E für verschiedene Spannungsbereiche und Temperaturen dargestellt.

Auf Abb. 2 haben wir auch Beziehungen $E = E(T)$, $G = G(T)$ und $\nu = \nu(T)$ dargestellt. Bei der Auswertung der Meßergebnisse für E und G haben wir zuerst eine lineare Regression

Abb. 5a

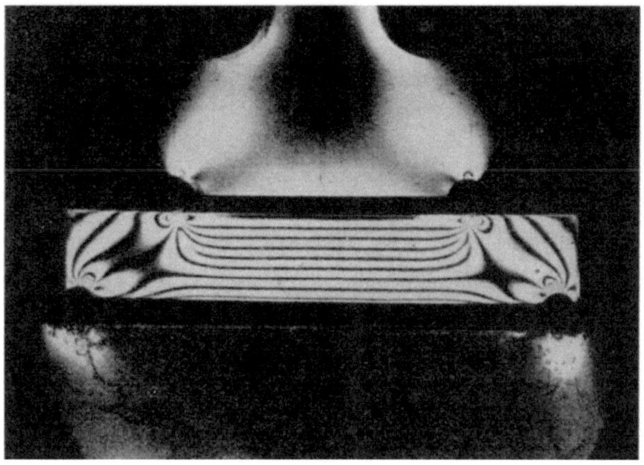

Abb. 5b

angenommen und die Korrelationskoeffizienten ausgerechnet. Die Werte der Korrelationskoeffizienten betrugen: $r = 0{,}996$ und $0{,}978$.

4.2 Die Untersuchungen des Wärmeausdehnungskoeffizienten haben wir mit einer sehr einfachen Vorrichtung durchgeführt. Die Vorrichtung ist auf Abb. 3 zu sehen.

Bei der Auswertung der Meßergebnisse für α_T haben wir auch eine lineare Regression angenommen Im Bereich von —70 °C bis +22 °C war der Wert des Wärmeausdehnungskoeffizienten konstant und betrug $\alpha_T = 44{,}5 \cdot 10^{-6}$ 1/°C ($r = 0{,}937$), Abb. 4.

4.3 Die Untersuchungen der spannungsoptischen Koeffizienten haben wir in einem speziellen Behälter aus Plexiglas durchgeführt (Abb. 5a). Auf Abb. 5b sehen wir den Probekörper, der auf reine Biegung beansprucht wird. Auf Abb. 6 sehen wir die Abhängigkeit der Isochromatenordnung von der Temperatur bei verschiedenen Werten der Belastungsmomente. Die Kurve auf Abb. 7 stellt die Abhängigkeit der Isochromatenwerte von der Temperatur dar.

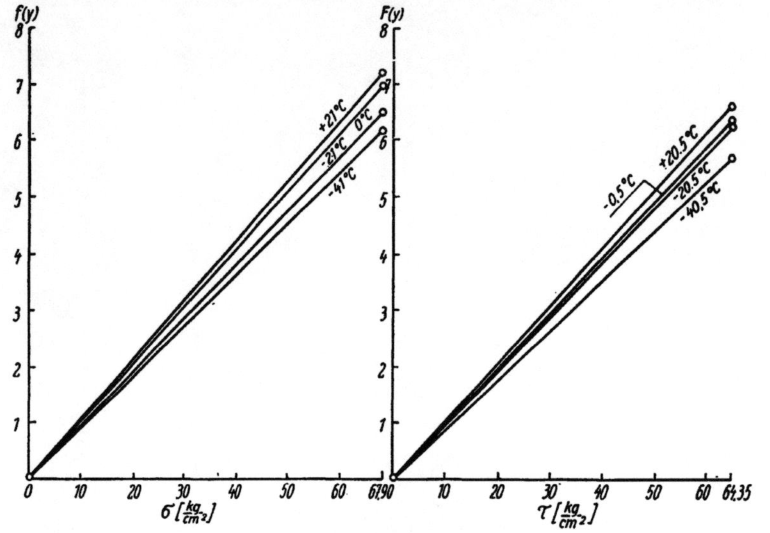

Abb. 6

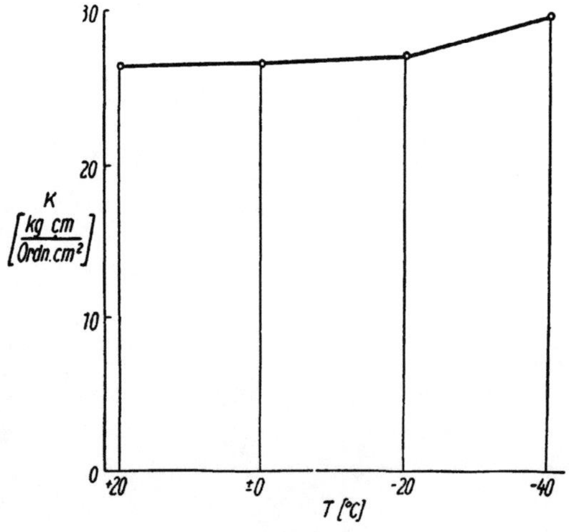

Abb. 7

5. Beispiel: Halbebene mit Kreisloch

Der Versuchsstand ist auf Abb. 8 zu sehen. Die thermische Isolation des Modells wurde mittels Plexiglasplatten bewerkstelligt.

Der Einfluß dieser Plexiglasplatten auf den resultierenden spannungsoptischen Effekt ist vernachlässigbar.

Der Rand des Modells der Halbebene wurde mit Hilfe einer Metallplatte gekühlt. Diese Metallplatte wurde ihrerseits mit Trockeneis gekühlt.

Abb. 8

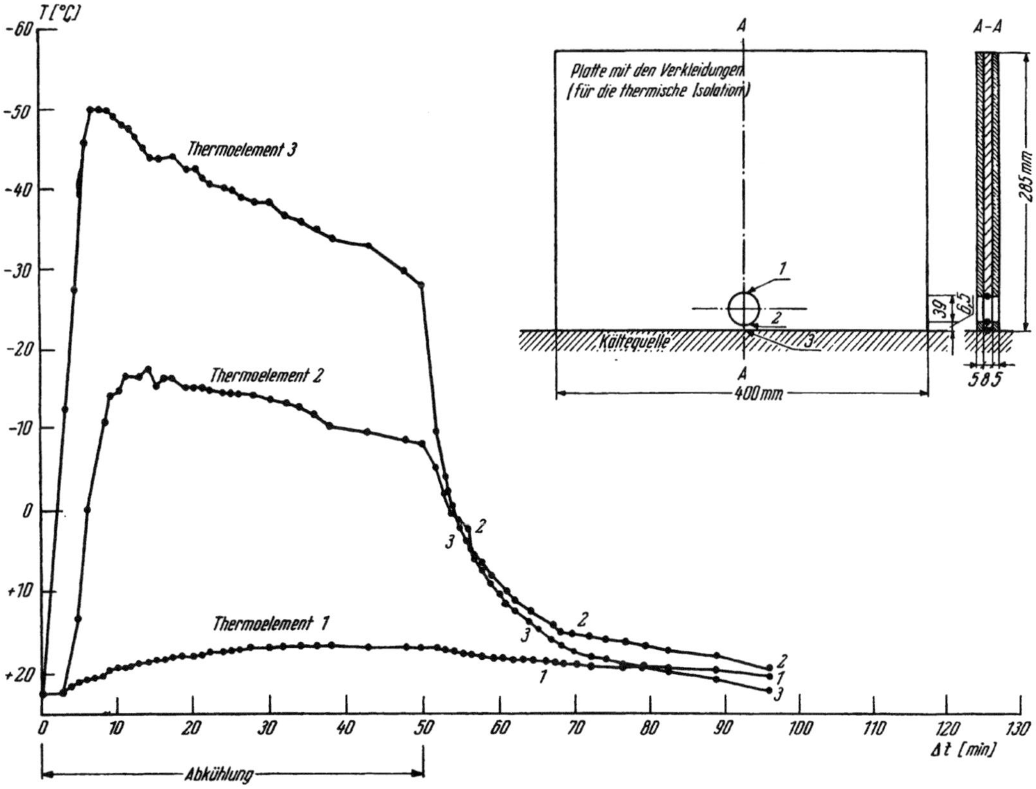
T [°C]
Thermoelement 3
Thermoelement 2
Thermoelement 1
Abkühlung
Δt [min]
Platte mit den Verkleidungen (für die thermische Isolation)
Kältequelle
A
A-A
400 mm
285 mm
585
39
6,5

Abb. 9

Der Temperaturverlauf in drei Punkten des Modells ist auf Abb. 9 dargestellt. Für Temperaturmessungen wurden Thermoelemente Kupfer-Konstantan verwendet, die in der Kältemischung geeicht wurden.

Abb. 10 stellt das Isochromatenbild 3 Minuten nach der Abkühlung dar,
Abb. 11 nach 24 Minuten
(die Kühlung ist weggeschafft),
Abb. 12 nach 41 Minuten,

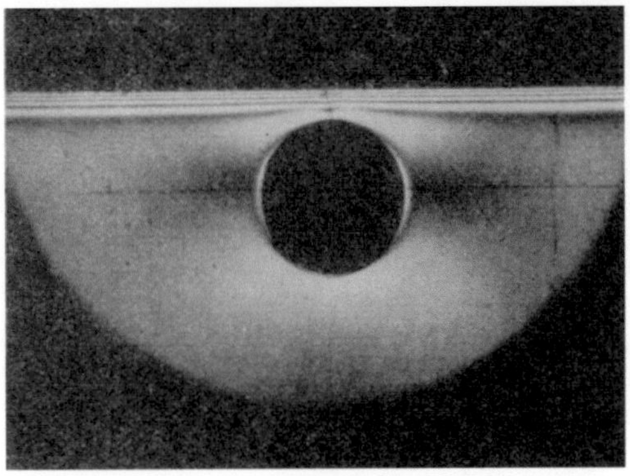

Abb. 10

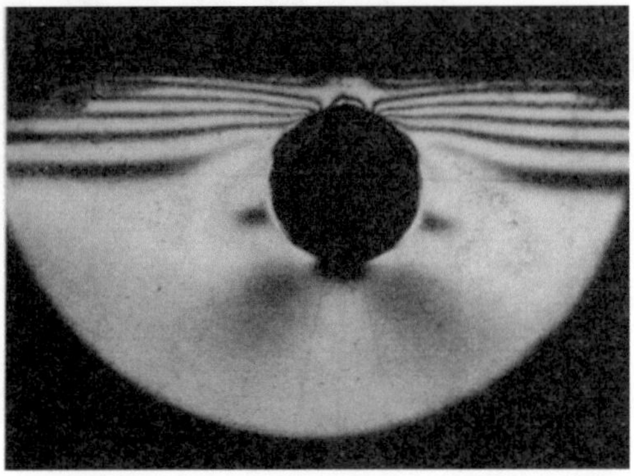

Abb. 11

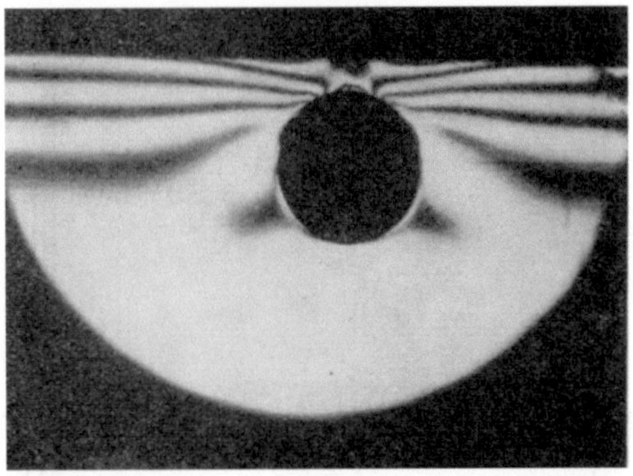

Abb. 12

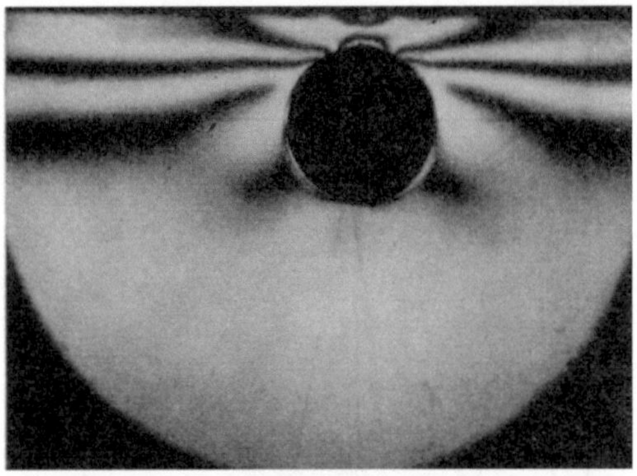

Abb. 13

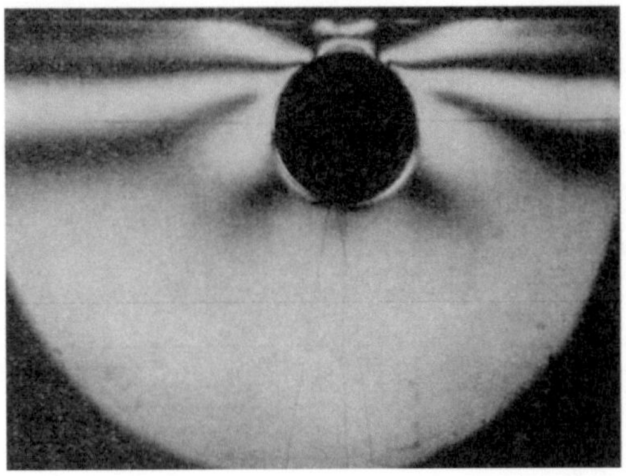

Abb. 14

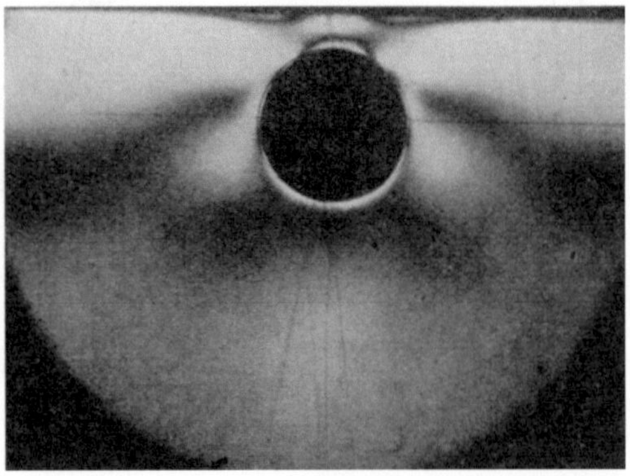

Abb. 15

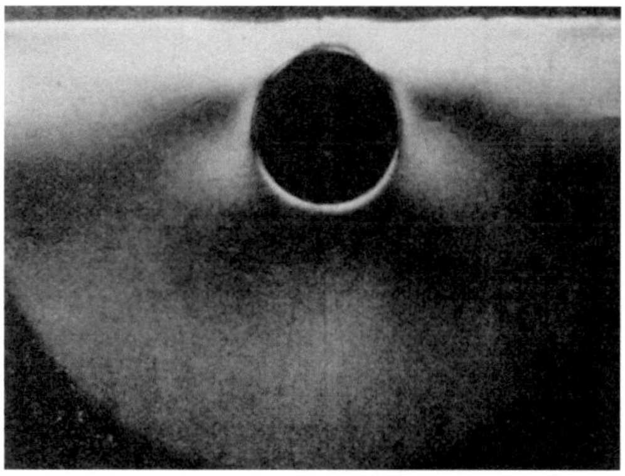

Abb. 16

Abb. 13 nach 48 Minuten,
Abb. 14 nach 50 Minuten,
Abb. 15 nach 59 Minuten,
Abb. 16 nach 64 Minuten.

Die Resultate der durchgeführten Untersuchungen haben noch einmal bewiesen, daß es nützlich ist, die Methoden der Spannungsoptik für die Untersuchungen von thermoelastischen Problemen anzuwenden und weiter zu entwickeln.

Warschau

Literatur

[1] Nowacki, W., Zagadnienia termosprężystości. PWN, Warszawa 1960.
[2] Melan, E. u. Parkus, H., Wärmespannungen infolge stationärer Temperaturfelder. Springer-Verlag, Wien 1953.
[3] Gatewood, B. E., Thermal Stresses. New York 1957.
[4] Gerard, G. u. Gilbert, A. C., Photothermoelasticity: An Exploratory Study. Journal of Applied Mechanics, Sept. 1957.
[5] Tramposch, H., Papirno, R. u. Gerard, G., A Rapid Scanning System for Recording Thermocouple Outputs. ASTM Bulletin (TP 109), May 1959.
[6] Tramposch, H. u. Gerard, G., Physical Properties of Plastics for Photothermoelastic Investigations. Journal of Applied Mechanics **25**, Trans. ASME **80** (1958).
[7] Tramposch, H. u. Gerard, G., Correlation of Theoretical and Photothermoelastic Results on Thermal Stresses in Idealized Wing Structures. Journal of Applied Mechanics, March 1960.
[8] Hosp, E., Experimentelle Bestimmung von Wärmespannungen in Bauteilen auf spannungsoptischem Wege. Die Bautechnik (1960) H. 11.
[9] Mönch, E., Die Ähnlichkeits- und Modellgesetze bei spannungsoptischen Versuchen. Zeitschrift für angewandte Physik **1** (1949) H. 7, 306 — 316.
[10] Tramposch, H. u. Gerard, G., An Exploratory Study of Three-Dimensional Photothermoelasticity. Journal of Applied Mechanics, March 1961.

Einige rheologische Probleme bei spannungsoptischen Untersuchungen

Von J. T. PINDERA

Bei den meisten Modelluntersuchungen, also auch bei den spannungsoptischen Untersuchungen, werden Kunststoffe als Modellwerkstoff angewendet. Wie bekannt, hängen die mechanischen und optischen Eigenschaften der Kunststoffe mehr oder weniger von der Zeit ab.

Die Erforschung dieser Eigenschaften stellt also ein rheologisches Problem dar.

Das Problem des Einflusses der rheologischen Eigenschaften der Kunststoffe auf die Richtigkeit und Genauigkeit der Ergebnisse der Modelluntersuchungen und auf die Methodik und Technik der Modelluntersuchungen selbst stellt eines der Grundprobleme der Theorie und der Technik der Modelluntersuchungen dar.

Diesen Einfluß kann man von folgenden Standpunkten aus betrachten:

1. Die Abhängigkeit der Ergebnisse der Untersuchungen von mechanischen und spannungsoptischen Eigenschaften der Modellwerkstoffe von der Methodik und Technik des Versuches.
2. Das Problem der Zulässigkeit des Modellierens linear-elastischer Systeme bei der Verwendung von Modellwerkstoffen, deren Charakteristik stark zeitabhängig ist.
3. Die Möglichkeit der Modelluntersuchungen im nichtlinear-elastischen Bereiche.
4. Beschreibungsmethoden der mechanischen und spannungsoptischen Eigenschaften der Kunststoffe, die bei der Modelluntersuchung angewendet werden.

Diese Probleme werden von dem Standpunkt eines durchschnittlich ausgestatteten spannungsoptischen Laboratoriums aus betrachtet.

1. Die Abhängigkeit der Ergebnisse der Untersuchungen der mechanischen und spannungsoptischen Eigenschaften der Modellwerkstoffe von der Methodik und Technik des Versuches

Die mechanischen und spannungsoptischen Eigenschaften der Modellwerkstoffe werden vor allem mittels Zug- und Biegeversuchen bestimmt bei Anwendung prismatischer Proben.

Der Biegeversuch baut auf der Voraussetzung auf, daß die Verteilung der Dehnungen, Spannungen und optischen Effekte über den Probenquerschnitt linear ist und evtl. nur eine kleine Korrektur benötigt wegen der Krümmung der Probe unter der Belastung. Der Zugversuch baut auf der Voraussetzung auf, daß in der gedehnten prismatischen Probe ein axialer, homogener Dehnungs- und Spannungszustand herrscht, der bei den üblichen Dehnungsgeschwindigkeiten von der Zeit nur unbeträchtlich beeinflußt wird.

Diese beiden Voraussetzungen müssen experimentell bestätigt werden, wenn die Zug- und Biegeversuche als physikalische und nicht als technologische Versuche betrachtet werden sollen.

Der Zugversuch bei der Anwendung der prismatischen Probe, die durch eine langsam anwachsende Kraft belastet wird, liefert die Spannungs-Dehnungs-Kurven, die keine $\varepsilon = \varepsilon(\sigma)$- oder $m = m(\sigma)$-Kurven sind, sondern $\varepsilon = \varepsilon(\sigma, t)$- oder $m = m(\sigma, t)$-Kurven. E. MÖNCH [1] schlägt vor, auf Grund einiger (3 bis 4) Spannungs-Dehnungs-Linien bei konstanter Dehnungsgeschwindigkeit, $\varepsilon = \varepsilon(\sigma, t)$ bei $\frac{d\varepsilon}{dt} = \text{const}$ oder $m = m(\sigma, t)$ bei $\frac{d\varepsilon}{dt} = \text{const}$, sogenannte „resultierende" Spannungs-Dehnungs-Linien für jede bestimmte Belastungsdauer zu bestimmen: $\varepsilon = \varepsilon(\sigma)$ bei $t = \text{const}$ oder $m = m(\sigma)$ bei $t = \text{const}$. Auf diesem mittelbaren Wege

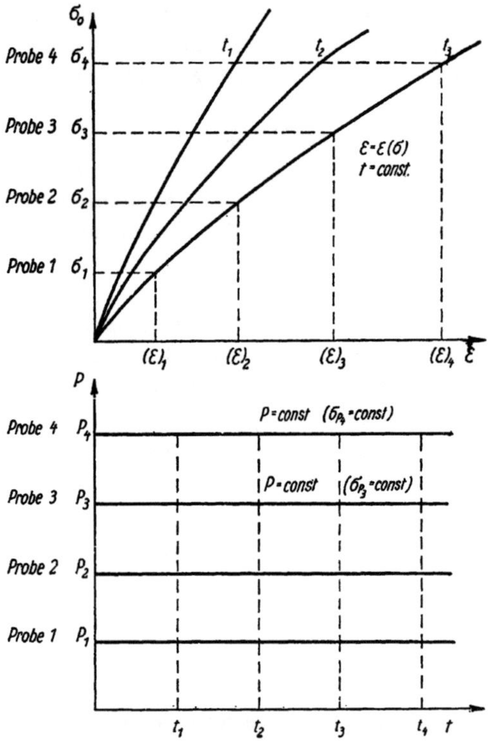

Abb. 1. Mittelbare Ermittlung der $\varepsilon = \varepsilon(\sigma)$-Linien für $t = \text{const}$ bei der Verwendung von 4 prismatischen Proben, die mit verschiedenen konstanten Zugkräften belastet sind

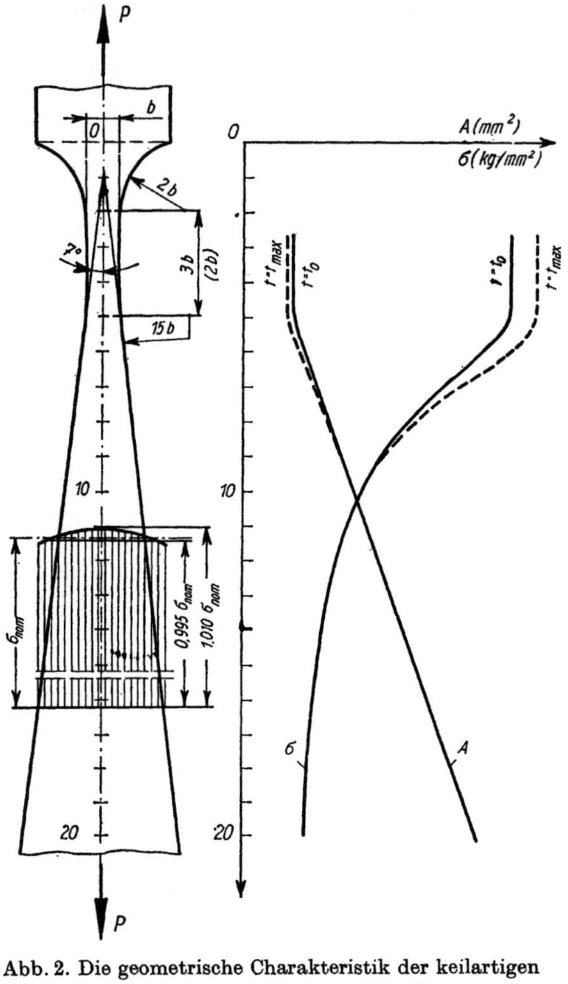

Abb. 2. Die geometrische Charakteristik der keilartigen Zugprobe nach Verfasser [4], [5]

kann man den Einfluß der Zeit auf die σ, ε- oder m, σ-Linien eindeutig bestimmen, was E. MÖNCH bewiesen hat [1]. Bei dieser Methode muß man mindestens 3 bis 4 Proben verwenden. Die mittelbare Ermittlung der σ, ε-Linien oder m, σ-Linien nach dem bekannten Verfahren, das auf Abb. 1 dargestellt ist, erfordert die Herstellung von mindestens 4 Proben, wenn die Interpolation der Meßergebnisse noch zulässig sein soll.

Der Verfasser hat, von der Voraussetzung ausgehend, daß es wünschenswert sei, die σ, ε- und m, σ-Linien unmittelbar ermitteln zu können bei der Verwendung nur einer Probe und für beliebige Belastungszeiten, eine Probe eingeführt, die die Form eines schlanken Keiles hat und die durch eine konstante Kraft belastet wird; die Belastungskraft soll möglichst linear ansteigen und den maximalen Wert binnen ca. 1—2 Sekunden erreichen.

Die geometrische Charakteristik der keilartigen Zugprobe [4] ist auf Abb. 2 angegeben. Aus Abb. 2 ist zu sehen, daß die größten Formzahlenunterschiede über den Probenquerschnitt kleiner als 1,5% sind. Diese Spannungsunterschiede liegen einerseits noch im Bereich üblicher Meßfehler, andererseits verursachen sie schon eine merkliche Krümmung der Isochromaten, was die Beobachtung der entstehenden nichtelastischen Deformationen erleichtert. Das charakteristische Isochromatenfeld in der keilartigen Zug-Kriechprobe ist auf Abb. 3 zu sehen. Der Einfluß der nichtelastischen Deformationen auf den Isochromatenverlauf läßt sich unmittelbar beobachten.

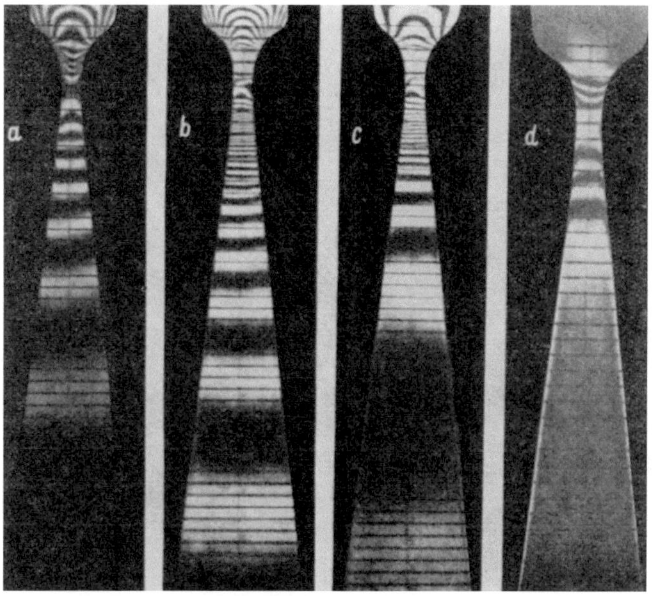

Abb. 3. Zug-Kriech- und Erholungsversuch.
Material: Allylharz CR-39. Isochromatenfelder. Gelbe Hg-Linie.
a) 1 sec nach der Belastung;
b) 549 h nach der Belastung, vor der Entlastung;
c) 1 min nach der Entlastung;
d) 3430 h nach der Entlastung

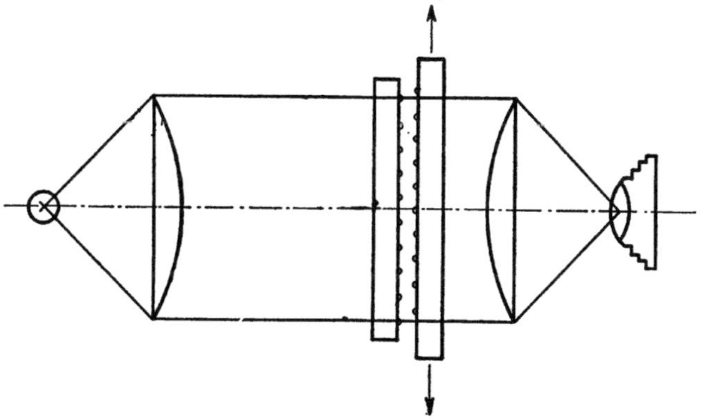

Abb. 4. Schema der optischen Einrichtung für die Messung der Dehnungen mit Hilfe eines Eichstabes, deraus dem selben Stoff angefertigt ist und dieselbe Skala aufgetragen hat

Die Dehnungen werden nach einer Vergleichsmethode gemessen. Das Prinzip der Messung ist aus Abb. 4 ersichtlich.

Die unten angegebenen Ergebnisse der Zug-Kriech-Versuche sind nach der beschriebenen Methode erhalten.

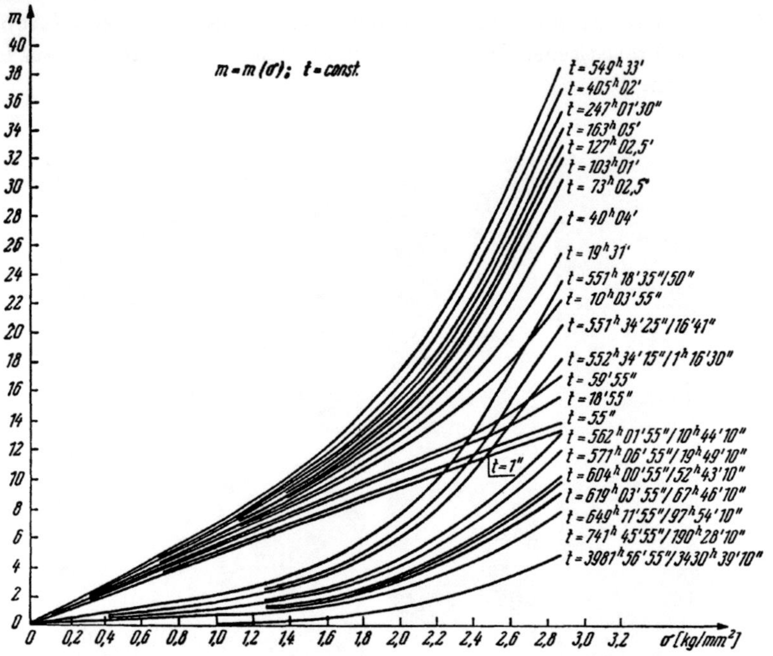

Abb. 5. Allylharz CR-39. Das optische Kriechen bei P = const und die optische Erholung ($P = 0$). m, σ-Linien bei t = const für die blaue Hg-Linie

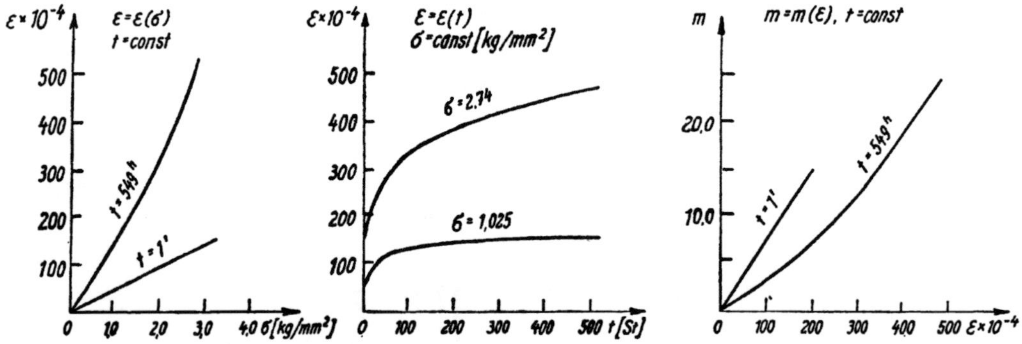

Abb. 6. Allylharz CR-39. Gelbe Hg-Linie. Das mechanische und optische Kriechen

1. *Allylharz CR-39.* Das Isochromatenfeld ist auf Abb. 3 angegeben. Die ermittelten $m = m(\sigma)$-Linien bei t = const stellt Abb. 5 dar.

Die Kurven $\varepsilon = \varepsilon(\sigma)$ für t = const, $m = m(\varepsilon)$ für t = const und $\varepsilon = \varepsilon(t)$ für σ = const sind auf Abb. 6 ersichtlich. Die Kriechkurven $m = m(t)$ für σ = const sind auf Abb. 7 angegeben.

Diese Ergebnisse beweisen, daß die lineare Charakteristik des Materials in einem viel weiteren Spannungsbereiche besteht, als es oft angenommen wird. Zum Beispiel besteht nach den Untersuchungen von D. J. Coolidge [2] der lineare Zusammenhang zwischen der Zugspan-

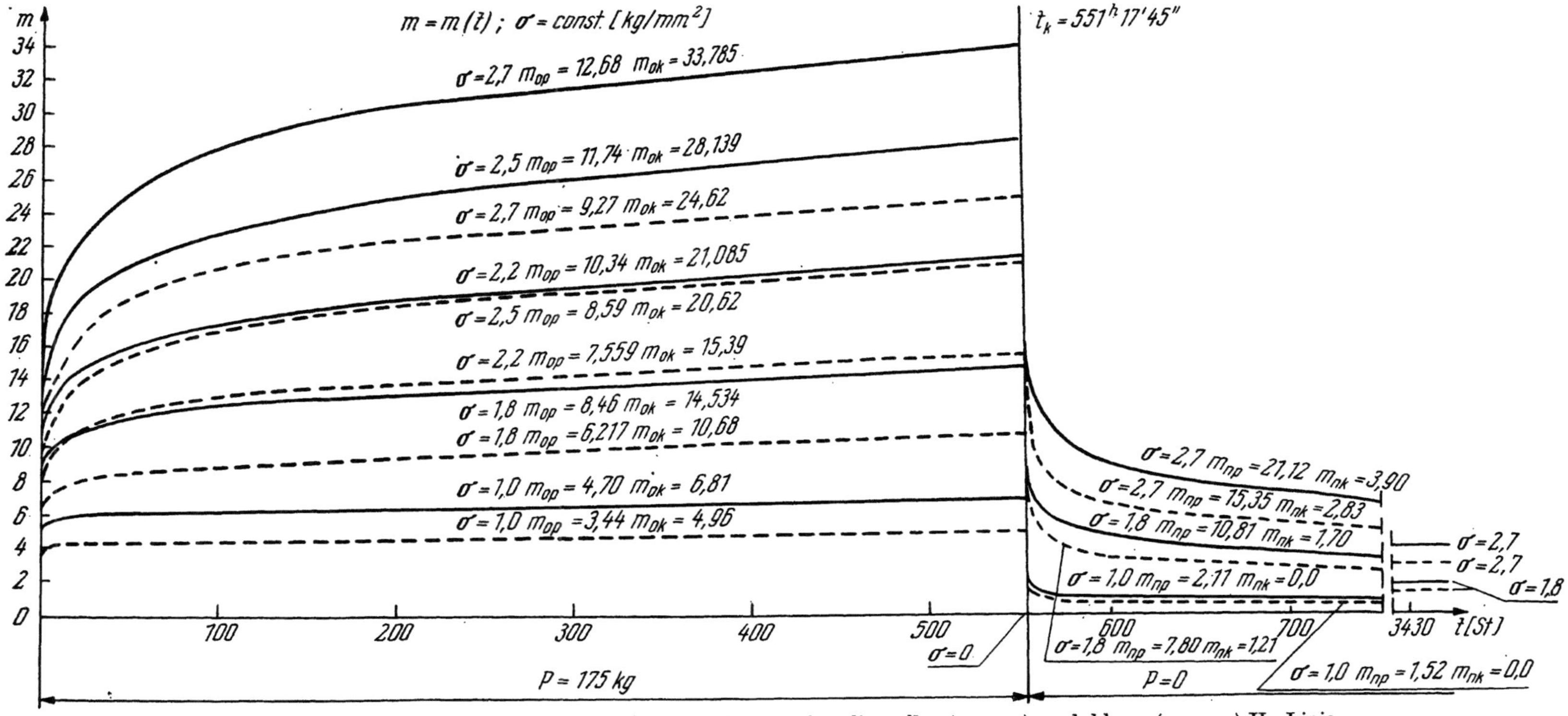

Abb. 7. Allylharz CR-39. Kriech- und Erholungskurven für die gelbe (---------) und blaue (————) Hg-Linie

Abb. 8. Polyesterharz Palatal P-6 ohne Wärmebehandlung.
Zug-Kriech- und Erholungsversuch: Isochromatenfelder.
Gelbe Hg-Linie.

a) 1 sec nach der Belastung;
b) 308 h 46 min nach der Belastung; 2 sec vor der Entlastung;
c) 1 sec nach der Entlastung;
d) 96 h 37 min nach der Entlastung

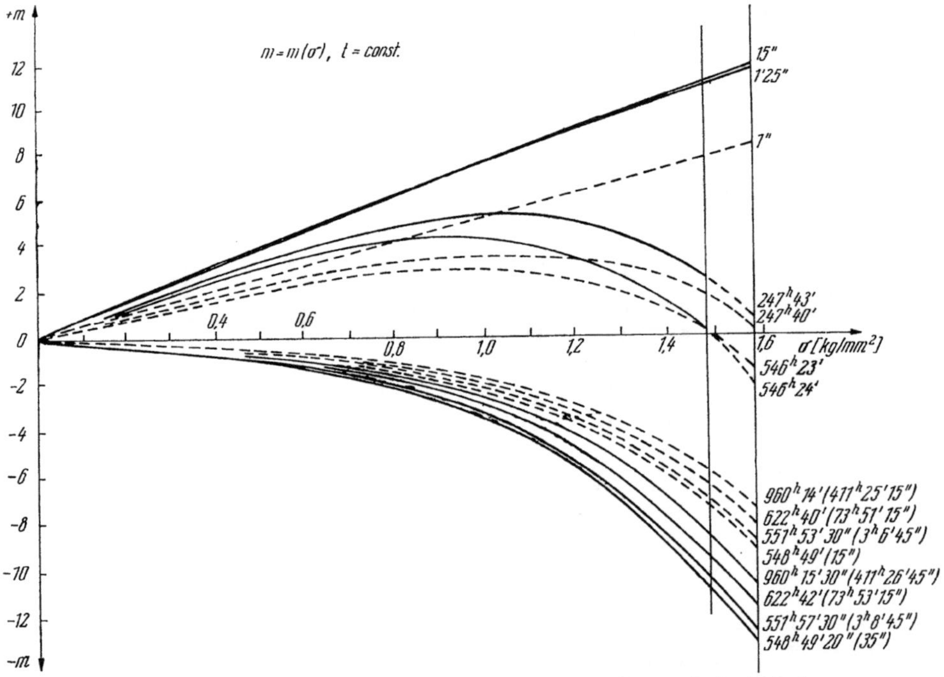

Abb. 9. Polyesterharz Palatal P-6. Das optische Kriechen und die optische Erholung. $m = m(\sigma)$ bei $t = \text{const}$ für die gelbe (---------) und blaue (————) Hg-Linie nach Abb. 8

nung und dem optischen Effekt bis etwa 1,4 kg/mm² — bei der stufenweise anwachsenden Belastung —, während nach Abb.5 der lineare Zusammenhang unmittelbar nach der Belastung bis über 3 kg/mm² besteht.

2. *Polyesterharz Palatal P-6*, ohne Wärmehärtung. Einige Ergebnisse der Untersuchungen sind in den Abbildungen 8, 9, 10 und 11 enthalten.

3. *Polyesterharz VP-1527*, ohne Wärmehärtung. Die Kriech- und Erholungskurven, die auf den Abbildungen 12 und 13 angegeben sind, haben denselben Charakter wie die entsprechenden Kurven für P-6.

4. *Polyesterharz Palatal P-6* nach der Wärmehärtung (40 St. bei 90 °C). Die lineare Charakteristik hat einen viel größeren Bereich als ohne Wärmehärtung, wie es aus den Abbildungen 14 und 15 ersichtlich ist.

Zusammenfassend kann man den Einfluß der Dauer der Belastung auf den Verlauf der Kurven $m = m(\sigma)$ bei $t = \text{const}$ für einige Kunststoffe wie auf der Abbildung 16 schematisch darstellen.

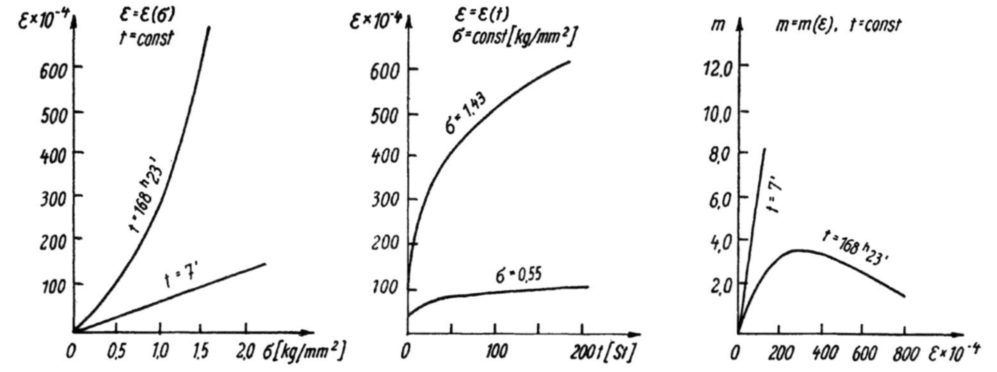

Abb. 10. Polyesterharz Palatal P-6. Das mechanische und optische Kriechen. Gelbe Hg-Linie

Die Ergebnisse der durchgeführten Untersuchungen gestatten, die folgenden Schlüsse zu ziehen:

1. Der Biegeversuch ist nur dann zulässig, wenn der Zugversuch bewiesen hat, daß im bestimmten Spannungs-Dehnungs- und Zeitbereich zwischen ε und σ sowie zwischen m und σ für $t = \text{const}$ lineare Zusammenhänge bestehen.

2. Der Zugversuch, der unter der Berücksichtigung der rheologischen Charakteristik der Kunststoffe durchgeführt wurde, bei dem also der Einfluß der Zeit bekannt ist, beweist, daß die untersuchten Kunststoffe wie Allylkunstharz CR 39 und hochvernetzte Polyesterharze VP-1527 sowie Palatal P-6 eine lineare Charakteristik in einem viel weiteren Bereiche besitzen als bisher angenommen wurde.

3. Der Spannungsbereich, in welchem eine lineare Charakteristik besteht, ist von der Dauer der Belastung abhängig.

Es hat sich auch als richtig erwiesen, die wahren momentanen Spannungswerte $\sigma = \frac{P}{F}$ und nicht die nominellen Spannungswerte $\sigma_0 = \frac{P}{F_0}$ zu berechnen.

Auf Grund der angegebenen Ergebnisse kann man das Kunstharz CR-39 und die hochvernetzten Kunstharze VP-1527 sowie P-6 als linear-elastische Körper betrachten, deren mechanische und optische Eigenschaften von der Zeit abhängig sind. I. Słowikowska hat bewiesen, daß es möglich ist, andere neue Kunstharze zu erarbeiten, die auch eine solche lineare Charakteristik haben.

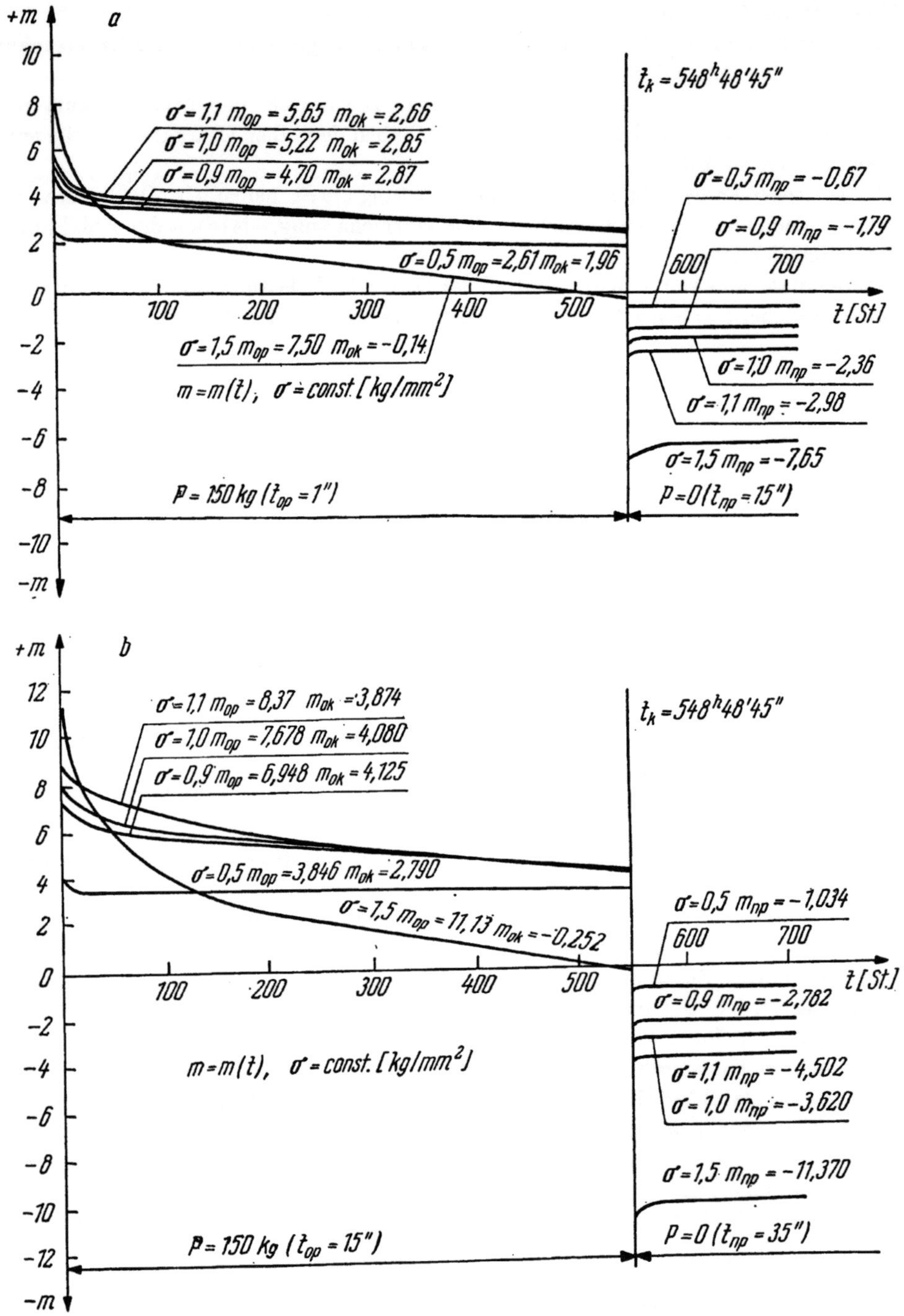

Abb. 11. Polyesterharz Palatal P-6. Kriech- und Erholungskurven. a) Für die gelbe Hg-Linie; b) für die blaue Hg-Linie

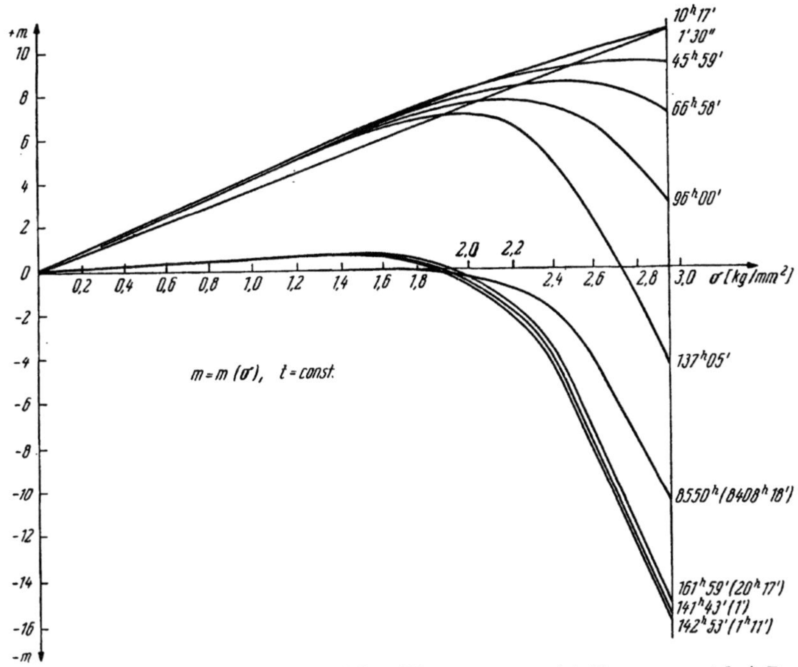

Abb. 12. Polyesterharz VP-1527. Natrium-Licht. Kurven $m = m(\sigma)$ für $t =$ const bei $P =$ const und $P = 0$

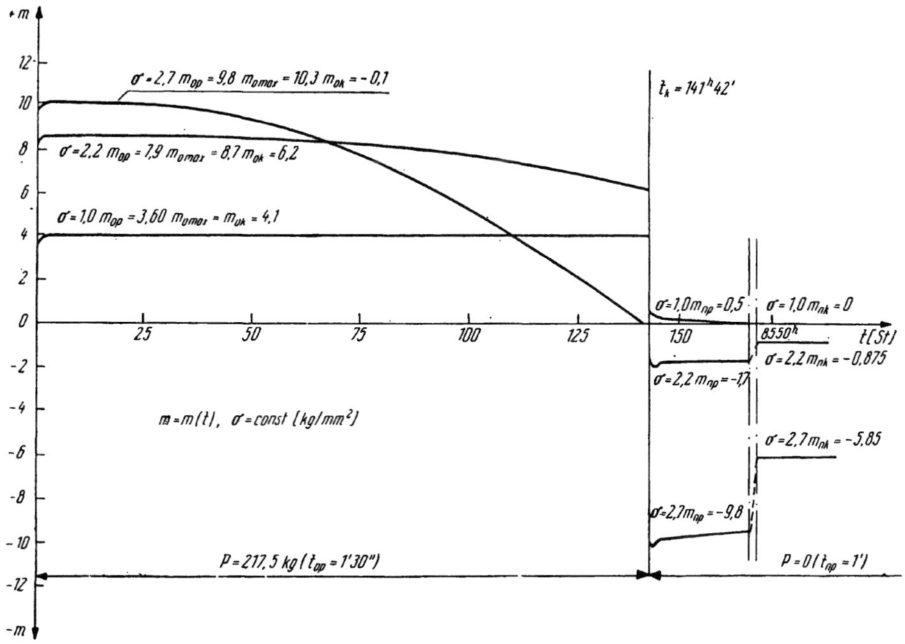

Abb. 13. Polyesterharz VP-1527. Natriumlicht. Kriech- und Erholungskurven $m = m(t)$ bei $\sigma =$ const

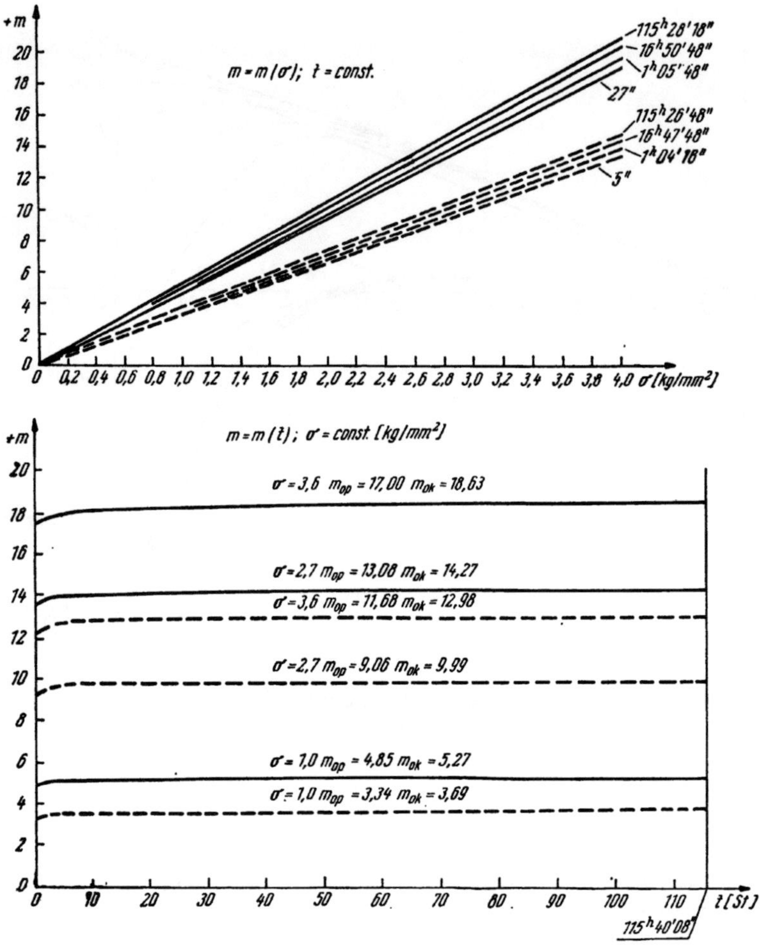

Abb. 14. Polyesterharz Palatal P-6 nach der Wärmebehandlung (40 St. bei 90 °C). Das optische Kriechen Kurven $m = m(\sigma)$ bei $t = \text{const}$ (oben) und Kurven $m = m(t)$ bei $\sigma = \text{const}$ (unten) für die gelbe (----------) und blaue (———) Hg-Linie

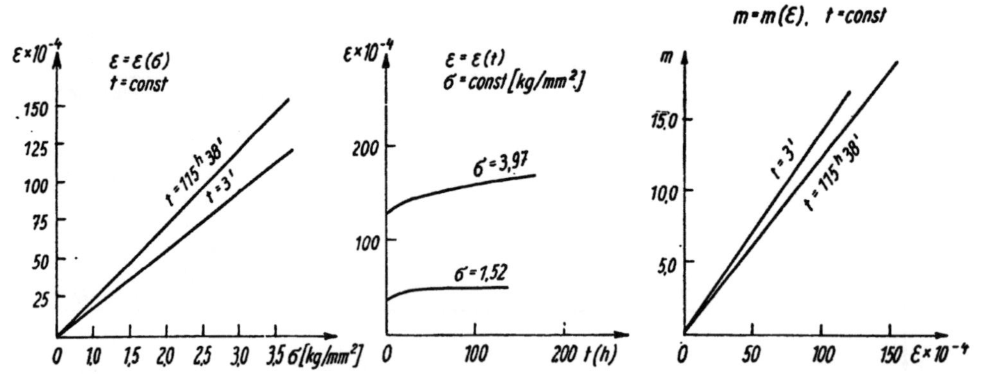

Abb. 15. Polyesterharz Palatal P-6 nach der Wärmebehandlung (40 St. bei 90 °C). Gelbe Hg-Linie. Kriechen. Kurven $\varepsilon = \varepsilon(\sigma)$ bei $t = \text{const}$, $m = m(\varepsilon)$ bei $t = \text{const}$ und $\varepsilon = \varepsilon(t)$ bei $\sigma = \text{const}$

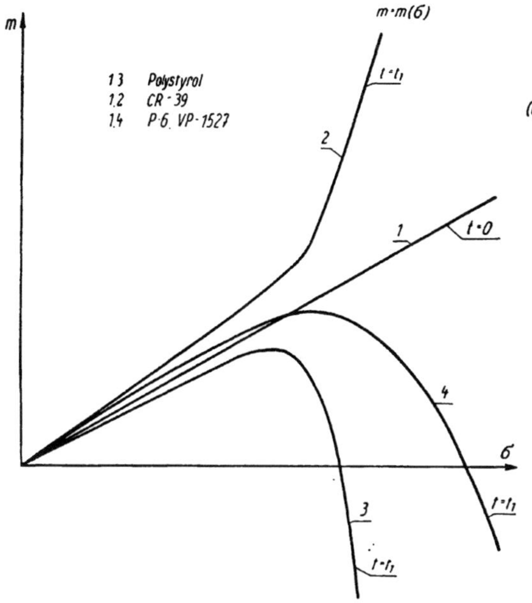

Abb. 16. Schematischer Verlauf der Linien $m = m(\sigma)$ für $t =$ const unmittelbar nach der Belastung und nach der Zeit t, für Allylharz CR-39, Polystyrol sowie für die Polyesterharze VP-1527 und Palatal P-6

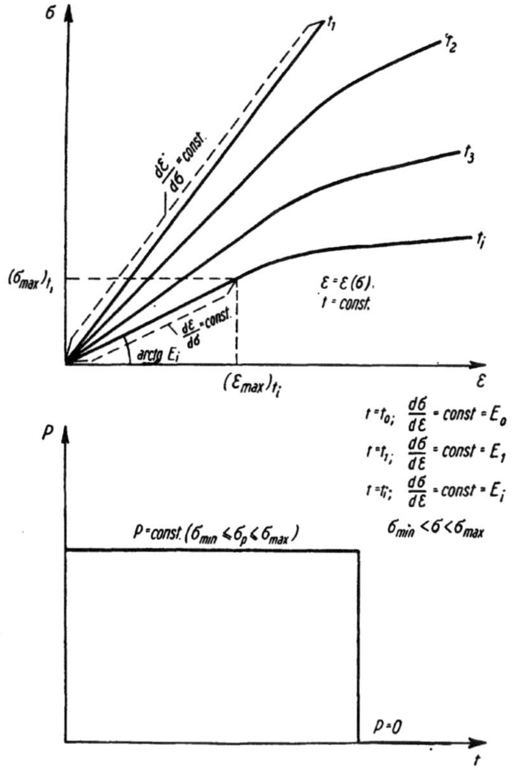

Abb. 17. Spannungs-Dehnungs-Linie $\varepsilon = \varepsilon(\sigma)$ für $t =$ const für einen momentan linear-elastischen (quasi-linear-elastischen) Körper

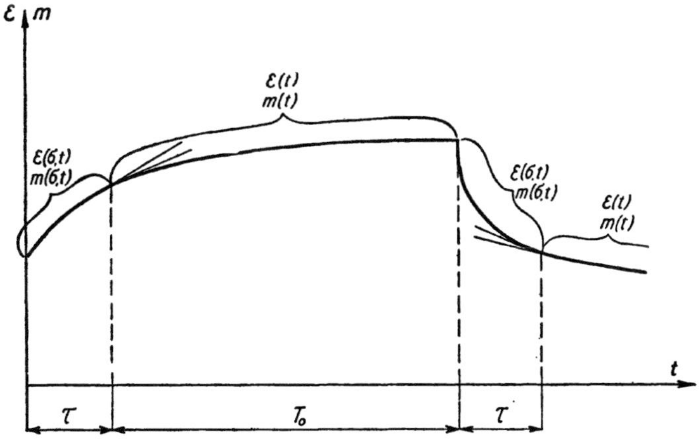

Abb. 18. Der wirkliche Verlauf der sonstigen experimentellen Kriech- und Erholungskurven für die Kunststoffe

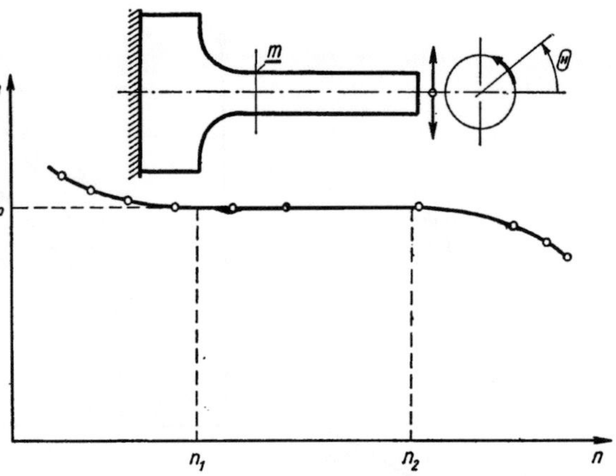

Abb. 19. Abhängigkeit der Isochromatenordnung von der Frequenz bei der Wechselbiegebelastung für die Polyesterharze VP-1527 und P-6

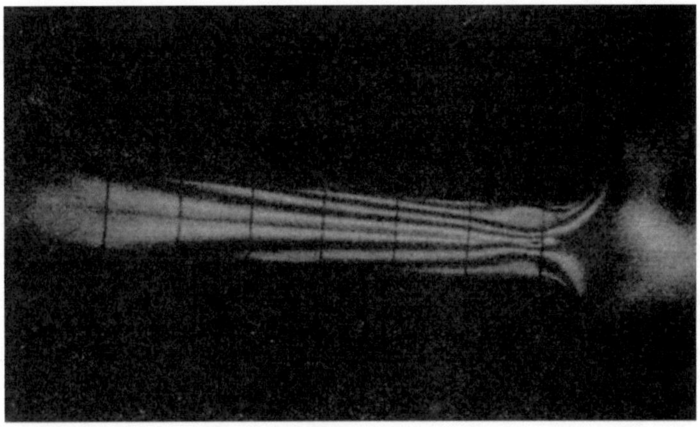

Abb. 20a

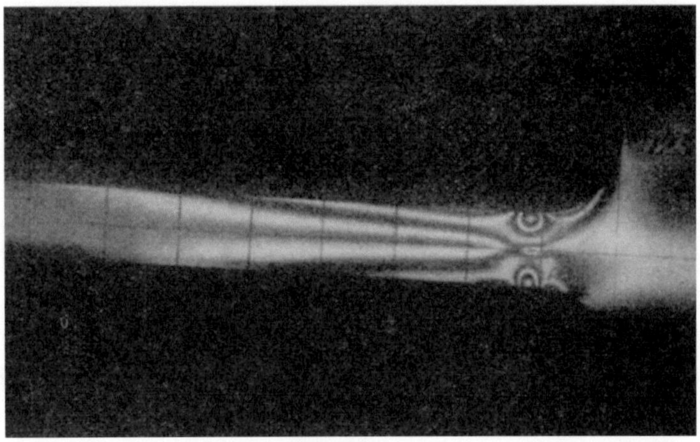

Abb. 20b

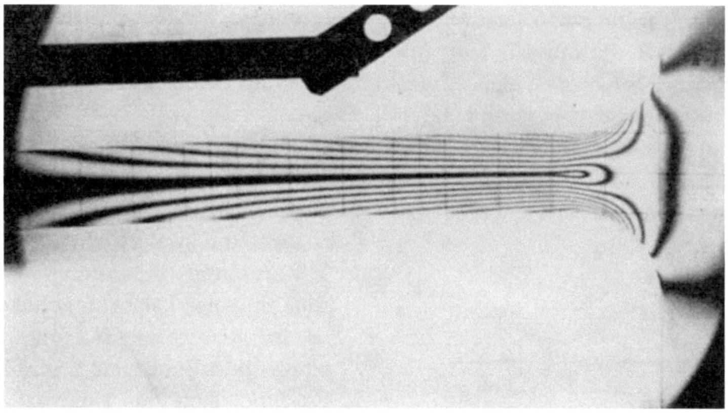

Abb. 20c

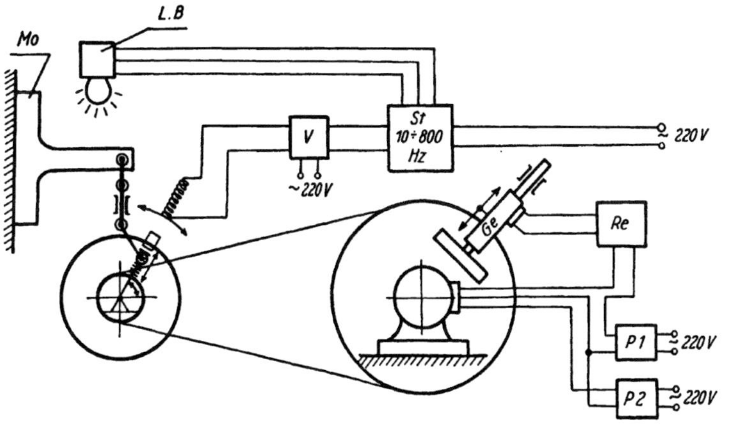

Abb. 20d

Abb. 20. Kunstharz P-6 ohne Wärmebehandlung. Wechselbiegebelastung, Frequenz 35 Hz. Isochromatenfelder bei der Entstehung lokaler Temperaturfelder. a) Erste Phase: nichtstabiles Isochromatenfeld. b) Letzte Phase: stationäres Isochromatenfeld, vor dem Ermüdungsbruch. c) Das korrekte Isochromatenfeld bei der Wechselbiegebelastung — Kunstharz VP-1527 gealtert binnen 3 Jahre bei Raumtemperatur. Frequenz 19 Hz. d) Schema der Einrichtung für die spannungsoptischen Untersuchungen bei kinematischen Biegewechselbelastungen. *Mo* — Modell, *LB* — Lichtblitzlampe, *V* — Verstärker, *St* — Elektronenblitzstroboskop, *Re* — Regulator, *Ge* — Generator, *P1*, *P2* — Gleichrichter

Es soll betont werden, daß die oben beschriebene (lineare, bei der konstanten Zeit-) Charakteristik verschiedener Kunststoffe nicht von dem Charakter der konventionellen Kriechkurven $\varepsilon = \varepsilon(t)$ bei $\sigma_0 = \text{const}$ oder $m = m(t)$ bei $\sigma_0 = \text{const}$ abhängig ist.

Auf Grund der oben beschriebenen Ergebnisse der Untersuchungen kann man den allgemeinen Schluß ziehen, daß es Stoffe gibt, die sich in jedem Zeitpunkt als linear-elastische Körper verhalten. Für diese Stoffe sind zwar im gewissen Spannungsbereich die Werte $\frac{d\sigma}{d\varepsilon}$ oder $\frac{dm}{d\sigma}$ konstant, aber gleichzeitig sind sie von der Dauer der Belastung abhängig, sind also zeitabhängig. Solche Stoffe, die zwar keine idealen linear-elastischen, also von der Dauer der Belastung unabhängigen Körper sind, aber doch in jedem Zeitpunkt, in jedem Moment einen linearen Zusammenhang zwischen Dehnung und Spannung aufweisen, wollen wir die momentan linear-elastischen Körper oder die quasi linear-elastischen Körper nennen. Analog wollen wir die Stoffe, die einen linearen Zusammenhang zwischen optischem Effekt und der Dehnung besitzen, als die optisch momentan linear-elastischen Körper bezeichnen (optisch quasi linear-elastische Körper). Die Charakteristik eines solchen Körpers gibt Abb. 17 an.

Im Zusammenhang damit entsteht folgende Frage:
Wie soll man zwei Materialkonstanten, welche die Grundeigenschaften der Modellwerkstoffe beschreiben, nämlich E-Modul und Isochromatenwert S definieren, damit sie einfach und ausreichend genau zu messen sind?

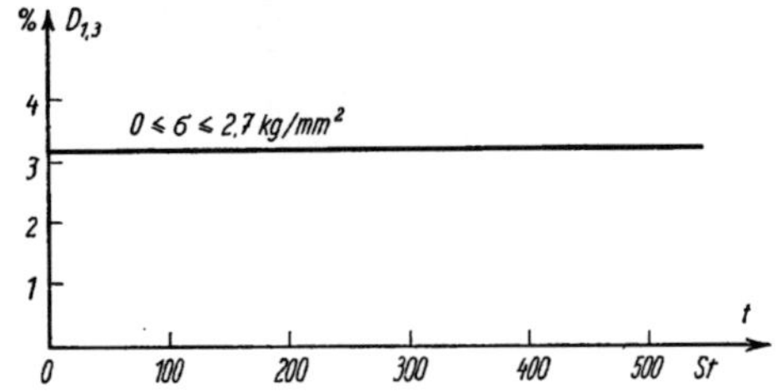

Abb. 21. Allylharz CR-39. Dispersion der Doppelbrechung $D = D(t)$ für die gelbe und blaue Hg-Linie während des Kriechens bei σ = const

Es bestehen zwei Möglichkeiten:

1. Bestimmung der Anfangswerte des E-Moduls und des Isochromatenwertes S analog zu der genormten Bestimmung der Elastizitäts- und Fließgrenze bei Metallen.
2. Extrapolation der gemessenen E- und S-Werte bis $t = 0$, auf Grund der Kriechkurven $\varepsilon = \varepsilon(t)$ oder $m = m(t)$ für σ = const.

Wie aus den Abbildungen 18, 7 und 13 ersichtlich ist, kann eine solche Extrapolation nicht genau sein.

Es hat sich erwiesen, daß es noch eine Möglichkeit gibt, die einfach und billig zum Ziele führt, nämlich die Bestimmung des S-Wertes nach der dynamischen Methode. Aus den durchgeführten Untersuchungen geht hervor, daß bei der kinematischen Biegewechselbelastung (Verschiebungen vorgeschrieben) die Abhängigkeit der Isochromatenordnung m von der Frequenz im weiten Frequenzbereich linear und konstant ist, gemäß Abb. 19. Wenn die Frequenz zu niedrig ist, macht sich das Kriechen bemerkbar, wenn die Frequenz zu hoch ist,

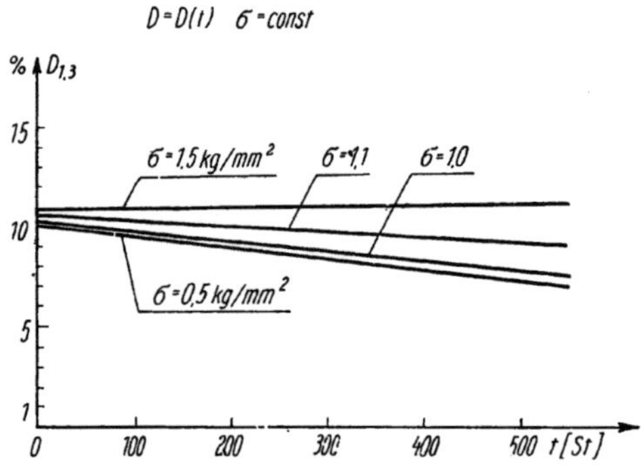

Abb. 22a

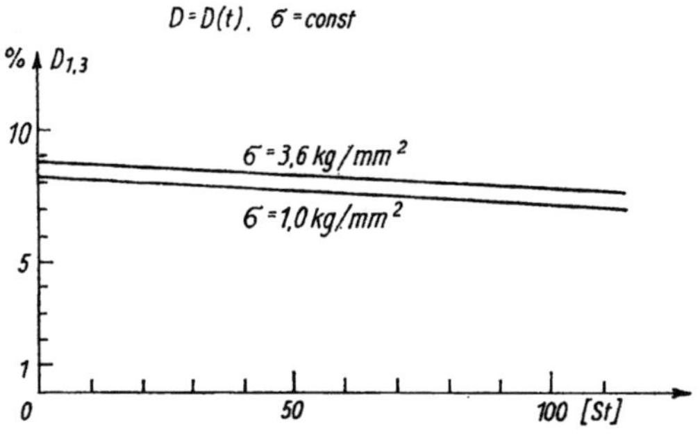

Abb. 22b

Abb. 22. Polyesterharz P-6. Dispersion der Doppelbrechung für die gelbe und blaue Hg-Linie, $D = D(t)$ während des Kriechens bei σ = const
a) ohne Wärmebehandlung, b) nach der Wärmebehandlung (40 St. bei 90 °C)

dann entstehen infolge innerer Reibung Temperaturfelder, die das Isochromatenfeld stark beeinflussen (Abb. 20). Diese letzte Erscheinung kann man bei Ermüdungsversuchen der Kunststoffe ausnutzen, indem man zum Beispiel nach Abb. 20c beim Ermüdungsversuch gleichzeitig spannungsoptische Beobachtungen durchführt [5], [6], [7].

Man kann auch dabei bemerken, daß es sich bei dynamischen Untersuchungen erwiesen hat, daß man spannungsoptisch sehr anschaulich den Einfluß der Vibrationen auf die Verminderung oder eventuell Beseitigung der Eigenspannungen beobachten und messen kann [5].

2. Das Modellieren linear-elastischer Systeme bei der Verwendung der Kunststoffe, die merklich kriechen

Die spannungsoptischen Modelluntersuchungen werden vorwiegend für die Untersuchung der linear elastischen Probleme angewendet. Die spannungsoptischen Modelle werden aus Modellwerkstoffen, die verhältnismäßig stark kriechen, angefertigt unter der stillschweigenden Voraussetzung, daß das Kriechen und die Relaxation keinen merkbaren Einfluß auf das Spannungsfeld im Modell haben.

Der Verfasser hat in den Arbeiten [8] und [7] gezeigt, daß es zulässig ist, von den physikalischen Grundlagen der Ähnlichkeitsgesetze her das Problem betrachtend, solche kriechende

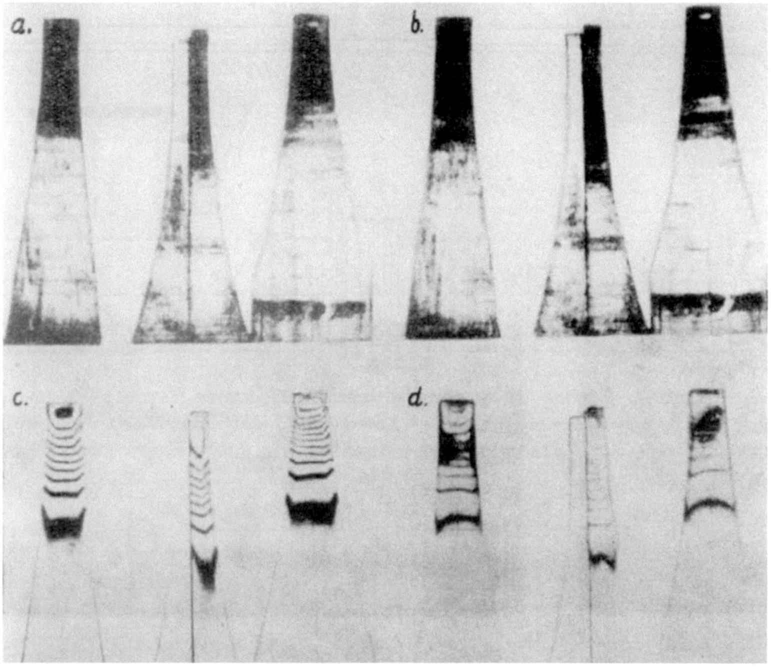

Abb. 23. Optische Effekte bei plastischen Deformationen. Polyesterharz VP-1527. Die Probe ist in der Mitte durchgeschnitten, der linke Teil ist getempert. Gelbe Hg-Linie.
a) Schlierenaufnahme in natürlichem Licht, b) Schlierenaufnahme in kreispolarisiertem Licht, c) Aufnahme in diffusem kreispolarisiertem Licht, d) Schlierenaufnahme in kreispolarisiertem Licht, in der Immersionsflüssigkeit

Materialien als Modellwerkstoff für spannungsoptische Untersuchungen zu verwenden, unter der Voraussetzung, daß sie momentan-linear-elastische Körper sind, und daß die Randbedingungen von dem Kriechen unbeeinflußt sind.

Es muß aber bewiesen werden, daß die momentan-linear-elastische Charakteristik nicht nur im eindimensionalen, sondern auch im zweidimensionalen Spannungszustand besteht; bisher gibt es keine bequeme, schnelle, genaue und billige Methode für die Untersuchung des Kriechens und der Relaxation an zwei- und dreidimensionalen Spannungszuständen.

Es ist aber möglich, gewisse Eichversuche durchzuführen unter Anwendung der kreisförmigen Scheibe, die von zwei Druckkräften belastet ist. Wenn der Charakter des Isochromatenfeldes im Laufe der Zeit unverändert bleibt, dann ist es zulässig, diesen Kunststoff als Modellmaterial zu verwenden. Dieselbe Scheibe, in die Belastungsvorrichtung einmontiert und

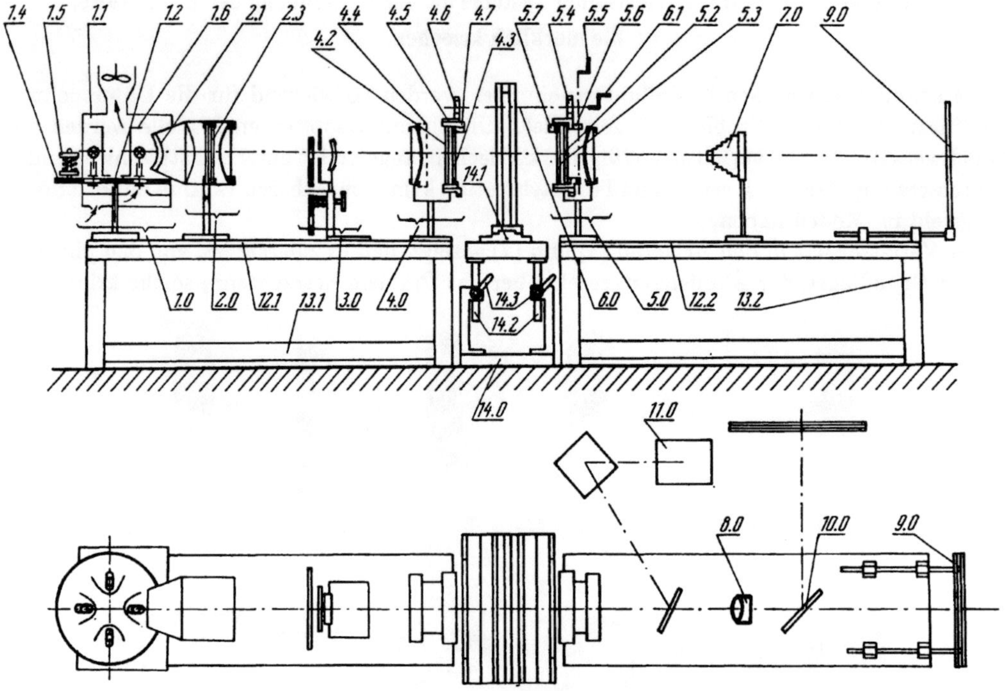

Abb. 24. Schema der spannungsoptischen Apparatur, Type JP-10.
1.0 — Beleuchtungsteil, 2.0 — Kondensor, 3.0 — Blende mit Lichtfiltersatz, 4.0 — Polarisator, 5.0 — Analysator, 6.0 — Antrieb, 7.0 — Photographische Registrierung, 8.0 — Projektionssystem, 9.0 — Bildschirm

Abb. 25. Spannungsoptische Apparatur Type JP-10

gleichzeitig mit dem Modell belastet, kann als Eichprobe verwendet werden, besonders für die Bestimmung des momentanen Isochromatenwertes.

Ein besonderes Problem stellen die scharfen Kerben in dicken Scheiben dar, weil wegen des dreidimensionalen Spannungszustandes in der Umgebung des Kerbgrundes der Einfluß des mechanischen und optischen Kriechens auf den Isochromatenverlauf nicht einfach zu beschreiben ist.

3. Spannungsoptische Modelluntersuchungen im nicht linear-elastischen Bereich

E. Mönch [1] hat bewiesen, daß für einige Kunststoffe die Dispersion der Doppelbrechung ein Maß für die plastische Deformation darstellt. Wie die Abbildungen 21 und 22 zeigen, besteht diese Abhängigkeit nicht für alle gut bekannten Modellwerkstoffe. Es hat sich gezeigt, daß es möglich ist, das Schlierenverfahren für die Untersuchungen im elastoplastischen Bereich unter gewissen Voraussetzungen anzuwenden [7], [8].

Die spannungsoptischen Aufnahmen sowie die Schlierenaufnahmen der plastisch deformierten Proben sind auf Abb. 23 wiedergegeben. Die Apparatur ist auf den Abbildungen 24 und 25 dargestellt.

Es entsteht die Frage, was in der Laborpraxis unter der „plastischen Deformation" zu verstehen ist. Die Versuche haben gezeigt, daß nach der Erwärmung plastisch deformierter Proben, die aus CR-39 und VP-1527 angefertigt wurden, der bleibende spannungsoptische Effekt in beiden Proben bis Null zurückgeht, aber die mechanische plastische Deformation nur in der Probe aus VP-1527 bis Null zurückgeht, während sie in der Probe aus CR-39 praktisch unverändert bleibt [8].

Für CR-39 findet also keine Thermorückfederung statt. Der Mechanismus des bleibenden spannungsoptischen Effektes ist in den beiden Fällen verschieden.

4. Methoden der Beschreibung der mechanischen und spannungsoptischen Eigenschaften der Modellwerkstoffe

Wie oben gezeigt worden ist, ist die übliche graphische Beschreibung der Eigenschaften der Kunststoffe für die Laborpraxis ungenügend. Es scheint begründet zu sein, die folgende graphische Beschreibungsweise als Grundbeschreibung vorzuschlagen:

1. Schar der Kurven:

$$\varepsilon = \varepsilon(\sigma) \text{ für } t = \text{const} \ (t = 5 \text{ Sek. bis mindestens } 10 \text{ St.}) .$$

2. Schar der Kurven:

$$m = m(\sigma) \text{ für } t = \text{const} \ (t = 5 \text{ Sek. bis mindestens } 10 \text{ St.}) .$$

Auf Grund der graphischen Zusammenhänge kann man für quasi linear-elastische Körper folgende Hilfsgleichungen aufstellen:

$$\varepsilon = \frac{1}{E} \sigma \, \varepsilon(t) , \qquad \text{wo } \varepsilon(t = 0) = 1$$

und

$$m = \frac{1}{S} (\sigma_1 - \sigma_2) \, m(t) , \qquad \text{wo } m(t = 0) = 1 .$$

Man kann auch die Gleichungen auf Grund der rheologischen Modelle aufstellen. Abb. 26 beweist, daß das schon für ein ziemlich einfach kriechendes Material wie CR-39 nicht einfach ist. Der wirkliche Verlauf der elastischen Nachwirkung und des bleibenden Effektes ist durch ein lineares Modell nicht zu modellieren.

Abschließend kann man feststellen, daß erst umfangreiche Untersuchungen der rheologischen Eigenschaften der Modellwerkstoffe in der Spannungsoptik eine unentbehrliche und ausreichende Grundlage für die weitere schnelle Entwicklung der spannungsoptischen Metho-

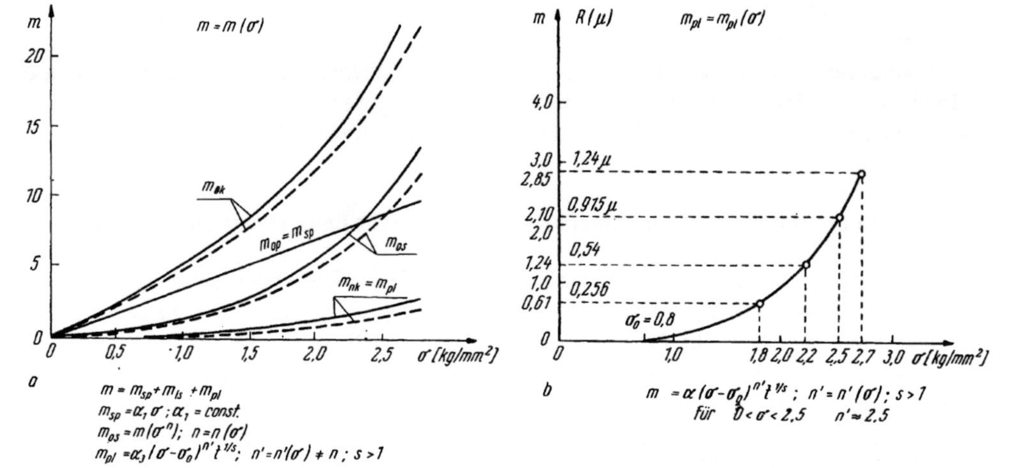

Abb. 26. Allylharz CR-39. Einige rheologische Eigenschaften.

a) Abhängigkeit zwischen Isochromatenordnung und der Zugspannung, $m = m(\sigma)$ bei $t = \text{const}$ für zwei Belastungszeiten beim Kriechen und bei der Erholung. Gelbe Hg-Linie.

——— Belastungszeit $551^h\ 18'$

-------- Belastungszeit $305^h\ 16'$

m_{sp} Isochromatenordnung, die mit elastischer Deformation verbunden ist

m_{os} Isochromatenordnung, die mit elastischer Nachwirkung verbunden ist

m_{pl} Isochromatenordnung, die mit plastischer Deformation verbunden ist

b) Abhängigkeit zwischen bleibender Isochromatenordnung und Zugspannung, $m_{pl} = m_{pl}(\sigma)$ für $t = 551^h\ 18'$, blaue Hg-Linie

den bilden können. Der weitere Fortschritt auf dem Gebiete der technischen Anwendungen verschiedener spannungsoptischer Verfahren hängt von der gründlichen Erforschung der mechanischen und spannungsoptischen Eigenschaften der Modellwerkstoffe ab.

Institut für Bautechnik Warschau

Literatur

[1] Mönch, E., Die Dispersion der Doppelbrechung als Maß für die Plastizität bei spannungsoptischen Versuchen. Forschung auf dem Gebiet des Ingenieurwesens **21** (1955) H. 1, S. 20—25.

[2] Coolidge, D. J., An investigation of the mechanical and stressoptical properties of Columbia Resin CR-39. Proc. S.E.S.A., vol. VI, Nr. 1 (1948).

[3] Hiltscher, R., Gütebeurteilung spannungsoptischer Modellwerkstoffe. Forschung auf dem Gebiet des Ingenieurwesens **20** (1954) H. 3, S. 66/76.

[4] Pindera, J. T., Badania pewnych reologicznych własności elastooptycznych kilku żywic poliestrowych. Część I-Metoda i technika badań przy obciążeniach statycznych oraz periodycznie zmiennych. (Untersuchungen gewisser spannungsoptischer rheologischer Eigenschaften einiger Polyesterharze. Teil I — Methodik und Technik der Untersuchungen bei statischer und periodisch wechselnder Belastung). Rozprawy Inżynierskie, Nr. 3 (1959).

[5] Pindera, J. T., Badania pewnych reologicznych własności elastooptycznych kilku żywic poliestrowych. Część II-Badania i interpretacja wyników (wie Punkt [4]. Teil II — Ergebnisse der Untersuchungen, Interpretation der Ergebnisse). Rozprawy Inżynierskie, Nr. 4 (1959).

[6] Pindera, J. T., Badania pewnych reologicznych własności elastooptycznych kilku żywic poliestrowych. Część III — O metodach badań elastooptycznych w świetle przeprowadzonych doświadczeń (wie Punkt [4], Teil III — Über Methoden der spannungsoptischen Untersuchungen auf Grund der erhaltenen Ergebnisse). Rozprawy Inżynierskie, Nr. 4 (1959).

[7] Pindera, J. T., Współczesne metody elastooptyki (Moderne Methoden der Spannungsoptik). P.W.N., Warszawa, 1960.

[8] Pindera, J. T., Reologiczne zagadnienia we współczesnych metodach elastooptyki i badań modelowych. (Rheologische Probleme bei den modernen Methoden der Spannungsoptik und bei den Modelluntersuchg.). Prace Instytutu Techniki Budowlanej. Seria II. Nr. 19 (1961) Warszawa, Wyd. „Arkady".

Untersuchungen räumlicher Spannungszustände mit Hilfe der spannungsoptischen Methode

Von S. P. Schichobalow

Das Laboratorium für optische Methoden der Spannungsuntersuchung des Wissenschaftlichen Forschungsinstitutes für Mathematik und Mechanik der Leningrader Staatlichen A. A. Shdanow-Universität arbeitet seit dem Jahre 1940 an der Erforschung des räumlichen Spannungszustandes von Konstruktionen mit Hilfe der spannungsoptischen Methode. Seitdem werden diese Untersuchungen mit ein und derselben Methode des „Einfrierens“ der Modelle mit anschließendem Zersägen derselben in dünne Schnitte durchgeführt.

Die Größe der optischen Phasenverschiebung und die Richtungen der sekundären Hauptspannungen bestimmen wir meistens bei normaler Durchleuchtung der zu untersuchenden Schnitte, und nur in Einzelfällen des Spannungszustandes wird die Schiefdurchstrahlung angewandt. Die Ausrechnung der Spannungskomponenten aus den gemessenen Werten der optischen Größen wird mit der Methode der graphischen Integration der Gleichgewichtsbeziehungen der dreidimensionalen Elastizitätstheorie durchgeführt.

Charakteristisch für die von uns durchgeführten Untersuchungen ist die Bestrebung, an das Modell möglichst kleine äußere Belastungen anzulegen, um keine großen Verschiebungen hervorzurufen und somit die Anfangskonfiguration des Modells im Prozeß des „Einfrierens“ nicht wesentlich zu verzerren.

Infolgedessen rechnen wir nicht mit dem Erhalt einer genügend großen Anzahl von Isochromaten bei der Untersuchung der aus den Modellen hergestellten dünnen Schnitte, und deshalb schließen wir die Möglichkeit, die Größe der optischen Phasenverschiebung mit der am meisten verbreiteten Streifenmethode zu bestimmen, aus. Indem wir uns bei der Untersuchung der räumlich-gespannten Modelle von der Streifenmethode lossagen, messen wir die optische Phasenverschiebung in den Schnitten entschieden genauer, aber leider mit der ziemlich mühsamen Kompensationsmethode. Die Richtungen der sekundären Hauptspannungen bestimmen wir im Prozeß der Messung der optischen Phasenverschiebung.

1. Die Apparatur

Um den recht mühsamen Prozeß der Messung der optischen Phasenverschiebung mit der Kompensationsmethode bei der gleichzeitigen Bestimmung der Richtungen der sekundären Hauptspannungen zu vereinfachen, wurde in unserem Laboratorium ein Spezialgerät entwickelt, das die Bezeichnung koordinatensynchrones Polarimeter KSP [1] trägt und dessen Gesamtansicht auf Abb. 1 dargestellt ist.

Als Polarisationselemente werden im KSP Polaroide verwendet, deren Synchrondrehung von einer gemeinsamen Kurbel mit einer Genauigkeit von 10 bis 15′ ausgeführt wird. Der Meßlimbus am Analysatorteil des Gerätes gestattet es, in jedem Moment die Lage der Polarisationsebenen der Anlage mit einer Genauigkeit bis zu 30′ zu bestimmen und beim Vorhandensein von deutlichen Isoklinen am Modell die Richtungen der Hauptspannungen mit der gleichen Genauigkeit im Prozeß des Messens der optischen Phasenverschiebung festzustellen.

Das optische System des Polarisatorteils des KSP schafft ein paralleles Bündel polarisierten Lichtes mit gleichmäßig verteilter Intensität im Arbeitsfeld von 22 mm, und das optische System des Analysators garantiert die Möglichkeit, das Modell bei 6 bis 24facher Vergrößerung zu beobachten. Das KSP ist berechnet für die Arbeit mit einem Kompensator, welcher es gestattet, im Prozeß des Messens der optischen Phasenverschiebung das Modell zu sehen. Als solchen verwenden wir den Glimmerkompensator SKK-2 [2]. Dieser Kompensator hat einige Unzulänglichkeiten. In der letzten Zeit wurde von E. I. Edelstein [1] eine andere Konstruktion des Glimmerkompensators SK-1 vorgeschlagen, die frei von diesen Unzulänglichkeiten ist.

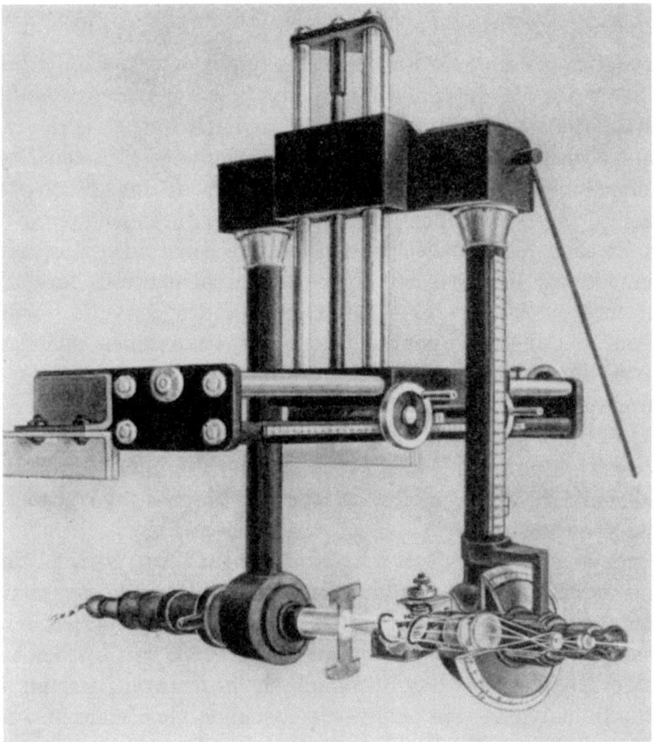

Abb. 1. Koordinatensynchrones Polarimeter „KSP-6" mit Glimmerkompensatoren „SK-1"

Wir bemerken, daß diese Kompensatoren die optische Phasenverschiebung nur dann messen können, wenn die Rotationsachse der Glimmerplatten mit der Richtung der kleineren der Hauptspannungen am untersuchten Punkt des Modells zur Deckung gebracht wurde [2]. Auf diese Weise können wir, indem wir die optische Phasenverschiebung messen, gleichzeitig auch die Richtungen jeder der Hauptspannungen (sekundären Hauptspannungen) feststellen.

Um die Möglichkeit zu gewährleisten, Messungen der optischen Größen an verschiedenen Punkten des Modells durchzuführen, sind die Blöcke des Polarisators und des Analysators auf eine gemeinsame Koordinatenmeßvorrichtung („координатник") montiert, das eine Verschiebung dieser Blöcke entlang der Horizontalen in den Grenzen von 340 mm, entlang der Vertikalen von 260 mm mit dem entsprechenden Messen der Koordinaten des visierten Punktes mit einer Genauigkeit bis 0,1 mm auf jede 100 mm erlaubt.

Im KSP ist außerdem die Möglichkeit vorgesehen, Messungen der optischen Phasenverschiebung mit Hilfe der Streifenmethode durchzuführen, wofür abnehmbare $\frac{\lambda}{4}$-Glimmerplatten eingeführt sind. Das verwendete Projektionsokular gestattet es, außer der visuellen Beobachtung das Interferenzbild zu photographieren.

2. Herstellung der Modelle

Gewöhnlich werden die zu untersuchenden Modelle auf dem Wege mechanischer Bearbeitung von Blöcken aus optisch aktiven Materialien hergestellt. Sind allerdings die Modelle von komplizierter Konfiguration und einer mechanischen Bearbeitung nicht zugänglich, muß man andere Wege der Modellherstellung suchen. Dasselbe kann man von Modellen sagen, die eine langwierige mechanische Bearbeitung fordern, im Verlaufe derer der zeitliche Randeffekt im Material eine solche Größe erreicht, daß die Modelle für die Untersuchung unbrauchbar werden. In Verbindung damit wurde 1950 in unserem Laboratorium bei der Untersuchung des Spannungszustandes der Schaufeln einer axialen Wasserturbine (Abb. 2) ein Verfahren für

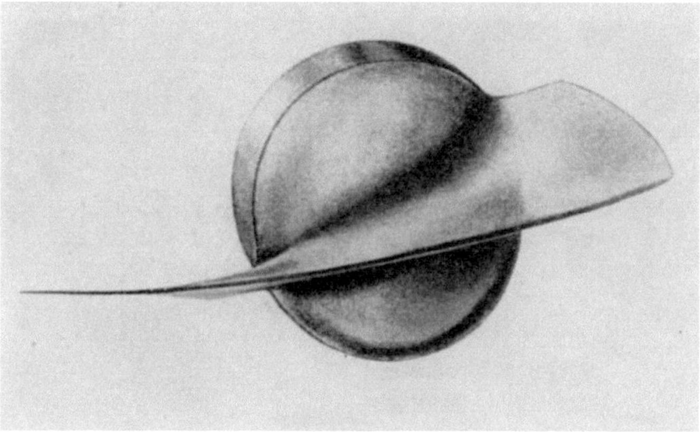

Abb. 2. Schaufelmodell einer axialen Wasserturbine

den präzisen Guß von Modellen in zerlegbaren Metallformen erarbeitet [3]. Diese Formen, die es ermöglichen, mehrmals völlig gleiche Modelle zu gießen, wurden aus einer Legierung, bestehend aus Antimon, Zinn und Blei, mit einer Schmelztemperatur von 180° hergestellt.

Des weiteren wurde von uns bei der Erforschung von Modellen, welche nicht in zerlegbaren Formen hergestellt werden konnten, ein Gußverfahren für Modelle in schmelzbaren Formen entwickelt [4], [5]. Im Zusammenhang mit den Erfordernissen dieses Verfahrens müssen die Gußformen in Abhängigkeit von den Konturen des Modells teilweise oder ganz aus leicht schmelzbarer eutektischer Legierung hergestellt werden, die nach dem endgültigen Erhärten des Modells geschmolzen wird.

Man muß unbedingt bemerken, daß der zeitliche Randeffekt entlang der inneren Oberflächen des Modells, die im Polymerisationsprozeß des Harzes fest an den Einsätzen anliegen, erst nach Entfernung der letzteren entsteht.

Die Gründe für die Bildung und das Anwachsen des Randeffektes für Phenolformaldehyd-Harze [3] haben wir speziell untersucht und einige Methoden zur Verhinderung seiner Entstehung und weiteren Ausbreitung ausgearbeitet. Da sich die Intensität der Weiterentwicklung des Randeffektes in direkter Abhängigkeit von der Temperatur des Materials befindet, sind wir bei der Auswahl der eutektischen Legierung davon ausgegangen, daß ihre Schmelztemperatur die Maximaltemperatur des Harzes im Prozeß seiner Polymerisation nur wenig überschreiten soll. Sonst muß das Modell zwecks Entfernung der Legierung zusätzlich bis auf eine Temperatur erhitzt werden, die die Temperatur der Anfangspolymerisation des Harzes wesentlich übersteigt. Das ist nicht wünschenswert, da eine zusätzliche Erhitzung des Harzes auf eine höhere Temperatur die entsprechende „Einfrierungs"-Temperatur erhöht und günstigere Bedingungen für das Anwachsen des Randeffektes schafft.

Da unser Laboratorium als Härtemittel im wesentlichen Kunstharz der Marke ED-6 mit Maleinsäureanhydrid benutzt, das bei einer maximalen Temperatur von 80 bis 90° polymerisiert wird, hat sich unter den leicht schmelzbaren eutektischen Legierungen eine Legierung, bestehend aus 52,5% Wismut, 32% Blei und 15,5% Zinn, mit einer Schmelztemperatur von 96 °C als günstigste erwiesen.

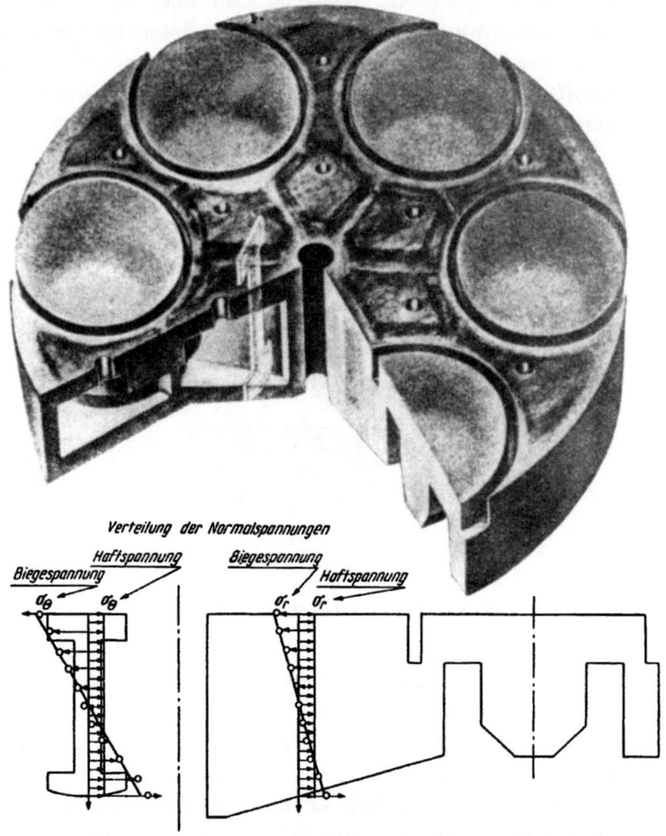

Abb. 3. Modell des Servomotorkolbens des Arbeitsrades einer Wasserturbine

Alle Modelle wurden in so einer Größe angefertigt, daß die daraus gewonnenen Schnitte es ermöglichen, die optischen Größen in einer genügend großen Anzahl von Punkten, die entlang der für die Untersuchung ausgewählten Richtungen liegen, zu messen.

Als Beispiel für die Herstellung von Modellen in schmelzbaren Formen betrachten wir das Modell des Kolbens eines Servomotors (Abb. 3), [6]. Das Modell stellt eine dicke Scheibe mit einem Außendurchmesser von 200 mm mit inneren Hohlräumen zweier Konfigurationen dar, die auf konzentrischen Kreisen gelegen sind. Charakteristisch für Modelle solcher Art ist, das die äußere Kontur auf der Drehbank bearbeitet werden kann, während die inneren Hohlräume im allgemeinen nicht durch mechanische Bearbeitung hergestellt werden können.

Für den Guß des Modells des Servomotorkolbens einer Wasserturbine wurden vorher für jeden Typ der inneren Hohlräume die ihnen entsprechenden Einsätze aus Stahl gegossen. Von diesen Originaleinsätzen wurden Gipsformen angefertigt, in denen darauf die Einsätze aus leicht schmelzbarer Legierung gegossen wurden. Zur Sicherung der Genauigkeit der gegenseitigen Lage der Einsätze wurden die letzteren auf einem speziellen Metallpodest montiert, das mit einer Schicht leicht schmelzbarer Legierung bedeckt war. Vor dem Eingießen des

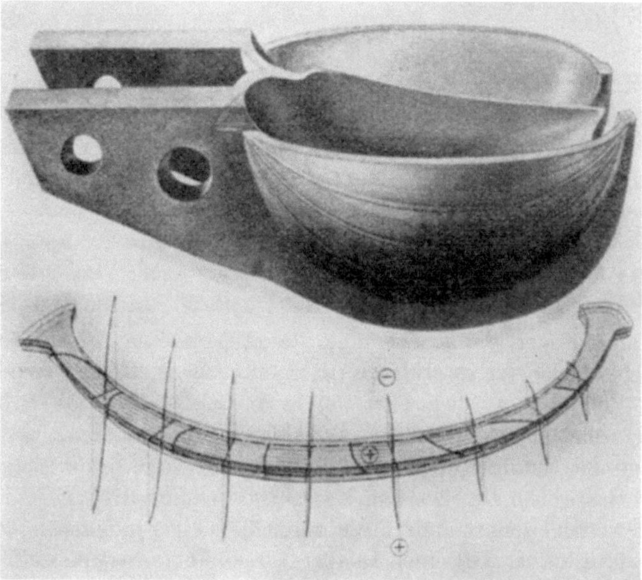

Abb. 4. Schaufelmodell einer Becherturbine.
Verteilung der Normalspannungen im Schnitt

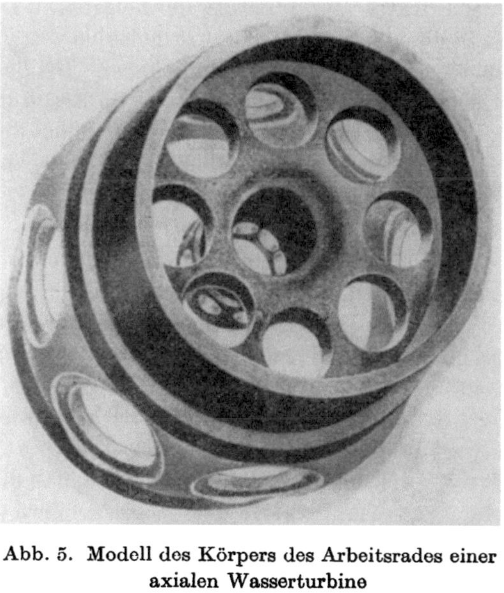

Abb. 5. Modell des Körpers des Arbeitsrades einer axialen Wasserturbine

Harzes wurde dieses Podest auf Wänden von zylindrischer Form angebracht, deren innere Ausmaße die nachfolgende Bearbeitung der äußeren Konturen des Kolbenmodells berücksichtigten. Nach der Polymerisation des Materials des Modells wurden die Einsätze durch Erschmelzung entfernt.

Andere Beispiele einer derartigen Herstellung von Modellen stellen die Modelle einer becherförmigen Schaufel [7] (Abb. 4) und des Gehäuses des Arbeitsrades einer axialen Wasserturbine (Abb. 5) dar.

3. Das „Einfrieren" von Modellen und die Herstellung von Schnitten

A. Kuske [8], M. Hetényi [9], N. I. Prigorowski [10] und viele andere Autoren sind der Meinung, daß Materialien, die die Deformationen „einfrieren" können, eine zweiphasige Struktur haben. In Verbindung damit erklären sie den Mechanismus des „Einfrierens" auf folgende Weise: Bei der Erhitzung wird eine der Strukturkomponenten erweicht, und die an das Material angelegte Belastung wird vollkommen von der zweiten Komponente — dem sich nicht erweichenden elastischen Skelett — aufgenommen; nach der Abkühlung unter Belastung bis zur Zimmertemperatur erhärtet sich die bei der Erhitzung weich werdende Komponente und bewahrt die durch das Skelett erhaltene Deformation auch nach Entfernung der Belastung.

Wir halten es für richtiger, die Erscheinung des „Einfrierens" [3] auf der Grundlage von Arbeiten sowjetischer Gelehrter zu erklären (A. Alexandrow, G. Gurewitsch, W. Kargin, P. Kobeko u. a.). Von ihnen wurde gezeigt, daß in Hochpolymeren eine durch eine Belastung hervorgerufene Deformation aus drei Teilen besteht: einer momentanen, umkehrbaren Deformation, die infolge der Veränderungen der zwischenatomaren Entfernungen erfolgt; einer umkehrbaren hochelastischen Deformation, deren Entstehungszeit sich in Abhängigkeit von der Temperatur in weiten Grenzen ändert, und schließlich einer möglichen nicht umkehrbaren Fließdeformation des Stoffes. Bei einer Temperatur, die eine bestimmte Grenze übersteigt, ist die Relaxationszeit äußerst gering, und die hochelastische Deformation stellt sich augenblicklich ein. Diese Temperatur ist sowohl die Temperatur des „Einfrierens" als auch gleichzeitig die Härtetemperatur des Materials.

Die Frage des optischen Effektes, der durch die hochelastische Deformation bedingt ist, ist sehr schwierig [11], da in die Struktur der Polymermoleküle verschiedene Molekülgruppen eingehen können, die eine eigene optische Anisotropie haben. Bei der Temperatur des „Einfrierens" wächst die Beweglichkeit der Moleküle stark an; im Resultat erfolgt eine innere teilweise Orientierung der optisch anisotropen Gruppen. Deshalb hängt der insgesamt zu beobachtende optische Effekt, der die hochelastische Deformation begleitet, von Größe und Vorzeichen der optischen Anisotropie der verschiedenen in die Molekülstruktur eingehenden Gruppen und ihrer gegenseitigen Lage bei der Orientierung der Kettenglieder ab.

Für die Mehrzahl der Kunstharze drückt sich die Abhängigkeit der optischen Phasenverschiebung von der Temperatur durch eine charakteristische S-förmige Kurve aus, auf deren horizontalem Abschnitt die optische Phasenverschiebung nicht von der Temperatur abhängt. Die optische Phasenverschiebung bleibt für die Mehrzahl der Hochpolymere praktisch unverändert dieselbe, wenn man das Muster unter Belastung langsam bis zur Zimmertemperatur abkühlt. Die untere Temperaturgrenze, für die die optische Phasenverschiebung und der nach ihr errechnete Koeffizient der optischen Aktivität konstant sind, ist die tatsächliche Temperatur des „Einfrierens". Es ist notwendig zu bemerken, daß die Temperatur des „Einfrierens" nicht nur von der chemischen Struktur des Harzes, sondern auch von dem Polymerisationsgrad abhängt. Deshalb gibt eine längere Erhitzung des Materials, die bei einer die Temperatur des „Einfrierens" übersteigenden Temperatur durchgeführt wird, bei der zweiten Temperaturbestimmung einen größeren Wert als bei der ersten.

Die „Einfrier"-Härte-Temperatur wird von uns bei der Lösung konkreter Aufgaben an Eichproben bestimmt, die aus gleichzeitig mit den Modellen polymerisierten Blöcken hergestellt wurden. Dafür befindet sich die Eichprobe in einem speziellen Thermostat mit Sichtfenstern und wird durch eine konstant wirkende axiale Belastung beansprucht [3]. Im Prozeß der langsamen stufenweisen Erhitzung wird an der Eichprobe die optische Phasenverschiebung gemessen, die S-förmige Abhängigkeitskurve der optischen Phasenverschiebung von der Temperatur gezeichnet und die gesuchte „Einfrier"- und Härtetemperatur des Materials bestimmt.

Danach legen wir an die hergestellten Modelle nach ihrer Härtung in Abhängigkeit von den Grenzbedingungen Belastungen verschiedener Art an, die den auf ihre Originale wirkenden ähnlich sind, und führen den Prozeß des „Einfrierens" durch. So entstand zum Beispiel bei der Untersuchung des Spannungszustandes der Schaufel einer axialen Wasserturbine (Abb. 2) auf der Arbeitsoberfläche ein gleichmäßig verteilter Druck mit der Intensität 3 g/cm². Dafür wurden auf der krummlinigen Oberfläche der Schaufelfeder, die in eine wäßrige Glyzerinlösung eingetaucht wurde, bis zu 6000 Glasröhrchen mit einem Durchmesser von 2 mm und einer Höhe von 28 mm angebracht [3]. Bei der Schaffung der der Intensität nach verhältnismäßig großen gleichmäßigen Drucke wurden an der Arbeitsseite des Servomotorkolqens (Abb. 3), die die Oberflächen der inneren Hohlräume einschließt, speziell hergestellte dünnwandige Gummiballons verwendet [6]. Bei der Untersuchung von Modellen, deren Spannungszustand von der Wirkung der Inertionskräfte bestimmt wird, wie zum Beispiel bei der Untersuchung des Spannungszustandes in den sich drehenden Schaufeln der Becherwasserturbine [7], benutzten wir eine spezielle Zentrifuge.

Aus den „eingefrorenen" Modellen sägen wir die für die Untersuchung notwendigen dünnen Schnitte mit einer Dicke von 1,5—2 mm heraus. Das Aussägen der Schnitte in den vorgemerkten Richtungen erfolgt in der Regel auf einer Fräsmaschine mit Hilfe von Diamant- [3] und Korundfräsern [5], die bei guter Kühlung das „eingefrorene" Interferenzbild nicht verzerren.

4. Berechnung der Spannungskomponenten

Bei der Auswertung des Spannungszustandes des Modells nach den optischen Meßwerten beschränkten wir uns in der Regel auf die Berechnung in den Punkten, die den ausgewählten Richtungen der fünf Komponenten des Spannungstensors angehören, wobei wir eine der Tangentialspannungen als unbekannt beließen. Dafür schnitten wir aus ein und demselben Modell, wenn es zumindest eine Symmetrieebene hatte, im anderen Falle aus zwei identischen Modellen je zwei Schnitte, die in zwei zueinander senkrechten Ebenen gelegen sind und ein und dieselbe Richtung enthalten. In den Punkten der angegebenen Richtung und der ihr parallelen Linien maßen wir die Größe der optischen Phasenverschiebung und die Neigungswinkel der sekundären Hauptspannungen. Wir zeichneten die entsprechenden Diagramme der Tangentialspannungen und errechneten sodann die Komponenten des Spannungstensors mit Hilfe einer graphischen Integration der Gleichgewichtsbeziehung der dreidimensionalen Elastizitätstheorie, wie das von W. M. Krasnow schon im Jahre 1939 vorgeschlagen wurde [12].

Nötigenfalls kann die unbekannt gebliebene dritte Tangentialspannung nach den optischen Meßwerten der Schnitte bestimmt werden, die senkrecht zu den ersten zwei Schnitten orientiert sind und die Punkte der untersuchten Richtung enthalten. Der Umfang der Rechenarbeiten, die bei der Bestimmung der Spannungskomponenten ausgeführt werden, ist um einige Male größer als die Zeit, die für die Messung der optischen Ausgangsgrößen gebraucht wird. Es erwies sich als möglich, die für diese Operation verwendete Zeit bedeutend zu verkürzen, wenn man ein Rechengerät benutzt, das speziell für diesen Zweck auf der Grundlage der Rechenmechanismen gebaut wurde.

Ein solches Gerät wurde vom Leningrader optisch-mechanischen Institut gemeinsam mit unserem Laboratorium entwickelt [13]. Die Benutzung dieses Integrators zeigte, daß er in der Arbeit bequem ist und daß sich mit seiner Hilfe die Bestimmung der Spannungen nach den Werten der optischen Methode um nicht weniger als 10mal beschleunigt [6]. Vielfache Berechnungen zeigten, daß bei wiederholten Bestimmungen der Größen $\frac{\delta}{2} \sin 2\varphi$ und $\delta \cos 2\varphi$ die Abweichungen in den Grenzen von 1 nm und die der Größen σ_x in den Grenzen von 3 nm liegen. Ein Vergleich der Ergebnisse, die auf dem Integrator erhalten wurden, mit theoretisch berechneten Werten ergab einen Fehler von ± 3 nm. Auf Abb. 3 des Kolbenmodells des Servomotors sind zum Beispiel zwei Schnitte dargestellt, die in zueinander senkrechten Ebenen liegen und die ihnen gemeinsame Richtung $a\,b$ enthalten, in deren Punkten die Spannungskomponenten errechnet wurden.

Unten sind diese Schnitte dargestellt und die Diagramme der Verteilung der radialen und tangentialen Spannungen gegeben. Diese Spannungen sind in Haft- und Biegespannungen zerlegt [6].

Bei der Untersuchung von Schnitten, in denen die Spannungen ihren Wert genügend langsam ändern (es fehlen die schroffen Veränderungen, die für Spannungskonzentrationen charakteristisch sind), maßen wir die optischen Größen nicht nur bei normaler, sondern auch bei schiefer Durchstrahlung. In diesem Falle erfolgt die schiefe Durchstrahlung bei aufeinanderfolgenden Drehungen der Schnitte um + und —45 Grad um die horizontale Achse, die senkrecht zur optischen Achse des Geräts liegt. Für eine solche Durchleuchtung wird der Schnitt in einer speziellen Vorrichtung zwischen zwei Glasprismen angebracht [14].

Die schiefe Durchstrahlung ausnützend, wurden insbesondere die Modelle von Schaufeln einer Becherwasserturbine [7] bei Montagekonstruktion, wenn die Schaufel mit dem Arbeitsrad durch Bolzen verbunden ist (Abb. 3), sowie bei Vollgußkonstruktion (Schaufeln und Arbeitsrad stellen einheitliches Ganzes dar) untersucht.

In beiden Fällen wurden die Schaufeln der Trennwirkung der Zentrifugalkräfte und einem gleichmäßig verteilten Vertikaldruck auf die Arbeitsfläche ausgesetzt. Indem wir die Größe der Normalspannung, die auf die mit der Arbeits- und der äußeren Schaufelfläche identifizierten Flächen wirkt, als bekannt voraussetzten und eine Linearverteilung dieser Spannungen bei der Becherdicke vorgaben, konnten wir nach den Formeln der schiefen Durchstrahlung [14] diskret in jedem Punkt des Schnitts die übrigen Komponenten des Spannungstensors berechnen.

Am Bechermodell der Einzelteilkonstruktion des Arbeitsrades (Abb. 4), das unter Einwirkung der Inertionskräfte „eingefroren" wurde, ist die Lage der Schnitte gezeigt. Diese Schnitte konnten nicht an der Fräsmaschine aus dem Modell geschnitten werden und wurden deshalb in Handarbeit mit einer Laubsäge nach Schablonen ausgesägt. Unten auf Abb. 4 ist einer der Schnitte gezeigt, und es sind die Verteilungsdiagramme der Normalspannungen entlang bestimmter ausgewählter Richtungen gegeben [7].

Bei der Untersuchung achsensymmetrischer Aufgaben stellten wir die Ergebnisse des Experiments den Bedingungen der Statik gegenüber. Derartige Gegenüberstellungen zeigten, daß bei den von uns durchgeführten Untersuchungen der Fehler in der Bestimmung des Spannungszustandes komplizierter räumlicher Modelle $\pm 10\%$ nicht überstieg.

Auf der Grundlage langjähriger Erfahrung sind wir der Meinung, daß die in unserem Laboratorium für die Untersuchung des räumlichen Spannungszustandes angewandten Methoden es erlauben, einen großen Kreis von Ingenieuraufgaben mit einer für die Praxis ausreichenden Genauigkeit zu lösen.

Leningrader Staatsuniversität,
Wissenschaftliches Forschungsinstitut für Mathematik und Mechanik

Literatur

[1] Edelstein, E. I., Geräte des wissenschaftlichen Forschungsinstituts für Mathematik und Mechanik der Leningrader Staatlichen Universität zur Spannungsuntersuchung mit der optischen Methode. Im Sammelband „Die polarisationsoptische Methode der Spannungsuntersuchung“, Izd. LGU 1960 (russ.)

[2] Krasnow, W. M., Utschonije sapiski LGU, Nr. **44**, serija mat. nauk **8** (1939) 108—118 (russ.).

[3] Schichobalow, S. P., Krasnow, W. M., Maksutowa, T. D., Zeitz, W. W. u. Edelstein, E. I., Experimentelle Untersuchung des Spannungszustandes der Schaufel einer Wasserturbine. Im Sammelband „Fragen der Festigkeit der Wasserturbinenschaufel“. Izd. LGU, 1954 (russ.).

[4] Maksutowa, T. D. u. Schichobalow, S. P., Herstellung von Modellen komplizierter Form für die optische Spannungsuntersuchung. Saw. lab. Nr. **2** (1958) (russ.).

[5] Schichobalow, S. P., Einige Fragen der Untersuchung räumlicher Aufgaben mit der polarisationsoptischen Methode. Im Sammelband siehe [1] (russ.).

[6] Maksutowa, T. D., Untersuchung des räumlichen Spannungszustandes des Servomotorkolbens des Arbeitsrades einer Wasserturbine mit dem „Einfrier“-Verfahren. Im Sammelband siehe [1] (russ.).

[7] Smirnowa, S. W., Zeitz, W. W. u. Schichobalow, S. P., Untersuchung des Spannungszustandes der Schaufeln einer Becherturbine mit der polarisations-optischen Methode. Sammelband „Elastizität und Plastizität“ I. Izd. LGU 1961 (russ.).

[8] Kuske, A., Das Kunstharz Phenolformaldehyd in der Spannungsoptik. Forschung auf dem Gebiete des Ing. Wes. **9** (1938) 139—149.

[9] Hetényi, M., Photoelasticity and photoplasticity. Proceeding of the first symposium of naval structural mechanics. Pergamon Press 1960.

[10] Sammelband „Spannungen und Deformationen in Details und Knotenpunkten von Maschinen“, unter Redaktion von N. I. Prigorowski. Maschgiz (1961) 175 (russ.).

[11] Maksutowa, T. D., Optisch aktive Materialien, die in der Laborpraxis verwendet werden. Im Sammelband siehe [1] (russ.).

[12] Krasnow, W. M., Über die Lösung der räumlichen Aufgabe der Elastizitätstheorie mit der optischen Methode. Utsch. sap. LGU, Nr. **8**, serija matem. (1939) und Nr. **13** (1944) (russ.).

[13] Krol, K. G., Automatisierung des Prozesses der Auswertung der mit der spannungsoptischen Methode gewonnenen Werte. Im Sammelband siehe [1] (russ.).

[14] Krasnow, W. M., Über schräge Durchleuchtung in der Spannungsoptik. Im Sammelband siehe [1] (russ.).

Über eine ultrarotspannungsoptische Apparatur

Von L. Schreiner

Die Spannungsoptik, soweit sie sich die Aufgabe stellt, an Hand von verkleinerten Modellen die mechanischen Spannungen an irgendwelchen Bauteilen zu ermitteln, wird immer mit dem sichtbaren Teil des Spektrums auskommen, da es möglich ist, für gewöhnliches Licht durchlässiges Modellmaterial zu finden. So hat man sich auch bereits für solche Modelluntersuchungen auf eine monochromatische Strahlung von 589 nm geeinigt.

Man kann aber eine spannungsoptische Apparatur nicht nur für Modelluntersuchungen, sondern auch für die unmittelbare Prüfung durchsichtiger Gerätebauteile verwenden. Wenn es möglich wäre, den Begriff durchsichtig zu erweitern, so könnte man auch die Anwendung des spannungsoptischen Prinzips erweitern. Da eine Reihe von Kunststoffen im nahen Ultrarot durchlässig sind, könnte man also einige dieser Substanzen in solche Untersuchungen oder besser, unmittelbare Prüfungen, einbeziehen.

Eine Ultrarot-spannungsoptische Apparatur muß gegenüber einer für das sichtbare Gebiet drei neue Elemente enthalten: Erstens, wie sich von selbst versteht, die Energiequelle, die uns die erforderliche ultrarote Strahlung liefert. Zweitens müssen die Polarisationsfilter ausgetauscht werden, da die normalen gerade nur bis zur Grenze des sichtbaren Lichtes, etwa 700 nm, ihre Funktion ausüben. Drittens ist ein Element einzubauen, das als Vermittler für die ultraroten Strahlen und das menschliche Auge dient, das also die ultraroten Strahlen dem menschlichen Auge sichtbar macht, ein Bildwandler.

Zu 1. Als Energiequelle können wir irgendeine der bekannten Energiequellen verwenden, und hier bestehen keine besonderen Schwierigkeiten. Wir benutzten eine Nitraleuchte 100 W.

Zu 2. Auszutauschen sind die Polarisationsfilter. Normale Polarisationsfilter werden so hergestellt, daß entweder Herapatitkristalle (d. h. Chininbisulfatpolyjodid) in eine Kunststoff-Folie eingebettet werden, oder daß eine Polyvinylalkoholfolie durch Behandeln mit Jod in eine dichroitische Substanz umgewandelt und durch Strecken gerichtet wird. Während die Polarisationsfilter auf Basis von Herapatitkristallen kaum eine Möglichkeit der Weiterentwicklung in dem nichtsichtbaren Spektralbereich bieten, da die optischen Eigenschaften solcher Filter vollkommen von denen der Herapatitkristalle abhängig sind, läßt sich von den Polyvinylalkoholfolien aus sehr wohl ein Weg zu Ultrarot-Polarisatoren finden. Die polarisierenden Eigenschaften der Polyvinylalkoholfolien beruhen im wesentlichen darauf, daß bei der Behandlung mit Jod ein Teil der Hydroxylgruppen des Polyvinylalkohols durch Jod ersetzt wird. Dadurch entsteht ein dichroitisches Molekül, das, wenn es durch anschließende mechanische Streckung gerichtet wird, ähnliche Eigenschaften bekommt, wie die bekannten natürlichen dichroitischen Mineralien. Chemisch ist der so entstehende Polarisator wahrscheinlich ein Copolymerisat von Polyvinylalkohol und Polyvinyljodid, das wir der Einfachheit halber als Polyvinyljodalkohol bezeichnen wollen. Nun sind die optischen Eigenschaften dieser Substanz weitgehend bekannt und aus Abb. 1 ersichtlich. Die Substanz stellt einen eindeutigen Polarisator des sichtbaren Spektralbereichs dar, ohne daß die polarisierenden Eigenschaften weder nach dem Ultravioletten noch nach dem Ultraroten übergreifen. Aber es ist nicht ausgeschlossen, daß durch geringfügige Veränderung der chemischen Natur Stoffe entstehen, deren Polarisationseigenschaften in anderem Gebiet liegen als die des Polyvinyljodalkohols. Tatsächlich kann durch ein verhältnismäßig einfaches Verfahren aus dem Polyvinyljodalkohol ein Polyvinylen gemacht werden, ein Stoff also, in dem die Hydroxyl- und Jodgruppen entfernt sind und an ihre Stelle Doppelbindungen treten. Das geschieht auf einfache Weise dadurch, daß die Folie nach der Einfärbung mit Jod und nach dem Strecken mit starker Säure bei hoher Temperatur behandelt wird. Daß die Behandlung bei hoher Temperatur die Folie stark verändert, ist seit langem bekannt; jedoch hat man diese Veränderung bisher nur als ein Negativum registriert. Daß dadurch aber ein neuer wertvoller Stoff entsteht, ist erst in jüngster Zeit erkannt worden. Wir erhalten auf diese Weise einen Polarisator, der je nach Behandlungsdauer in verschiedenen Bereichen polarisiert. Für uns interessant ist die Substanz, deren optische Eigenschaften durch Abb. 2 wiedergegeben werden. Sie polarisiert genau in dem Bereich, der von besonderem Interesse ist, nämlich bis 2,5 μm. Durch Einschalten geeigneter Interferenzfilter kann man aus dem von den Polarisatoren beherrschten Bereich bestimmte, besonders interessierende schmalere Spektralbereiche aus-

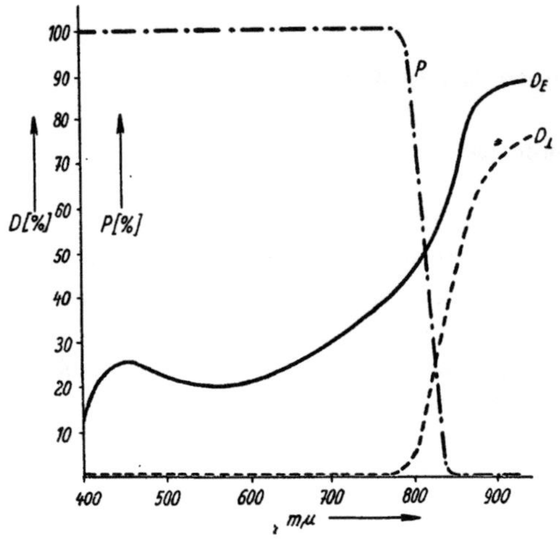

Abb. 1

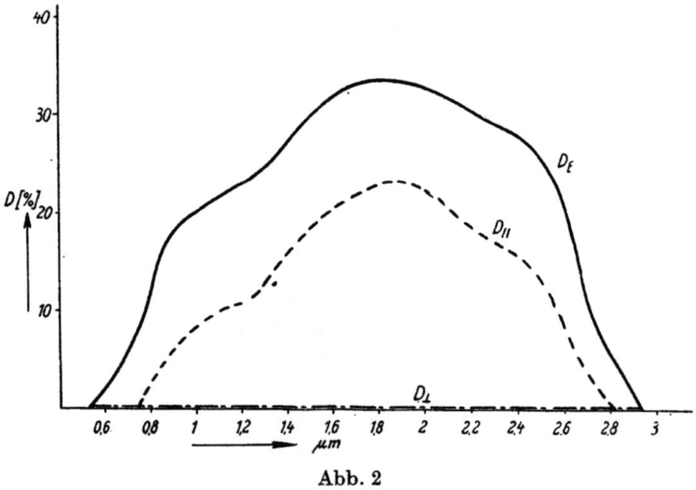

Abb. 2

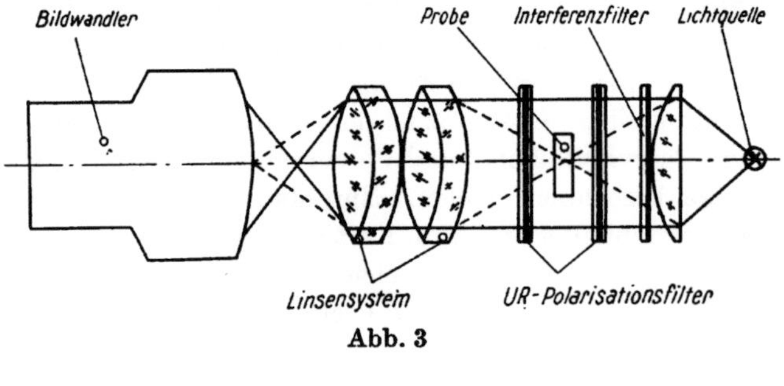

Abb. 3

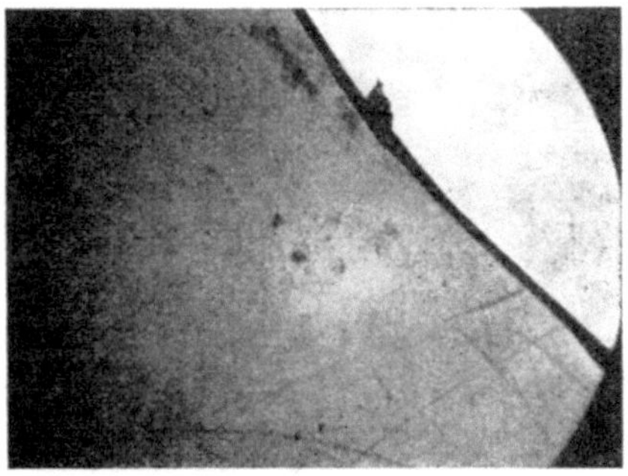

Abb. 4

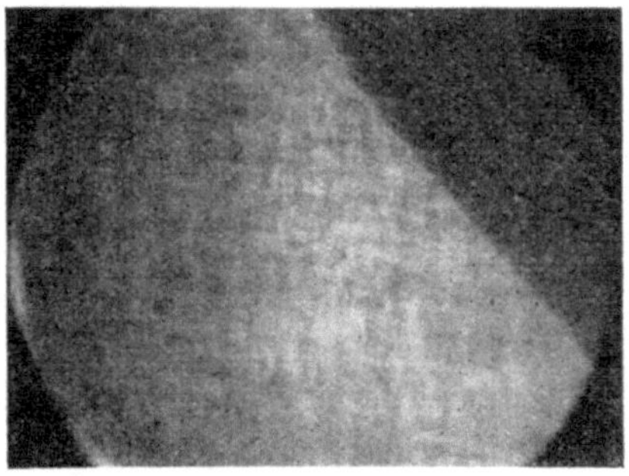

Abb. 5

Abb. 6

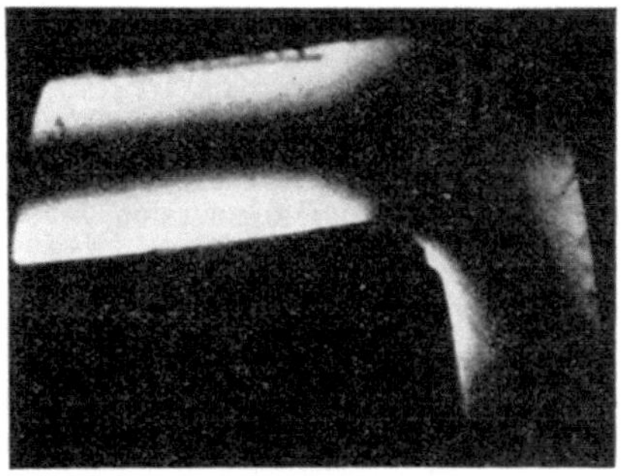

Abb. 7

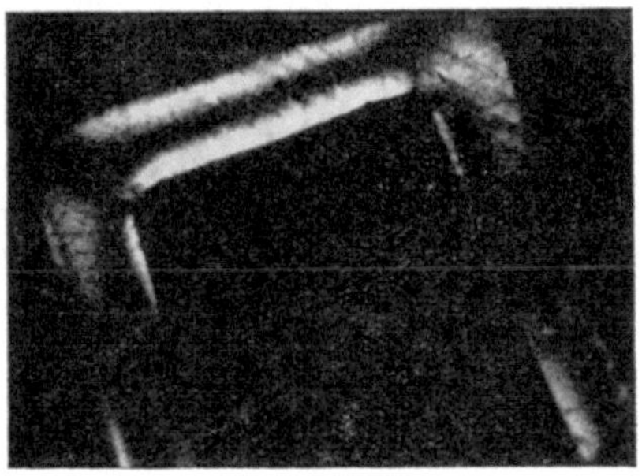

Abb. 8

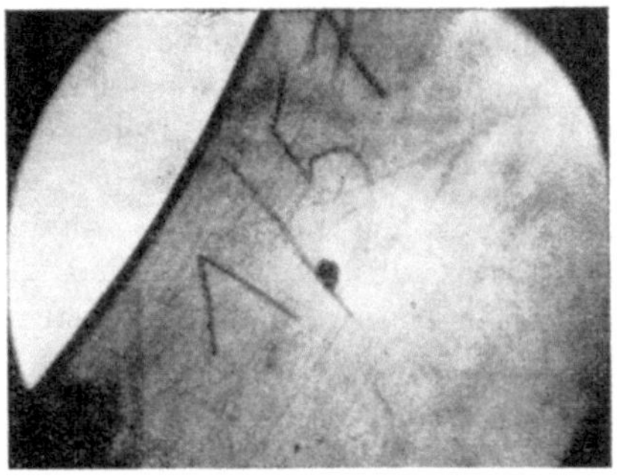

Abb. 9

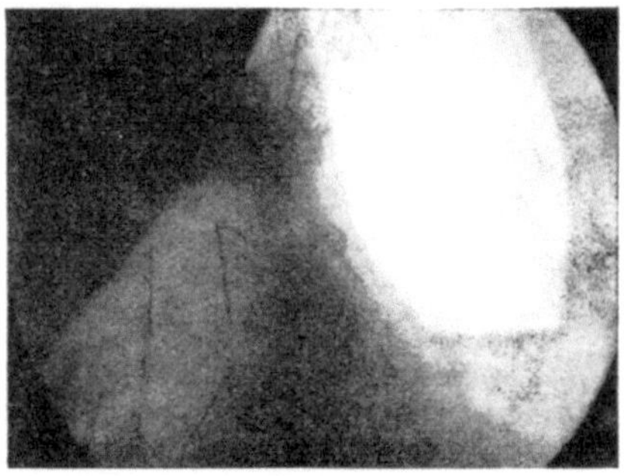

Abb. 10

filtern. So erhielten wir spannungsoptische Bilder z. B. bei 900, 1000 und 1100 nm und konnten damit Substanzen spannungsoptisch auswertbar machen, die normalerweise als undurchsichtig bekannt sind.

Zu 3. Das dritte Element, das nicht ausgetauscht, sondern neu eingefügt werden muß, ist der Bildwandler. Er existiert bereits und kann ultrarote Strahlen bis zu 1100 nm sichtbar machen. Mit diesen neuen Elementen ergibt sich also eine spannungsoptische Apparatur, die in folgender Skizze wiedergegeben ist (Abb. 3).

Ein Überblick über das bisher Gesagte und Gezeigte läßt erkennen, daß die Brauchbarkeit der Apparatur entscheidend von dem Bildwandler begrenzt wird. Während die Polarisatoren einen weiten Spektralbereich, nämlich bis 2,8 μm beherrschen und ferner noch ein Teil des Spektrums zwischen 3,5 und 6,5, ist die Cäsiumoxyd-Photokathode des Bildwandlers nur bis 1,2 μm empfindlich. Es gibt keine Photokathode nach dem äußeren lichtelektrischen Effekt, die eine längerwellige Grenze besitzt.

Was aber mit dem bisher skizzierten erreicht werden kann, soll Ihnen an einigen Bildern dargelegt werden. Natürlich müssen wir von vornherein darauf verzichten, Substanzen zu untersuchen, deren Durchlässigkeit erst jenseits von 1,2 μm beginnt. Wie aber ein flüchtiger Überblick zeigt, gibt es eine ganze Reihe von wichtigen Stoffen, die in dem von dieser Apparatur ermöglichten Untersuchungsbereich liegen. Die Durchlässigkeit des Dezelith, des Hart-PVC also, beginnt bereits bei 700 nm und stellt deshalb ein geeignetes Objekt für solche Untersuchungen dar. Wir haben eine Dezelith-Platte sowohl in unpolarisiertem Licht als auch zwischen gekreuzten Polarisatoren bei 960 nm aufgenommen und folgendes Ergebnis erhalten: Sie sehen auf Abb. 4 und 5 den starken Unterschied, besonders die charakteristische Maserung. Sie deutet auf Spannungen hin, die wahrscheinlich beim Auswalzen des Materials entstanden sind. Am zweiten Beispiel können Sie sehr schön die Spannungen erkennen, die durch das Zusammenschweißen zweier Dezelithstreifen entstanden sind (Abb. 6). Die Aufnahme dieser Dezelithstreifen erfolgte bei 870 nm.

Ein verspannter 3 mm dicker Winkel aus Reilit, dessen Durchlässigkeit bei 800 nm beginnt, wurde ebenfalls zwischen gekreuzten Polarisatoren untersucht. Abb. 7 zeigt das Ergebnis. Deutlich sind die Spannungen zu sehen. Die Aufnahme wurde bei einer Wellenlänge von 907 nm gemacht.

Auf Abb. 8 ist ein verspannter 3 mm dicker Kunststoffrahmen aus Reilit zwischen gekreuzten Polarisatoren bei 870 nm zu sehen. Auch hier sind die Spannungen deutlich erkennbar.

Celluloid eignet sich ebenfalls für solche Untersuchungen. In den Abbildungen 9 und 10 wird eine Platte aus gefärbtem Celluloid von 4 mm Dicke gezeigt, die einmal im unpolarisierten Licht und zum anderen zwischen gekreuzten Polarisatoren bei 870 nm untersucht wurde. Der Vergleich der beiden Aufnahmen lehrt, daß aus der Verarbeitung her noch Restspannungen im Material enthalten sind.

Es bleibt zu hoffen, daß, wenn die notwendigen Elemente zur Verfügung gestellt werden, die weitere Erforschung dieses interessanten Gebietes schnell vorwärts schreitet. Unser Betrieb, der in erster Linie die Aufgabe hat, Geräte zu entwickeln und zu fertigen, kann dazu nur einen bescheidenen Beitrag liefern.

VEB Carl Zeiss Jena, Laboratorium für Filter

Literatur

[1] Drechsel, L., Flächenpolarisatoren für das nahe Ultrarot. Naturw. 44 (1957) 533. Jena, Jg. 1958, I 55—62.

[2] Görlich, P., Die Benutzung lichtempfindlicher Organe in der Lichtmikroskopie. Wiss. Ann. 5 (1956) 724—43.

[3] Drechsel, L. u. Schreiner, L., Feingerätetechnik 7 (1958) 307—08.

[4] Görlich, P., Krohs, A., Pohl, H. J. u. Zerbst, G., Zs. angew. Phys. 9 (1957) 561.

Polarisationsoptische Meßgeräte zur Anwendung des spannungsoptischen Reflexionsverfahrens

Von H. Schwieger, V. Reimann und R. Hennicke

(Vorgetragen von V. Reimann)

Zur Analyse mechanischer Spannungen bzw. Verformungen an der Oberfläche irgendwelcher Bauteile kann man sich des spannungsoptischen Oberflächenschichtverfahrens bedienen. Dazu wird im allgemeinen die geeignet präparierte Oberfläche des Prüflings mit einer photoelastischen Schicht (Lack) überzogen bzw. werden kleine Kunststoffplättchen an speziell interessierenden Untersuchungsstellen aufgeklebt. Bei einer Belastung des Bauelementes, wie z. B. eines Eisenträgers, werden die Oberflächendehnungen auf die photoelastische (spannungsdoppelbrechende) Schicht übertragen und in einem Strahlengang polarisierten Lichtes läßt sich das an der Oberfläche des Prüflings reflektierte, im allgemeinen elliptisch polarisierte, Licht beobachten bzw. analysieren. Die zur Anwendung des Reflexionsverfahrens entwickelten zwei polarisationsoptischen Meßgeräte dienen einmal zur punktweisen Messung der Spannungsdoppelbrechung und zum anderen zur visuellen Beobachtung der durch die Spannungsdoppelbrechung hervorgerufenen Intensitätsverteilung über eine größere Oberfläche. In einer unter dem gleichen Titel veröffentlichten Arbeit (Feingerätetechnik **10** (1961) 257—263) wird über das Meßprinzip, die Meßgeräte, die Herstellung der Kunststoffplättchen sowie über einige Versuchsbeispiele berichtet.

Deutsche Akademie der Wissenschaften zu Berlin,
Institut für Angewandte Mathematik und Mechanik,
Spannungsoptisches Laboratorium, Erkner bei Berlin

Einige Abhängigkeiten zwischen dem Aufbau und den spannungsoptischen Eigenschaften einiger Polyesterharze

Von I. Słowikowska

Es wurden spannungsoptische Eigenschaften einiger Maleintypen der Polyesterharze untersucht, die sich untereinander durch den prozentualen Gehalt der gesättigten Säure, deren Art, sowie deren Monomere unterscheiden.

Fundamentale Komponenten der Polyesterharze sind lineare Polyester (Alkydharze) und Monomere. Lineare Polyester erhält man durch Kondensation von Dikarbonsäuren mit Glykolen. Es wurden ungesättigte Dikarbonsäuren oder deren Anhydride angewandt, um einen, eine doppelte Bindung in der Kette besitzenden Polyester zu erhalten. Am häufigsten wird das Maleinsäureanhydrid oder die Fumarsäure, — und von Glykolen: Äthylen-, Diäthylen- und 1,2-Propylenglykol angewendet.

Die Reaktion verläuft nach folgendem Schema:

$$n\,\mathrm{HOOC{-}CH{=}CH{-}COOH} + n\,\mathrm{HOCH_2CH_2OH}$$
$$\downarrow$$
$$\mathrm{HO[OCCH{=}CH{-}COOCH_2CH_2O]_n\,H} + (2n - 1)\,\mathrm{H_2O}\,.$$

Der erhaltene Linearpolyester tritt leicht mit einfachen Vinylmonomeren, wie Styrol, Vinylazetat, Methylmethakrylat in Reaktion, in denen er ein vernetztes Kopolymer ergibt.

Die Kopolymerisation verläuft nach folgendem Schema:

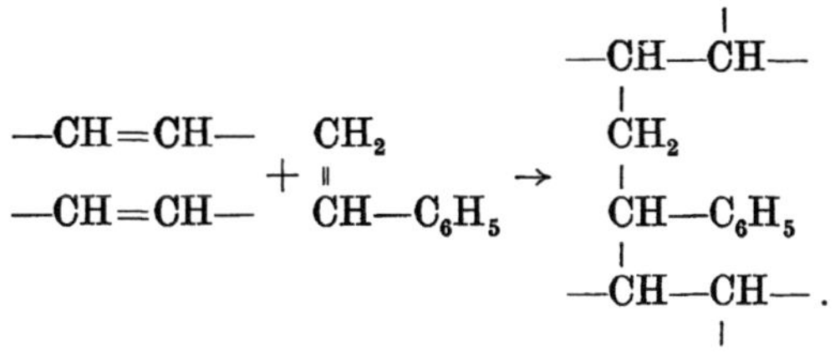

Wenn in den Polyester ein Teil gesättigter Säure anstatt ungesättigter eingeführt wird, dann wird die Menge der doppelten Bindungen kleiner und damit wird auch der Vernetzungsgrad kleiner, was einen Einfluß auf die mechanischen Eigenschaften der Harze ausübt.

A. Experimenteller Teil

In dieser Arbeit wurden zwei Gruppen von Polyesterharzen, die sich untereinander unterscheiden, untersucht, und zwar:

1. durch den Grad der Ungesättigtheit (Gehalt an gesättigter Säure),
2. durch die Art der gesättigten Säure.

Die erste Gruppe umfaßt Harze mit verschiedenem Molgehalt der Adipinsäure. Es wurden drei Harze untersucht: A—0 (Gehalt an gesättigter Säure = 0 Mol %; der Grad der Ungesättigtheit = 100%); A—1 (Gehalt an gesättigter Säure = 10 Mol %) und A—3 (Gehalt an gesättigter Säure = 30 Mol %).

Die zweite Gruppe umfaßt Harze mit demselben prozentualen Gehalt (30 Mol %) an verschiedenen gesättigten Säuren. Es wurden Harze mit Adipin-, Phthal- und Sebazinsäure untersucht.

Außerdem wurde die Abhängigkeit des spannungsoptischen Effektes der Harze von der Art der Monomere bei Anwendung von Styrol und Vinylazetat (S—4 und S—3-Harz) untersucht. Die Untersuchung wurde an Proben in Form eines Keils von der in der Arbeit von J. T. Pindera beschriebenen Art durchgeführt.

Die Abhängigkeit der Isochromatenordnung von der Spannung $m = m(\sigma)$ für Zeiten von 5″ bis 6^h nach der Belastung wurde in Diagrammen angegeben.

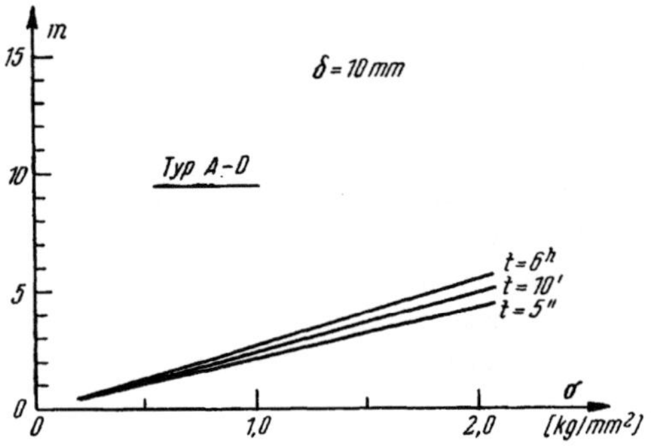

Abb. 1. Die Abhängigkeit der Isochromatenordnung von der Spannung für das A—0 Harz

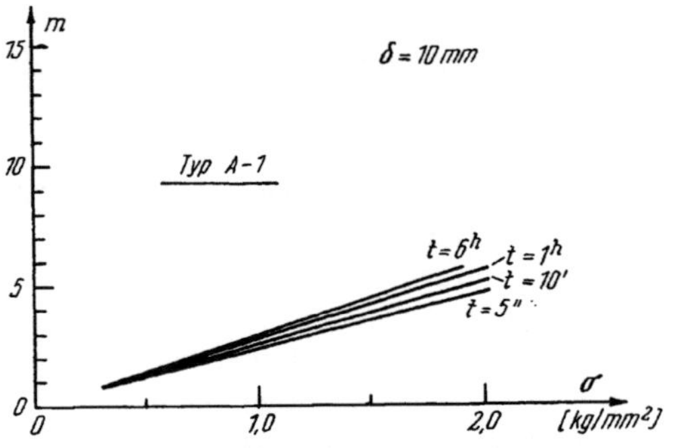

Abb. 2. Die Abhängigkeit der Isochromatenordnung von der Spannung für das A—1 Harz

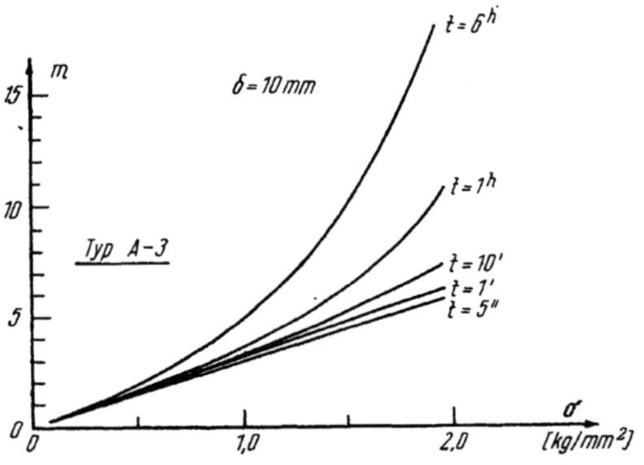

Abb. 3. Die Abhängigkeit der Isochromatenordnung von der Spannung für das A—3 Harz

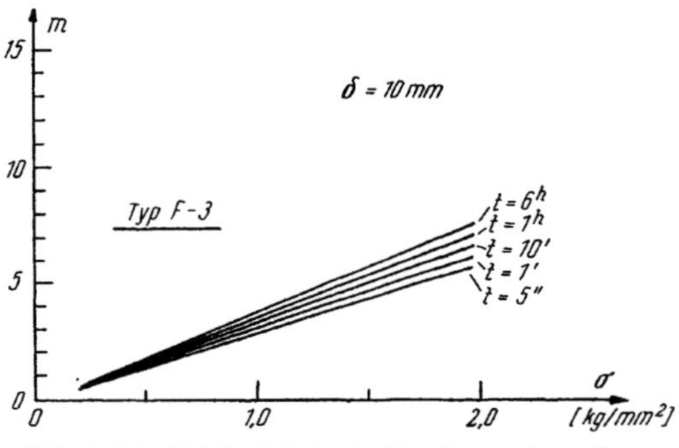

Abb. 4. Die Abhängigkeit der Isochromatenordnung von der Spannung für das F—3 Harz

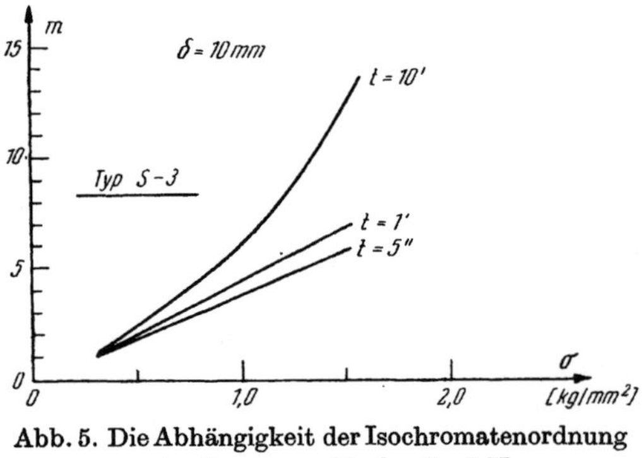

Abb. 5. Die Abhängigkeit der Isochromatenordnung von der Spannung für das S—3 Harz

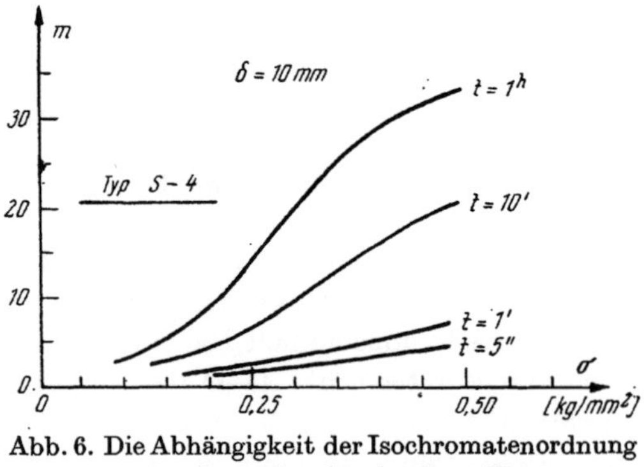

Abb. 6. Die Abhängigkeit der Isochromatenordnung von der Spannung für das S—4 Harz

B. Besprechung der Ergebnisse

1. *Spannungsoptische Charakteristik der Harze*

A—0 und A—1 Harze mit großem Vernetzungsgrad (Abb. 1 u. 2) sowie F—3 Harz (Abb. 4), die steife aromatische Ringe enthalten, weisen eine lineare Abhängigkeit $m = m(\sigma)$ für die untersuchten Spannungsbereiche und im Zeitbereich von 5″ bis 6^h nach Belastung auf. Harze

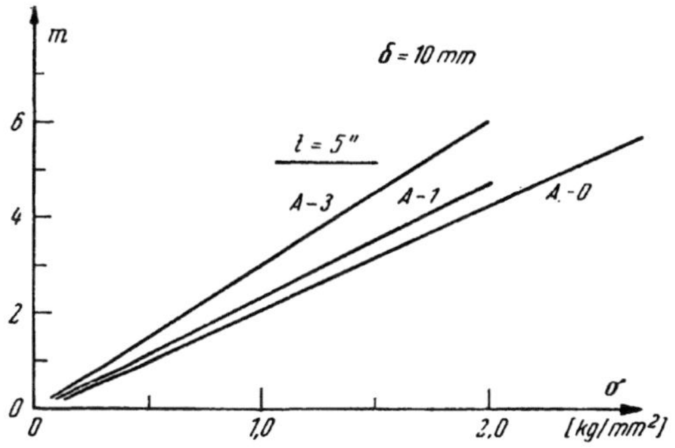

Abb. 7. Die Abhängigkeit der Isochromatenordnung von der Spannung für die A—0, A—1 und A—3 Harze. Belastungszeit $t = 5''$

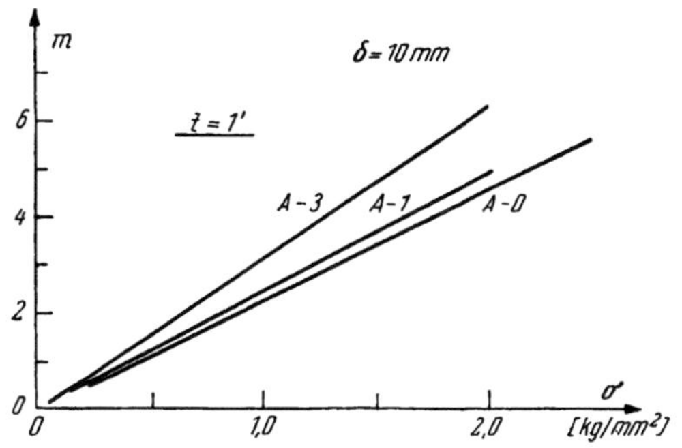

Abb. 8. Die Abhängigkeit der Isochromatenordnung von der Spannung für die A—0, A—1 und A—3 Harze. Belastungszeit $t = 1'$

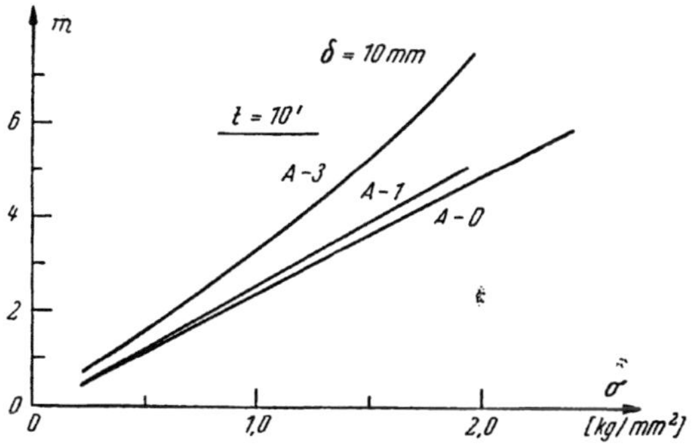

Abb. 9. Die Abhängigkeit der Isochromatenordnung von der Spannung für die A—0, A—1 und A—3 Harze. Belastungszeit $t = 10'$

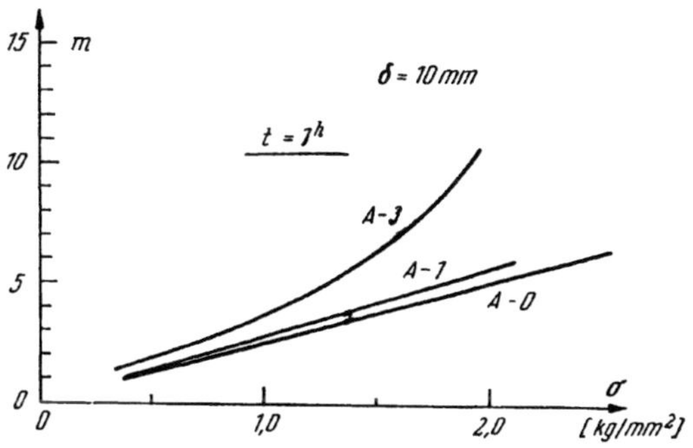

Abb. 10. Die Abhängigkeit der Isochromatenordnung von der Spannung für die A—0, A—1 und A—3 Harze. Belastungszeit $t = 1^h$

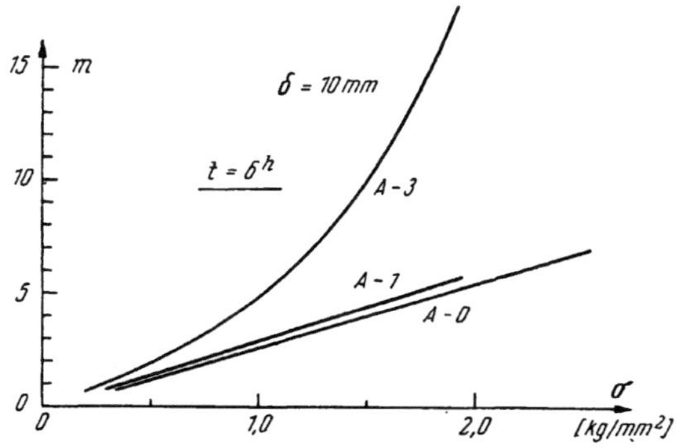

Abb. 11. Die Abhängigkeit der Isochromatenordnung von der Spannung für die A—0, A—1 und A—3 Harze. Belastungszeit $t = 6^h$

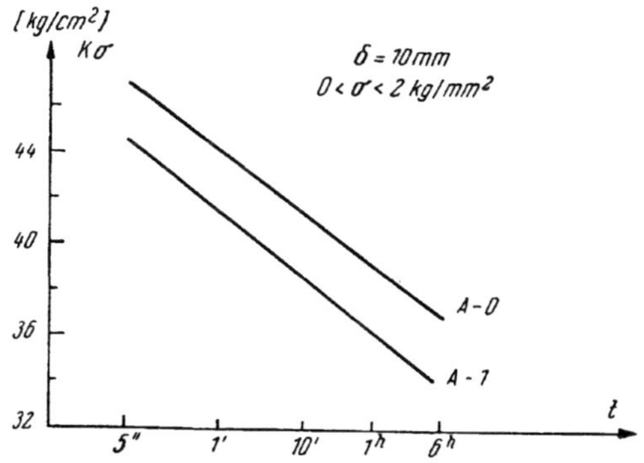

Abb. 12. Die Abhängigkeit des Isochromatenwertes von der Zeit für die A—0 und A—1 Harze

mit größerem Gehalt an aliphatischen Säuren, und zwar A—3 Harz (Abb. 3) und S—3 Harz (Abb. 5) weisen eine nicht lineare Abhängigkeit der Isochromatenordnung von der Spannung bereits nach 10′ Belastung auf, wobei die Isochromatenordnung für längere Belastungszeiten beträchtlich zunimmt.

Das S—4 Harz (Abb. 6) besitzt nicht nur die nicht lineare Charakteristik, sondern auch für längere Belastungszeiten wird der Verlauf der $m(\sigma)$-Linie nicht monoton.

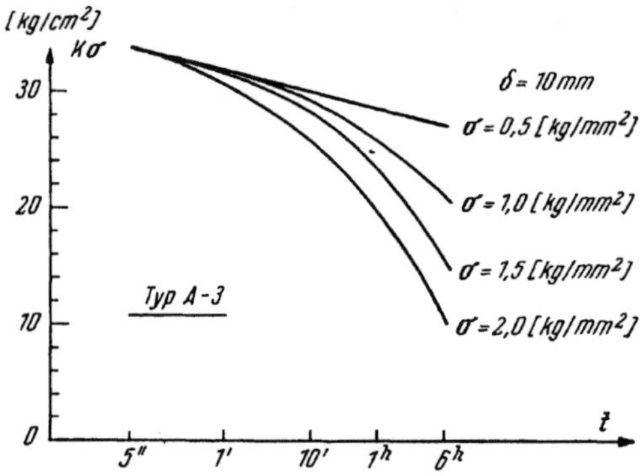

Abb. 13. Die Abhängigkeit des Isochromatenwertes von der Zeit für das A—3 Harz

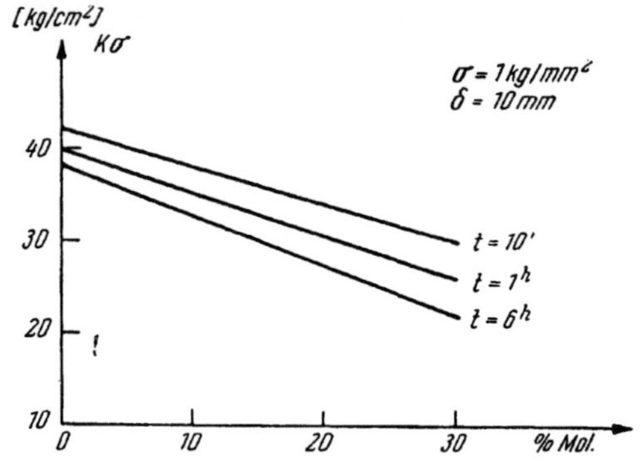

Abb. 14. Die Abhängigkeit des Isochromatenwertes vom Gehalt an gesättigter Säure (Adipinsäure)

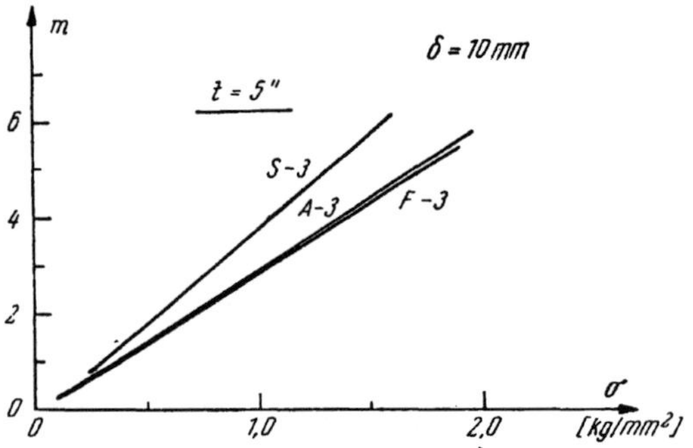

Abb. 15. Die Abhängigkeit der Isochromatenordnung von der Spannung für die A—3, S—3 und F—3 Harze. Belastungszeit $t = 5''$

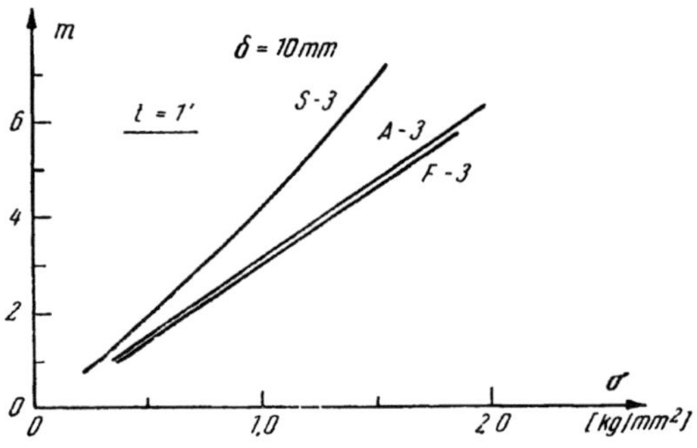

Abb. 16. Die Abhängigkeit der Isochromatenordnung von der Spannung für die A—3, S—3 und F—3 Harze. Belastungszeit $t = 1'$

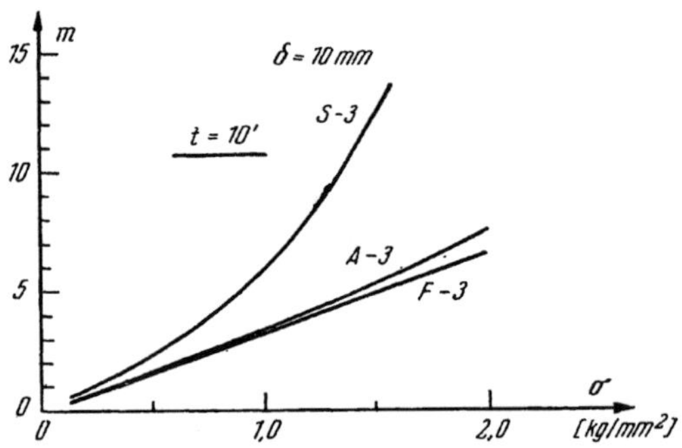

Abb. 17. Die Abhängigkeit der Isochromatenordnung von der Spannung für die A—3, S—3 und F—3 Harze. Belastungszeit $t = 10'$

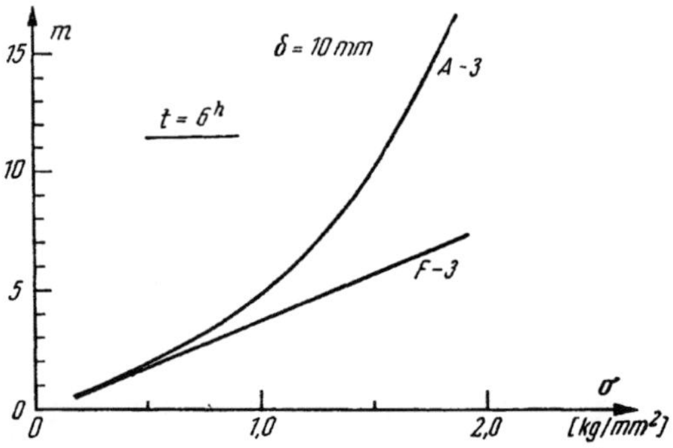

Abb. 18. Die Abhängigkeit der Isochromatenordnung von der Spannung für die A—3 und F—3 Harze. Belastungszeit $t = 6^h$

2. *Einfluß des Gehaltes an gesättigten Säuren*

Wie aus den Abbildungen 7 bis 11 folgt, wächst die Isochromatenordnung mit dem Gehalt der gesättigten Säure im Harz. Das A—0 Harz besitzt die geringste optische Empfindlichkeit. Die optische Empfindlichkeit des A—1 Harzes (Abb. 12) ist etwas größer.

Das A—3 Harz (30 Mol % der gesättigten Säure) besitzt eine höhere optische Empfindlichkeit, aber auch eine bei längeren Belastungszeiten nicht lineare Charakteristik. Die Abhängigkeit des Isochromatenwertes K_σ von der Belastungszeit für verschiedene Spannungen ist auf Abb. 13 angegeben.

Der Isochromatenwert K_σ in dem untersuchten Bereich ist umgekehrt proportional zu dem Gehalt an gesättigter Säure (Abb. 14).

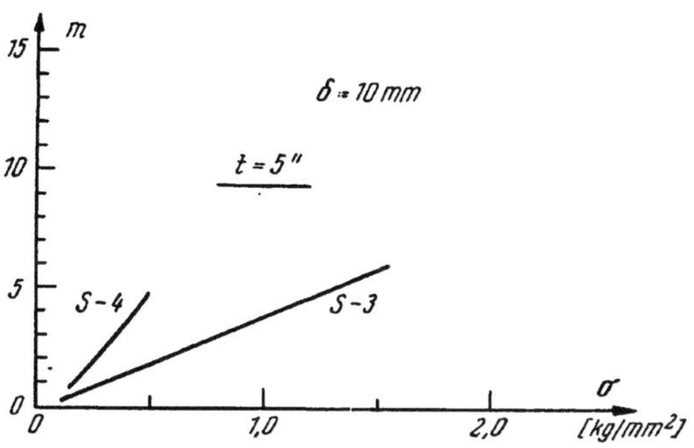

Abb. 19. Die Abhängigkeit der Isochromatenordnung von der Spannung für die S—3 und S—4 Harze. Belastungszeit $t = 5''$

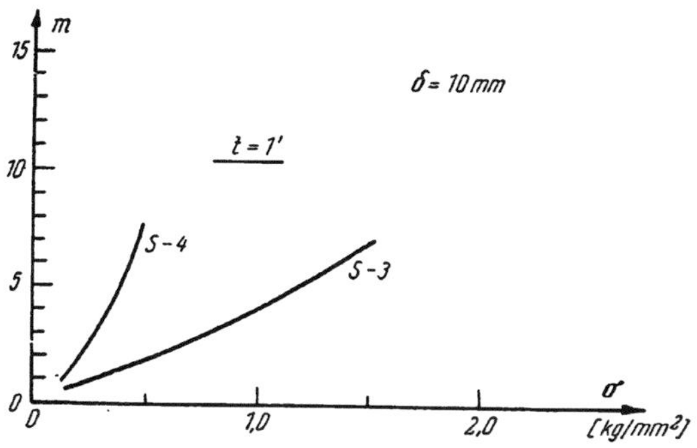

Abb. 20. Die Abhängigkeit der Isochromatenordnung von der Spannung für die S—3 und S—4 Harze. Belastungszeit $t = 1'$

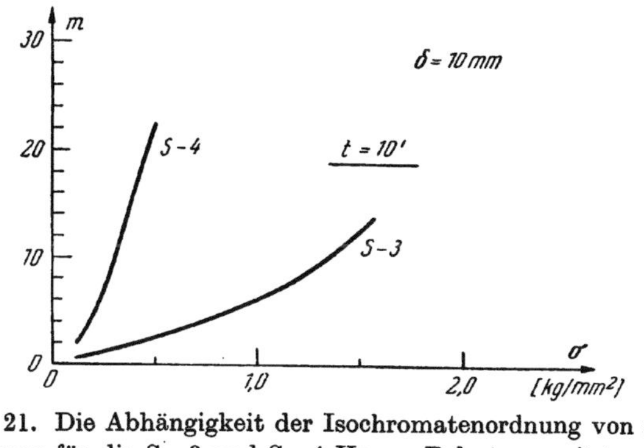

Abb. 21. Die Abhängigkeit der Isochromatenordnung von der Spannung für die S—3 und S—4 Harze. Belastungszeit $t = 10'$

3. *Einfluß der Art der gesättigten Säure*

Auf den Abbildungen 15 bis 18 wurden die spannungsoptischen Eigenschaften der Harze mit gleichem Gehalt der drei gesättigten Säuren: der Adipin-, Sebazin- und Phthalsäure verglichen.

Die aliphatischen Säuren mit einer langen Kohlenstoffkette üben einen Einfluß in dem Sinne einer bedeutenden Verminderung des Elastizitätsmoduls der Harze und ihrer Zugfestigkeit aus. Die spannungsoptische Charakteristik dieser Harze ist nicht linear.

Dagegen erhöhen die aromatischen Säuren die Steifigkeit der Polyesterketten und dadurch auch den Elastizitätsmodul des Harzes. Die Abhängigkeit $m = m(\sigma)$ ist, bei ziemlich großer Empfindlichkeit, linear.

4. *Einfluß der Art des Monomers*

Auf den Abbildungen 19 bis 21 wurden zwei Harztypen, die sich untereinander durch die Monomerart unterscheiden, verglichen.

Das S—3 Harz enthält Vinylazetat, das S—4 Harz Styrol. Das S—4 Harz weist höhere optische Empfindlichkeit auf, aber seine Charakteristik ist stark zeitabhängig.

Um endgültige Schlüsse zu ziehen ist es nötig, weitere Untersuchungen durchzuführen.

Die durchgeführten Untersuchungen über die Abhängigkeit des spannungsoptischen Effektes der Polyesterharze von ihrer chemischen Struktur sind noch nicht beendet.

Die bisherigen Ergebnisse gestatten, die Vermutung aufzustellen, daß die Synthese der Modellwerkstoffe mit den gewünschten spannungsoptischen Eigenschaften möglich ist.

Polytechnische Hochschule Warschau

Literatur

[1] Parker, E. E. u. Moffett, E. W., Physical Properties of Polyester Resins. Industrial and Engineering Chemistry **46** (1954) 1615.

[2] Alt, Chr., Chemie im Dienste der Photoelastizität. Schweizer Archiv **25** (1959) 164.

[3] Pindera, J. T., Eigenschaften von einigen Polyesterharzen. Rozprawy Inżynierskie CXXX, S. 363; XXXXIV, S. 482; CXXXV, S. 522.

[4] Trapieznikowa, O. N., Optische Methode der Untersuchungen des Ziehprozesses für Polystyrolfilme und die Bestimmung der Isochromatenwerte im Temperaturbereich von 12 bis 140 °C. Journal Phisitscheskoj Chimii XXII (1947) 395.

Die Anwendung des spannungsoptischen Reflexionsverfahrens bei der modellstatischen Untersuchung von Platten

Von W. Teepe und K. H. Hehn

1. Allgemeines

Der Bauingenieur steht in zunehmendem Maße vor der Aufgabe, unregelmäßig berandete oder gestützte Platten dimensionieren zu müssen. Diese Entwicklung ist durch den Ausbau des Straßennetzes mit zügigeren Linienführungen und planfreien Kreuzungen und durch den Wunsch der Architekten nach freizügigerer Gestaltung bedingt. Es sei hier auf schiefe und gekrümmte Plattenbrücken sowie auf die Flachdecken, dreiseitig gestützte Platten und übereck auskragende Platten hingewiesen. Die Elastizitätstheorie kann für die Idealisierungen dieser Probleme zum Teil nur mit großem mathematischem Aufwand Ergebnisse liefern. Da für einen Teil der Probleme aber bisher noch keine Lösungen bekannt sind, muß auf die Modellstatik zurückgegriffen werden. Durch den modellstatischen Versuch können die Bedeutungen von Idealisierungen bei der elastizitätstheoretischen Berechnung kontrolliert oder Hinweise für den Ansatz der Berechnung gewonnen werden. Außerdem bedingt die fortschreitend höhere Ausnützung des Materials sowie die Anwendung des Spannbetons eine genauere Kenntnis des Spannungszustandes.

Im Brückenbau ist häufig allein das durch eine Überschlagsrechnung kontrollierte Ergebnis eines Modellversuches Bemessungsgrundlage. Es empfiehlt sich in diesem Falle nicht nur Einflußflächen zu verwenden, da infolge der gefühlsmäßigen Festlegung der Aufpunkte keine Sicherheit besteht, daß die ungünstigste Stelle ausgewählt wurde. Bei Aufnahme von Zustandsflächen, wie sie mit dem Reflexionsverfahren möglich ist, kann durch Verschieben der Belastung mit Sicherheit die ungünstigste Laststellung gefunden werden.

2. Ähnlichkeitsgesetze für Plattenmodelle

Dünne Platten sind unter den Einschränkungen, die die Kirchhoffsche Theorie [1] macht, Flächentragwerke mit einem quasiebenen Spannungszustand. Die Kirchhoffsche Theorie verlangt, daß die Dicke der Platten gegenüber deren übrigen Abmessungen klein sei und daß die Durchbiegungen der Platte unter Belastung gegenüber der Plattendicke klein seien. In Tabelle 1 sind die maßgeblichen Gesichtspunkte zusammengestellt.

Tabelle 1
Ähnlichkeit für Plattenmodelle

1. Quasiebenes Problem mit Ausnahme von Störungen durch Einzellasten und Ränder.
2. Dickenmaßstab frei innerhalb der Grenzen der Gültigkeit der Kirchhoffschen Theorie.
3. Formänderungen durch 2 festgelegt.
4. Querdehnungszahl von erheblichem Einfluß.

3. Modellstatische Verfahren für die Untersuchung von Platten

Das spannungsoptische Reflexionsverfahren ist eines von den möglichen Verfahren zur Ermittlung des Spannungszustandes in Platten. Es soll deshalb gezeigt werden, wo das spezielle Anwendungsgebiet dieses Verfahrens liegt (Tabelle 2).

Tabelle 2

Verfahren für die modellstatische Untersuchung dünner Platten

1. Spannungs- und Dehnungsmessung
1.1 Spannungsoptisches Zweischichtenverfahren im durchfallenden Licht,
1.2 Spannungsoptisches Reflexionsverfahren,
1.3 Dehnungsmessung mit elektrischen und mechanischen Gebern.

2. Verformungsmessung
2.1 Durchbiegungsmessung,
2.2 Neigungsmessung,
2.3 Krümmungsmessung.

Beim spannungsoptischen Zweischichtenverfahren, das von Kuske [2] und Favre [3] ungefähr gleichzeitig angegeben wurde, wird das Modell aus durchsichtigen Platten mit verschiedener Spannungsdoppelbrechung hergestellt. Bei der Messung müssen Polarisator und Analysator auf verschiedenen Seiten des Modells angeordnet werden. Falls das Modell nicht nur durch Randlasten beansprucht werden soll, wird ein Teil der Isoklinen und Isochromaten durch die Belastungsvorrichtung verdeckt. Die Untersuchung von Modellen mit Flächenlasten, die durch verteilte Einzellasten nachgeahmt werden sollen, macht deshalb große Schwierigkeiten.

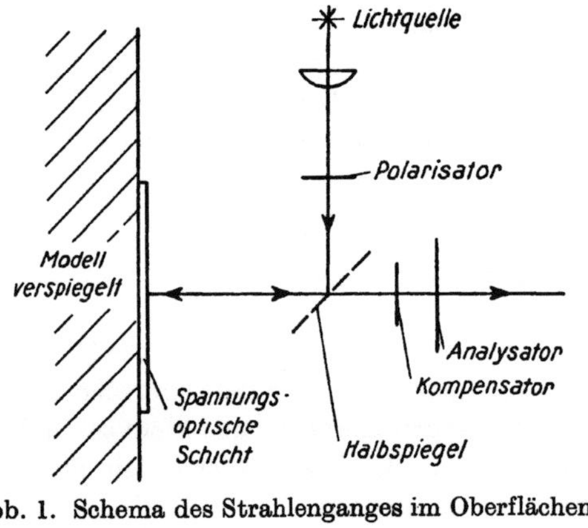

Abb. 1. Schema des Strahlenganges im Oberflächengerät

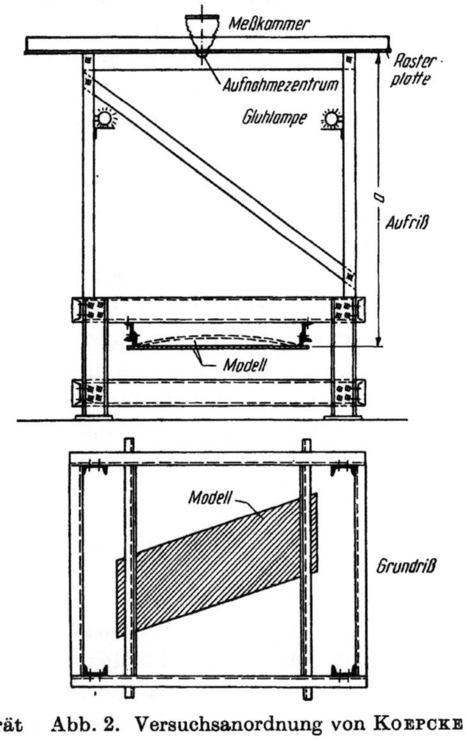

Abb. 2. Versuchsanordnung von Koepcke

Durch die Anwendung des Reflexionsverfahrens, dessen Anwendung auf die Untersuchung von Platten zuerst von Goodier und Lee [4] vorgeschlagen wurde, entfallen die Schwierigkeiten mit der Belastungsvorrichtung, da Polarisator und Analysator auf einer Seite des Modells angeordnet werden.

Außerdem entfällt die Forderung, daß beide Teile des Modells durchsichtig sein müssen. Es ist deshalb möglich, die eigentliche Modellplatte aus einem Material mit besseren elastischen Eigenschaften, als sie die in der Spannungsoptik üblicherweise verwendeten Kunststoffe besitzen, herzustellen.

Die spannungsoptischen Verfahren sind, wenn man von der immer vorhandenen Möglichkeit der Umordnung von Zustandsflächen in Einflußflächen absieht, nur für die Bestimmung von Zustandsflächen geeignet. Besonders günstig macht sich bemerkbar, daß die Messung der Doppelbrechung nicht an eine Meßlänge gebunden ist, so daß gut an Stellen mit großer Momentenänderung sowie am Plattenrand gemessen werden kann.

Dem Verfahren der reinen Dehnungsmessung in drei Richtungen haftet der Nachteil an, daß die Mittelwerte der Dehnung in der Meßstrecke gemessen werden. Die Modellgröße ist bei Anwendung dieser Meßmethoden so zu wählen, daß die Größe der Meßstrecke nicht stört. Die Dehnungsmessung, besonders mit elektrischen Dehnstreifen ist gut für die Aufnahme von Einflußflächen geeignet. Der Aufwand für die Messung von Zustandsflächen ist sehr groß. Im Gegensatz zu den vorgenannten Verfahren, bei denen die Momente aus den Spannungen oder Dehnungen berechnet werden, wird bei den Verfahren der Verformungsmessung für die Auswertung die Differentialgleichung der Platte verwendet.

Auswertung der Verformungsmessung

Differentialgleichung

$$\Delta\Delta w = \frac{\partial^4 w}{\partial x^4} + 2\frac{\partial^4 w}{\partial x^2\,\partial y^2} + \frac{\partial^4 w}{\partial y^4} = +\frac{P}{D}$$

mit

$$D = \frac{E\,h^3}{12\,(1-\mu^2)},$$

daraus z. B.

$$M_x = -D\left(\frac{\partial^2 w}{\partial x^2} + \mu\frac{\partial^2 w}{\partial y^2}\right),$$

gemessen wird:

Durchbiegung $w \rightarrow \frac{\partial w}{\partial x} \rightarrow \frac{\partial^2 w}{\partial x^2}$,

Neigung $\frac{\partial w}{\partial x} \rightarrow \frac{\partial^2 w}{\partial x^2}$,

Krümmung $\frac{\partial^2 w}{\partial x^2}$.

Die Durchbiegungsmessung scheidet wegen der durch die zweimalige Differentiation verursachten Fehler aus. Bei der Neigung ist die Genauigkeit wegen der nur einmaligen Diffe-

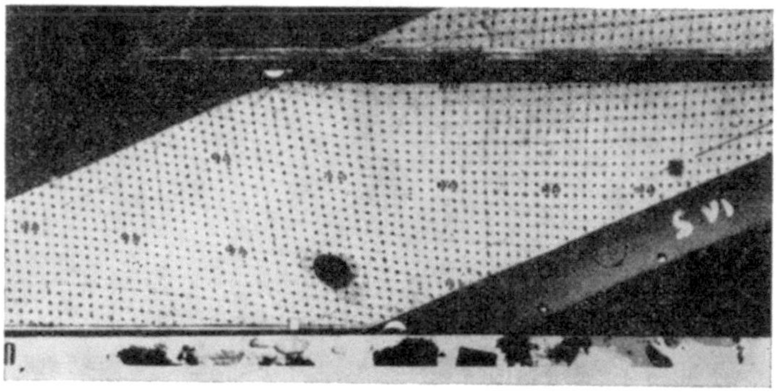

Abb. 3. Versuchsplatte von Koepcke

rentiation besser. Sie wird bei dem spiegeloptischen Verfahren von Koepcke [5] (Abb. 2 u. 3) und bei dem Moiré-Verfahren von Ligtenberg [6] (Abb. 4 u. 5) mit Erfolg für die Aufnahme von Zustandsflächen angewendet.

Besonders gut ist die von Schmidt [7] und Franz [8] in die Modellstatik eingeführte Krümmungsmessung (Abb. 6) für Messungen an Platten geeignet, da hier der Meßwert direkt der gesuchten Größe entspricht. Das Verfahren ist besonders für die Messung von Einflußflächen geeignet. Durch Messung der Krümmungen in 4 Richtungen ergibt sich eine echte Kontrolle für den Biegezustand in einem Punkt, da die Momentensumme und damit auch die Krümmungssumme zweier aufeinander senkrechter Richtungen invariant ist.

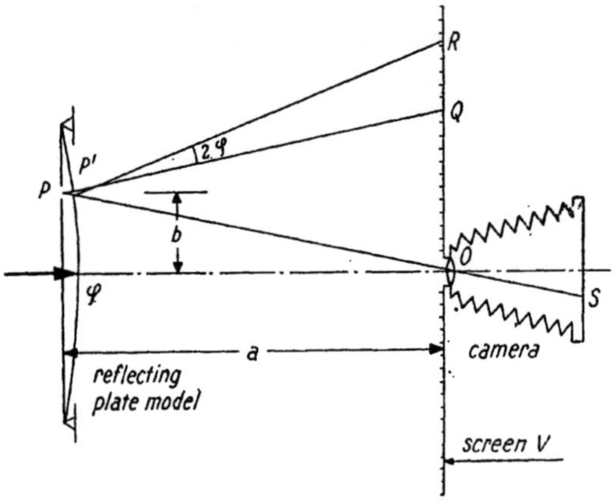

Abb. 4. Moiré-Verfahren, Versuchsanordnung

Es muß also in jedem Punkt

$$M_x + M_y = M_{x+\varphi} + M_{y+\varphi}$$

und

$$k_x + k_y = k_{x+\varphi} + k_{y+\varphi}$$

sein.

Da, wie aus Abb. 6 zu ersehen ist, der Mittelwert der Krümmung über die Basislänge gemessen wird, erweist sich an Stellen mit großer Krümmungsänderung die Ergänzung mit dem spannungsoptischen Reflexionsverfahren als günstig. Diese Methode wurde für den Stützenbereich (siehe Abb. 7) angewendet, als das Institut für Beton und Stahlbeton der TH Karlsruhe eine schiefe Rahmenbrücke zu untersuchen hatte.

Die Krümmungsmessung kann auch an einem Schichtmodell durchgeführt werden. Sie ist in diesem Falle eine wertvolle Kontrolle, da die Meßverfahren voneinander unabhängig sind.

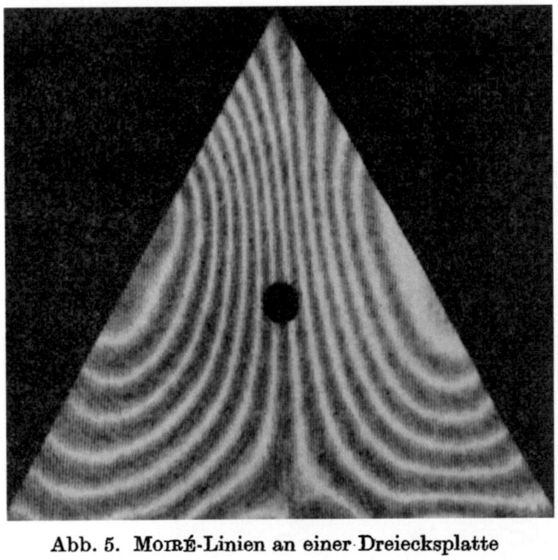

Abb. 5. Moiré-Linien an einer Dreiecksplatte

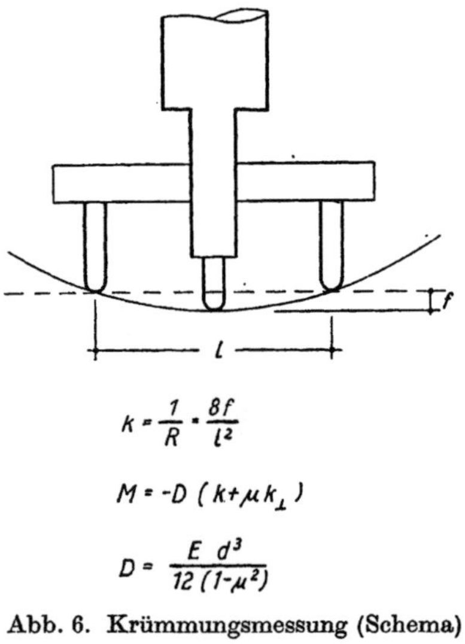

Abb. 6. Krümmungsmessung (Schema)

4. Die Anwendung des Reflexionsverfahrens

4.1 *Modellmaterial*

Für Schichtmodelle, die nach dem Reflexionsverfahren untersucht werden sollen, können alle isotropen Materialien mit linearem Formänderungsgesetz verwendet werden, sofern sie sich mit einer Schicht aus Gießharz sicher verkleben lassen. Besonders gut geeignet sind

Metalle, z. B. Aluminium und Messing. Die Elastizitätsmoduli beider Materialien sind nicht so groß wie der von Stahl, so daß sich noch mit mäßigen Spannungen gut meßbare Dehnungen in der Deckschicht erzeugen lassen. Die Metalle lassen sich nach einer gründlichen Entfettung der Oberfläche mit dem gleichen Gießharz, aus dem die Deckschicht gegossen wurde, verkle-

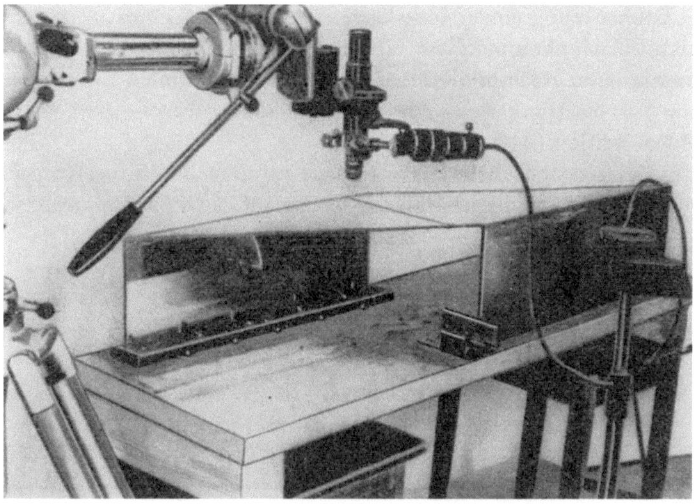

Abb. 7. Anwendung des Oberflächenschichtverfahrens bei einer schiefen Rahmenbrücke

Abb. 8. Oberflächengerät mit großem Bildausschnitt

ben. Die normale Oberfläche der Metallplatte erzeugt die für die Messung geeignete diffuse Reflexion. Soll ein nicht reflektierendes Material verwendet werden, so kann durch Zusatz von Aluminiumpulver in der Klebschicht die nötige matte Spiegelung bewirkt werden.

Als Material für die Meßschicht eignen sich ebene Platten, die aus Araldit B, D oder F in geschliffenen Formen mit konstanter Dicke hergestellt werden. Vor dem Verkleben ist der Trennmittelfilm mit einem Lösungsmittel sorgfältig abzuwaschen.

4.2 *Spannungsoptische Geräte für das Reflexionsverfahren*

Im Institut für Beton und Stahlbeton an der TH Karlsruhe wurden für das Reflexionsverfahren, das auch bei der Untersuchung von Schalen mit Erfolg angewendet wird, verschiedene Geräte entwickelt [9]. Das in Abb. 8 wiedergegebene baukastenmäßig zusammengesetzte Gerät ist für die Beobachtung eines Modellbereichs von ca. 100 mm ∅ geeignet.

Mit einem Kristallplattenkompensator lassen sich noch Bruchteile von Ordnungen bestimmen. Mit der ansetzbaren Kleinbildkamera kann das Gesichtsfeld fotografiert werden. Die Einrichtung kann für die punktweise Messung von Doppelbrechungen bei schiefer Durchstrahlung umgebaut werden (Abb. 9).

Falls jedoch die Polarisationsebene nicht normal auf dem Halbsilberspiegel steht, wird der Meßwert durch die Depolarisation des Spiegels verfälscht. Für genaue punktweise Messungen ist das in Abb. 10 wiedergegebene Gerät geeignet.

Abb. 9. Gerät zur Schiefdurchstrahlung

Bei diesem Gerät können mit Kristallplattenkompensatoren nach Berek oder Brace Gangunterschiede von 1 nm noch zuverlässig nachgewiesen werden.

Durch eine angebaute Meßuhr mit 1/100 mm Anzeige kann bei gleichzeitiger Verwendung eines Objektivs geringer Tiefenschärfe die durch die Brechungszahl geteilte Dicke der spannungsoptisch aktiven Schicht gemessen werden.

Ein Gerät zur Messung der Doppelbrechungen in einer dünnen Schicht bei senkrechter und schiefer Durchstrahlung befindet sich zur Zeit in der Entwicklung.

4.3 *Messung und Auswertung*

Die Messung der Doppelbrechung nach Größe und Richtung wird punktweise mit dem vorher beschriebenen Gerät vorgenommen. Mit den Werten von $(\sigma_1 - \sigma_2)$ und α in der Schicht läßt sich an jeder Stelle der Platte das Drillungsmoment angeben. Da das Verfahren eigentlich nur auf einer Dehnungsmessung an der Modellplatte beruht, muß die Dicke der spannungsoptisch aktiven Schicht kontrolliert und richtig bei der Auswertung eingesetzt werden.

Die Spannungs- und Dehnungsverteilung in einem Schichtmodell sind in Abb. 11 dargestellt.

Die zu beobachtende Doppelbrechung entspricht dem Mittelwert über der Schichtdicke. Es ist für die Auswertung genau genug, diese auf die Mittelfläche der Meßschicht zu beziehen Ebenso kann bei der Ermittlung des Widerstandsmomentes der Platte der Einfluß der Meßschicht vernachlässigt werden. Es empfiehlt sich aber, in jedem Fall einen Eichversuch mit einem schmalen Plattenstreifen durchzuführen, da dann alle Fehlermöglichkeiten ausgeschaltet sind.

Der Elastizitätsmodul von Aluminium liegt bei 700000 kp/cm². Für die Meßschicht sind je nach Dicke 20000—30000 kp/cm² anzunehmen. Damit ergibt sich das Spannungsverhältnis $n = \frac{700000}{25000} = 28$. Mit einer Schichtdicke von 1,0 mm läßt sich bei einem kleinsten Gangunterschied von 1 nm noch eine Randspannungsdifferenz

$$(\sigma_1 - \sigma_2)_{\text{Platte}} = n \frac{\Gamma}{\lambda} \frac{S}{2d},$$

n = Spannungsverhältnis,
Γ = Gangunterschied [nm],
λ = Wellenlänge des verwendeten Lichts (grün 546 nm),
S = spannungsoptische Konstante für Araldit D: $S \approx 11{,}5 \left[\frac{\text{kp/cm}^2}{\text{Ordnung}}\,\text{cm}\right]$,

$$(\sigma_1 - \sigma_2)_{\text{Platte}} = 28 \cdot \frac{1}{546} \frac{11{,}5}{2 \cdot 0{,}1} \cong 3\ [\text{kp/cm}^2]$$

Abb. 10. Oberflächengerät

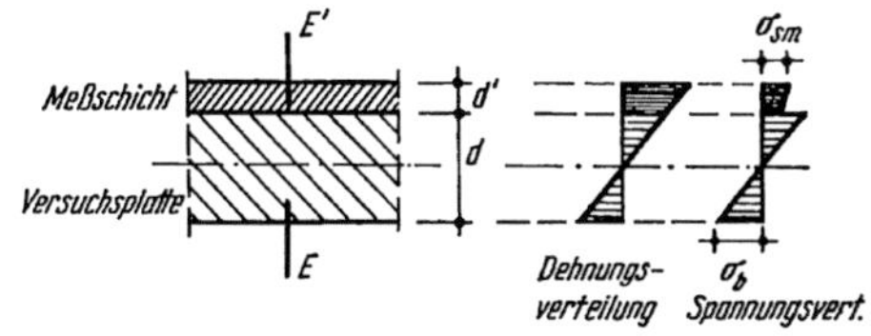

Abb. 11. Auswertung von Plattenversuchen nach dem Oberflächenschichtverfahren

der Modellplatte nachweisen. Man wird die größte Beanspruchung zu ungefähr 800 kp/cm² wählen. Dann liegt die kleinste meßbare Spannungsdifferenz unter 1% vom Größtwert.

Durch die normale spannungsoptische Messung sind 2 von 3 für die Beschreibung des Biegezustandes benötigten Größen bekannt. Der fehlende dritte Wert kann durch eine ergänzende Messung bei schiefer Durchstrahlung bestimmt werden. Das Schiefdurchstrahlungsverfahren wurde von Drucker [10] in die ebene Spannungsoptik eingeführt und von Kuske [11] und später von Zandmann [12] zuerst in Verbindung mit dem Reflexionsverfahren angewendet. Über die Auswertung von größeren Flächen mit der Messung der Doppelbrechung bei schiefer Durchstrahlung liegen bei den Verfassern noch keine Erfahrungen vor.

Die Bestimmung des Biegespannungszustandes ohne ergänzende Messung ist durch die Integration der Gleichgewichtsbedingungen möglich. Die auf dieser Basis von Schwieger und Haberland [13], Kuske [14] und Bufler [15] für das Zweischichtenverfahren entwickelten Methoden lassen sich sinngemäß auch beim Reflexionsverfahren mit dünner Schicht anwenden.

Am einfachsten ist hier die von SCHWIEGER und HABERLAND [13] in Anlehnung an das Schubspannungsdifferenzverfahren entwickelte Methode, jedoch sind bei der Betrachtung der Randwerte die später gezeigten Versuchsergebnisse zu berücksichtigen.

Die Querdehnungszahlen von Modellplatte und Meßschicht, z. B. Aluminium und Araldit, unterscheiden sich kaum, so daß auf eine komplizierte Umrechnung verzichtet werden kann. Allerdings ist bei Übertragung des Ergebnisses des Modellversuchs auf die Hauptausführung, z. B. Beton, der Unterschied der Querdehnungszahlen zu berücksichtigen.

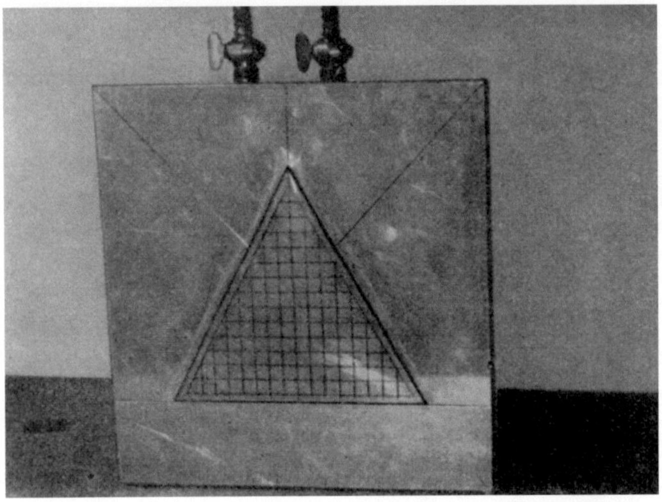

Abb. 12. Oberflächenschichtmodell einer Dreiecksplatte mit Unterdruck belastet

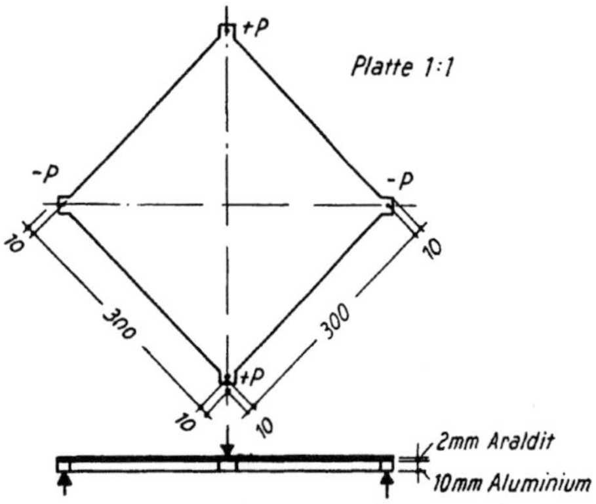

Abb. 13. Modellabmessungen und Belastung (Platte 1:1)

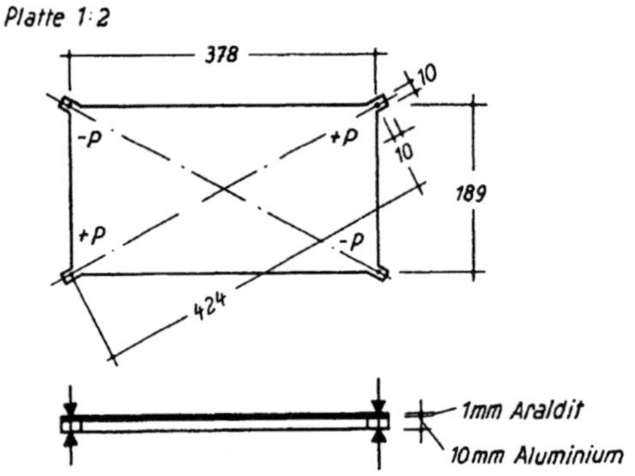

Abb. 14. Modellabmessungen und Belastung (Platte 1:2)

Ohne jede Auswertungsarbeit lassen sich aus den Isoklinenfeldern die Momententrajektorien zeichnen. In Abb. 12 ist ein durch Unterdruck gleichmäßig belastetes Modell, das für diesen Zweck hergestellt wurde, wiedergegeben.

5. Anwendungsbeispiele

Das Verfahren wurde bei der Klärung des Problems der Momentenrichtung an einem freien d. h. nicht unterstützten Plattenrand angewendet. Da verschiedene Autoren der Ansicht sind, daß die Hauptmomentenrichtung an freien Plattenrändern für bestimmte Belastungen einen Winkel mit dem Rand einschließen kann, was aber unmöglich ist, da die Schubspannungen in der $x - y$-Ebene am Rand verschwinden müssen, sollte durch Versuche eine Klärung herbeigeführt werden.

Aus der KIRCHHOFFschen Theorie ergeben sich tatsächlich für den freien Rand einer Platte Drillungsmomente; da hier nur 2 Randbedingungen befriedigt werden können. Deshalb müssen die Randmomente mit den Randquerkräften zu Randdrillungsmomenten zusammengesetzt werden. Im Gegensatz zur Idealisierung der Theorie ist der quasiebene Spannungszustand der Platte am Rand gestört. Durch die Versuche sollte die Annahme, daß für diese Störungen auch das DE SAINT VENANTsche Prinzip gilt, überprüft werden.

Für die Versuche wurde je eine Quadrat- und eine Rechteckplatte mit einer Torsionsbeanspruchung gewählt. Die Abmessungen der Platten sind in Abb. 13 und 14 dargestellt.

Die Modelle bestehen aus einer 10 mm dicken Aluminiumplatte mit einer 1,0 mm dicken Meßschicht aus Araldit D. Die Belastung wurde, wie in Abb. 15 und 16 zu sehen ist, mit einer Spindel über Stahltraversen und einen geeichten Ringkraftmesser aufgebracht.

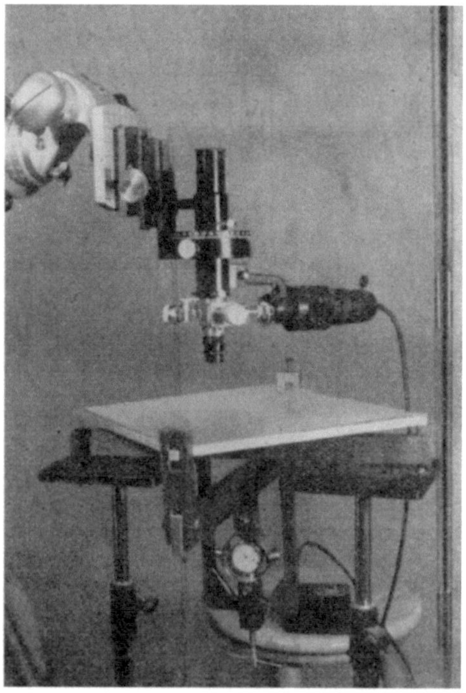

Abb. 15. Modellaufbau Platte 1:1

Die mit dem Gerät mit großem Gesichtsfeld hergestellte Aufnahme Abb. 17 zeigt deutlich den schwarzen, d. h. spannungsfreien Plattenrand.

Die übrige Platte zeigt gleichmäßige Doppelbrechung, was konstantem τ_{xy} und damit auch konstantem Drillungsmoment, wie es die Theorie verlangt, entspricht.

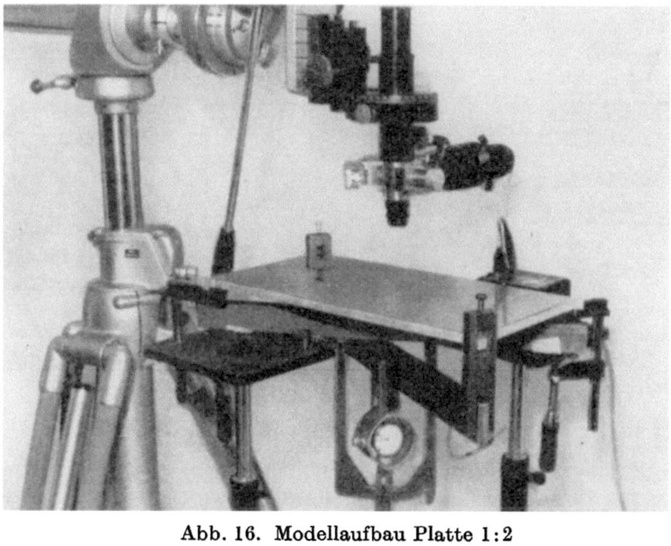

Abb. 16. Modellaufbau Platte 1:2

Die am Modell gemessenen Doppelbrechungen stimmen mit den auf Grund des Eichversuchs vorausberechneten gut überein.

Betrachtet man den Plattenrand, so zeigt sich der in Abb. 18 dargestellte Verlauf der Spannungstrajektorien.

Der Übersicht wegen wurde nur eine Trajektorie herausgezeichnet. Die Spannungstrajektorie läuft unter einem Winkel von 45° auf den Plattenrand zu. In einem Abstand vom Rand,

Abb. 17. Aufnahme der Platte 1:1 im Oberflächengerät (Abb. 8)

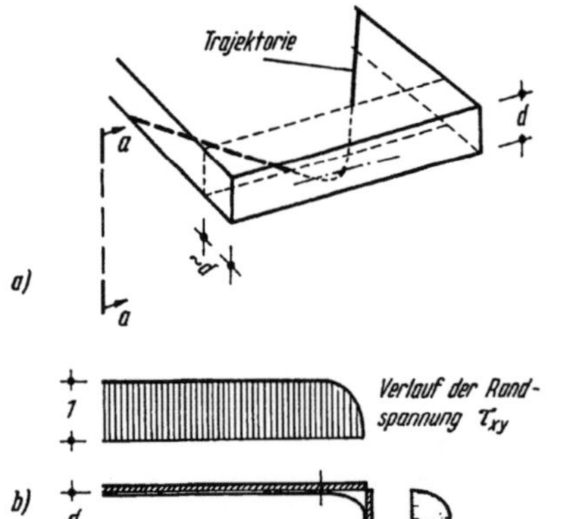

Abb. 18a u. b. Räumliche Darstellung eines Ausschnittes aus dem Plattenrand. Verlauf einer Spannungstrajektorie am Rand einer tordierten Platte

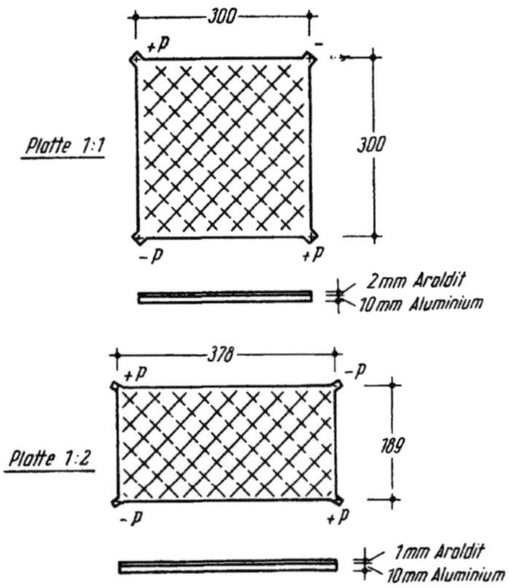

Abb. 19. Trajektorienverlauf an der Plattendeckfläche

der ungefähr der Plattendicke entspricht, beginnt die Trajektorie langsam unterzutauchen. In der Mitte des Randes tritt sie wieder nach außen, um dann wieder zu verschwinden und an der Unterseite der Platte mit einem Winkel von 90° zur ersten Richtung weiterzulaufen. Bei der Platte zeigt sich also das gleiche Bild wie bei einem langen prismatischen Stab mit

St. VENANTscher Torsion. Den Trajektorienverlauf für beide Versuchsplatten zeigt Abb. 19. Die gesamte Querkraft in der Platte wird also in einem schmalen Randstreifen übertragen. Die Verhältnisse sind in Abb. 20 dargestellt.

Zur Kontrolle wurde ein Versuch mit einem Viertel der Quadratplatte nach dem spannungsoptischen Einfrierverfahren durchgeführt. Abb. 21 zeigt das Modell mit Belastungsvorrich-

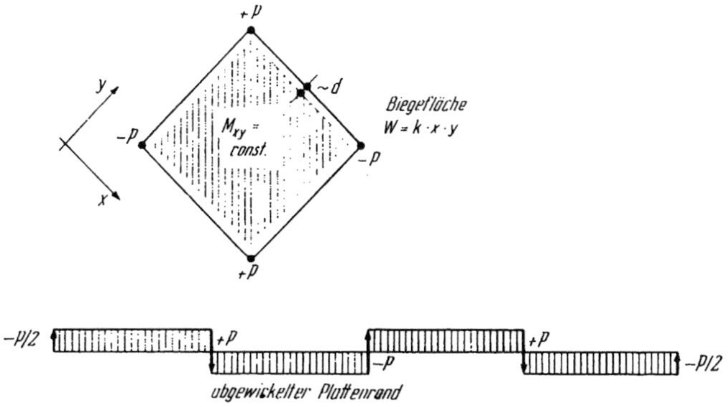

Abb. 20. Querkraftübertragung in einer tordierten Platte

Abb. 21. Einfrierversuch: Modell im Wärmeschrank

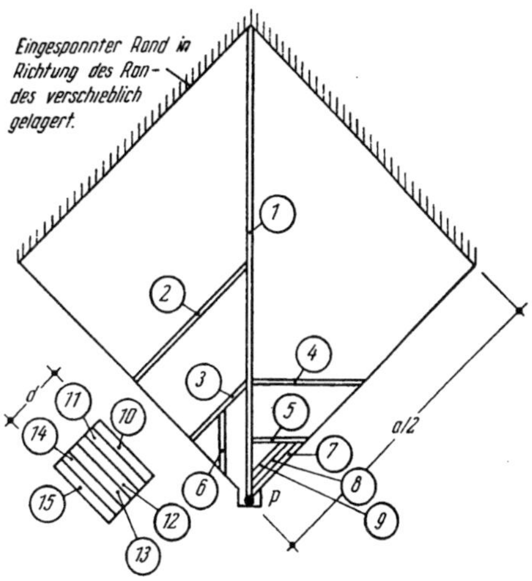

Abb. 22. Schnitte aus Plattenmodell

tung im Wärmeschrank. Nach dem Einfrieren der Spannungen wurde das Modell wie in Abb. 22 dargestellt zerschnitten. Der Schnitt (Abb. 23) aus der Mittelfläche zeigt den gleichen Verlauf der Doppelbrechungen wie bei Schichtverfahren.

Der Vergleich der Versuchsergebnisse mit der Berechnung nach REISSNER [16] zeigt auch am Plattenrand eine gute Übereinstimmung dieser Theorie mit der Wirklichkeit, da hier im Gegensatz zur KIRCHHOFFschen Theorie drei Randbedingungen erfüllt werden können. Der nach der REISSNERschen Theorie berechnete Verlauf der Randspannungen ist in Abb. 24 aufgetragen. Als Ergebnis der Versuche und des Vergleichs mit der Theorie von REISSNER kann herausgestellt werden, daß die KIRCHHOFFsche Theorie im allgemeinen für die Berechnung der Platten ausreicht. Die mit dem ST. VENANTschen Prinzip begründete Annahme, daß die Randstörungen in einem Bereich mit einer Breite von ungefähr gleich der Plattendicke abklingen, wird durch die Versuche bestätigt. Das Ergebnis zeigt weiter, daß beim Modellversuch die Plattendicke frei nach versuchstechnischen Gesichtspunkten gewählt werden darf. Man muß sich aber in jedem einzelnen Fall bei der Konstruktion von Stahlbeton- oder Spannbetonplatten über die Größe des Störbereichs sowie die schiefen Hauptzugspannungen am freien Plattenrand Rechenschaft ablegen. Da diese Zugspannungen im Falle reiner Torsion fast die Größe der Zugspannungen an der Plattendeckfläche annehmen, sind sie auch durch eine entsprechende Bewehrung zu decken.

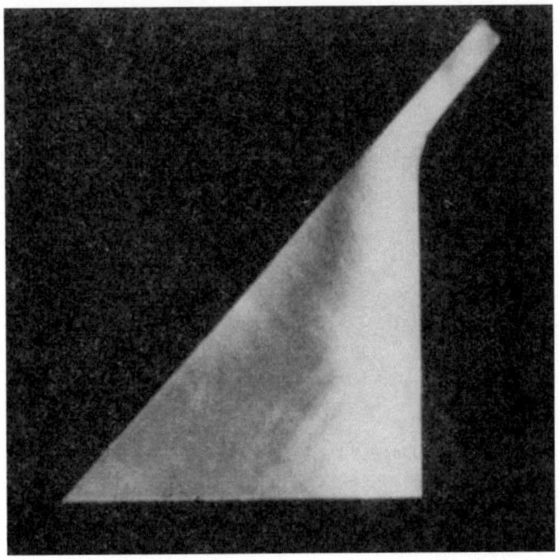

Abb. 23. Mittelschnitt aus dem Modell

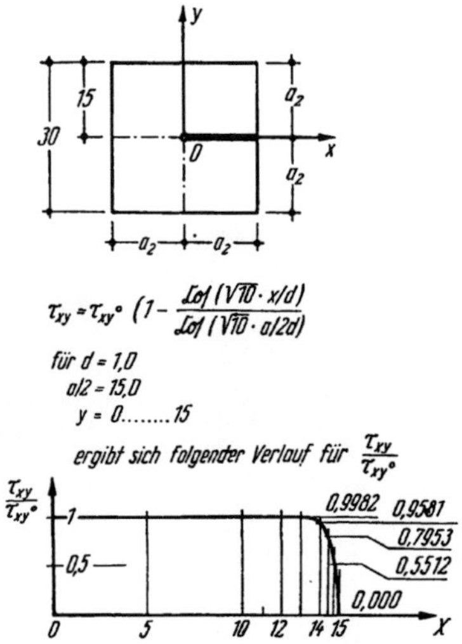

Abb. 24. Verlauf der Schubspannungen über die Platte

6. Zusammenfassung

Das spannungsoptische Reflexionsverfahren ist für die Untersuchung von Platten geeignet. Eine Vereinfachung der Methode erwarten die Verfasser von der schiefen Durchstrahlung, da dann die komplizierten Auswerteverfahren nicht gebraucht werden. In einfacher Weise lassen sich mit dem Reflexionsverfahren die für die Zeichnung von Trajektorienbildern nötigen Isoklinen gewinnen.

Technische Hochschule Karlsruhe, Institut für Beton und Stahlbeton
(Direktor: o. Prof. Dr.-Ing. G. Franz)

Literatur

[1] Nadai, A., Elastische Platten, Springer-Verlag Berlin 1925.

[2] Kuske, A., Spannungsoptische Untersuchung von Platten nach dem Zweischichtverfahren. Z. VDI **94**, Nr. 22 (1952) 745—747.

[3] Favre, H. u. Gilg, B., Sur une méthode purement optique pour la mesure directe des moments dans les plaques minces fléchies. Schweiz. Bauzeitung **68**, Nr. 19 (1950) 253—257; Nr. 20 (1950) 265—267.

[4] Goodier, J. N. and Lee, G. H., An Extension of the Photoelastic Method of Stress Measurement to Plates in Transverse Bending: J. Appl. Mech. 8, No. 1 (1941) A 27—A 29.

[5] Koepcke, W., Ermittlung von Biegemomenten in Platten mittels eines spiegeloptischen Verfahrens. Beton- und Stahlbetonbau **50**, H. 8 (1955) 210—216.

[6] Ligtenberg, F. K., The Moiré Method, a New Experimental Method for the Determination of Moments in Small Slab Models. Proc. Soc. Exper. Stress Anal. **12**, Nr. 2 (1955) 83—98.

[7] Schmidt, E., Modellversuche zur Bemessung von Baukonstruktionen. Schweizerische Bauzeitung **67**, Nr. 39 (1949) 555—562.

[8] Franz, G., Die Brücke für die Umgehungsstraße Bacharach über die Eisenbahngleise der linken Rheinuferbahn. Bauingenieur **29** (1954) H. 5, 182—190.

[9] Teepe, W., Beitrag zur spannungsoptischen Untersuchung von Schalen: Diss. TH Karlsruhe (1959).

[10] Drucker, D. C., Photoelastic Separation of Principal Stresses by Oblique Incidence. J. Appl. Mech. **10**, No. 3 (1943) A 156—A 160.

[11] Kuske, A., Verfahren der Spannungsoptik. Düsseldorf 1951.

[12] Zandmann, F., Analytische Untersuchung der Beanspruchung von Werkstücken mit Hilfe photoelastischer Lacke. Acier, Stahl, Steel **21**, Nr. 9 (1956) 375—384.

[13] Schwieger, H. u. Haberland, G., Bestimmung des Biegespannungszustandes elastischer quadratischer Platten. Bauplanung und Bautechnik 8, (1954) H. 8, 358—366.

[14] Kuske, A., Die Auswertung von ebenen spannungsoptischen Versuchen. Forschung Geb. Ing. Wes. **18** (1952) H. 4, 113—126.

[15] Bufler, H., Bemerkung zur vollständigen Auswertung des Spannungszustandes in Platten mit Hilfe der Spannungsoptik. Ing.-Archiv **29** (1960) H. 2, 150—152.

[16] Reissner, E., The Effect of Transverse Shear Deformation on the Bending of Elastic Plates. J. Appl. Mech. **12** (1945) A 69—A 77.

Erfahrungen mit der Relaxationsmethode zur vollständigen Bestimmung des ebenen Spannungszustandes in der Spannungsoptik

Von F. Thamm

In manchen Fällen der experimentellen Spannungsanalyse ist es nötig, die Trennung der beiden Hauptspannungen des ebenen Spannungszustandes über die ganze Fläche des untersuchten Körpers durchzuführen. Die meisten Auswerteverfahren der Spannungsoptik, die, ausgehend von den Isochromaten- und Isoklinenwerten, durch graphische Integration oder durch andere Messungen am Modell die fehlende Größe zur vollständigen Bestimmung des Spannungszustandes liefern, sind bei erträglichem Arbeitsaufwand auf die Auswertung in einzelnen Punkten bzw. längs einzelner Linien beschränkt oder benötigen zusätzlichen experimentellen Aufwand. Die Relaxationsmethode ermöglicht demgegenüber, bei relativ geringer Rechenarbeit das vorerwähnte Ziel zu erreichen.

Die Relaxationsmethode, die zuerst von Southwell [1] für die näherungsweise numerische Behandlung von Differentialgleichungen eingeführt wurde, ist als Auswerteverfahren in der Spannungsoptik von Frocht [4] ausführlich beschrieben worden. Sie dient hier der Bestimmung der Hauptspannungssumme $S = \sigma_1 + \sigma_2$ über der ganzen Modellfläche oder einem Teil derselben. Als Ausgangspunkt dient die sog. Verträglichkeitsbedingung des ebenen Spannungszustandes (s. z. B. [5] S. 23), welche in folgender Form geschrieben werden kann:

$$\frac{\partial^2 S}{\partial x^2} + \frac{\partial^2 S}{\partial y^2} = 0 . \tag{1}$$

Wird über die Modellfläche ein quadratisches Netz von der Maschenweite h gelegt (Abb. 1), so gilt für die Werte S_0, S_1, S_2, S_3, S_4 der Hauptspannungssumme in den Punkten 0, 1, 2, 3, 4

$$S_1 + S_2 + S_3 + S_4 - 4\,S_0 = \frac{1}{12} h^4 \left(\frac{\partial^4}{\partial x^4} + \frac{\partial^4}{\partial y^4}\right) S_0 + \text{Glieder mit höheren Ableitungen.} \tag{2}$$

Ist das S-Gefälle nicht allzu groß und h genügend klein, so kann die rechte Seite der Gl. (2) vernachlässigt werden, und man erhält in guter Annäherung

$$S_1 + S_2 + S_3 + S_4 - 4\,S_0 = 0 . \tag{3}$$

D. h. der Wert der Hauptspannungssumme im Punkt 0 ist das arithmetische Mittel der Hauptspannungssummen in den Nachbarpunkten. Am lastfreien Modellrand verschwindet jene Hauptspannung, welche senkrecht auf dem Rand steht, und es gilt darum

$$\left|(\sigma_1 - \sigma_2)_{\text{Rand}}\right| = \left|(\sigma_1 + \sigma_2)_{\text{Rand}}\right| . \tag{4}$$

Das Vorzeichen von $(\sigma_1 + \sigma_2)_{\text{Rand}}$ kann meist schon aus der Anschauung angegeben werden, in Zweifelsfällen kann es durch die von Föppl [6] angegebene Nagelprobe ermittelt werden.

Aus den nun bekannten Randwerten von $S = \sigma_1 + \sigma_2$ können mit Hilfe der Gl. (3) die S-Werte in den inneren Netzpunkten berechnet werden. Der Gang der Berechnung ist in [1], [2] und [3] ausführlich beschrieben, so daß hier nur das Prinzip kurz angedeutet wird. In den einzelnen Netzpunkten werden die Werte der Hauptspannungssumme zunächst mehr oder weniger willkürlich angenommen, und die darum unvermeidlichen Unterschiede R zwischen

$S_1 + S_2 + S_3 + S_4$ und $4\,S_0$ für alle Netzpunkte berechnet. Für diese angenommenen Werte kann also geschrieben werden

$$S_1 + S_2 + S_3 + S_4 - 4\,S_0 = R\,. \tag{5}$$

Die einzelnen S-Werte werden nun nacheinander so verändert, daß die Restglieder R verschwinden.

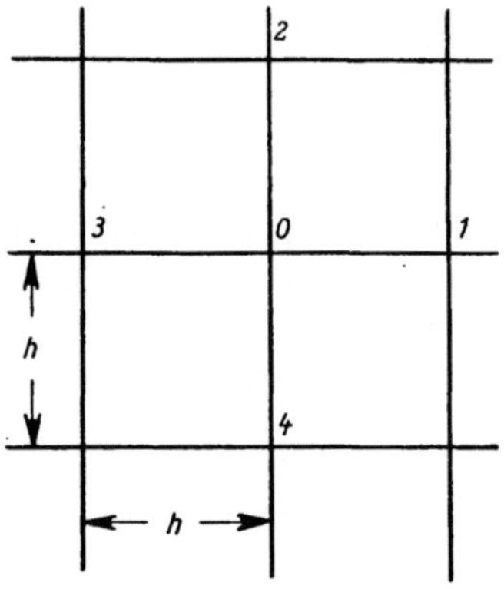

Abb. 1. Das Liniennetz der Relaxationsrechnung

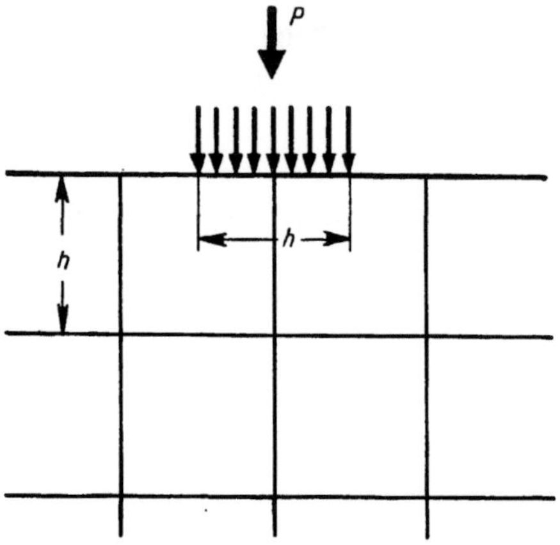

Abb. 2. Annahme der Kraftverteilung an der Angriffsstelle konzentrierter Kräfte

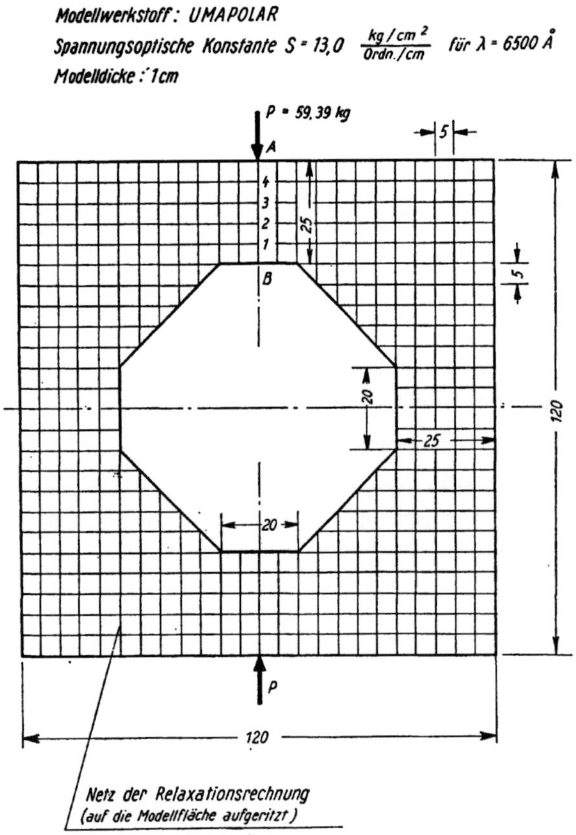

Abb. 3. Das untersuchte Modell

Schwierigkeiten können an jenen Stellen des Randes entstehen, wo äußere Kräfte angreifen. In den bisherigen Veröffentlichungen [4], [7] wurde diese Schwierigkeit dadurch umgangen, daß längs einiger Linien der Modellfläche die Hauptspannungssumme auf eine andere Weise ermittelt wurde und die Relaxationsrechnung nur auf die zwischen diesen Linien und einem Teil des lastfreien Modellrandes eingeschlossene Fläche angewandt wurde.

Um auch die Lastangriffspunkte in den Bereich der Relaxationsrechnung einbeziehen zu können, wurden am Institut für Technische Mechanik an der Technischen Universität Budapest diesbezügliche Untersuchungen angestellt, über die im folgenden berichtet werden soll.

Liegt eine gleichmäßig verteilte Belastung p über einem Modellrand, so gilt, da $\sigma_2 = -p$

$$S = \sigma_1 + \sigma_2 = \sigma_1 - \sigma_2 + 2\,(-p)\,. \tag{6}$$

Da auch „konzentrierte" Kräfte über eine gewisse Länge des Randes verteilt

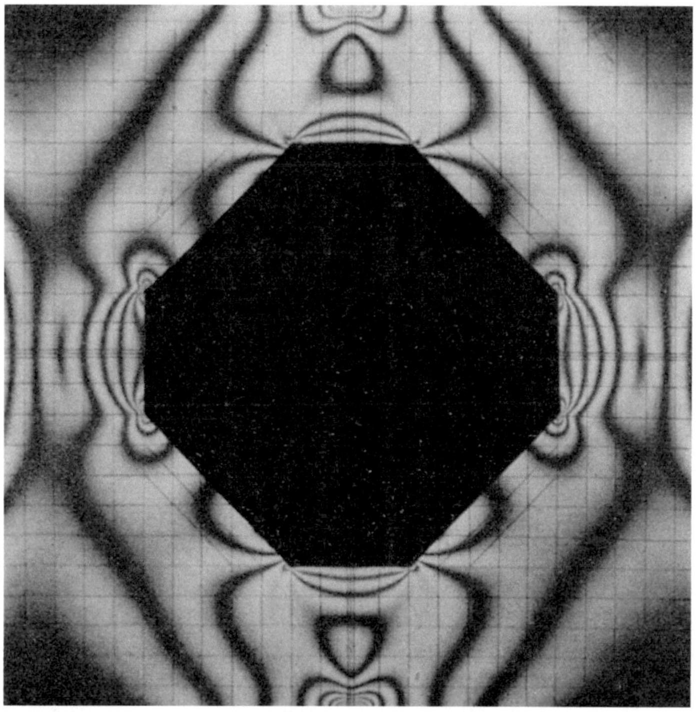

Abb. 4. Isochromatenaufnahme des untersuchten Modells

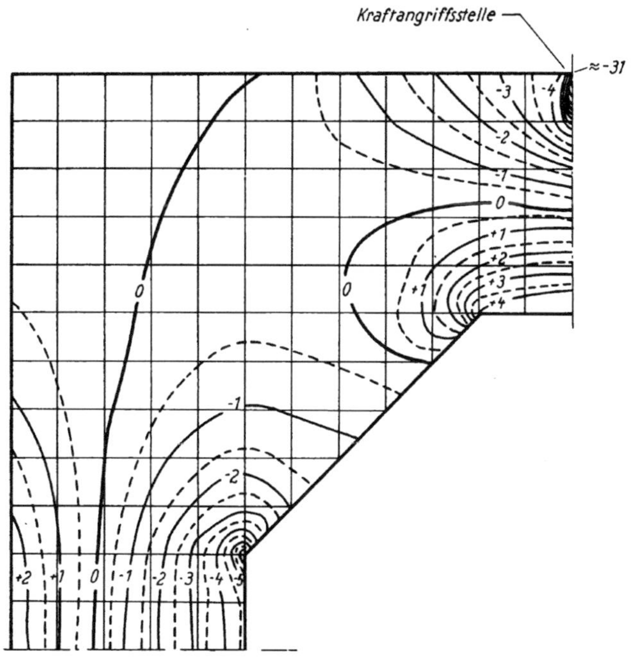

Abb. 5. Linien gleicher Hauptspannungssumme auf Grund der Relaxationsrechnung ermittelt

sind, gilt Gl. (6) allgemein. Ihrer praktischen Anwendung für die Ermittlung der Hauptspannungssumme stehen jedoch zwei Hindernisse im Wege.

a) Im Falle einer experimentellen Verwirklichung ist die tatsächliche Verteilung von p meist nur ungenügend bekannt.

b) Ist eine Kraft über eine relativ kleine Strecke des Modellrandes verteilt („konzentrierter" Kraftangriff), dann ist das Spannungsgefälle in der Umgebung der Kraftangriffsstelle groß, und die Vernachlässigung der rechten Seite der Gl. (2) bei der Relaxationsrechnung kann zusätzliche Fehler erzeugen, deren Größe schwer abzuschätzen ist.

Aus diesen Gründen empfiehlt es sich, an Stellen, an denen Kräfte angreifen, welche über weniger als eine Maschenweite h verteilt sind, statt der tatsächlichen Kraftverteilung eine gleichmäßige Verteilung der Kraft über die Länge h anzunehmen (Abb. 2). Als Isochromatenwert, welcher zu der Bestimmung von S herangezogen wird, soll der Mittelwert über die nun angenommene Kraftangriffsfläche abgelesen werden. Es empfiehlt sich außerdem, das Netz der Relaxationsrechnung so anzunehmen, daß der Schwerpunkt der angreifenden Kraft über einem Netzpunkt am Rande der Modellfläche zu liegen kommt. Der Wert der Hauptspannungssumme in diesem Punkt kann dann wie folgt berechnet werden:

$$(\sigma_1 + \sigma_2)_A = (\sigma_1 - \sigma_2)_A - \frac{2\,P}{h}. \tag{7}$$

Um ein Bild über die durch diese Annahme erreichbare Genauigkeit zu erhalten, ist für den Fall des geschlossenen Rahmens nach Abb. 3 die Trennung der Hauptspannungen mit Hilfe der Relaxationsmethode und für den Querschnitt A—B unter dem Kraftangriffspunkt nach der Methode der schrittweisen Integration der Gleichgewichtsbedingungen in krummlinigen Koordinaten (LAMÉ-MAXWELLsche Gleichungen) durchgeführt worden. Die Werte der Hauptspannungssumme für die einzelnen Netzpunkte 1—4 sind aus der Tabelle 1 ersichtlich. Wie man sieht, stimmen die entsprechenden Werte recht gut überein.

Tabelle 1. Vergleich der Werte der Hauptspannungssumme, die durch die Relaxationsmethode bzw. durch schrittweise Integration längs der Hauptlinie A—B ermittelt worden sind

Netzpunkt	$\sigma_1 + \sigma_2$ [kp/cm²] ermittelt durch		Abweichung [kp/cm²]
	Relaxation	schrittweise Integration	
1	+33,6	+33,96	+0,36
2	+ 5,4	+ 2,44	—2,96
3	—24,6	—25,70	+1,10
4	—69,0	—71,04	+2,04

Abb. 4 zeigt die Isochromatenaufnahme des Rahmens und Abb. 5 die auf Grund der Ergebnisse der Relaxationsrechnung ermittelten Linien gleicher Hauptspannungssumme (Isopachen). Da die Annahme der Verteilung der angreifenden Kraft gemäß Abb. 2 eine mögliche Fehlerquelle bedeutet, wurde für den behandelten Fall des geschlossenen Rahmens auch noch untersucht, welche Abweichungen in den S-Werten an den inneren Netzpunkten gegenüber den richtigen Werten entstehen, wenn der Randwert S_A an der Kraftangriffsstelle A mit einem additiven Fehler S_{VA} behaftet ist. An einem inneren Netzpunkt ändert sich dann der Wert der Hauptspannungssumme um einen Betrag S_V. Wird nun die Relaxationsmethode auf die fehlerbehafteten Werte angewendet, dann läßt sich schreiben

$$0 = \frac{\partial^2}{\partial x^2}(S + S_V) + \frac{\partial^2}{\partial y^2}(S + S_V) = \frac{\partial^2 S}{\partial x^2} + \frac{\partial^2 S}{\partial y^2} + \frac{\partial^2 S_V}{\partial x^2} + \frac{\partial^2 S_V}{\partial y^2}. \tag{8}$$

Da außerdem für die richtigen Werte der Hauptspannungssumme

$$\frac{\partial^2 S}{\partial x^2} + \frac{\partial^2 S}{\partial y^2} = 0 \tag{9}$$

ist, ist auch

$$\frac{\partial^2 S_V}{\partial x^2} + \frac{\partial^2 S_V}{\partial y^2} = 0 .$$

D. h. man erhält den additiven Fehler in den einzelnen Netzpunkten, wenn man die Relaxationsrechnung für die Randwerte $S = S_{VA}$ an der Kraftangriffsstelle und $S = 0$ an den anderen Randpunkten durchführt. Die Ergebnisse dieser Rechnung für $S_{VA} = 1$ sind in Abb. 6

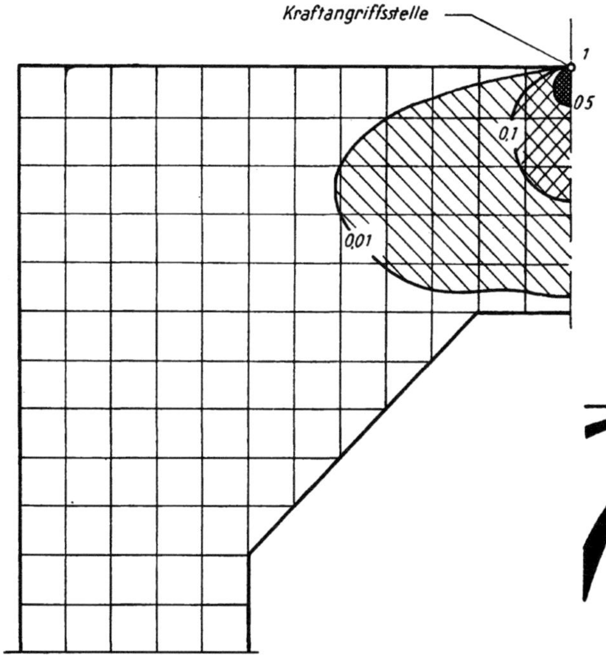

Abb. 6. Die Verteilung der Größe der additiven Fehler in der Hauptspannungssumme, die durch einen additiven Fehler von der Größe „1" bei der Annahme des Wertes der Hauptspannungssumme an der Kraftangriffsstelle entsteht

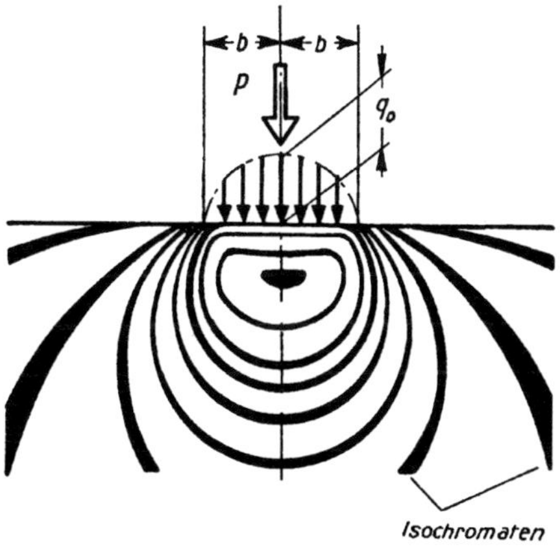

Abb. 7. Verteilung der Auflagerkraft und Isochromatenbild bei Belastung durch eine zylindrische Rolle

aufgetragen, wobei aus Symmetriegründen nur ein Viertel der Modellfläche abgebildet wurde. Wie aus der Abbildung ersichtlich ist, klingen die Fehler mit der Entfernung von der Kraftangriffsstelle rasch ab.

An der Kraftangriffsstelle selbst entspricht die aus Gl. (7) errechnete Hauptspannungssumme naturgemäß nicht dem tatsächlichen Wert. Wird die Belastung durch eine Rolle auf das Modell übertragen, so kann man auf theoretischem Wege zu einer besseren Annäherung gelangen. Für den Fall der Berührung eines Zylinders mit einer ebenen Fläche ergibt sich der Anpreßdruck in der Mittellinie der Auflagerfläche nach den bekannten Hertzschen Formeln (z. B. [8] S. 375/383) zu

$$q_0 = \frac{2\,P}{\pi \cdot b}, \tag{10}$$

worin P die angreifende Kraft und b die halbe Breite der Auflagerfläche (Abb. 7) bedeutet. Da am Rande der Auflagerfläche die Isochromaten stark abbiegen, kann b mit einiger Sicherheit aus dem Isochromatenbild abgemessen werden. Für die Berechnung der einzelnen Hauptspannungen an der Kraftangriffsstelle ist also anstatt Gl. (7) der Wert von q_0 aus Gl. (10) heranzuziehen [9].

Um schließlich noch einen Anhaltspunkt über den Arbeitsaufwand der Relaxationsmethode zu erhalten, ist zu erwähnen, daß nach den Erfahrungen des Institutes für Technische Mechanik die Arbeitszeit für eine einigermaßen geübte Fach- oder Hilfskraft 4—10 Minuten je Netzpunkt beträgt.

Technische Universität Budapest, Institut für Technische Mechanik

Literatur

[1] SOUTHWELL, R. V., Relaxation Methods in Theoretical Physics. Clarendon Press, Oxford 1946.
[2] DE G. ALLEN, D. N., Relaxation Methods. Mc. Graw-Hill, New York 1955.
[3] SHAW, F. S., Relaxation Methods. Dover Pudlications Inc. 1953.
[4] FROCHT, M. M., Photoelasticity. J. Wiley & Sons, New York 1941—1948.
[5] MESMER, G., Spannungsoptik. Springer-Verlag, Berlin 1939.
[6] FÖPPL-MÖNCH, Praktische Spannungsoptik. II. Auflage. Springer-Verlag, Berlin 1959.
[7] WELLER-SHORTLEY, Calculation of Stresses within the Boundary of Photoelastic Models. Journal of Appl. Mech. No. 2 (1939).
[8] TIMOSHENKO, B. S. u. GOODIER, J. N., Theory of Elasticity, Mc. Graw-Hill, New York 1951.
[9] SZEN, J. C., A gördüléskor fellépő feszültségek rugalmas-képlékeny test esetében (Die unter einer bewegten Rolle auftretenden Spannungen in einem elastisch-plastischen Körper). Kandidaten-Dissertation, Budapest 1961.

Polarisationsoptische Untersuchung des Randstoßes auf Scheiben

Von J. Träger

Die experimentelle Erforschung von mechanischen Stoßproblemen ist vor allem in den letzten Jahren wesentlich vorangetrieben worden. Dabei wurden neben tensometrischen Verfahren für die Untersuchung ebener Probleme in steigendem Maße auch spannungsoptische Methoden benutzt ([1] bis [21]). Zur polarisationsoptischen Erfassung dynamischer Spannungen in Scheiben — oder plattenförmigen Körpern — gibt es im wesentlichen 3 Verfahren, entsprechend der 3 unabhängigen Variablen x, y und t:

1. Verfahren der punktweisen Messung der durch die Spannungsänderung hervorgerufenen Lichtintensitätsänderung (meist mittels Photozelle, Verstärker, Registriergerät) — kontinuierliche Zeit-, diskontinuierliche Ortsauflösung — [8], [12], [16], [22]. Mathematisch:

$$I = f(t; x, y)\,.$$

2. Aufnahme der Intensitätsverteilung längs eines ausgeblendeten Spaltes durch einen senkrecht zur Spaltrichtung vorbeilaufenden Film („Streak-Photographie") — kontinuierliche Zeit-, halbkontinuierliche Ortsauflösung — [1], [7], [10], [11]. Mathematisch:

$$I = f(x, t; y)\,.$$

3. Photographie des dynamischen Spannungsfeldes, welches durch das Polariskop in ein Intensitätsfeld transformiert wird, mittels kurzzeitphotographischer oder hochfrequenzkinematographischer Apparaturen — kontinuierliche Orts-, diskontinuierliche Zeitauflösung — [2], [6], [9], [13], [15], [17], [21]. Mathematisch:

$$I = f(x, y; t)\,.$$

Naturgemäß erfordern die 1-parametrigen Verfahren (2. u. 3.) gegenüber dem 2-parametrigen (1.) einen höheren experimentellen Aufwand, vor allem das 3. Verfahren, welches dafür wie bei statischen Problemen recht anschauliche und teils filmartige Bilder liefert. Dieses Verfahren läßt sich insofern etwas vereinfachen, als es bei den meisten Problemen nicht notwendig ist, den gewünschten Informationsumfang von einem einzigen Stoß zu erhalten. Bei gewährleisteter Reproduzierbarkeit der Stoßversuche ist es einfacher, von jedem Versuch nur wenige oder nur eine Aufnahme zu machen und diese zeitlich aneinanderzureihen (Quasi-Hochfrequenzkinematographie [13], [14], [17], [18]). Diese Aufnahmen können hinsichtlich ihrer Güte denjenigen mit Hochfrequenzkameras oder ähnlich wirkenden Apparaturen gewonnenen überlegen sein, so daß sie für quantitative Auswertungen (quantitativ hinsichtlich der Größe der dynamischen Spannungen) besser geeignet sind. Allerdings ist zur Erzielung einer zeitlichen Reihenfolge der Aufnahmen von verschiedenen Stößen ein geeigneter Synchronisier- und Steuermechanismus erforderlich.

Zur Bestimmung der dynamischen Spannungen σ u. τ aus den spannungsoptischen Meßgrößen Δ° und α gemäß der spannungsoptischen Grundbeziehungen

$$I = I_0 \sin^2 2\,\alpha \sin^2 \frac{\Delta^0}{2} \tag{1}$$

(Intensitätsbeziehung für gekreuzte Polarisationsfilter)
und

$$\Delta^\circ = 360^\circ \cdot K_\lambda \cdot d \cdot 2\,\tau_{max} \tag{2}$$

(K_λ spannungsoptische Materialkonstante,
d Dicke der Modellscheibe)

ist die Kenntnis der elastischen Konstanten (E, μ) des Modellmaterials sowie seiner spannungsoptischen Konstanten K_λ erforderlich. Diese „Konstanten" sind bei den meisten in der statischen Spannungsoptik verwendeten Kunststoffen infolge ihres breiten Relaxationsspektrums bei kurzzeitiger Beanspruchung im allgemeinen selbst eine Funktion der Zeit (und evtl. der Belastung), so daß sie als Modellmaterialien zunächst weniger gut geeignet sind, bzw. für sie ein spezieller Eichprozeß notwendig ist [22], [23], [24], [18]. Die Gläser besitzen dagegen im allgemeinen statisch wie dynamisch die gleichen Eigenschaften. Die Relaxation des Glases ist gegenüber Kunststoffen sehr gering und liegt in einem ganz anderen Zeitbereich als dem durch den Stoßprozeß gegebenen [25]. Nachteilig bei ihnen ist nur der hohe Wert des E-Moduls, welcher eine große Ausbreitungsgeschwindigkeit der elastischen Wellen bedingt, und andererseits die Kleinheit der spannungsoptischen Konstanten, wodurch kaum Isochromaten, d. h. Kurven konstanter maximaler Schubspannung τ_{max}, beobachtet werden können.

Im folgenden soll am Beispiel einer randgestoßenen Kreisscheibe aus Glas mit diametraler Auflagerung gezeigt werden, daß man jene Nachteile auch bei Anwendung des 3. Verfahrens durch Benutzung elektronischer und kurzzeitphotographischer Hilfsmittel weitgehend überwinden kann. Weiterhin wird durch Anwendung des Verfahrens der Äquidensitometrie und einer Kompensationsmethode für 2 Zeitpunkte innerhalb der Stoßdauer der Verlauf der maximalen Schubspannung τ_{max} längs zweier ausgewählter Schnitte der Scheibe bestimmt. Die gemessene Stoßdauer wird mit der aus der Hertzschen Stoßtheorie berechenbaren verglichen. Außerdem wird in einem Anhang ein Teil einer Bildserie vom Randstoße auf eine schallweich gebettete Quadratscheibe wiedergegeben. Diese Serie diente zur Herstellung eines Kurzfilmes, wobei jedes Bild zwecks Verlängerung des Streifens dreimal kopiert wurde.

1. Die Versuchsapparatur

Abb. 1 und 2 zeigen schematisch das optische und elektrische Prinzip des Versuchsaufbaues [13], [17]. Zur Festhaltung des dynamischen spannungsoptischen Geschehens zu bestimmten Zeiten nach Stoßbeginn in einer lichtstarken Kleinbildkamera wird ein Funkenblitz (Xenon-Hochdruckfunken) benutzt. Dieser hat bei einer elektrischen Energie von 2,5 Ws ($U_B \approx 15$ KV) eine effektive Dauer von $\leq 0{,}8 \cdot 10^{-6}$ sec. Für Druckwellen im Glas ($c_l \approx 5000$ m/sec) beträgt damit die Bewegungsunschärfe auf dem Film bei einem Abbildungsmaßstab $M = 0{,}07$, maximal ca. 0,3 mm, für Schubwellen ca. 0,2 mm. Diese Werte bestimmen im wesentlichen die Fehlerbreite des Verfahrens. Die Zündung des Beleuchtungsfunkens geschieht durch ein Steuergerät, das eine beliebige Verzögerung des Blitzes gegenüber einem Triggerimpuls im Zeitbereich von 10^{-6} bis 10^{-2} sec gestattet. Die Triggerung des Steuergerätes wird „eigensynchron" erreicht durch Registrierung der Druckwirkung an der Stoßstelle im stoßenden Körper, gleichfalls spannungsoptisch über einen Hilfslichtweg mittels Photozelle und Verstärker. Zu diesem Zweck — und zur Erleichterung der Stoßberechnung — ist der stoßende Körper, welcher, geführt durch eine Gleitschiene, auf die Scheibe herabfällt, aus gleichem Material hergestellt und stabförmig mit definierter sphärischer Stoßfläche ausgebildet. Eine gute Reproduzierbarkeit der Stoßversuche ist durch die Führungsschiene des Stoßkörpers gewährleistet; ihre Reibung verursacht eine Fallgeschwindigkeitsverminderung von ca. 7%, wie eine Aufnahme des Falles bei stroboskopischer Beleuchtung zeigte. Die endliche Anstiegszeit des Druckimpulses an der Stoßstelle verbunden mit einer Mindesttriggeramplitude für das Steuergerät verursachen eine Grundverzögerung von 5—6 μsec. Aufnahmen in dieser Zeitspanne nach Stoßbeginn lassen sich jedoch, wenn auch mühsam, mittels einer seitlichen mechanischen Kontaktgabe des stoßenden Körpers gewinnen. In Abb. 3 ist eine Photographie der Stoßapparatur wiedergegeben. Die Scheibe ruht auf einem Stahllager; Vinidurschienen mit Gummi-

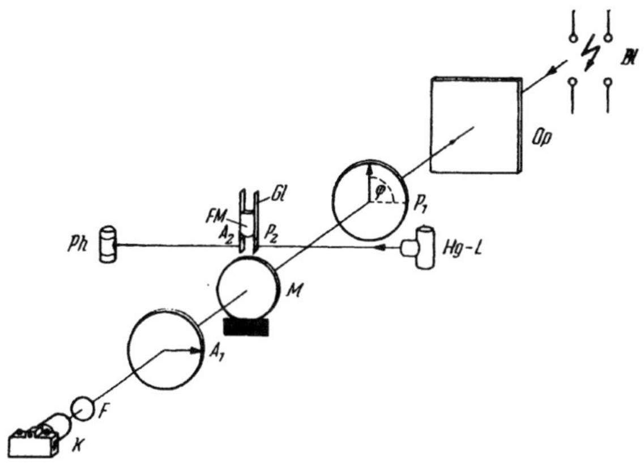

Abb. 1. Optisches Schema der Versuchsanordnung (*Bl* Funkenblitz, *Op* Opalglasscheibe, P_1 und P_2 bzw. A_1 und A_2 Polarisatoren bzw. Analysatoren, *Gl* Führungsschiene, *FM* Stoßmasse, *Hg-L* Quecksilberhochdrucklampe, *Ph* Photozelle, *M* Modellscheibe, *F* Farbfilter, *K* Kamera)

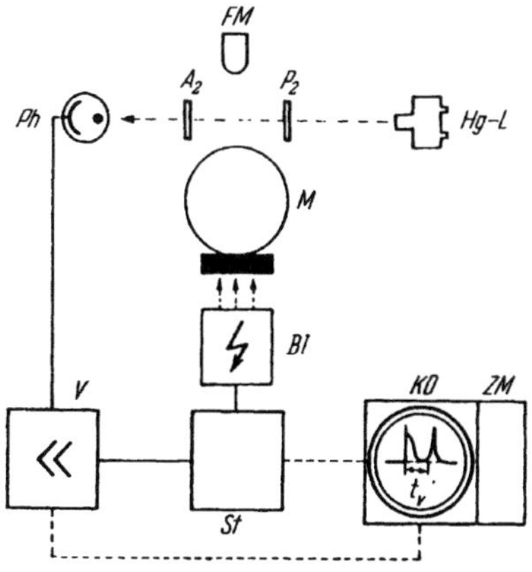

Abb. 2. Elektrisches Schema der Apparatur (*V* Verstärker, *St* Steuergerät, *Bl* Funkenblitzgerät, *KO* Kathodenstrahloszillograph, *ZM* Zeitmarkengeber)

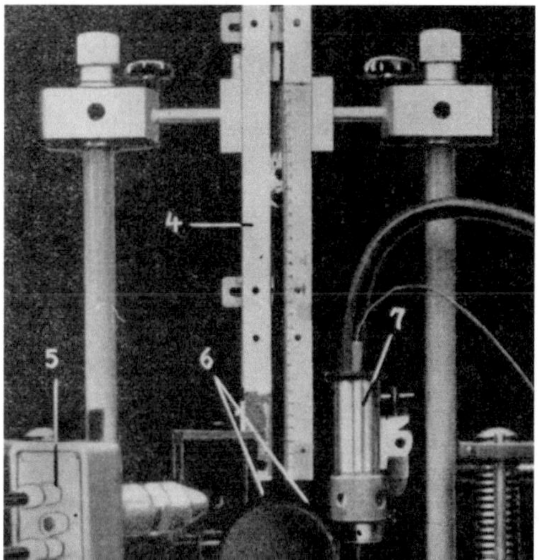

Abb. 3. Photographie der Stoßapparatur (1 Kreisscheibe, 2 Eich- und Kompensationsbalken, 3 Stahlauflager, 4 Führungsschiene für Stoßkörper, 5 Lichtquelle und 6 Polarisator bzw. Analysator für Hilfslichtweg, 7 Photozelle)

einlagen an den Seiten sorgen für einen aufrechten Stand. Die Daten des Glases und der Stoßapparatur sind:

Dicke des Glases	$\bar{d}$	$= 0{,}53$ cm
Wichte des Glases	ϱ	$= 2{,}49$ p/cm^3
Elastizitätsmodul	E	$= 7{,}3 \cdot 10^5$ kp/cm^2
Poissonsche Konstante	μ	$\approx 0{,}25$
Spannungsoptische Konstante	$K_{\lambda=436\,\mathrm{m}\mu}$	$= 6{,}2 \cdot 10^{-3}$ cm/kp
Radius der Kreisscheibe	r_1	$= 4{,}85$ cm
Gewicht der Kreisscheibe	G_1	$= 98{,}5$ p
Länge bzw. Breite des stoßenden Stabes	l	$= 5{,}0$ cm, $b = 1{,}4$ cm
Gewicht d. stoßenden Stabes	G_2	$= 9{,}2$ p
Radius der sphärischen Stoßfläche	r_2	$= 6{,}2$ cm
Stoßgeschwindigkeit	v_0	≈ 210 cm/s.

Die Berandung der Kreisscheibe und die stoßende Fläche des Stoßkörpers sind seidenmatt verschliffen.

2. Grundlagen für die Auswertung der spannungsoptischen Stoßaufnahmen

Da bei Glas als Modellwerkstoff im allgemeinen keine Isochromaten auftreten — in unserem Falle sind nur in unmittelbarer Nähe der Stoßstelle Isochromaten zu beobachten —, läßt sich eine Bestimmung von τ_{max} nur durch Auswertung der Intensitätsverteilung (entsprechend der Beziehungen (1) und (2)) bzw. des Schwärzungsgebirges der photographischen Aufnahme erreichen. Dies kann einmal photometrisch geschehen, durch Vergleich mit einer bekannten Schwärzungsverteilung — etwa der eines statischen Biegebalkens, der unter gleichen Bedingungen aufgenommen wird — oder etwas einfacher durch Anwendung des Verfahrens der Äquidensitometrie ([26] bis [30]). Letzteres erzeugt die Linien gleicher Schwärzung (Äquidensiten), die im allgemeinen den Linien gleicher Intensität (Isophoten) entsprechen. Für die Äquidensiten gilt somit nach (1):

$$\left.\begin{aligned} I = I_0 \sin^2 2\alpha \sin^2 \frac{\Delta^\circ}{2} = \mathrm{const} = C_1 \\ \text{oder} \qquad \\ \sin 2\alpha \cdot \sin \frac{\Delta^\circ}{2} = C_2 . \end{aligned}\right\} \qquad (3)$$

Die Konstante C_2 wird aus einem Eichversuch bestimmt (am einfachsten von einem Balken unter reiner statischer Biegung, der unter gleichen Bedingungen und gleichzeitig mit jeder Stoßphase photographiert wird (Abb. 3)). Kennt man längs der Äquidensiten den Isoklinenwinkel α, so läßt sich der relative Gangunterschied nach (3) einfach berechnen, und nach (2) dann auch τ_{max}.[1])

Zur Gewinnung von Äquidensiten von photographischen Aufnahmen gibt es verschiedene Methoden [27]. Am einfachsten auszuführen sind die photographischen Verfahren, vor allem das auf der Grundlage der Sabattierschen Bildumkehrung. Hier wird eine harte Kopie oder Vergrößerung der Originalaufnahme nach einer gewissen Vorentwicklung einer gleichmäßigen diffusen Zwischenbelichtung ausgesetzt und dann ausentwickelt. Die Zwischenbelichtung bewirkt dabei gewissermaßen eine Autokopie der vorentwickelten Schwärzung; an den Schwärzungsübergängen vom Negativ zum Positiv entstehen die Äquidensiten. Durch geeignete Wahl der Belichtungszeiten kann man sie innerhalb gewisser Grenzen verschieben.

[1]) Bei Verwendung eines Zirkularpolariskopes kann zur reinen τ_{max}-Bestimmung die Aufnahme des Isoklinenwinkels α entfallen.

Die photoelektronischen Methoden der Äquidensitenherstellung übertreffen die photographischen an Genauigkeit; sie gestatten außerdem, gekoppelt mit einer Abtastvorrichtung, eine Automatisierung des Prozesses [31]. Sowohl der photometrische Vergleich als auch das Verfahren der Äquidensitometrie setzen eine homogene Verteilung der primären Lichtintensität I_0 voraus. Am ehesten scheint dies durch ein diffuses Beleuchtungsfeld gewährleistet zu sein. Es bedarf jedoch einer sorgfältigen Justierung der Funkenkammern und der Spiegel (zur besseren Ausnutzung des Funkenlichtes) bezüglich der Opalscheibe. Zur Überprüfung der Homogenität der Ausleuchtung wurden photographische Testplatten (18×24 cm) mit gleichmäßiger, periodischer Schwärzungsverteilung benutzt. Sie wurden durch unscharfe Vergrößerung eines feinen optischen Linienrasters hergestellt und mittels Äquidensiten ausgewertet. Abb. 4 geben die Äquidensiten bei horizontaler bzw. vertikaler Rasterung des Beleuchtungsfeldes wieder. Im Mittelfeld, wo beide Linienscharen parallel verlaufen, ist die Intensi-

Abb. 4. Äquidensiten zur Überprüfung des Funkenbeleuchtungsfeldes
(Kreisscheibe angedeutet)

tätsverteilung als homogen anzusprechen. Die Kreisscheibe und der Eichbalken wurden entsprechend justiert. Eine von der primären Intensitätsverteilung nahezu unabhängige Kontrolle der aus der Äquidensitenauswertung folgenden τ_{max}-Werte ist für den Symmetrieschnitt der Scheibe, wo zu allen Zeiten $\alpha = 0°$ ist, leicht durch Überlagerung einer bekannten statischen Spannungsverteilung, z. B. der eines Balkens unter reiner Biegung, möglich. Aus der Ablenkung der Isochromate 0. Ordnung ist sofort der dynamische τ_{max}-Wert in der Scheibe einschließlich seines Vorzeichens bestimmbar.

Die Berechnung der Stoßdauer T_E nach der Stoßtheorie von Hertz (z. Beispiel [32], [33]) muß unter Beachtung einer elliptischen Druckfläche geschehen. Man kann dies in Form eines Korrekturfaktors k zu der Stoßdauer für sphärische Stoßflächen T_K berücksichtigen. Es ist:

$$T_K = 2{,}9432 \cdot \sqrt[5]{\frac{25}{16} \cdot \frac{\gamma^3}{v_1 - v_2} \left(\frac{m_1 m_2}{m_1 + m_2}\right)^2}\,, \tag{4}$$

m_1, m_2 Massen der Stoßpartner,
v_1, v_2 ihre (absoluten) Geschwindigkeiten.

Die Hertzsche Konstante γ ist gegeben durch:

$$\gamma^3 = \frac{9}{16} \frac{r_1 + r_2}{r_1 \cdot r_2} \cdot \left[\frac{1 - \mu_1^2}{E_1} + \frac{1 - \mu_2^2}{E_2}\right]^2, \tag{5}$$

r_1, r_2 Krümmungsradien der beiden Körper im Stoßpunkt.

Setzt man

$$T_E = k \cdot T_K \,, \tag{6}$$

so berechnet sich k zu

$$k = \sqrt[5]{\frac{2\, e^2\, K^3(e)}{\pi^2 \,[K(e) - E(e)]}} \,. \tag{7}$$

$K(e)$ und $E(e)$ sind darin die vollständigen elliptischen Integrale 1. bzw. 2. Gattung, e die Exzentrizität der Druckellipse. Für den Fall, daß die Hauptschnittellipsen der beiden Körper im Berührungspunkt jeweils in derselben Ebene liegen, ergibt sich e nach der Gleichung

$$\frac{(1 - e^2)\,[K(e) - E(e)]}{E(e) - (1 - e^2)\,K(e)} = \frac{a}{b} \qquad (\leq 1) \tag{8}$$

mit

$$a = \frac{1}{2}\left(\frac{1}{r_{11}} + \frac{1}{r_{12}}\right), \qquad b = \frac{1}{2}\left(\frac{1}{r_{21}} + \frac{1}{r_{22}}\right). \tag{9}$$

r_{11}, r_{21} sind die Hauptkrümmungsradien des einen Körpers, r_{12} und r_{22} die des anderen; a und b fassen jeweils die in gleicher Ebene liegenden Krümmungsradien der beiden Körper zusammen.

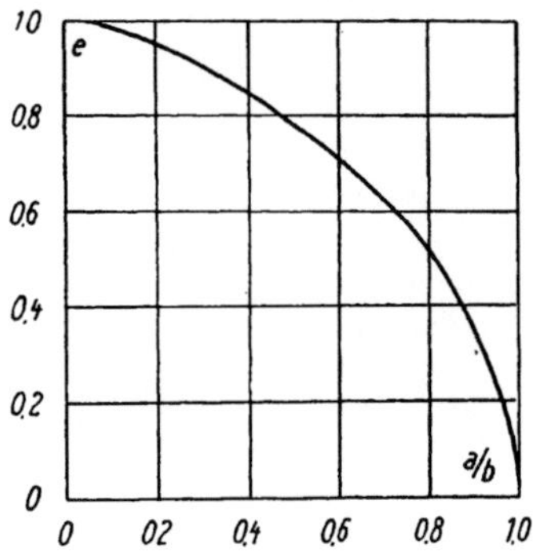

Abb. 5a. Exzentrizität der Druckellipse in Abhängigkeit vom Verhältnis der mittleren Hauptkrümmungsradien der beiden Körper im Berührungspunkt

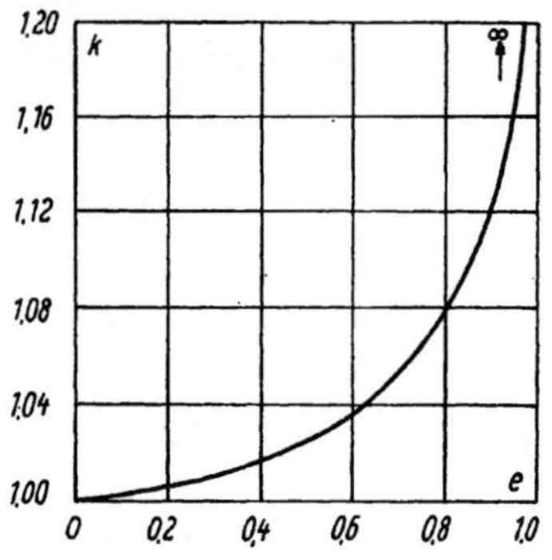

Abb. 5b. Korrekturfaktor für elliptische Druckflächen in Abhängigkeit von der Exzentrizität der Druckellipse

Diese sind so einzusetzen, daß $a \leq b$ ist. Für die Berechnung von T_K sind dann in (5) die größeren Hauptkrümmungsradien der beiden Körper zu nehmen. (7) und (8) wurden numerisch ausgewertet. Der Verlauf der Funktionen $e = f\left(\frac{a}{b}\right)$ und $k = g(e)$ ist in den Abbildungen 5a und b wiedergegeben. Da k relativ klein ist, wird man in den meisten Fällen mit $T_E \approx T_K$ rechnen können.

3. Ergebnisse der Untersuchung

Die Abbildungen 6a und b zeigen den Spannungszustand in der Scheibe zu verschiedenen Zeiten nach Stoßbeginn (Zeit in μs) bei einer Stellung des Polarisationskreuzes parallel ($\varphi = 0°$) bzw. unter 45° ($\varphi = 45°$) zur Stoßrichtung. Diesen Aufnahmen läßt sich folgendes entnehmen:

1. Die Stoßdauer beträgt 48 μs (± 2 μs).
2. Eine Reaktion des Auflagers zeichnet sich nach ca. 19 μs ab, entsprechend der Laufzeit der Druckwellen. Sie hält dort bis ca. 100 μs nach Stoßbeginn vor.
3. Die 0°-Isokline liegt für alle Zeiten im Symmetrieschnitt der Scheibe. Für den dazu orthogonalen Schnitt durch den Mittelpunkt der Scheibe (Mittelschnitt) verlaufen die Haupt-

spannungsrichtungen in der 2. Hälfte der Stoßdauer praktisch parallel bzw. senkrecht zur Schnittrichtung.

4. Nach Ende der Stoßdauer sind in den Stoßpartnern Schwingungserscheinungen erkennbar. Für die Zeit $t_1 = 28\ \mu s$ und $t_2 = 36\ \mu s$ wurde der Isoklinenverlauf in der oberen Scheibenhälfte bestimmt, Abb. 7, und mit demjenigen bei statischer diametraler Belastung der Scheibe

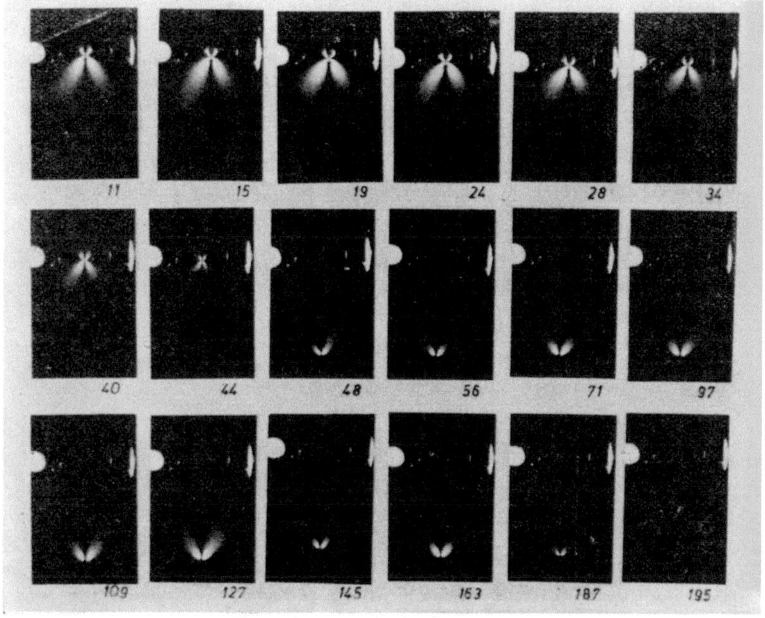

a)

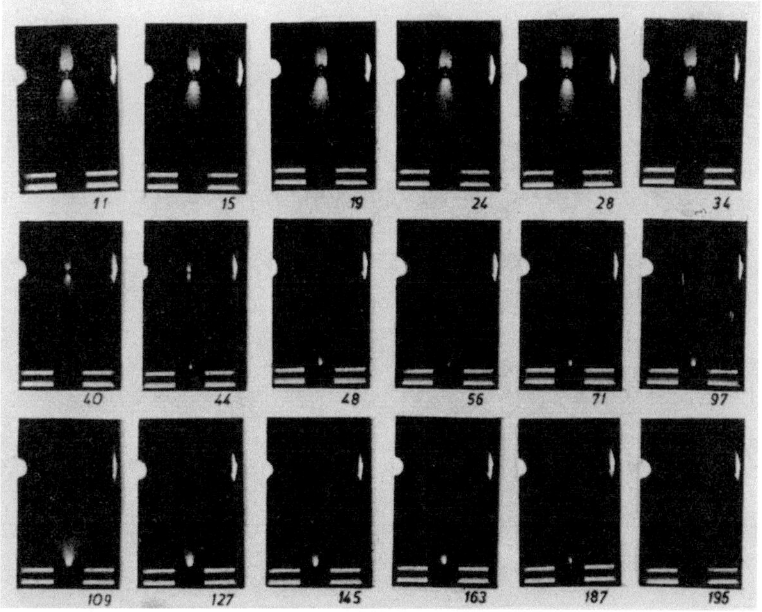

b)

Abb. 6. „Stoßphasen“ in zeitlicher Reihenfolge (Zeit in μs) a) $\varphi = 0°$, b) $\varphi = 45°$

verglichen [34]. Es zeigte sich vollkommene Übereinstimmung. Die Hauptspannungsrichtungen ändern sich also innerhalb gewisser Zeiten praktisch nicht bzw. nur relativ langsam (im Bereich der Stoßdauer). Die von den Isoklinenaufnahmen auf photographischem Wege hergestellten Äquidensiten sind in der Abb. 8 wiedergegeben. Beispiele der Kompensation mittels eines Biegebalkens zeigt Abb. 9. Die Ergebnisse der τ_{max}-Berechnung für den Symmetrieschnitt und den halben Mittelschnitt der Scheibe sind in den Diagrammen der Abbildungen 10 und 11 dargestellt. Danach liefern alle 3 Auswertemethoden praktisch über-

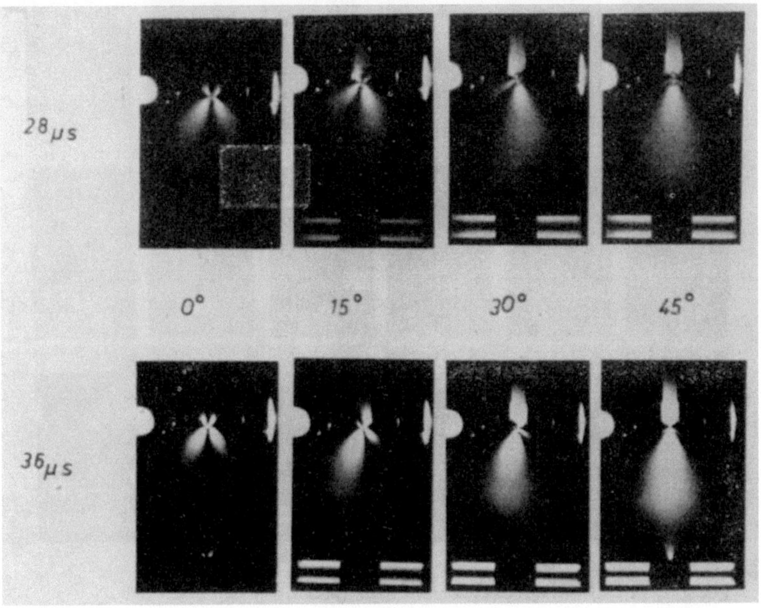

Abb. 7. Isoklinenaufnahmen zur Zeit $t_{1,2}$ = 28 bzw. 36 µs, Parameter φ

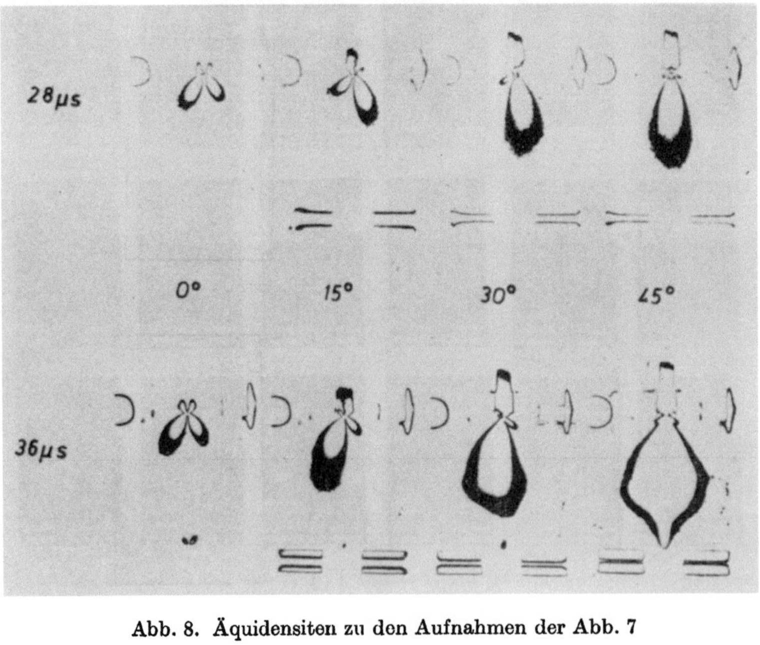

Abb. 8. Äquidensiten zu den Aufnahmen der Abb. 7

einstimmende Werte. Für den Mittelschnitt ist ferner der τ_{max}-Verlauf für den analogen statischen Belastungsfall strichliert eingezeichnet (bezogen auf gleiches Maximum) [34]. Zur Zeit $t_1 = 28\ \mu s$ stimmt dieser Verlauf etwa mit dem des dynamischen Falles überein[1]); zur Zeit $t_2 = 36\ \mu s$ erhebt sich im Zentrum der Scheibe ein steilerer Schubspannungshügel als im statischen Falle.

Die aus den Aufnahmen der Stoßphasen in der Scheibe entnommene Stoßdauer von 48 μs stimmt mit der photoelektrischen Aufzeichnung des Druckimpulses im stoßenden Stab, dessen Vorderflanke zur „Eigensynchronisation" dient, überein. Ein Oszillogramm dieses Impulses zeigt Abb. 12. Die nachfolgenden Impulse sind den Längsschwingungen des Stabes zuzuordnen, wie sie auch in Abb. 6b zu erkennen sind. Aus dem zeitlichen Abstand dieser Impulse und den Daten des Stabes läßt sich ein E-Modul berechnen, der mit dem statisch gemessenen übereinstimmt.

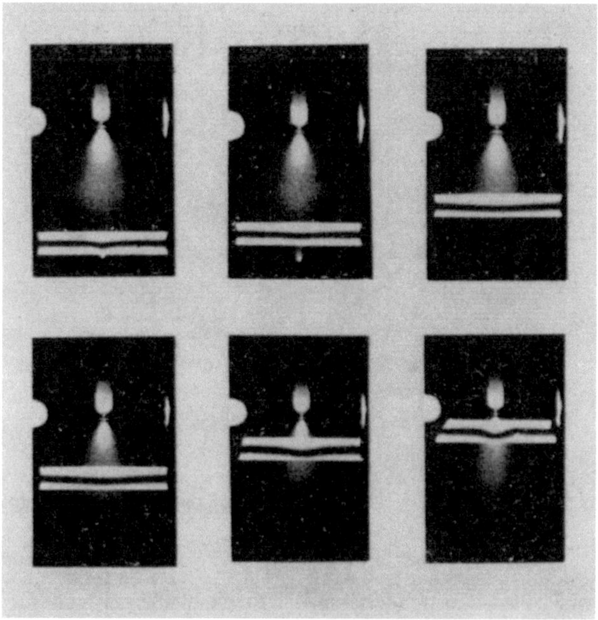

Abb. 9. Beispiele der Kompensation mittels Biegebalkens ($t_2 = 36\ \mu s$, $\varphi = 45°$)

Eine Berechnung der Stoßdauer nach der HERTZschen Theorie (Formeln (4) bis (9)) liefert einen Wert von 41 μs. Die Abweichung um ca. 20% gegenüber dem Meßwert dürfte hauptsächlich experimentell begründet sein, durch die Rauhigkeit der Oberflächen und die Reaktion des Auflagers. Hier sind noch weitere Experimente notwendig.

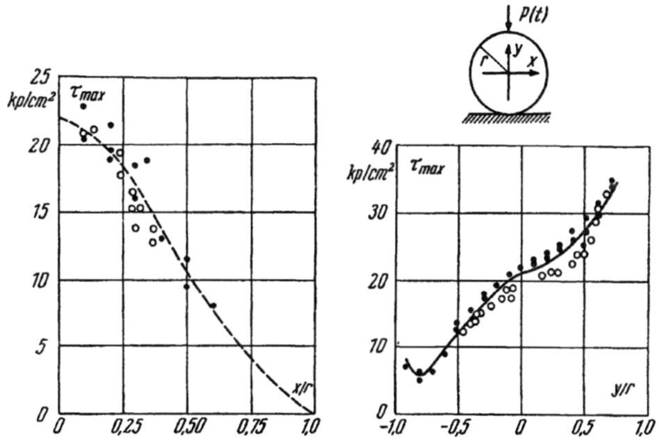

Abb. 10. Verlauf der maximalen Schubspannung über den Symmetrie- und Mittelschnitt der Scheibe zur Zeit $t_1 = 28\ \mu s$

4. Zusammenfassung

Nach Skizzierung der spannungsoptischen Verfahren zur Untersuchung dynamischer elastischer Probleme wird die Frage des Modellwerkstoffes angeschnitten. Glas gebührt dabei zunächst wegen seiner statisch wie dynamisch gleichen elastischen Eigenschaften der Vorzug. Mit einer quasi-hochfrequenzkinematographischen Apparatur wird der Randstoß auf eine diametral gelagerte Kreisscheibe aus Glas untersucht. Durch Anwendung des Verfahrens der Äquidensitometrie wird die maximale Schubspannung längs zweier Schnitte der Scheibe und

[1]) Dies bedeutet allerdings nicht, daß die Hauptspannungen σ_1 und σ_2 jeweils auch einander entsprechen.

für 2 Zeitpunkte innerhalb der Stoßdauer bestimmt. Eine einfache Kompensationsmethode bestätigt diese Werte. Die experimentell bestimmte Stoßdauer wird mit der Hertzschen Stoßtheorie für elliptische Druckflächen verglichen.

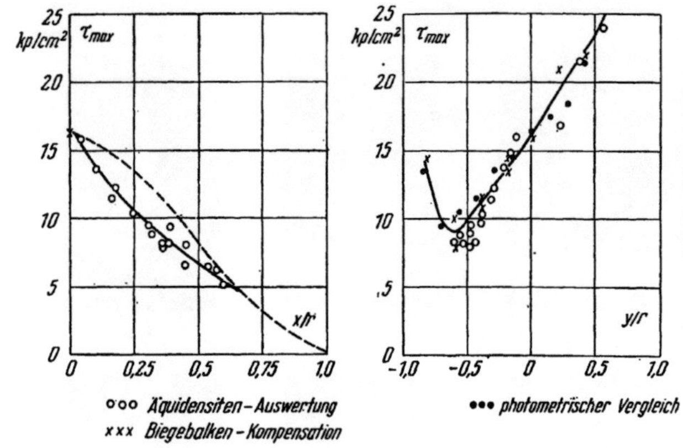

Abb. 11. wie Abb. 10, zur Zeit $t_2 = 36\,\mu s$

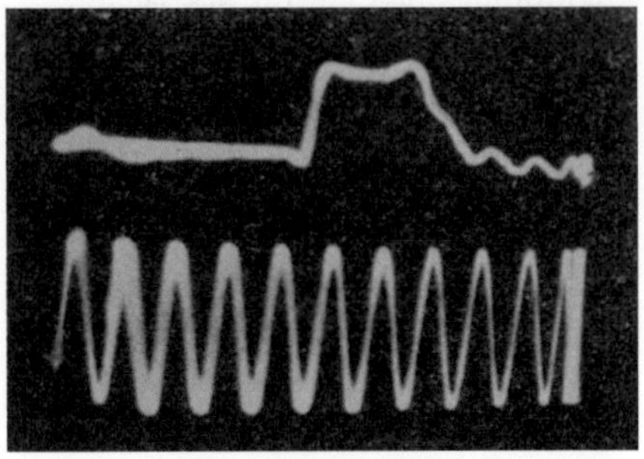

Abb. 12. Oszillogramm des Stoßimpulses im stoßenden Körper (Synchronisationsimpuls), Vergleichsfrequenz 50 kHz

Bemerkungen zu den Tafeln im Anhang

Die in diesen Tafeln in zeitlicher Reihenfolge zusammengestellten Aufnahmen geben die Stoßwirkung beim zentralen Randstoß auf eine schallweich gebettete Quadratscheibe aus Glas bis zu einem Zeitpunkt von ca. 180 μs nach Stoßbeginn wieder (Stoßdauer 45 μs). Die Stoßflächen sind hier poliert; $v_0 \sim 230$ cm/s, Polarisationskreuz unter 45° zur Stoßrichtung, weißes Funkenlicht. Der zeitliche Abstand von Bild zu Bild dieser Tafeln beträgt ca. 2 μs. Die Originalserie wurde im Abstande von ca. 1 μs „geschossen"; sie diente zur Herstellung eines Kurzfilmes, wobei jede Aufnahme zwecks Verlängerung des Streifens dreimal kopiert wurde. An der Unterseite befindet sich der Vergleichsbalken mit konstantem Biegemoment. Bei den ersten Aufnahmen ist der stoßende Stab durch die mechanische Kontaktvorrichtung teilweise verdeckt.

Deutsche Akademie der Wissenschaften zu Berlin,
Institut für Angewandte Mathematik und Mechanik,
Spannungsoptisches Laboratorium, Erkner bei Berlin

Literatur

[1] Tuzi, Z. u. Nisida, M., Photoelastic Study of Stresses due to Impact. Phil. Mag. **21**, ser. 7 (1936) 448—473.

[2] Senior, D. A. u. Wells, A. A., A Photoelastic Study of Stress Waves. Phil. Mag. **37**, ser. 7 (1946) 463—469.

[3] Föppl, L., Slow-motion Pictures of Impact Tests by means of Photoelasticity. J. Appl. Mech. **16** (1949) 173—177.

[4] Schardin, H., Ergebnisse der kinematographischen Untersuchung des Glasbruchvorganges. Glastechn. Berichte **23** (1950) 1—10, 68—79 u. 325—334.

[5] Christie, D. G., An Investigation of Cracks and Stress Waves in Glass and Plastics by High-speed Photographie. J. Soc. Glass Technology **36** (1952) 74—89.

[6] Feder, J. C., Gibbons, R. A., Gilbert, J. T. u. Offenbacher, E. L., The Study of the Propagation of Stress Waves by Photoelasticity. Proc. Soc. Exp. Stress Analysis **14**, Nr. 1 (1956) 109—118.

[7] Frocht, M. M. u. Flynn, P. D., Studies in Dynamic Photoelasticity. J. Appl. Mech. **23** (1956) 116—122.

[8] Schwieger, H., Spannungsoptische Methoden zur Untersuchung dynamischer Spannungszustände. Exp. Technik d. Physik **4** (1956) 70—80.

[9] Durelli, A. J. u. Riley, W. F., Experiments for the Determination of Transient Stress and Strain Distributions in Two-dimensional Problems. J. Appl. Mech. **24** (1957) 69—76.

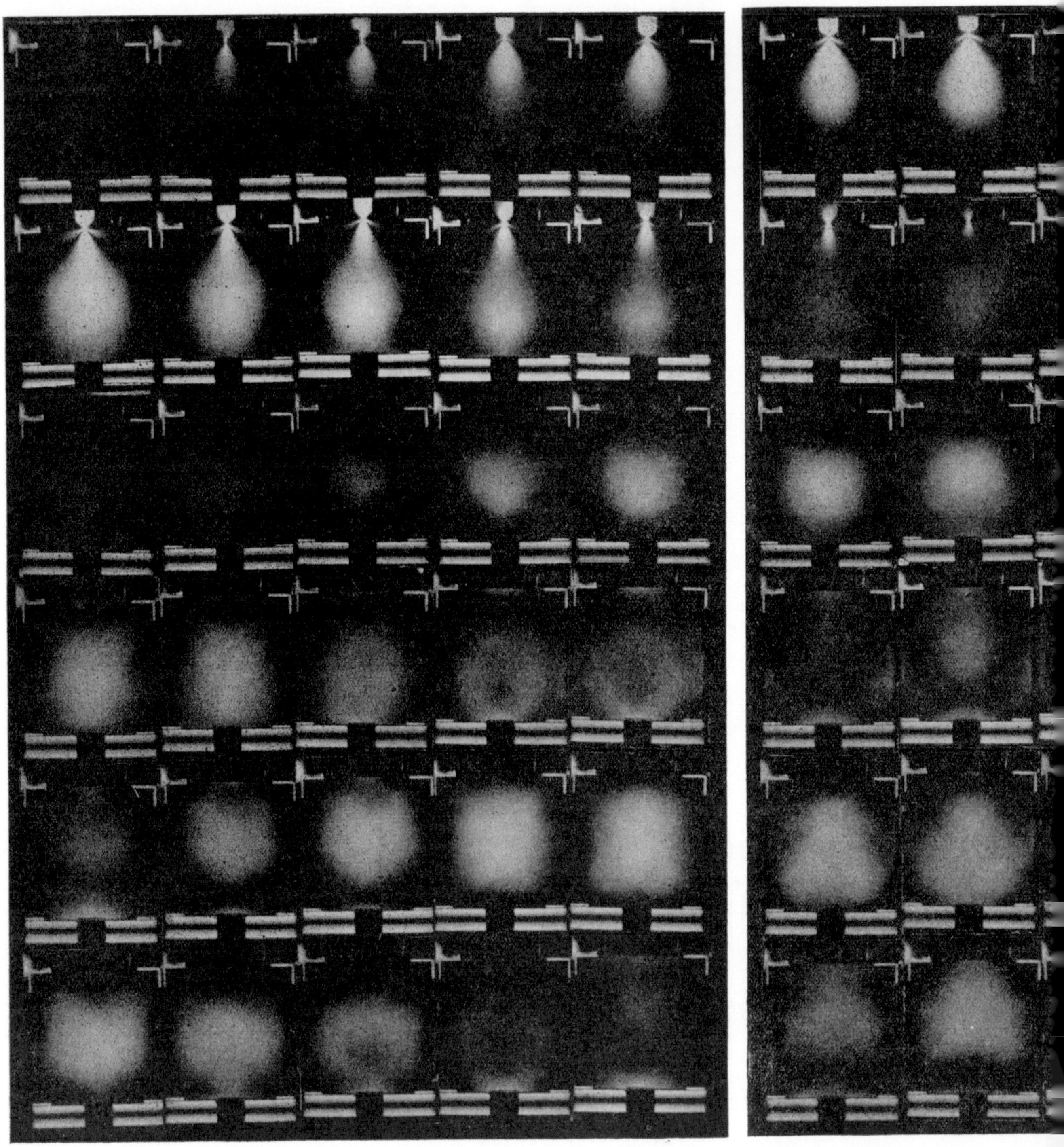

Stoß auf eine Quadratscheibe (zeitlic

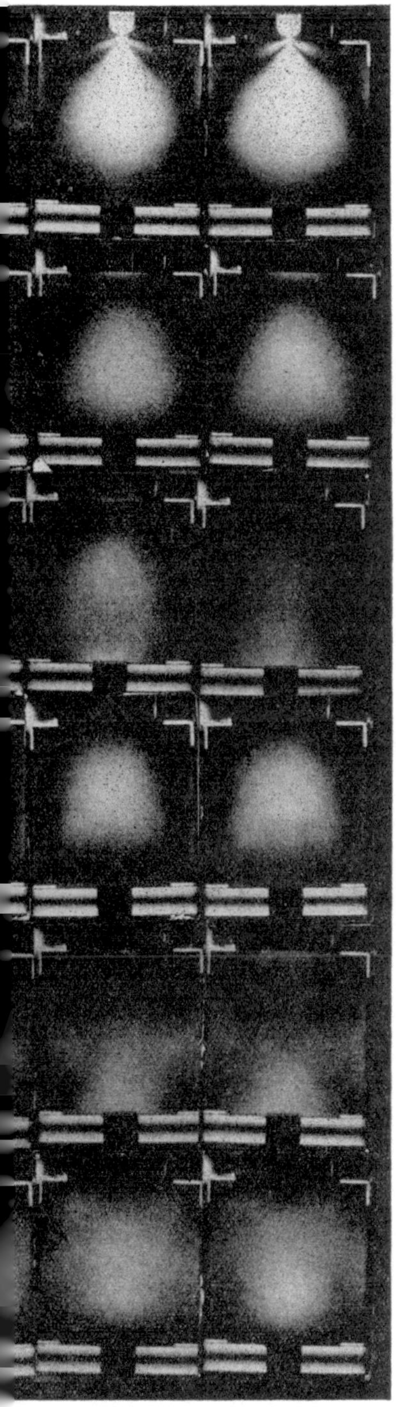

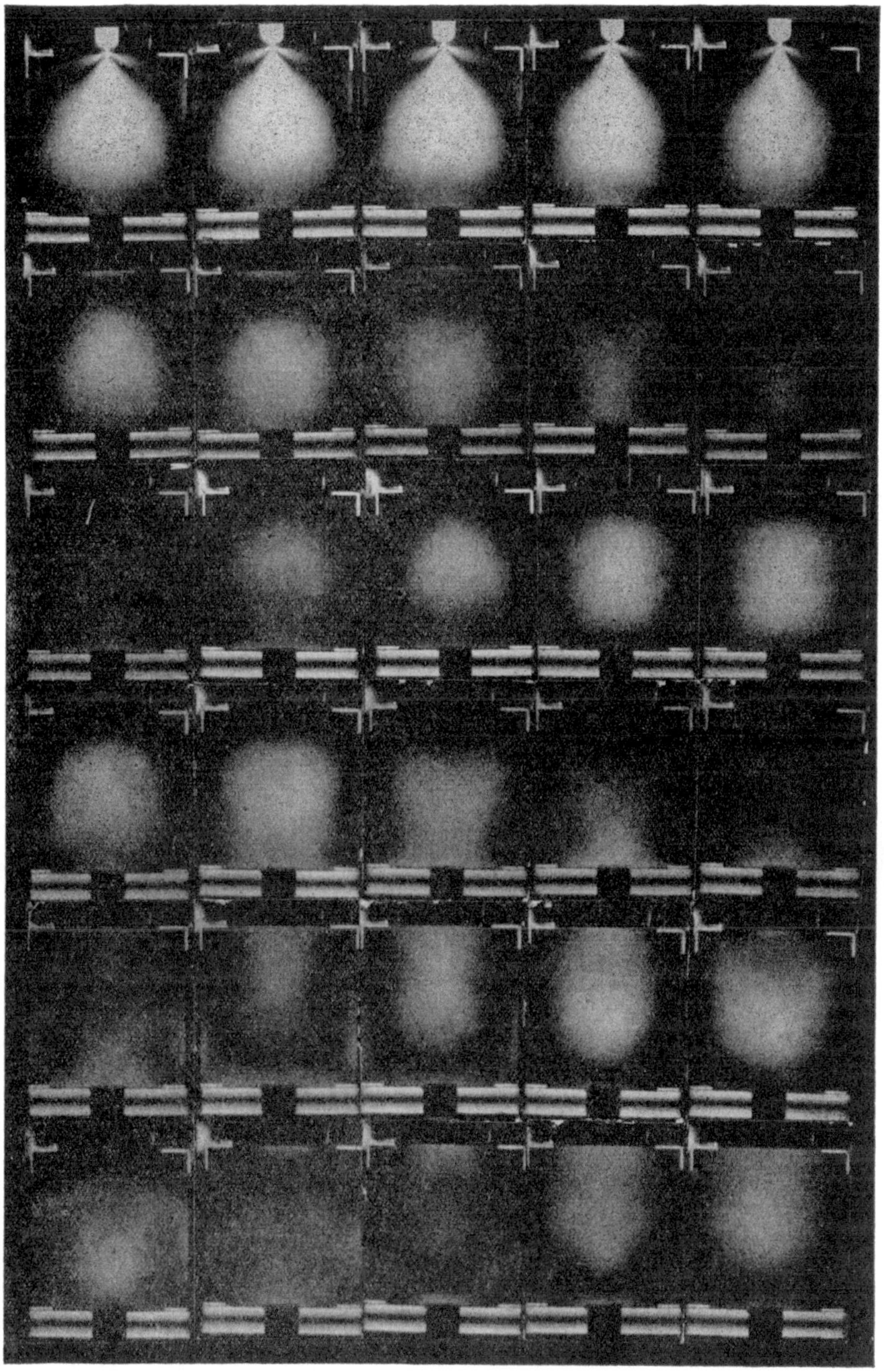

bstand von Bild zu Bild ca. 2 μs)

[10] FROCHT, M. M., FLYNN, P. D. u. LANDSBERG, D., Dynamic Photoelasticity by means of Streak Photography. Proc. Soc. Exp. Stress Analysis **14**, No. 2 (1957) 81—90.

[11] BETSER, A. A. u. FROCHT, M. M., A Photoelastic Study of Maximum Tensile Stresses in simply supported short Beams unter Central Transverse Impact. J. Appl. Mech. **24** (1957) 509—514.

[12] SCHWIEGER, H. u. REIMANN, V., Spannungsoptische Untersuchung des Balkenquerstoßes. Bauplanung-Bautechnik **11** (1957) 395—398.

[13] SCHWIEGER, H. u. TRÄGER, J., Kinematographische Auflösung der Biegewellenausbreitung beim Balkenquerstoß. Exp. Technik d. Physik **5** (1957) 221—229.

[14] GOLDSMITH, W. u. NORRIS, G. W., Stresses in Curved Beams due to Transverse Impact. Proc. 3d U. S. Congress Appl. Mech. (1958) 153—162.

[15] WELLS, A. A. u. POST, D., The Dynamic Stress Distribution surrounding a Running Crack — a Photoelastic Analysis. Proc. Soc. Exp. Stress Analysis **16**, No. 1 (1958) 69—76.

[16] SCHWIEGER, H. u. REIMANN, V., Spannungsoptische Untersuchung des Querstoßes auf eine Kreisplatte. ZAMM **39** (1959) 198—213.

[17] SCHWIEGER, H. u. TRÄGER, J., Beitrag zum Studium des Plattenbiegestoßes. Kurzzeitphotographie. Kongreßbericht IV. Int. Kongress für Kurzzeitphotographie und Hochfrequenzkinematographie. Köln 1958, 317—321.

[18] DURELLI, A. J., DALLY, J. W. u. RILEY, W. F., Developments in the Application of the Grid method to Dynamic Problems. J. Appl. Mech. **26** (1959) 629—634.

[19] LANGE, H. u. HABBEL, W., Das spannungsoptische Bild von Stoßwellen in der elastischen Halbebene in Abhängigkeit von der Stoßdauer und Stoßgeschwindigkeit. Forsch.-Bericht Nr. 719, Westdeutscher Verlag Köln und Opladen (1959).

[20] DALLY, J. W., DURELLI, A. J. u. RILEY, W. F., Photoelastic Study of Stress Wave Propagation in large Plates. Proc. Soc. Exp. Stress Analysis **17**, No. 2 (1960) 30—50.

[21] WILLIAMS, M. L., JESSEY, M. E. u. PARMESTER, R. R., Some Exploratory Photoelastic Studies in Stress Wave Propagation. Proc. Soc. Exp. Stress Analysis **17**, No. 2, 121—134.

[22] CLARK, A. B. J., Static and Dynamic Calibration of a Photoelastic Model Material, CR-39. Proc. Soc. Exp. Stress Analysis **14**, No. 1 (1956) 195—204.

[23] VOLTERRA, E. u. BASTON, C. S., An Impact Testing Machine for Plastics and Rubber-like Materials. Proc. Soc. Exp. Stress Analysis **16**, No. 1 (1958) 157—166.

[24] DALLY, J. W., RILEY, W. F. u. DURELLI, A. J., A Photoelastic Approach to Transient Stress Problems Employing low-modulus Materials. J. Appl. Mech. **26** (1959) 613—620.

[25] RÖTGER, H., Neuere Erkenntnisse über das Relaxationsverhalten der Gläser. Wiss. Z. Friedr.-Schiller-Univ. Jena **7**, Math.-nat. Reihe (1957/58) 237—246.

[26] LAU, E. u. KRUG, W., Die Äquidensitometrie. Akademie-Verlag, Berlin 1957.

[27] HILLER, CHR., Vergleichende Untersuchungen über verschiedene Verfahren der Äquidensitometrie. Tagungsbericht „Optik aller Wellenlängen", Akademie-Verlag, Berlin 1959, 332—348.

[28] LAU, E. u. HESS, G., Photographische Großflächenphotometrie, Bild und Ton **13** (1960) 71—74.

[29] SCHWIEGER, H. u. HABERLAND, G., Die Anwendung der Äquidensitometrie in der Spannungsoptik. Bauplanung und Bautechnik **9** (1955) 71—74.

[30] SCHWIEGER, H. u. HABERLAND, G., Die photographische Darstellung von Schubgleichen unterhalb der 1. Isochromatenordnung bei spannungsoptischen Versuchen. Z. Angew. Phys. 8 (1956) 350—355.

[31] KRUG, W. u. SCHUSTA, J., Elektronische Äquidensitenherstellung I u. II. Optik **15** (1958) 145—152 u. 550.

[32] SZABÓ, I., Höhere Technische Mechanik. Springer-Verlag, Berlin 1958.

[33] SCHTAERMAN, I. Ja., Kontaktnaja Sadatscha Teori Uprugosti. Leningrad 1949.

[34] FROCHT, M. M., Photoelasticity I u. II, N. Y. (1948 u. 1949).

Anwendung der optischen Methode der Spannungsuntersuchung bei der Erforschung der Stabilität von Abbaustätten

Von W. F. Trumbatschew

Für die erfolgreiche Erschließung der Fundstätten von Bodenschätzen im Untertagebau haben Fragen des Abstützens der Abbaustätten große Bedeutung. Die Lösung dieser Fragen ist in vielem mit der Lösung des Problems des Gebirgsdruckes verbunden. Trotz der sich intensiv entwickelnden theoretischen Untersuchungen, der umfangreichen experimentellen und Produktionsbeobachtungen gibt es bis jetzt keine sicheren und allgemein anerkannten Methoden für die Größenbestimmung des Gebirgsdruckes. Deshalb besteht gegenwärtig eine der wichtigsten Aufgaben der Wissenschaft auf dem Gebiet des Gebirgsdruckes in der Erforschung der Größe und der charakteristischen Verteilung der Spannungen um die Abbaustätten in Abhängigkeit von verschiedenen Natur- und Produktionsbedingungen.

Die Gesteinsschichten befinden sich vor Durchführung des Untertageabbaus in gespanntem Zustand. Die Abbautätigkeit verändert diesen. Im allgemeinen Falle entsteht ein neues Spannungsfeld, das sich von dem ursprünglichen unterscheidet. Die Zahlenwerte der Charakteristiken des neuen Spannungsfeldes werden bestimmt durch die Tiefe der Lage des Abbaus, durch die Form seines Querschnitts, durch die berggeologischen Bedingungen der Lagerung der Seitenschichten, durch ihre physikalisch-mechanischen Eigenschaften usw. Der Charakter der Verteilung und die Größe der Spannungen in diesem neuen Feld bestimmen das spätere Verhalten der Seitenschichten, die Stabilität der Abbaustätte und den Gebirgsdruck.

Die auf diesem Gebiet vorhandenen theoretischen Untersuchungen gestatteten es, angenäherte Lösungen im Grunde genommen nur für Abbaustätten rechteckiger, kreisförmiger und elliptischer Querschnittsform zu erhalten. Dabei wurde das Medium, in dem diese Abbaustätten untersucht wurden, als homogenes, isotropes und elastisches angenommen. Die Weiterentwicklung solcher Untersuchungen für Abbaue anderer Formen, genommen im inhomogenen und anisotropen Massiv, stößt auf Schwierigkeiten mathematischen Charakters.

Infolgedessen erlangen gleichzeitig mit den theoretischen Untersuchungen des Spannungszustandes des Gesteinsmassivs und den Produktionsbeobachtungen die experimentellen Untersuchungen an Modellen, im einzelnen mit der optischen Methode, ungewöhnlich große Bedeutung. Die optische Methode ist völlig anwendbar und genügend effektiv für die Untersuchung des Spannungszustandes eines Bergmassivs, das durch Abbaustätten verschiedener Bestimmung geschwächt ist, d. h. für die Lösung von Aufgaben, die bisher mit Hilfe des mathematischen Apparates keine analytische Lösung geben und die bei der Untersuchung unmittelbar unter Schachtbedingungen mit großen Schwierigkeiten verbunden sind. Der hervorragende sowjetische Bergbaugelehrte, der Akademiker L. D. Schewjakow [1], wies schon im Jahre 1946 auf der Konferenz über Gebirgsdruck in der UdSSR darauf hin, daß „die optische Methode der Untersuchung der Spannungsverteilung, verglichen mit der mathematischen Methode unvergleichbar einfacher und zugleich leistungsfähig und vielseitig ist". Natürlich müssen sich beide Methoden, soweit es möglich ist, ergänzen.

Diese Methode ist wissenschaftlich begründet und gibt hinreichend genaue Resultate bei der Lösung konkreter Aufgaben.

Es ist theoretisch bewiesen (Satz von M. Levi) und experimentell bestätigt, daß die an Modellen aus einem bestimmten optisch aktiven Material gewonnenen Resultate nicht nur für andere ähnliche Materialien richtig sind, sondern auch für solche wie Metalle und mit gewisser Annäherung auch für Gesteinsschichten.

Bei der Modellierung des Massivs der Gesteinsschichten mit Abbaustätten, wo hauptsächlich Volumenkräfte — das Eigengewicht der Gesteinsschichten — wirken, muß das optisch aktive Material möglichst solche Eigenschaften haben, die es ermöglichen, ohne äußere Belastung einen Spannungszustand im Modell zu haben und aus Schichten bestehende Medien zu modellieren, womit man sich den natürlichen Bedingungen des zu modellierenden Mediums nähert.

Für diese Ziele besonders geeignete optisch aktive Materialien sind Agarin und Igdantin, für die die Rezeptur und Technologie der Herstellung im Bergbauinstitut der Akademie der Wissenschaften der UdSSR vervollkommnet wurden. Diese Materialien haben eine hohe optische Empfindlichkeit, die vom Prozentgehalt der eingehenden Komponenten abhängt, lassen sich leicht bearbeiten und sind ökonomisch vorteilhaft. Aus diesen Materialien werden aus Schichten bestehende Modelle hergestellt, die unter der Wirkung des Eigendruckes funktionieren.

In die Zusammensetzung des Igdantins gehen folgende Komponenten ein: Photogelatine (10—45%), reines Glyzerin (30%), destilliertes Wasser (25—60%) und Beta-Naphtol (0,001%) vom Gewicht des hergestellten Materials, um es vor beginnender Fäulnis zu bewahren.

Der Gehalt an Photogelatine, Glyzerin und Wasser hängt von der geforderten Elastizität (E) und vom optischen Spannungskoeffizienten (C) des hergestellten optisch aktiven Materials ab.

Gegenwärtig geht die Herstellung des Igdantins nach folgender Technologie vor sich: zu der geforderten Menge Gelatine wird unter sorgfältigem Umrühren langsam das Wasser gegeben, zusammen mit dem vorher darin gelösten Beta-Naphtol. Danach gibt man das Glyzerin in das entstandene Gemisch, rührt sorgfältig um und läßt es zum Quellen 10—48 Stunden stehen. Das gequollene Gemisch von Gelatine, Glyzerin und Wasser wird nach dem Schmelzen im Wasserbad noch 15 Minuten bis drei Stunden gekocht.

Experimentell wurde festgestellt, daß Festigkeit und Lichtdurchlässigkeit des Igdantins von der Gelatinekonzentration in der Lösung, von der Quellzeit des Gemisches und von Dauer und Temperatur des Kochens abhängen. Gegenwärtig beherrscht man die Technologie der Herstellung des Igdantins mit einem Elastizitätsmodul von 0,2 bis 6 kg/cm^2, welcher infolge der Veränderung der Gelatinekonzentration von 10 bis 45% und der Veränderung der Technologie des Kochens erzielt wird.

Zu den Mängeln des Igdantins muß man die Abhängigkeit seiner physikalisch-mechanischen Eigenschaften von der Temperatur des es umgebenden Mediums, aber auch die ungenügende Festigkeit des Materials selbst zählen.

Im Gegensatz zum Igdantin ist Agarin ein sprödes Material. Mit Modellen aus Agarin kann man nicht nur die Spannungsverteilung rund um die Abbaustätten, sondern auch den Charakter ihrer Zerstörung erforschen.

Das Ausgangsprodukt für die Herstellung des Agarins ist Agar-Agar. Agar-Agar stellt ein trockenes gelatineähnliches Extrat dar, das aus bestimmten Meeresalgen hergestellt wird. Um ein homogenes Material zu erhalten, muß Agar-Agar vorher von niedrigmolekularen Fraktionen gereinigt werden. Zur Agarinherstellung sind folgende Komponenten notwendig:

1. gereinigtes Agar-Agar von 1% bis 5%,
2. reines Glyzerin von 5% bis 50%,
3. destilliertes Wasser von 45% bis 94%.

Die berechnete Menge Agar-Agar wird in der entsprechenden Menge Wasser im Laufe von 24 Stunden gelöst. Danach wird das gequollene Gemisch zum Erhitzen in den Autoklav oder in den Trockenschrank gestellt, in dem die Temperatur auf der Höhe von 130—140 °C gehalten wird.

Dem geschmolzenen Material wird die errechnete Menge Glyzerin beigegeben, das Gemisch gründlich umgerührt und nochmals im Laufe einer Stunde bis auf 100° erhitzt.

Die Festigkeit des Agarins hängt vom Agar-Agar-Prozentgehalt ab. Mit der Vergrößerung der Agar-Agar-Menge in der Lösung von 1% bis 5% wächst der Elastizitätsmodul des Agarins von 0,2 bis 6 kg/cm². Die optische Materialkonstante (C) fällt dabei von 17000 Brewster auf 3500 Brewster.

Zur Herstellung der Modelle aus Igdantin und Agarin werden zerlegbare Wannen verschiedener Größe verwendet, die aus einem U-förmigen Rahmen mit zwei Glaswänden von einer Stärke von 8—15 mm bestehen. Das geschmolzene Igdantin oder Agarin wird bei einer Temperatur von 40—55 °C in die Wanne gegeben. Zur Verminderung der Reibung des Materials des Modells an der Glaswand der Wanne wird beim Experimentieren die innere Glasoberfläche mit einem Schmiermittel bedeckt, das eine 15%-Lösung reinen Kolophoniums in chemisch reinem Vaselinefett darstellt. Nach Ablauf eines Tages wird in eine vorher gepreßte Platte aus Igdantin oder Agarin [2] eine Öffnung geschnitten, die den Ausmaßen und der Form der natürlichen Abbaustelle analog ist. In dieser Öffnung wird, wenn es nötig ist, ein Modell der Abstützvorrichtung angebracht, das aus einem optisch aktiven Material auf der Grundlage der Kunstharze hergestellt ist. In Abhängigkeit vom Prozentgehalt an Maleinsäureanhydrid, das als Härter des Kunstharzes verwendet wird, und an Dibutyläther, der als Plastifikator verwendet wird, erhält man ein optisch aktives Material mit verschiedenen physikalisch-mechanischen Eigenschaften.

Als Resultat der durchgeführten Arbeiten zur Erforschung der physikalisch-mechanischen Eigenschaften der Kunstharze in Abhängigkeit von der Veränderung des Prozentgehaltes der eingehenden Komponenten wurde festgestellt, daß:

1. die Veränderung der Menge des Härters (Maleinsäureanhydrid) in den Grenzen von 10 bis 30 g auf 100 g Kunstharz zu unbedeutenden Veränderungen des Elastizitätsmoduls des Materials führt,

2. die Veränderung der Menge des Plastifikators (Dibutyläther) in den Grenzen von 5 bis 40 g auf 100 g Harz (bei 30 g Maleinsäureanhydrid) zu einer achtfachen Verringerung des Elastizitätsmoduls führt,

3. Maleinsäureanhydrid und Dibutyläther einen besonders starken Einfluß auf die Veränderung des Elastizitätsmoduls des Materials ausüben, wenn man sie gleichzeitig dem Kunstharz zufügt. Auf Kosten der Verringerung des Härters auf 20 g auf 100 g Harz und der Vergrößerung der Plastifikatormenge auf 30 g auf 100 g Harz wurden Materialien mit einem Elastizitätsmodul 300—640 kg/cm² erhalten, welcher um 50—100mal kleiner ist als der Elastizitätsmodul des Kunstharzes ED6-M, das gegenwärtig in großem Maße in der UdSSR angewendet wird.

Das Vorhandensein eines solchen optisch aktiven Materials mit einem großen Änderungsbereich seiner physikalisch-mechanischen Eigenschaften gestattet es, den Kreis der Aufgaben, die im Bergbau mit der spannungsoptischen Methode gelöst werden, zu erweitern und eine vollkommenere Ähnlichkeit des Modells und der Natur zu erzielen.

Als Anwendungsbeispiel der optischen Methode bei der Erforschung der Stabilität der Abbaustätten betrachten wir eine unterirdische Kammer, in deren Decke es eine Reihe schwacher Zwischenschichten gibt. Die Mannigfaltigkeit der Lage der Zwischenschichten in der Decke, der Unterschied in ihrer Stärke und Größe geben gegenwärtig nicht die Möglichkeit, eine einheitliche Berechnungsmethode dieser Decken zu schaffen. Deshalb hatten die in diesem Beispiel beleuchteten Untersuchungen zum Ziel, den prinzipiellen Einfluß der Zwischenschichten auf den Spannungszustand der Gesteinsschichten der Decke und folglich auch auf ihre Stabilität zu ermitteln.

Zur Untersuchung wurden die Stärke der Decke mit 30 m, die Höhe der Kammer mit 30 m, die Breite der Kammer mit 12 m, die Breite der Pfeiler mit 15 m angenommen. Die Gesteinsschichten der Decke und die Zwischenschichten wurden aus Igdantin verschiedener Zusammensetzung modelliert. Im Modell Nr. 1 fehlten die Zwischenschichten, aber an den Modellen Nr. 2, 3 und 4 wurden entsprechend 1, 2 und 3 Zwischenschichten nachgebildet, jede mit einer Stärke von 3 m, die keine Kontaktverbindung mit den anderen Schichten des Daches hatten. Die Entfernung von der Kontur der Kammer bis zur Zwischenschicht betrug am Modell Nr. 2 9,75 m, am Modell Nr. 3 5 m und am Modell Nr. 4 3 m. Die Stärke der Gesteinsschichten zwischen den Zwischenschichten betrug am Modell Nr. 3 10 m, am Modell Nr. 4 zwischen der ersten und der zweiten Zwischenschicht so wie zwischen der zweiten und dritten 9 m.

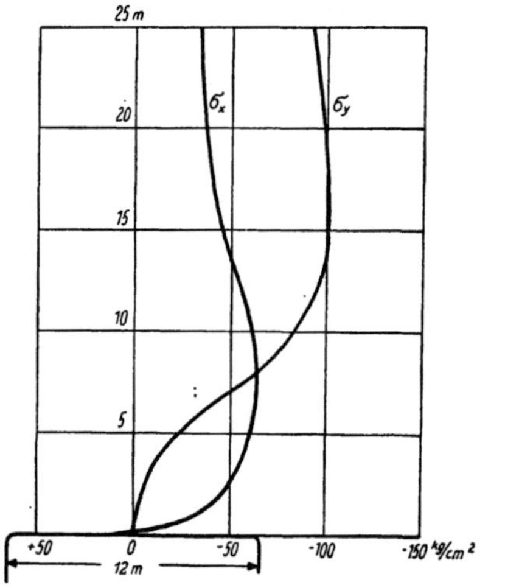

Abb. 1. Spannungsverteilung in der Decke ohne Zwischenlagen

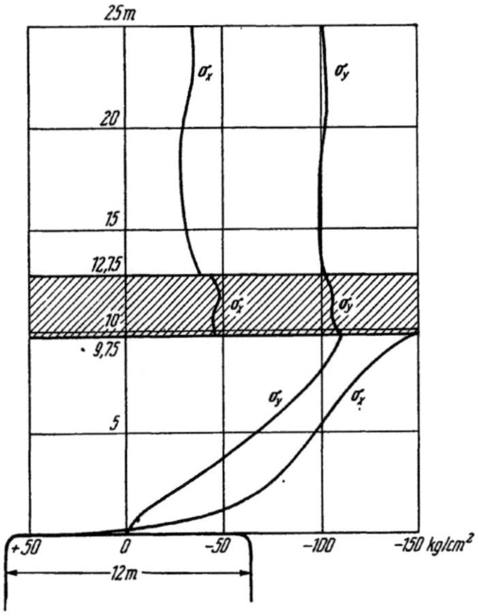

Abb. 2. Spannungsverteilung in einer Decke mit einer Zwischenlage

An den Modellen wurden je drei Ausschnitte gemacht, die im Maßstab 1:500 den Kammern in der Natur entsprachen, und die Spannungen σ_y und σ_x entlang der Symmetrieachse der mittleren Kammer bestimmt.

Auf den Abbildungen 1, 2, 3 und 4 sind die Diagramme dieser Spannungen, errechnet für eine Abbautiefe von 500 m bei einem mittleren Volumengewicht von 2,5 t/m^3, dargestellt. Wie schon erwähnt, wurden am Modell Nr. 1 Bedingungen geschaffen, bei denen die Decke keine Zwischenschichten hatte. Die Spannungsverteilung an einer solchen Decke wird durch an der Kontur der Kammer entstehende Zugspannungen charakterisiert, deren Größe im allgemeinen durch den Seitendruck und die Tiefe der Lage der Kammer bestimmt wird, wenn die Stärke der Decke die Größe der Kammerhöhe übersteigt (Abb. 1).

Die Werte der Zugspannungen sind in diesem Falle gering und überschreiten nicht die Haltbarkeitsgrenze auf Dehnung vieler Gesteinsschichten, welche man gewöhnlich in der ungestützten Decke beläßt. In geringer Entfernung von der Kontur der Kammer gehen die Spannungen σ_x in der Decke in Druckspannungen über, deren Größe und Verteilungscharakter im Massiv mit der entsprechenden Kurve auf Abb. 1 dargestellt sind. Deshalb wird eine Decke aus einheitlichen homogenen Schichten mit einer Stärke, die die Höhe der Kammer übersteigt, genügend stabil sein.

Am Modell Nr. 2, an dem sich in der Decke in einer Entfernung von etwa 10 m von der Kontur der Kammer eine Zwischenschicht befand, veränderte sich die Spannung wesentlich (Abb. 2). Die Spannung auf der niederen Schicht der Decke ist hier praktisch gleichmäßig verteilt, was aus dem Spannungswert σ_y an der Kontaktfläche der Zwischenschicht mit der Decke selbst, wo er gleich dem Gewicht der höherliegenden Schichten ist, hervorgeht. Die Verteilung der Spannungen σ_x in der niederen Schicht unterscheidet sich vom Fall der homogenen Decke, obwohl die Stärke der Schicht, die unmittelbar über der Kammer liegt, nur wenig kleiner ist als die Höhe der Kammer.

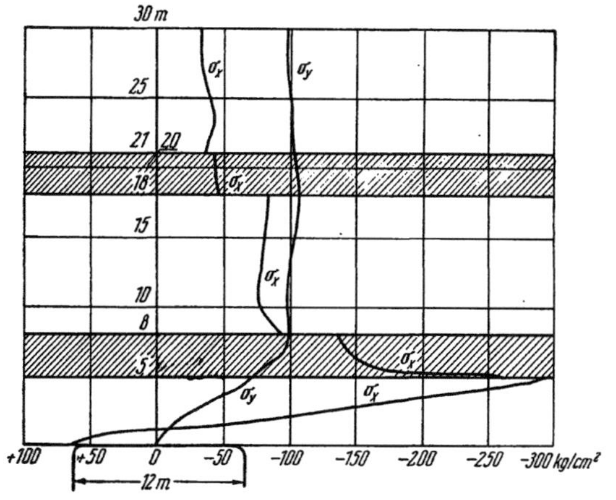

Abb. 3. Spannungsverteilung in einer Decke mit zwei Zwischenlagen

In diesem Falle wächst vor allem die Größe der Zugspannungen auf der Kontur der Kammer, im Vergleich zu Modell Nr. 1 fast um das 5fache. In der Richtung zur Zwischenschicht wachsen die Spannungen σ_x schnell, wobei sie aus Zugspannungen in Druckspannungen übergehen und am Kontakt der Zwischenschicht mit dem niederen Schichtenbund ihren maximalen Wert erreichen.

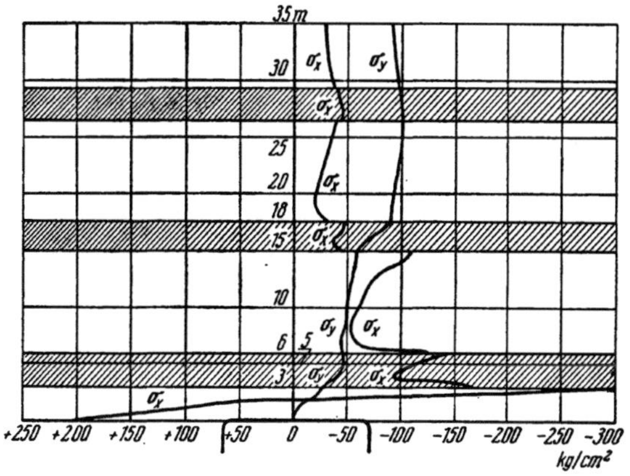

Abb. 4. Spannungsverteilung in einer Decke mit drei Zwischenlagen

Die bedeutende Vergrößerung der Absolutbeträge der Spannungen σ_x am Kontakt mit der Zwischenschicht wird durch das Fehlen der Kontaktverbindung und durch die bedeutend geringere Härte des Materials der Zwischenschicht im Vergleich zum anderen Material des Modells hervorgerufen. Bei diesen Bedingungen überträgt sich ein geringer Teil des Spannungszuwachses infolge des Vorhandenseins der Abbaustätte auf die ihr am nächsten gelegene Schicht. Die Größe der Spannungen, die auf die nächste Schicht übertragen werden, hängt ab von der Reibung an den Kontaktflächen und von den Deformationseigenschaften des Materials der Zwischenschicht. Sowohl in der Zwischenschicht, als auch über ihr unterscheidet sich die Spannungsverteilung wenig von der im unberührten Massiv, d. h. der Einfluß des Abbaues auf diese Schichten ist unbedeutend.

Bei der Erhöhung der Zahl der Zwischenschichten auf zwei (Modell Nr. 3) verteilt sich die Belastung auf die niedere Schicht der Decke im Vergleich zu dem Modell mit einer Zwischenschicht ungleichmäßiger. In der Mitte der Höhe der Kammer ist der Wert der vertikal wirkenden Spannung σ_y etwas kleiner als die Spannung σ_y im unberührten Massiv. Über der ersten Schicht nähern sich die Spannungen σ_y ihren Werten im unberührten Massiv (Abb. 3).

In der niederen Schicht der Decke übersteigen die Absolutwerte der Zug- und Druckspannungen σ_x die des Modells Nr. 2 um etwa das Doppelte. Im gegebenen Fall breitet sich der Einfluß der Abbaustätte auf eine größere Entfernung in der Decke aus, hauptsächlich auf Kosten der Verringerung der Stärke der Schicht der Decke selbst. Die Spannungen σ_x, die in dieser Schicht ihren maximalen Wert haben, verringern sich schnell bei der Entfernung von der Kammer, indem sie den Seitendruck im unberührten Massiv in der zweiten Zwischenschicht und in den höherliegenden Schichten erreichen, das heißt in einer Entfernung, die etwa 1,5mal der Höhe der Kammer entspricht. Dabei muß man bemerken, daß sich die Spannungen σ_x von Schicht zu Schicht unregelmäßig verringern. In jeder folgenden Schicht wird der Spannungswert σ_x an der Kontaktfläche durch die Größe des Seitendruckes und den Einfluß des Abbaues, der sich von der vorhergehenden Schicht infolge der Reibung zwischen den Schichten entlang der Kontakte überträgt, bestimmt.

Am Modell Nr. 3 beträgt das Verhältnis der Höhe der Kammer zur niederen Schicht 2,4. Bei diesen Bedingungen verhält sich die niedere Schicht im Mittelschnitt schon wie ein gewöhnlicher Balken, in dem sich die Spannungen fast nach linearem Gesetz verteilen (Abb. 3). Da sich dieser Balken unter Einwirkung einer senkrechten ungleichmäßig verteilten Belastung und eines Seitendruckes befindet, liegt der Übergangspunkt der Zugspannungen in Druckspannungen σ_x etwas unter der Mitte der Schicht (bezogen auf deren Höhe).

Am Modell Nr. 4 wirkt sich im Vergleich zu den Modellen mit einer und zwei Zwischenschichten der Einfluß der Zwischenschichten und der Verringerung der Stärke der niederen Schicht stärker auf den Wert und den Charakter der Spannungsverteilung σ_x aus. Die Zugspannungen auf der Kontur wachsen um mehr als das dreifache im Vergleich zu denen am Modell mit zwei Zwischenschichten, obwohl sich die Stärke der Schicht, die unmittelbar über der Kammer liegt, von 5 auf 3 m verringert hat (Abb. 4).

Die Anomalie dieser Spannungen erfaßt im allgemeinen die erste Schicht der Decke von der Kontur der Kammer aus und die erste der Zwischenschichten. Bei Entfernung von der Kammer klingen die Spannungen σ_x in der Decke infolge des Entlanggleitens auf den Berührungsflächen der Schichten sprunghaft ab.

Die Spannungen σ_y erreichen am Modell mit drei Zwischenschichten ihre Werte am unberührten Massiv nur am Kontakt der zweiten Zwischenschicht und der Grundschichten der Decke. Die Zwischenschicht, die als erste in der Decke über der Kammer gelegen und aus einem Material hergestellt ist, dessen Elastizitätsmodul 3mal geringer als der Elastizitätsmodul der Schicht ist, die unmittelbar über der Kammer liegt, nimmt nur den Teil der Belastung wahr, der vom Gewicht der höherliegenden Schichten ausgeht. Es ist klar, daß der Teil der Belastung, der auf diese Schicht wirkt, um so geringer wird, je niedriger der Proportionalitätsmodul des Materials der Zwischenschicht ist. Außerdem muß man bemerken, daß sich die Größe der auf die Zwischenschichten wirkenden Belastung mit deren Entfernung von der Abbaustätte verringert.

Im betrachteten Fall, wie auch am Modell mit zwei Zwischenlagen, verhält sich die niedere Schicht wie ein Balken, der durch eine senkrechte ungleichmäßige Belastung und die Kräfte des Seitendruckes belastet ist. In diesem Falle verläuft die neutrale Achse etwas über der Mitte des Balkens, was sich durch eine stärkere Durchbiegung des Balkens erklärt. Infolgedessen bleiben die Druckspannungen an seiner oberen Grenze dieselben wie auch am Modell mit zwei Zwischenlagen. Das Aufhören des Wachsens der Druckspannungen an dieser Stelle erklärt sich daraus, daß sich in diesem Falle im Vergleich zu den früher untersuchten Modellen der Einfluß der Abbaustätte in größerem Maße auf die höherliegenden Schichten überträgt. Bei der weiteren Verringerung der Stärke der niederen Schicht werden sich die Spannungen σ_x für den unteren und oberen Rand angleichen. Am Modell Nr. 4 unterscheiden sie sich jedoch noch um das 1,5fache.

Auf Abb. 5 ist eine Graphik angeführt, entlang deren Ordinatenachse die Werte der Spannungen σ_x auf der Kontur der Kammer und auf deren Abszissenachse die Stärke der homogenen Decke bis zur ersten Schicht abgetragen sind. Aus dieser Darstellung ist ersichtlich, daß die Spannungen auf der Kontur der Kammer mit der Verringerung der Deckenstärke schnell wachsen. Mit Hilfe experimenteller Untersuchungen wurde festgestellt, daß die Abhängigkeit

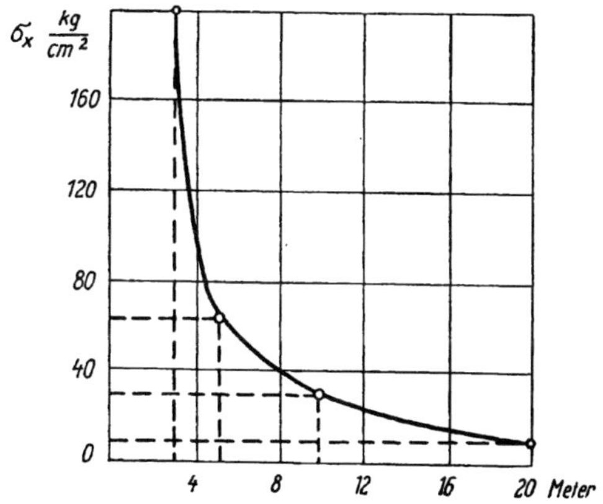

Abb. 5. Darstellung der Abhängigkeit der Spannungen auf der Kontur der Kammer von der Deckenstärke bis zur ersten Zwischenlage

der Spannungskonzentration σ_x auf der Kontur der Kammer von der Deckenstärke hyperbolischen Charakter trägt.

Auf diese Weise ermöglichten es die an Modellen durchgeführten Untersuchungen, den Einfluß der Zwischenlagen auf den Spannungszustand der Decke und damit auf deren Stabilität klarzustellen.

Die als Ergebnis der Untersuchungen mit der spannungsoptischen Methode gewonnenen Gesetzmäßigkeiten vermitteln eine Vorstellung vom physikalischen Wesen der im Massiv vorgehenden Prozesse und können sowohl bei der Berechnung der zulässigen Abbauausmaße, als auch bei einer ungefähren Abschätzung der Stabilität der Decke unmittelbar nach den gewonnenen Resultaten von Nutzen sein.

Akademie der Wissenschaften der UdSSR, Institut für Bergbau, Moskau

Literatur

[1] Schewjakow, L. D., Gegenwärtige Aufgaben zur Steuerung des Gebirgsdruckes. Arbeiten der Konferenz über Steuerung des Gebirgsdruckes. Ugletechizdat (1948) (russ.).

[2] Rodin, I. W., Aufgabenstellung und Lösungsmethode des Gebirgsdruckproblems. Arbeiten „trudy DPI" **47**, Heft 1 (1957) (russ.).

[3] Trumbatschew, W. F. u. Molodzowa, L. S., Igdantin und seine Anwendung bei Spannungsuntersuchungen rund um Abbaustätten mit der optischen Methode. Wissenschaftliche Forschungsarbeiten in der Kohleindustrie Nr. 1 (1959) Ugletechizdat (russ.).

[4] Trumbatschew, W. F. u. Melnikow, E. A., Modelluntersuchung der Spannungsverteilung in einer Decke mit schwachen Zwischenlagen, angewandt auf die Bedingungen der Vorkommen von Jakowljewsk (KMA). Nautschnije Soobstschenija **5** (1960) Gosgortechizdat (russ.).

Eine neue Methode zur Trennung der Hauptspannungen

Von F. Vadovič

Die spannungsoptische Methode ermöglicht mittels der Richtungsgleichen und Farbgleichen die Feststellung der Hauptspannungsrichtungen φ und ihrer Differenz $q = (\sigma_1 - \sigma_2)$. Zur vollständigen Analyse des Spannungszustandes muß man immerhin in jedem Punkt des ebenen Gebildes die Werte beider Hauptspannungen getrennt ermitteln. Dazu dienen die Methoden zur Trennung der Hauptspannungen.

Als Grundlage einiger Methoden dient die Differentialgleichung von Laplace

$$\frac{\partial^2 p}{\partial x^2} + \frac{\partial^2 p}{\partial y^2} = 0\,, \tag{1}$$

worin $p = p(x, y) = \sigma_1 + \sigma_2$ die Summe der Hauptspannungen bedeutet. Bei bekannten Randwerten der Hauptspannungssummen ermöglicht die Laplace-Gleichung eine eindeutige Lösung des Spannungszustandes.

Da eine geschlossene Lösung des Randwertproblems im allgemeinen recht schwierig ist, werden zu dessen Lösung Näherungsmethoden angewendet. Ein gemeinsamer Nachteil dieser Methoden besteht in der äußerst großen Rechenarbeit, welche die Lösung erfordert.

Im folgenden zeigen wir die Methode der harmonischen Rosette, welche eine Näherungslösung des Randwertproblems mit kleinstem Arbeitsaufwand ermöglicht.

1. Methode der harmonischen Rosette

Der Näherungswert der zweiten partiellen Ableitung einer Funktion (Abb. 1), welche durch ihre Werte p_0, p_1, p_2 gegeben ist, kann mittels Entwicklung einer Taylor-Reihe ermittelt werden:

$$\left.\begin{aligned} p_{(x-r_1)} &= p_{(x)} - \frac{p'_{(x)}}{1!} r_1 + \frac{p''_{(x)}}{2!} r_1^2 - \frac{p'''_{(x)}}{3!} r_1^3 + \cdots, \\ p_{(x+r_2)} &= p_{(x)} + \frac{p'_{(x)}}{1!} r_2 + \frac{p''_{(x)}}{2!} r_2^2 + \frac{p'''_{(x)}}{3!} r_2^3 + \cdots. \end{aligned}\right\} \tag{2}$$

Multiplizieren wir die erste Gleichung mit r_2, die zweite Gleichung mit r_1 und addieren wir beide Gleichungen. Dadurch erhalten wir die Gleichung

$$r_2\, p_{(x-r_1)} + r_1\, p_{(x+r_2)} = (r_1 + r_2)\, p_{(x)} + \frac{r_1^2 r_2 + r_2^2 r_1}{2!}\, p''_{(x)}\,. \tag{3}$$

Die Glieder, welche die dritte oder höhere Ableitung enthalten, wurden dabei gestrichen. Aus der voranstehenden Gleichung ergibt sich für den Näherungswert der zweiten partiellen Ableitung die Gleichung

$$p''_{(x)} = \frac{r_2\, p_{(x-r_1)} + r_1\, p_{(x+r_2)} - (r_1 + r_2)\, p_{(x)}}{\frac{1}{2}(r_1 + r_2)\, r_1 r_2}\,. \tag{4}$$

Durch Einführung der Bezeichnungen laut Abb. 1 folgt

$$p_0'' = \frac{p_1 r_2 + p_2 r_1 - (r_1 + r_2)\, p_0}{\frac{1}{2}(r_1 + r_2)\, r_1 r_2}\,. \tag{5}$$

Dieses Ergebnis können wir bei einem konkreten Koordinatensystem auf die Laplace-Gleichung anwenden (Abb. 2).

$$\frac{p_{11} r_{21} + p_{21} r_{11} - (r_{11} + r_{21})\, p_0}{\frac{1}{2}(r_{11} + r_{21})\, r_{11} r_{21}} + \frac{p_{12} r_{22} + p_{22} r_{12} - (r_{12} + r_{22})\, p_0}{\frac{1}{2}(r_{12} + r_{22})\, r_{12} r_{22}} = 0\,. \tag{6}$$

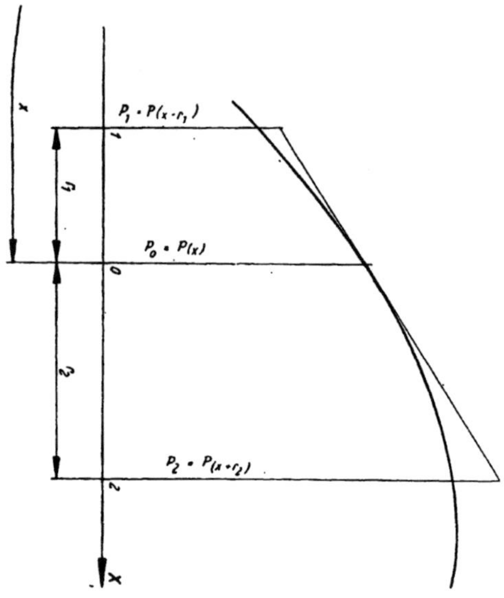

Abb. 1

Da die Abschnitte r_{11}, r_{21}, r_{12}, r_{22} nicht klein genug gegen die Abmessungen des Gebildes sind, ist die Gleichung (6) fehlerbehaftet.

Die Laplace-Gleichung muß von beliebigen Paaren rechtwinkliger Schnitte erfüllt werden. Folglich muß auch die Summe der so gebildeten Näherungsgleichungen die Laplace-Gleichung erfüllen. Das wird ausgedrückt durch die Gleichung

$$\sum_{i=1}^{n} \frac{p_{1i} r_{2i} + p_{2i} r_{1i} - p_0 (r_{1i} + r_{2i})}{\frac{1}{2}(r_{1i} + r_{2i})\, r_{1i} r_{2i}} = 0\,. \tag{7}$$

Durch den Sattelcharakter der harmonischen Funktion werden so die Fehler weitgehend herabgesetzt.

Daraus ist der Näherungswert der harmonischen Funktion der Hauptspannungssummen

$$p_0 = \frac{\sum_{i=1}^{n} \frac{p_{1i} r_{2i} + p_{2i} r_{1i}}{r_{1i} + r_{2i}} \cdot \frac{1}{r_{1i} r_{2i}}}{\sum_{i=1}^{n} \frac{1}{r_{1i} r_{2i}}}\,. \tag{8}$$

Dabei ist n die Anzahl der Schnitte der harmonischen Rosette, welche von paarweise senkrecht zueinander stehenden Schnitten gebildet wird.

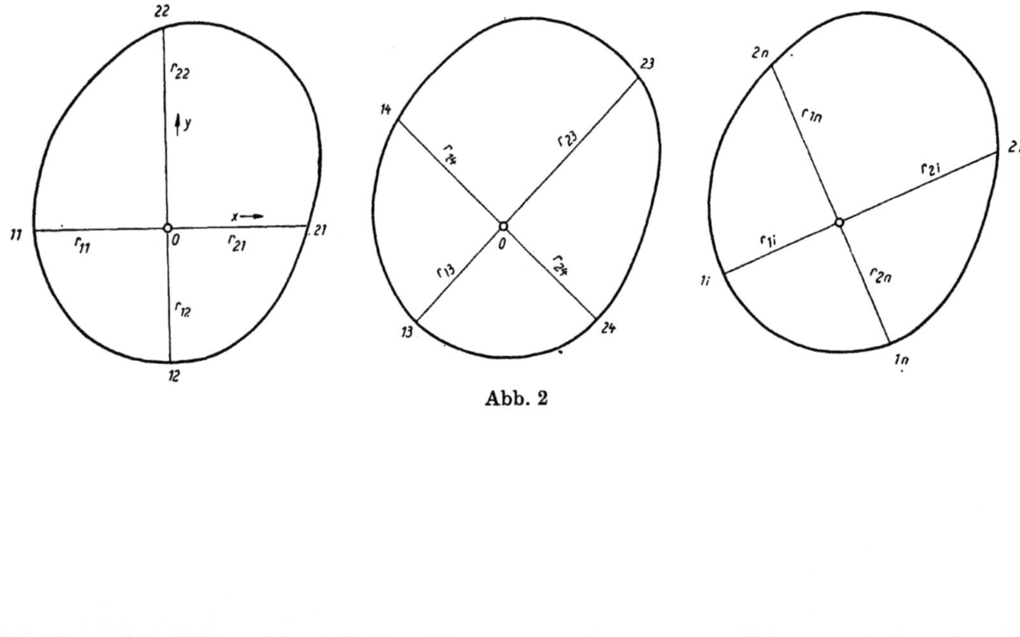

Abb. 2

Bei Anwendung einer unregelmäßigen Rosette, oder bei der Integration der Gleichung, muß noch der Winkel zwischen den benachbarten Schnitten der Rosette $\Delta\varphi$, resp. $d\varphi$ zur Gleichung (8) hinzugefügt werden:

$$p_0 = \frac{\sum_{i=1}^{n} \frac{p_{1i} r_{2i} + p_{2i} r_{1i}}{r_{1i} + r_{2i}} \cdot \frac{1}{r_{1i} r_{2i}} \Delta\varphi}{\sum_{i=1}^{n} \frac{1}{r_{1i} r_{2i}} \Delta\varphi} . \tag{9}$$

Dies ist die Grundgleichung der Methode der harmonischen Rosette. Ihre geometrische Deutung ist aus Abb. 3 ersichtlich. Der erste Teil des Zählers

$$p_{0i} = \frac{p_{1i} r_{2i} + p_{2i} r_{1i}}{r_{1i} + r_{2i}} \tag{10}$$

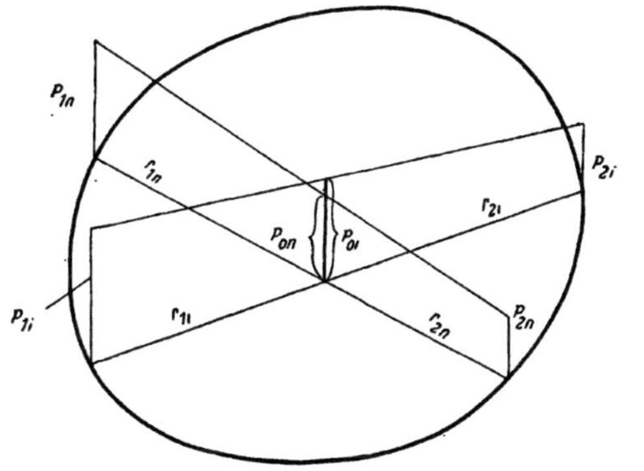

Abb. 3

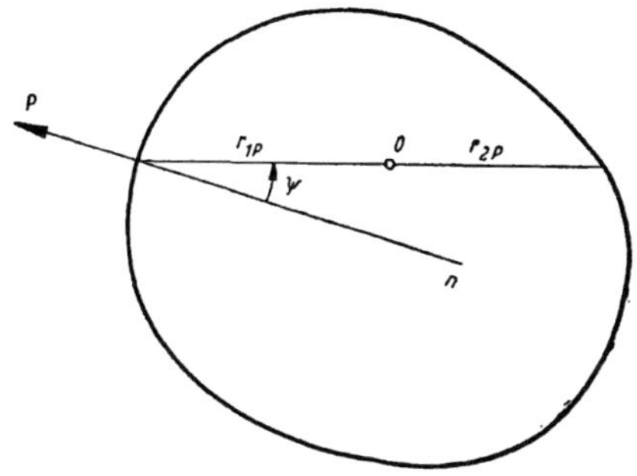

Abb. 4

bedeutet die Höhe eines über p_{1i} und p_{2i} gespannten Fadens. Wenn man den Teil

$$g_i = \frac{1}{r_{1i} r_{2i}} \tag{11}$$

als Gewicht betrachtet, so ist der Näherungswert der harmonischen Funktion als gewogenes Mittel der einzelnen Fadenhöhen zu betrachten.

Bei Lösung konkreter Aufgaben genügt es in den meisten Fällen, eine Rosette mit acht Schnitten, die unter dem Winkel $\Delta\varphi = \pi/8$ stehen, anzuwenden. Bei sehr veränderlichen Randbedingungen ist eine örtliche Verdichtung der Schnitte zu empfehlen.

Die Methode der harmonischen Rosette ermöglicht eine recht gute Näherungslösung des ebenen Randwertproblems, welche in vielen Fällen mit der exakten Lösung übereinstimmt. Im Gegensatz zu den üblichen Methoden ermöglicht die Methode der harmonischen Rosette eine Lösung in Einzelpunkten, wodurch sich eine große Arbeitsersparnis ergibt. Als Vorteil ist auch die geringe Empfindlichkeit der Methode gegen Meßfehler anzusehen.

Die Methode der harmonischen Rosette kann in ihrer ursprünglichen Form nur bei ebenen Gebilden angewendet werden, bei denen keine Einzellasten an den Rändern angreifen. Bei dem Angriff einer senkrecht zum Rand stehenden Einzellast (Abb. 4) muß die Grundgleichung um ein Korrektionsglied ergänzt werden. Dieses wurde aus der Lösung der Halbebene aufgestellt. Es ist dann als vollständige Grundgleichung der harmonischen Rosette die folgende Gleichung anzusehen:

$$p_0 = \frac{\sum_{i=1}^{n} \frac{p_{1i} r_{2i} + p_{2i} r_{1i}}{r_{1i} + r_{2i}} \cdot \frac{1}{r_{1i} r_{2i}} \Delta\varphi + \frac{P \cos\psi}{s\, r_{1P}} \cdot \frac{1}{r_{1P} r_{2P}}}{\sum_{i=1}^{n} \frac{1}{r_{1i} r_{2i}} \Delta\varphi} . \tag{12}$$

P bedeutet die Größe der Einzellast, s die Dicke des Gebildes, ψ ist der Winkel zwischen der Normale und dem Schnitt durch den Mittelpunkt der Rosette.

2. Anwendung der Methode auf reine Biegung eines Stabecks

Als Anwendungsbeispiel behandeln wir die Bestimmung der Hauptspannungssumme eines von H. CARDINAL VON WIDDERN [1] spannungsoptisch gemessenen Stabecks (Abb. 5). Die Randwerte der Spannungssummen sind in dem Bild eingezeichnet. Als Beispiel zeigen wir die Lösung eines Punktes an der Symmetrieachse. Die Lösung wurde mittels einer Rosette, welche aus acht Schnitten bestand, durchgeführt. Die zugehörigen Abschnitte und Randwerte der Spannungssummen sind in Tabelle 1 eingetragen.

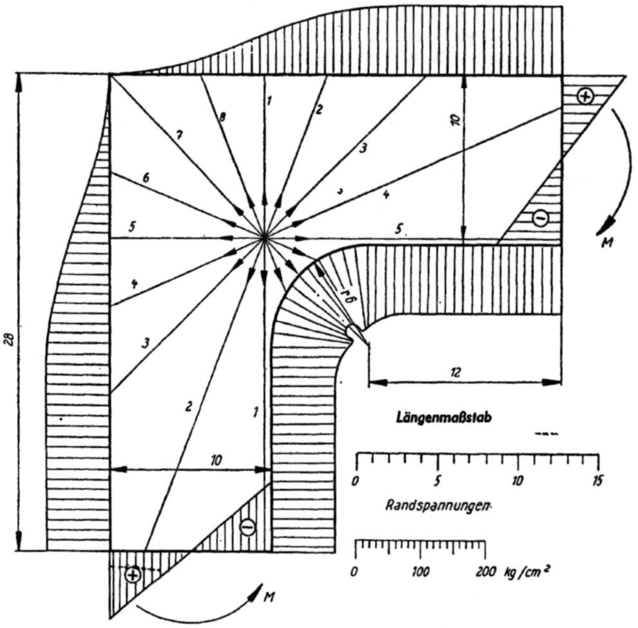

Abb. 5

Tabelle 1

Schnitt	r_{1i}	r_{2i}	p_{1i}	p_{2i}	p_{0i}	g_i	$p_{0i} \cdot g_i$
1	9,5	18,5	60,5	—93	10,6	5,7	60,4
2	10,4	19,7	88	56	76,9	4,83	371
3	13,4	13,4	100	100	100	5,58	558
4	10,4	19,7	88	56	76,9	4,83	371
5	9,5	18,5	60,5	— 93	10,6	5,7	60,4
6	10,4	3,4	20	—112	—79,6	28,3	—2250
7	13,8	3	0	—106	—87,0	24,2	—2110
8	10,4	3,4	20	—112	—79,6	28,3	—2250
Σ						107,44	—5189,2

Der Näherungswert der Spannungssumme im untersuchten Punkt ist

$$p_0 = \frac{\sum_{i=1}^{8} p_{0i}\, g_i}{\sum_{i=1}^{8} g_i} = \frac{-5189{,}2}{107{,}44} = -48{,}4 \, .$$

Im untersuchten Punkt fanden BIEZENO und KOCH [2] mittels elektrischer Analogie den Wert $p = -50$ und mittels Membrananalogie den Wert $p = -48$. Die Resultate zeigen eine gute Übereinstimmung.

3. Achsensymmetrische räumliche Gebilde

Bei achsensymmetrischen räumlichen Gebilden ermöglicht die Spannungsoptik die Feststellung folgender Differenzen der Spannungskomponenten (Abb. 6):

$$\left.\begin{aligned} q_{z\varrho} &= \sigma_z - \sigma_\varrho \,, \\ q_{z\theta} &= \sigma_z - \sigma_\theta \,. \end{aligned}\right\} \tag{13}$$

Am Rande eines Meridianschnittes kann aus den oben genannten Differenzen auch die Summe der Spannungskomponenten

$$\psi = \sigma_\varrho + \sigma_z + \sigma_\theta \tag{14}$$

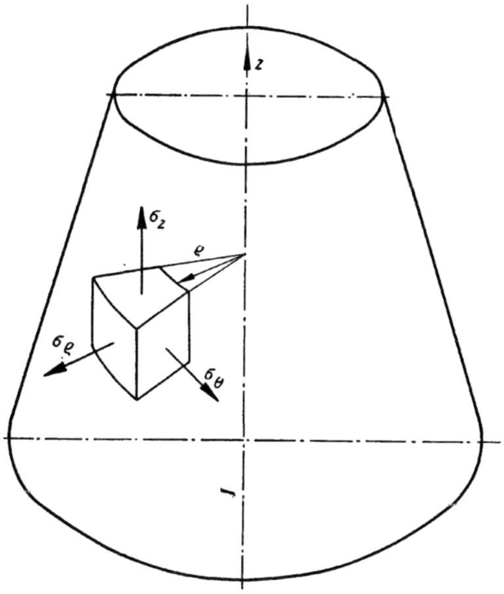

Abb. 6

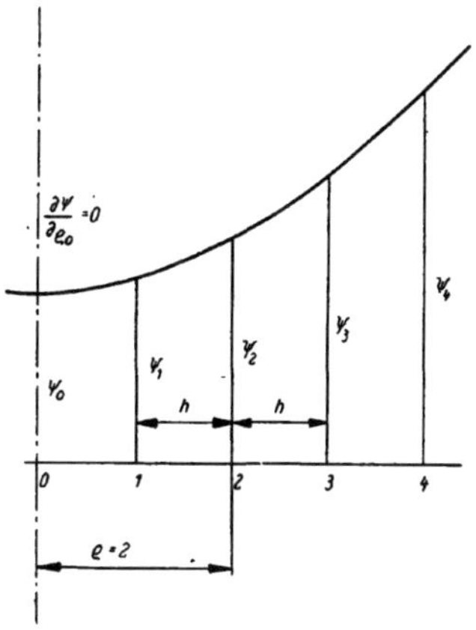

Abb. 7

ermittelt werden. Diese Summe muß folgender Differentialgleichung genügen:

$$\frac{\partial^2 \psi}{\partial \varrho^2} + \frac{1}{\varrho}\frac{\partial \psi}{\partial \varrho} + \frac{\partial^2 \psi}{\partial z^2} = 0 \,. \tag{15}$$

Die Lösung dieser Differentialgleichung bei gegebenen Randbedingungen ermöglicht die Ermittlung der Spannungssummen im Inneren des Gebildes, und so schließlich die eigentliche Spannungstrennung.

Die Differentialgleichung (15) kann mittels der Gleichung (5) in folgender Weise ausgedrückt werden

$$\sum_{i=1}^{n} \left(\frac{\psi_{1i}\, r_{2i} + \psi_{2i} r_{1i} - \psi_0 \,(r_{1i} + r_{2i})}{\frac{1}{2}\,(r_{1i} + r_{2i})\, r_{1i}\, r_{2i}} + \frac{1}{\varrho}\frac{\partial \psi_0}{\partial \varrho}\frac{i}{2} \right) = 0 \,, \tag{16}$$

wo ψ_{1i}, ψ_{2i} die Randwerte der Funktion, n die Anzahl der Schnitte bedeuten.

Daraus folgt der Näherungswert der Funktion ψ im Mittelpunkt der Rosette

$$\psi_0 = \frac{\sum_{i=1}^{n} \frac{\psi_{1i} r_{2i} + \psi_{2i} r_{1i}}{r_{1i} + r_{2i}} \cdot \frac{1}{r_{1i} r_{2i}} + \frac{n}{4} \frac{1}{\varrho} \frac{\partial \psi}{\partial \varrho}}{\sum_{i=1}^{n} \frac{1}{r_{1i} r_{2i}}}. \tag{17}$$

Dies ist die Grundgleichung für die Lösung achsensymmetrischer Gebilde. Der zweite Teil des Zählers stammt vom mittleren Glied der Differentialgleichung (15). Längs der Drehachse schwindet aus Symmetriegründen dieses Glied und so ist hier eine direkte Lösung möglich. In den übrigen Punkten des Gebildes ist wegen des unbekannten Wertes der Ableitung $\frac{\partial \psi}{\partial \varrho}$ eine direkte Lösung nicht möglich.

Außerdem ist die Gleichung (17) wegen der ungleichen Abschnitte r_{1i}, r_{2i} und h (siehe Gleichung (18)) fehlerbehaftet. Für Punkte eines senkrecht zur Achse stehenden Schnittes ist trotzdem eine stufenweise Näherungslösung möglich.

In der ersten Annäherung wird das Glied $\frac{\partial \psi}{\partial \varrho}$ gleich Null gesetzt. Es werden so die ersten Näherungswerte $\psi_{0\,\mathrm{I}}$ errechnet. Aus diesen wird der Näherungswert des Korrektionsgliedes gefunden. Bei regelmäßiger Teilung des Schnittes (Abb. 7) ist der erste Näherungswert der Ableitung

$$\left[\frac{\partial \psi}{\partial \varrho}\right]_{2\,\mathrm{I}} = \frac{\psi_{3\,\mathrm{I}} - \psi_{1\,\mathrm{I}}}{2h}. \tag{18}$$

Durch das Einsetzen dieses Näherungswertes in die Gl. (17) würde man seinen Einfluß überschätzen, da die Ableitung mittels kleiner Abschnitte h, das Gewicht $\frac{1}{r_{1i} r_{2i}}$ dagegen mittels großer Abschnitte ermittelt wurde. Eine Zuordnung dieses Gewichtes der Ableitung $\frac{\partial \psi}{\partial \varrho}$ würde so zu großen Fehlern führen. Die Regel der stufenweisen Annäherung ist jedoch leicht aufzustellen.

Durch die Anwendung einer der Gl. (15) entsprechenden Differenzgleichung kann für die zweite Annäherung folgende Gleichung aufgestellt werden:

$$\psi_{0\,\mathrm{II}} = \frac{4\,\psi_{0\,\mathrm{I}} + \frac{1}{\varrho}\left[\frac{\partial \psi}{\partial \varrho}\right]_{0\,\mathrm{I}}}{4}. \tag{19}$$

Daraus errechnet man die zweite Annäherung der Ableitung. Durch ihre abermalige Anwendung folgt die dritte Annäherung des Wertes:

$$\psi_{0\,\mathrm{III}} = \frac{4\,\psi_{0\,\mathrm{I}} + \frac{1}{\varrho}\left[\frac{\partial \psi}{\partial \varrho}\right]_{0\,\mathrm{II}}}{4}. \tag{20}$$

Auf diesem Wege gelangt man schließlich nach zwei- bis dreimaliger Wiederholung zu einer guten Annäherung.

4. Anwendung der Methode auf einen auf Zug beanspruchten abgesetzten Rundstab

Der abgesetzte Rundstab (Abb. 8) wurde von A. K. Prejss [3] spannungsoptisch untersucht. Die Randwerte der Spannungssummen sind in der Abbildung eingezeichnet. Wir teilten den untersuchten Schnitt in vier gleiche Teile. Als erste Annäherung fanden wir mittels Rosette die Werte $\psi_{n\,\mathrm{I}}$ (Tabelle 2).

Tabelle 2

Punkt n	10^{-2} $\sum \psi_{0i} g_i$	10^{-2} $\sum g_i$	$\psi_{n\,\mathrm{I}}$	$\frac{\partial\psi}{\partial\varrho_{n\,\mathrm{I}}}$	$\psi_{n\,\mathrm{II}}$	$\frac{\partial\psi}{\partial\varrho_{n\,\mathrm{II}}}$	$\psi_{n\,\mathrm{III}}$	$\frac{\partial\psi}{\partial\varrho_{n\,\mathrm{III}}}$	$\psi_{n\,\mathrm{IV}}$
0	59,03	34,739	1,7	0	1,7	0	1,7	0	1,7
1	67,61	37,863	1,787	0,14	1,82	0,1375	1,82	0,135	1,82
2	102,75	51,765	1,98	—0,046	1,975	—0,105	1,97	—0,093	1,97
3	242,81	141,06	1,72	—0,99	1,635	—0,988	1,635	—0,985	1,635
4	—	—	0	—	0	—	0	—	0

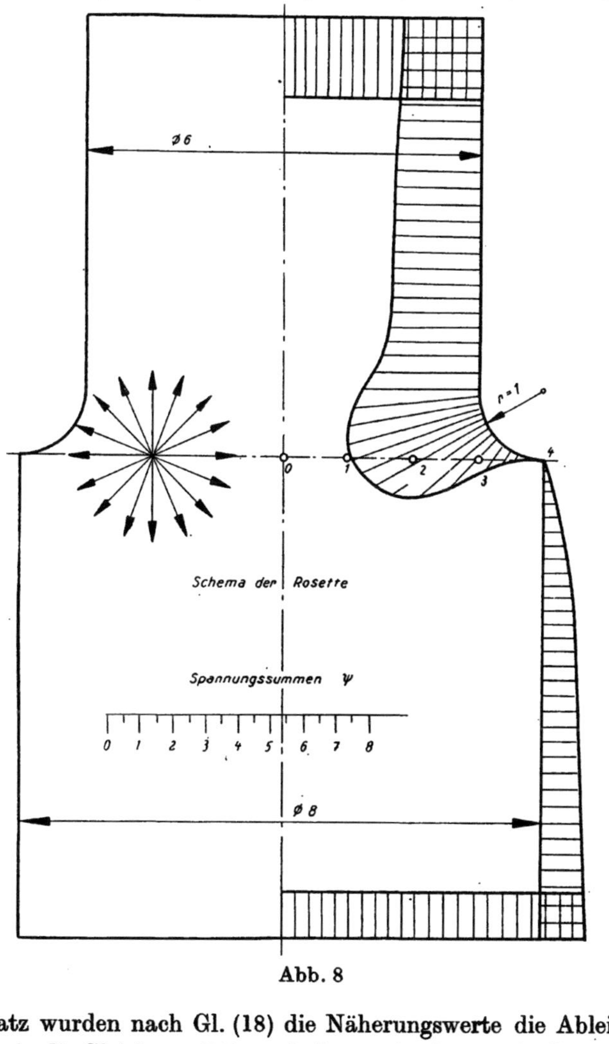

Abb. 8

Aus diesem Ansatz wurden nach Gl. (18) die Näherungswerte die Ableitungen gefunden. Durch ihr Einsetzen in die Gleichung (19) ergab der zweite Ansatz die Spannungssummen $\psi_{n\,\mathrm{II}}$ und die darausfolgenden Ableitungen. Durch abermalige Wiederholung des Vorganges ergab sich die dritte verbesserte Annäherung $\psi_{n\,\mathrm{III}}$. In gleicher Weise fanden wir auch die vierte Annäherung, mit welcher wir den Vorgang beendeten. Der Verlauf der Spannungssummen im untersuchten Schnitt ist in Abb. 9 eingezeichnet, in welcher zum Vergleich auch der Verlauf nach Prejss wiedergegeben ist. Beide Ergebnisse zeigen eine gute Übereinstimmung. Die Methode der harmonischen Rosette ermöglicht eine gute Näherungslösung mit geringem Arbeitsaufwand auch bei achsensymmetrischen räumlichen Gebilden.

5. Zusammenfassung

Die Spannungsoptik ermöglicht die Feststellung der Hauptspannungsrichtungen und ihrer Differenz. Zur vollständigen Analyse des Spannungszustandes muß immerhin eine Spannungstrennung vollzogen werden.

Als Grundlage der vom Verfasser abgeleiteten Methode der harmonischen Rosette dient die Differentialgleichung von Laplace. Die Näherungslösung dieser Differentialgleichung wird durch den Ersatz der durch die Funktion p gebildeten Minimalfläche durch eine Rosette von Fäden, deren Höhe auf den Rändern den Randwerten von p entspricht, erzielt. Die Höhe

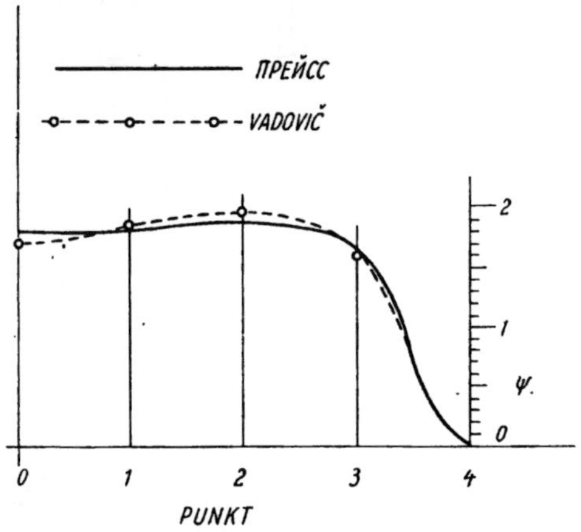

Abb. 9

eines Fadens im Mittelpunkt der Rosette bildet die erste Annäherung des Wertes der gesuchten harmonischen Funktion. Der endgültige Wert der Funktion wird als gewogener Mittelwert der einzelnen Höhen der Fäden gefunden. Das Gewicht eines Schnittes der Rosette wird als reziproker Wert des Produkts der Randentfernungen ermittelt.

Die Methode der harmonischen Rosette ermöglicht die Ermittlung der Hauptspannungssummen in einzelnen Punkten des ebenen Gebildes, wodurch sich eine große Arbeitsersparnis ergibt.

Die Methode der harmonischen Rosette kann auch bei achsensymmetrischen räumlichen Gebilden angewendet werden. Bei diesen wird die Summe der Spannungskomponenten durch eine Differentialgleichung beschrieben, welche eine stufenweise Näherungslösung mittels Rosette zuläßt. Es kann so die Lösung eines senkrecht auf der Rotationsachse stehenden Schnittes durchgeführt werden.

Slowakische Technische Hochschule Bratislava, Lehrstuhl für Elastizität und Festigkeit

Literatur

[1] Cardinal von Widdern, Polarisationsoptische Spannungsmessungen an Stabecken. Mitteilungen aus dem mechanisch-technischen Laboratorium der Technischen Hochschule München, 3. Folge, 1930.

[2] Biezeno-Koch, Einige Beispiele zur elektrischen Spannungsbestimmung. Ingenieur-Archiv (1933) 384—393.

[3] ПРЕЙСС, А. К., Использование метода конечных разностей для определения напряжений на прозрачных моделях при осесимметричной задаче. In dem Archiv: Поляризационно-оптический метод исследования напряжений. Издательство Академии наук СССР, Москва, 1956, 96—112.

Bei Fragen zur Produktsicherheit wenden Sie sich bitte an:
If you have any questions regarding product safety,
please contact:

Walter de Gruyter GmbH
Genthiner Straße 13
10785 Berlin
productsafety@degruyterbrill.com